2024

Training Quali

Original-Prüfungsaufgaben

Bayern

Mathematik

LÖSUNGEN

STARK

© 2023 Stark Verlag GmbH
20. ergänzte Auflage
www.stark-verlag.de

Inhalt

Training Grundwissen

Vorbereitung auf die Prüfung ab 2022

Abschlussprüfungsaufgaben an Mittelschulen in Bayern

Sobald die Original-Prüfungsaufgaben 2023 freigegeben sind, können die dazugehörigen Lösungen als PDF auf der Plattform MyStark heruntergeladen werden (Zugangscode vgl. Umschlaginnenseite).

Autoren:

Walter Modschiedler, Walter Modschiedler jun.

1 Grundlagen des Rechnens

1

a) $5 \cdot (6+4) = 5 \cdot 10 = 50$

b) $(7{,}3-2{,}3) \cdot 8 = 5 \cdot 8 = 40$

c) $24 : (39-33) = 24 : 6 = 4$

d) $(20{,}2+6{,}8) : 9 = 27 : 9 = 3$

e) $3 \cdot 8 + 7 \cdot 8 = (3+7) \cdot 8 = 10 \cdot 8 = 80$

f) $8 \cdot 5 - 4 \cdot 5 = (8-4) \cdot 5 = 4 \cdot 5 = 20$

g) $7{,}9 \cdot 2 + 2{,}1 \cdot 2 = (7{,}9+2{,}1) \cdot 2 = 10 \cdot 2 = 20$

h) $5{,}8 \cdot 3 - 4{,}8 \cdot 3 = (5{,}8-4{,}8) \cdot 3 = 1 \cdot 3 = 3$

2

a) $3 + 2 \cdot 12 + 4 + 6 \cdot 5 = 3 + 24 + 4 + 30 = 61$

b) $(31+32) : 7 - 5 + 5 \cdot 4 = 63 : 7 - 5 + 20 = 9 - 5 + 20 = 24$

c) $18 - 14 : 7 + 3 \cdot 4 - 2 + 8 : 4 = 18 - 2 + 12 - 2 + 2 = 28$

d) $(24+36) : 3 + 17 - 15 \cdot 2 = 60 : 3 + 17 - 30 = 20 + 17 - 30 = 7$

e) $(3{,}5-1{,}5) \cdot 14 - 10 : 2 = 2 \cdot 14 - 5 = 28 - 5 = 23$

f) $20{,}5 - 3{,}5 \cdot 5 + 5 \cdot 4{,}2 - 1{,}2 = 20{,}5 - 17{,}5 + 21 - 1{,}2 = 22{,}8$

3

a) $3 \cdot 4 \,\square\, 18 = 30$
$3 \cdot 4 + 18 = 30$
$12 + 18 = 30$
$30 = 30$

b) $50 \,\square\, 2 + 3 = 28$
$50 : 2 + 3 = 28$
$25 - 3 = 28$
$28 = 28$

c) $12 \,\square\, 4 + 30 = 66 : 2$
$12 : 4 + 30 = 33$
$3 + 30 = 33$
$33 = 33$

d) $5 \,\square\, 8 - 32 = 10 - 2$
$5 \cdot 8 - 32 = 8$
$40 - 32 = 8$
$8 = 8$

e) $19 \,\square\, 2 + 12 = 100 : 2$
$19 \cdot 2 + 12 = 50$
$38 - 12 = 50$
$50 = 50$

f) $1{,}7 \,\square\, 2{,}3 = 6 \,\square\, 2$
$1{,}7 + 2{,}3 = 6 - 2$
$4 = 4$

g) $259 \,\square\, 59 = 400 \,\square\, 2$
$259 - 59 = 400 : 2$
$200 = 200$

h) $2 \cdot 5 \,\square\, 15 = 300 \,\square\, 2$
$2 \cdot 5 \cdot 15 = 300 : 2$
$150 = 150$

4

a) $12 + 13 + 18 + 17 =$
$12 + 18 + 13 + 17 =$
$30 + 30 = 60$

b) $127 + 395 - 107 - 385 =$
$127 - 107 + 395 - 385 =$
$20 - 10 = 30$

c) $125 - 13 - 100 - 7 =$
$125 - 100 - 13 - 7 =$
$125 - 100 - 20 = 5$

d) $3 \cdot 9 - 3 \cdot 8 + 5 \cdot 12 - 4 \cdot 12 =$
$3 \cdot (9-8) + 12 \cdot (5-4) =$
$3 \cdot 1 + 12 \cdot 1 = 15$

e) $100 : 5 + 100 : 5 + 100 : 5 - 20 =$
$20 - 20 + 20 - 20 =$
$60 - 20 = 40$

f) $3 \cdot 6 + 7 \cdot 6 - 120 : 2 =$
$6 \cdot (3+7) - 60 =$
$6 \cdot 10 - 60 = 0$

5

a) $(305-155) + (30 \cdot 5) =$
$150 + 150 = 300$

b) $(42+18) - (100 : 25) =$
$60 - 4 = 56$

c) $(5 \cdot 6) \cdot (125-95) =$
$30 \cdot 30 = 900$

d) $(1\,000 : 4) : (12+13) =$
$250 : 25 = 10$

6

a) $501{,}22\ \text{€} : 7 = 71{,}602\ldots\ \text{€} \approx 71{,}60\ \text{€}$

b) $739{,}85\ \text{€} : 33 = 22{,}419\ldots\ \text{€} \approx 22{,}42\ \text{€}$

c) $58{,}44\ \text{€} : 15 = 3{,}896\ \text{€} \approx 3{,}90\ \text{€}$

d) $127{,}91\ \text{€} : 19 = 6{,}732\ldots\ \text{€} \approx 6{,}73\ \text{€}$

7

a) $56{,}49\ \text{€} \approx 56{,}00\ \text{€}$

b) $245{,}58\ \text{€} \approx 246{,}00\ \text{€}$

c) $469{,}25\ \text{€} \approx 469{,}00\ \text{€}$

d) $899{,}62\ \text{€} \approx 900{,}00\ \text{€}$

8

Zehner	437 ≈ 440	1 284 ≈ 1 280	4 496 ≈ 4 500	9 904 ≈ 9 900
Hunderter	8 583 ≈ 8 600	7 136 ≈ 7 100	5 983 ≈ 6 000	1 035 ≈ 1 000
Tausender	72 346 ≈ 72 000	69 705 ≈ 70 000	86 449 ≈ 86 000	99 575 ≈ 100 000
Zehntel	13,47 ≈ 13,50	11,04 ≈ 11,00	67,66 ≈ 67,70	49,95 ≈ 50,00
Hundertstel	7,096 ≈ 7,100	2,252 ≈ 2,250	14,005 ≈ 14,010	29,994 ≈ 29,990

9

kleinstmögliche Zahl	Rundungsergebnis	größtmögliche Zahl
3,750 →	3,800	← 3,849
4,650	4,700	4,749
5,850	5,900	5,949
6,865	6,870	6,874
7,025	7,03	7,034
0,050	0,1	0,149

10

Land	**Fläche**	**Einwohner**
Finnland	338 465 km^2 ≈ 338 000 km^2	5,517 Millionen ≈ 5,5 Millionen
Norwegen	385 201 km^2 ≈ 385 000 km^2	5,367 Millionen ≈ 5,4 Millionen
Deutschland	357 582 km^2 ≈ 358 000 km^2	83,166 Millionen ≈ 83,2 Millionen
Polen	312 696 km^2 ≈ 313 000 km^2	38,386 Millionen ≈ 38,4 Millionen
Italien	301 338 km^2 ≈ 301 000 km^2	60,260 Millionen ≈ 60,3 Millionen
Ungarn	99 036 km^2 ≈ 99 000 km^2	9,773 Millionen ≈ 9,8 Millionen
Griechenland	131 957 km^2 ≈ 132 000 km^2	10,727 Millionen ≈ 10,7 Millionen
Bulgarien	110 994 km^2 ≈ 111 000 km^2	7,050 Millionen ≈ 7,1 Millionen
Österreich	83 879 km^2 ≈ 84 000 km^2	8,858 Millionen ≈ 8,9 Millionen
Belgien	30 688 km^2 ≈ 31 000 km^2	11,431 Millionen ≈ 11,4 Millionen

11

a) $23 + 85 \approx 20 + 90 = 110$ — genaues Ergebnis: 108
b) $506 + 791 \approx 500 + 800 = 1\,300$ — genaues Ergebnis: 1 297
c) $52{,}1 + 36{,}9 \approx 50 + 40 = 90$ — genaues Ergebnis: 89
d) $23{,}4 + 66{,}7 \approx 20 + 70 = 90$ — genaues Ergebnis: 90,1
e) $44{,}25 - 23{,}75 \approx 40 - 20 = 20$ — genaues Ergebnis: 20,5
f) $19{,}97 - 8{,}47 \approx 20 - 8 = 12$ — genaues Ergebnis: 11,5
g) $248{,}1 - 103{,}9 \approx 250 - 100 = 150$ — genaues Ergebnis: 144,2
h) $569{,}55 - 166{,}75 \approx 570 - 170 = 400$ — genaues Ergebnis: 402,8

12

a) $7{,}045 + 2{,}733 + 24{,}875 + 15{,}125 \approx 7 + 3 + 25 + 15 = 50$ — genaues Ergebnis: 49,778
b) $8{,}61 + 13{,}09 + 71{,}81 + 56{,}81 \approx 9 + 13 + 72 + 57 = 151$ — genaues Ergebnis: 150,32
c) $94{,}81 - 27{,}12 - 15{,}23 - 16{,}74 \approx 95 - 27 - 15 - 17 = 36$ — genaues Ergebnis: 35,72
d) $43{,}32 - 11{,}01 - 12{,}99 - 8{,}85 \approx 43 - 11 - 13 - 9 = 10$ — genaues Ergebnis: 10,47

13

a) $67 \cdot 23 \approx 70 \cdot 20 = 1\,400$ — genaues Ergebnis: 1 541
b) $19 \cdot 53 \approx 20 \cdot 50 = 1\,000$ — genaues Ergebnis: 1 007
c) $45{,}9 \cdot 5{,}4 \approx 50 \cdot 5 = 250$ — genaues Ergebnis: 247,86
d) $93{,}62 : 15{,}1 \approx 90 : 15 = 6$ — genaues Ergebnis: 6,2
e) $59{,}28 : 5{,}7 \approx 60 : 6 = 10$ — genaues Ergebnis: 10,4
f) $101{,}91 : 3{,}95 \approx 100 : 4 = 25$ — genaues Ergebnis: 25,8
g) $1{,}95 : 2{,}14 \cdot 9{,}75 \approx 2 : 2 \cdot 10 = 10$ — genaues Ergebnis: 8,8843...
h) $89{,}18 : 4{,}9 \cdot 5{,}2 \approx 90 : 5 \cdot 5 = 90$ — genaues Ergebnis: 94,64

14 a) **Überschlag der Gesamtkosten**

Raufasertapete:		6,82 € ≈ 7 €	7 € · 10 = 70 €
Deckenpaneele:		6,49 € ≈ 6 €	6 € · 25 = 150 €
Dielenbretter:	25 m^2 : 2,5 m^2 = 10	34,99 € ≈ 35 €	35 € · 10 = 350 €
Kleister:		7,77 € ≈ 8 €	8 € · 4 = 32 €
Fußbodenleiste:	20 m : 2,5 m = 8	9,35 € ≈ 9 €	9 € · 8 = 72 €
Pinselsortiment:		9,76 € ≈ 10 €	10 €
Gesamtkosten:	70 € + 150 € + 350 € + 32 € + 72 € + 10 € = 684 €		

b) **Genaue Berechnung der Gesamtkosten**

Raufasertapete:	6,82 € · 10 = 68,20 €
Deckenpaneele:	6,49 € · 25 = 162,25 €
Dielenbretter:	34,99 € · 10 = 349,90 €
Kleister:	7,77 € · 4 = 31,08 €
Fußbodenleiste:	9,35 € · 8 = 74,80 €
Pinselsortiment:	9,76 €

Gesamtkosten: 68,20 € + 162,25 € + 349,90 € + 31,08 € + 74,80 € + 9,76 € = 695,99 €

Abweichung genaue Kosten – Überschlagsergebnis
695,99 € – 684 € = 11,99 € Abweichung

c) **Geld für die Einstandsparty**
750 € – 695,99 € = 54,01 €
Jonas bleiben 54,01 € für eine Einstandsparty übrig.

---

15 Als Bezugsgröße dient das Päckchen Papiertaschentücher. Das Päckchen ist 5 cm breit und 10 cm hoch. Pflastersteine sind keine idealen Würfel, die Kanten sind nie gleich lang.

Stein A: Der Stein ist etwas höher als die Höhe und die Breite des Päckchens zusammen, also
10 cm + 5 cm + 1 cm = 16 cm
geschätzte Kantenlänge: ≈ 16 cm

Stein B: Bei Stein B ist die linke Kante etwas größer (ca. 10,5 cm), die rechte Kante etwas kleiner (ca. 9,5 cm) als die Höhe der Bezugsgröße.
geschätzte Kantenlänge: ≈ 10 cm

Stein C: Im Vergleich zu Stein B (Kantenlänge ca. 10 cm) ist die Kantenlänge um ca. 2 cm kleiner. Der Stein C ist nur halb so hoch wie Stein A.
geschätzte Kantenlänge: ≈ 8 cm

Stein D: Die Kanten sind etwas länger als die Breite der Vergleichsgröße.
geschätzte Kantenlänge: ≈ 6 cm

---

16 Als Bezugsgröße dient der Mann neben dem Treibrad. Der Mann scheint eine durchschnittliche Größe von ca. 1,75 m zu haben.

Durchmesser des Treibrads: Die Oberkante des Treibrads reicht ungefähr bis zum Kinn des Mannes. Es fehlen nach oben ca. 20 cm bis zur Bezugsgröße. Das Treibrad steht auf einer Eisenbahnschiene, die ca. 15 cm hoch ist. (Die Schiene ragt weit über den Fußknöchel der Bezugsgröße.) 1,75 m – 20 cm – 15 cm = 1,40 m
geschätzter Durchmesser des Treibrads: ≈ 1,40 m

Umfang des Treibrads: u = d · 3,14
Zur Rechnung rundet man 3,14 auf 3 ab.
u = 1,40 m · 3
u = 4,20 m ≈ 4,40 m (Das Ergebnis wird nach dem Komma aufgerundet.)
geschätzter Umfang des Treibrads: ≈ 4,40 m

Länge der Ankerkette: Auch hier dient der Mann als Bezugsgröße. Die Bezugsgröße passt rund zweimal von der Öse rechts oben bis zum Ende der Ankerkette links unten hinein.
1,75 m · 2 = 3,50 m
geschätzte Länge der Ankerkette: ≈ 3,50 m

17 Zur Volumenbestimmung des quaderförmigen Aufbaus des Waggons müssen zunächst die Länge, die Breite und die Höhe geschätzt werden. Das Bild zeigt den Waggon schräg von vorne, d. h. die Länge und die Breite sind stark verzerrt (verkürzt), was bei der Schätzung berücksichtigt werden muss.

Schätzen der Höhe des quaderförmigen Aufbaus

Als Bezugsgröße dient der Mann auf dem Waggon. Die Körpergröße des Manns scheint etwas kleiner zu sein als die durchschnittliche Körpergröße, ca. 1,70 m.

Der quaderförmige Aufbau des Waggons ist ca. 30 cm höher als die Bezugsgröße.

geschätzte Höhe: ≈ 2 m

Schätzen der Breite des quaderförmigen Aufbaus

Legt man die Bezugsgröße parallel zu Breite des Aufbaus, um die Breite zu schätzen, käme man auf ca. 1,90 m. Das kann nicht sein!

Man benötigt eine neue Bezugsgröße für die Breite des Aufbaus. In einem Nahverkehrswagen der Bahn-AG sind neben dem Mittelgang (ca. 70 cm breit) je zwei Sitzreihen mit zwei Sitzen (Breite eines Sitzes ca. 50 cm) angeordnet.

innere Breite eines Nahverkehrswagens: $70\text{ cm} + 4 \cdot 50\text{ cm} = 270\text{ cm} = 2{,}70\text{ m}$

Die Breite eines Nahverkehrswagens entspricht in etwa der Breite des Aufbaus.

geschätzte Breite: $\approx 2{,}70$ m

Schätzen der Länge des quaderförmigen Aufbaus

Die Vorderseite des quaderförmigen Aufbaus wird durch senkrechte Verstrebungen in 9 Flächen geteilt. 7 Teilflächen haben dieselbe Länge (Breite), die beiden Flächen mit den Türen sind jeweils ca. 50 cm länger (breiter). Als Bezugsgröße dient die Größe der geschätzten Breite. Da die Länge stärker verkürzt wird als die Breite, hat die erste Fläche neben dem Mann eine geschätzte Länge von mindestens 1,50 m.

Gesamte Länge des quaderförmigen Aufbaus:

$1{,}50\text{ m} \cdot 9 + 1\text{ m} = 14{,}50\text{ m}$ aufgerundet: ≈ 15 m

Volumen des quaderförmigen Aufbaus

$h \approx 2\text{ m},\ b \approx 2{,}7\text{ m},\ l \approx 15\text{ m}$

$V = 2\text{ m} \cdot 2{,}7\text{ m} \cdot 15\text{ m}$

$V = 81\text{ m}^3 \approx 80\text{ m}^3$

Geschätztes Volumen des quaderförmigen Aufbaus: $\approx 80\text{ m}^3$

---

18 Als Bezugsgröße dient der Mann vor dem großen Coil. Der Mann scheint eine durchschnittliche Größe von ca. 1,75 m zu haben.

Großer Coil: Der Durchmesser des großen Coils und die Größe des Manns sind gleich.

geschätzter Durchmesser: $\approx 1{,}75$ cm

Kleiner Coil: Der Durchmesser des kleinen Coils ist rund einen halben Meter kleiner als die Bezugsgröße.

geschätzter Durchmesser: $\approx 1{,}25$ cm

Mittelgroßer Coil: Der Durchmesser des mittelgroßen Coils ist ca. 25 cm größer als der Durchmesser des kleinen Coils und ca. 25 cm kleiner als der Durchmesser des großen Coils. Er liegt in der „Mitte“.

geschätzter Durchmesser: $\approx 1{,}50$ cm

Beachte für spätere Schätzungen: Der Coil am linken Bildrand und der Coil am rechten Bildrand haben denselben Durchmesser. Da das Bild von rechts aufgenommen wurde, ist der Durchmesser des Coils am rechten Bildrand doppelt so groß wie der Durchmesser des Coils am linken Bildrand → perspektivische Verzerrung!

---

19 a) Als Bezugsgröße dient der Mann unter dem Silo. Die Größe des Manns scheint etwas unter der durchschnittlichen Körpergröße zu liegen, ca. 1,70 m.

Durchmesser des Silos: Legt man die Bezugsgröße waagrecht an die Unterkante des zylinderförmigen Silos, um den Durchmesser zu schätzen, sieht man, dass die Bezugsgröße etwas kleiner als der Durchmesser ist.

$d \approx 1{,}70\text{ m} + 30\text{ cm} \approx 2\text{ m}$

geschätzter Durchmesser des Silos: ≈ 2 m

Höhe des Silos: Die Bezugsgröße passt etwa dreimal in die Höhe des Silos, es fehlen einige cm.

$1{,}70\text{ cm} \cdot 3 + 0{,}5\text{ m} \approx 5{,}6\text{ m}$

Da das Bild nach oben verkürzt ist, wird die Höhe auf ganze Meter aufgerundet.

geschätzte Höhe des Silos: ≈ 6 m

b) Als Bezugsgröße dient die junge Frau neben dem Baum mit einer geschätzten Körpergröße von 1,70 m.
Höhe des Baumstamms: Die Höhe des Baums beträgt rund sieben mal die Höhe der Bezugsgröße.
$1{,}70\ \text{m} \cdot 7 = 11{,}90\ \text{m} \approx 12\ \text{m}$
Das geschätzte Ergebnis wird wegen der Verkürzung nach oben um einen Meter aufgerundet.
$12\ \text{m} + 1\ \text{m} = 13\ \text{m}$
geschätzte Höhe des Baumstamms: ≈ 13 m

---

20 a) Als Bezugsgröße dient der Feuerwehrmann links neben der „Pommesbude". Mit Helm dürfte er ca. 1,85 m groß sein.
Maße der „Pommesbude": Auch hier verkürzt das Bild die Maße in die Tiefe. Die Stange rechts vorne entspricht der Höhe, hier dient der Feuerwehrmann als Bezugsgröße.
geschätzte Maße: Höhe $\approx 2{,}50$ m, Länge ≈ 2 m, Breite ≈ 2 m

b) Mit den geschätzten Größen aus der Teilaufgabe a) werden die Maße der Explosionswolke geschätzt.
Maximale Höhe der Explosionswolke: Die Explosionswolke breitet sich vom „Herd" bis zur Oberkante des Bildes aus.
Höhe der Explosionswolke in der Pommesbude $\approx 1{,}50$ m, Höhe außerhalb der Pommesbude ≈ 2 m
geschätzte Höhe der Explosionswolke: ≈ 3.50 m
Maximale Breite der Explosionswolke: Auf der rechten Seite schlagen die Flammen ca. 50 cm aus der Pommesbude heraus, auf der linken Seite ca. 2 m.
$50\ \text{cm} + 2\ \text{m} + 2\ \text{m} = 4{,}50\ \text{m}$
geschätzte Breite der Explosionswolke: $\approx 4{,}50$ m

---

21 Die Vierkant-Stahlstangen sind zu Bündel mit 9 Stangen (linke Bildhälfte) und 10 Stangen (rechte Bildhälfte) zusammengepackt.
1. Schritt: Zählen der Bündel, auch der halb sichtbaren Bündel. Zählergebnis ca. 27 Bündel
2. Schritt: Anzahl der Vierkant-Stahlstangen
$27 \cdot 10$ Stangen $= 270$ Stangen
$27 \cdot 9$ Stangen $= 243$ Stangen
Wegen der halben Bündel und der unterschiedlichen Anzahl von Vierkantstahlstangen ist das zweite Ergebnis realistischer und wird auf 250 Stangen aufgerundet.
geschätzte Anzahl der Vierkant-Stahlstangen: ≈ 250 Stangen

---

22 **1. Schritt:** Bezugsgröße suchen
Das Bild hat eine Größe von $13{,}3\ \text{cm} \times 4{,}4\ \text{cm}$. Ein geeignetes Raster wäre z. B. $2{,}2\ \text{cm} \times 2{,}2\ \text{cm}$. Das Bild wird dadurch in 12 Kästchen eingeteilt, wobei das letzte Kästchen um 0,1 cm länger ist. Das wird beim abschließenden Runden berücksichtigt. Nach dem Auszählen der Steine und der teils verdeckten Steine kommt man auf etwa 25 bis 30 Steine in der Bezugsgröße.
2. Schritt: Anzahl mithilfe der Bezugsgröße bestimmen
mindestens: 25 Steine $\cdot 12 = 300$ Steine
höchstens: 30 Steine $\cdot 12 = 360$ Steine
Da zwei Kästchen etwas größer sind als das Vergleichskästchen und die Steine in der Mitte etwas dichter liegen als in der Vergleichsgröße, wird das zweite Ergebnis auf 350 Steine abgerundet.
geschätzte Anzahl der Pflastersteine: ≈ 350 Steine

23

	a)	b)	c)	d)	e)	f)	g)
Bruch	$\frac{1}{2}$	$\frac{2}{5}$	$\frac{9}{10}$	$\frac{4}{5}$	$\frac{3}{10}$	$\frac{1}{5}$	$\frac{3}{4}$
Hundertstelbruch	$\frac{50}{100}$	$\frac{40}{100}$	$\frac{90}{100}$	$\frac{80}{100}$	$\frac{30}{100}$	$\frac{20}{100}$	$\frac{75}{100}$
Dezimalbruch	0,5	0,4	0,9	0,8	0,3	0,2	0,75
Prozentsatz	50 %	40 %	90 %	80 %	30 %	20 %	75 %

---

24 a) $\frac{6}{10} = \frac{3}{5} = 60\,\%$

b) $\frac{4}{8} = \frac{1}{2} = 50\,\%$

---

25 a) $\frac{2}{8} = \frac{1}{4}$

b) $\frac{3}{8}$ oder $\frac{4}{8}$

(Je nachdem, was man für den „versteckten" Teil annimmt.)

---

26 a)

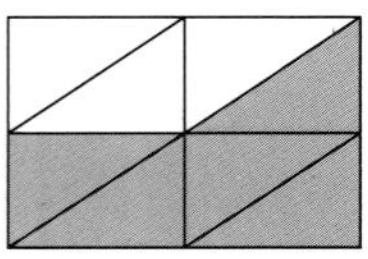

b)

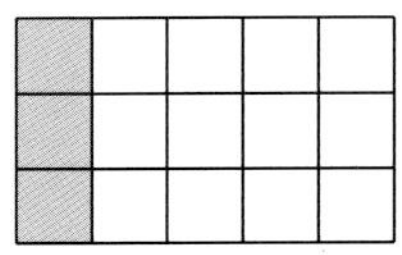

---

27 erste Möglichkeit

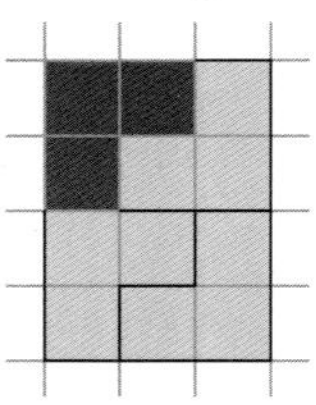

zweite Möglichkeit

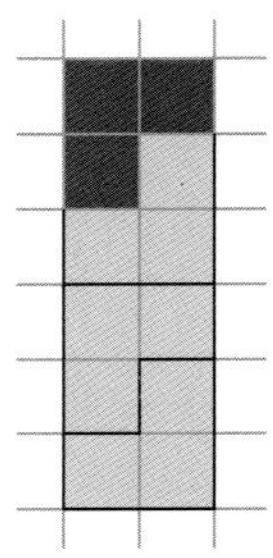

dritte Möglichkeit

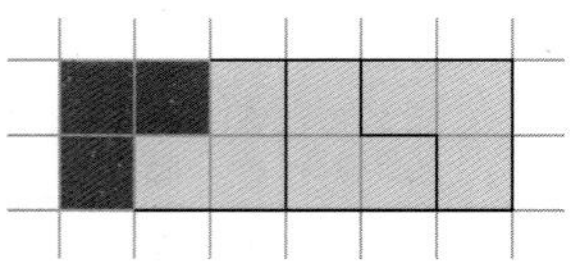

vierte Möglichkeit

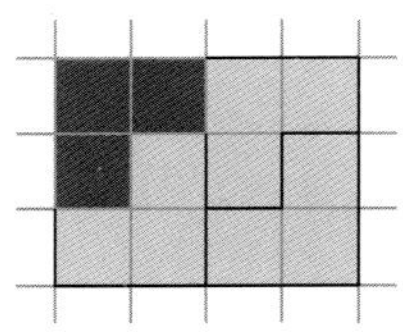

---

28 a) $\frac{2}{8}$ und $\frac{6}{8}$ bzw. $\frac{1}{4}$ und $\frac{3}{4}$

b) $\frac{1}{6}$ und $\frac{5}{6}$

---

29 a) $60\,\% = \frac{3}{5}$

b) $\frac{3}{100} = 3\,\% \Rightarrow \frac{3}{100} < 33\,\%$

c) $\frac{29}{10} = 2{,}9 \Rightarrow \frac{29}{10} > 0{,}29$

d) $\frac{4}{5} = 80\,\%$

---

30 ☒ 4,25 %

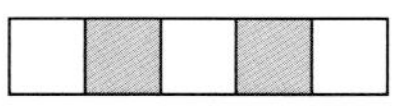

$\frac{2}{5} = 40\,\%$

0,425

$0{,}425 = 42{,}5\,\%$

$\frac{43}{100}$

$\frac{43}{100} = 43\,\%$

31 $29\,\% > \frac{1}{4}$ $\quad$ $0{,}55 < \frac{6}{10}$ $\quad$ $\frac{2}{5} = \frac{40}{100} = 40\,\%$

---

32 Im Rechteck ist etwas mehr als die Hälfte grau gefärbt. Im passenden Kreis muss etwas mehr als die Hälfte der Kreisfläche grau gefärbt sein.

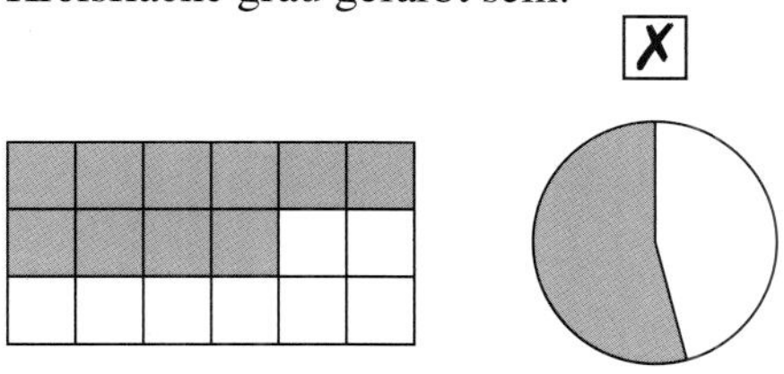

33

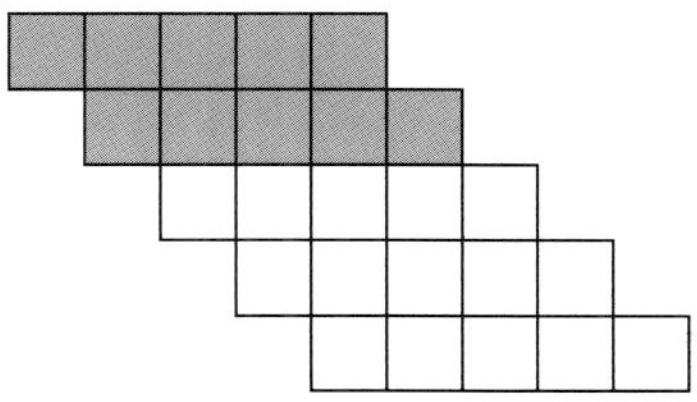

$\frac{2}{5}$ der Fläche sind grau gefärbt.

$\frac{3}{5} = 60\,\%$ bleiben weiß.

---

34 falsche Darstellungen

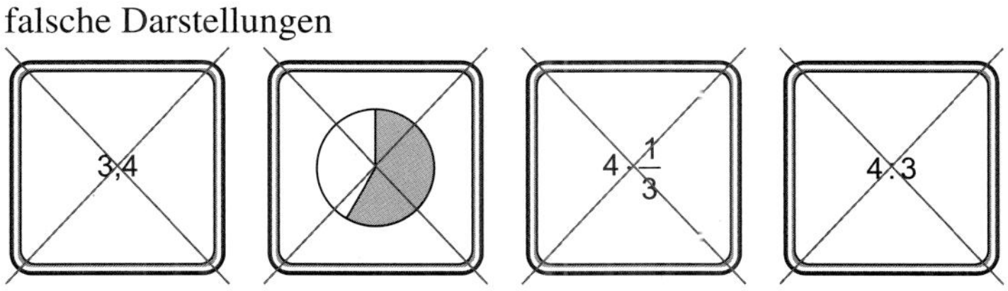

---

35 a) $\frac{1}{4} = 25\,\%$ des Kreises sind grau gefärbt.

b)

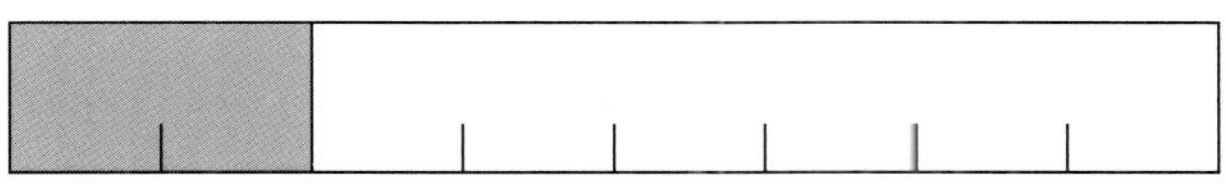

---

36 a) $\frac{2}{3} = \frac{2\cdot 3}{3\cdot 3} = \frac{6}{9}$ $\quad$ $\frac{2}{3} = \frac{2\cdot 4}{3\cdot 4} = \frac{8}{12}$ $\quad$ $\frac{2}{3} = \frac{2\cdot 6}{3\cdot 6} = \frac{12}{18}$ $\quad$ $\frac{2}{3} = \frac{2\cdot 8}{3\cdot 8} = \frac{16}{24}$

b) $\frac{4}{5} = \frac{4\cdot 2}{5\cdot 2} = \frac{8}{10}$ $\quad$ $\frac{4}{5} = \frac{4\cdot 5}{5\cdot 5} = \frac{20}{25}$ $\quad$ $\frac{4}{5} = \frac{4\cdot 7}{5\cdot 7} = \frac{28}{35}$ $\quad$ $\frac{4}{5} = \frac{4\cdot 10}{5\cdot 10} = \frac{40}{50}$

---

37 a) $\frac{4}{8} = \frac{2}{4} = \frac{1}{2}$ $\quad$ b) $\frac{6}{18} = \frac{3}{9} = \frac{1}{3}$ $\quad$ c) $\frac{15}{20} = \frac{3}{4}$ $\quad$ d) $\frac{16}{36} = \frac{8}{18} = \frac{4}{9}$

---

38 a) $\frac{7}{25} = \frac{\mathbf{28}}{100}$ $\quad$ b) $\frac{\mathbf{15}}{40} = \frac{3}{8}$ $\quad$ c) $\frac{8}{\mathbf{12}} = \frac{2}{3}$ $\quad$ d) $\frac{2}{5} = \frac{12}{\mathbf{30}}$

---

39 a) $\frac{3}{\mathbf{5}} = \frac{12}{20} = \frac{\mathbf{6}}{10} = \frac{36}{\mathbf{60}}$ $\quad$ b) $\frac{\mathbf{20}}{24} = \frac{10}{\mathbf{12}} = \frac{5}{6} = \frac{\mathbf{15}}{18}$

---

40 ☒ $\frac{3}{8}$ $\frac{6}{16}$ $\frac{12}{32}$ $\frac{9}{24}$ $\quad$ $\frac{6}{16} = \frac{3}{8}$ $\quad$ $\frac{12}{32} = \frac{3}{8}$ $\quad$ $\frac{9}{24} = \frac{3}{8}$

---

41 a) $\frac{12\,€}{36\,€} = \frac{1}{3}$ b) $\frac{450\text{ kg}}{600\text{ kg}} = \frac{3}{4}$ c) $\frac{45\,\ell}{180\,\ell} = \frac{1}{4}$ d) $\frac{72\text{ h}}{84\text{ h}} = \frac{6}{7}$

---

42 a) $\frac{3}{5} = \frac{6}{10}$; $\frac{7}{10} > \frac{3}{5}$ b) $\frac{1}{6} = \frac{3}{18}$; $\frac{5}{18} > \frac{1}{6}$ c) $\frac{3}{4} = \frac{12}{16}$; $\frac{13}{16} > \frac{3}{4}$ d) $\frac{5}{8} = \frac{25}{40}$; $\frac{5}{8} > \frac{23}{40}$

---

43 a) Hauptnenner: 24
$\frac{5}{6} = \frac{20}{24}$
$\frac{7}{8} = \frac{21}{24}$
$\frac{5}{6} < \frac{7}{8}$

b) Hauptnenner: 36
$\frac{8}{9} = \frac{32}{36}$
$\frac{11}{12} = \frac{33}{36}$
$\frac{8}{9} < \frac{11}{12}$

c) Hauptnenner: 24
$\frac{7}{8} = \frac{21}{24}$
$\frac{11}{12} = \frac{22}{24}$
$\frac{7}{8} < \frac{11}{12}$

d) Hauptnenner: 45
$\frac{5}{9} = \frac{25}{45}$
$\frac{8}{15} = \frac{24}{45}$
$\frac{5}{9} > \frac{8}{15}$

---

44 a) Hauptnenner: 24
$\frac{7}{8} = \frac{21}{24}$
$\frac{7}{12} = \frac{14}{24}$
$\frac{7}{8} > \frac{7}{12} > \frac{11}{24}$

b) Hauptnenner: 30
$\frac{3}{5} = \frac{18}{30}$
$\frac{7}{10} = \frac{21}{30}$
$\frac{11}{15} = \frac{22}{30}$
$\frac{3}{5} < \frac{7}{10} < \frac{11}{15}$

---

45 a) Hauptnenner: 12
$\frac{3}{4} = \frac{9}{12}$
$\frac{5}{6} = \frac{10}{12}$
$\frac{7}{12} < \frac{3}{4} < \frac{5}{6}$

b) Hauptnenner: 30
$\frac{1}{2} = \frac{15}{30}$
$\frac{2}{3} = \frac{20}{30}$
$\frac{3}{5} = \frac{18}{30}$
$\frac{1}{2} < \frac{3}{5} < \frac{2}{3}$

c) Hauptnenner: 30
$\frac{4}{5} = \frac{24}{30}$
$\frac{1}{3} = \frac{10}{30}$
$\frac{3}{10} = \frac{9}{30}$
$\frac{3}{10} < \frac{1}{3} < \frac{4}{5}$

d) Hauptnenner: 40
$\frac{7}{8} = \frac{35}{40}$
$\frac{4}{5} = \frac{32}{40}$
$\frac{17}{20} = \frac{34}{40}$
$\frac{4}{5} < \frac{17}{20} < \frac{7}{8}$

---

46 a) $\frac{15}{2} = 7\frac{1}{2}$ b) $\frac{11}{3} = 3\frac{2}{3}$ c) $\frac{23}{4} = 5\frac{3}{4}$ d) $\frac{13}{5} = 2\frac{3}{5}$

---

47 a) $9\frac{1}{2} = \frac{19}{2}$ b) $4\frac{2}{3} = \frac{14}{3}$ c) $9\frac{3}{4} = \frac{39}{4}$ d) $10\frac{4}{5} = \frac{54}{5}$

---

48 $\frac{17}{2} < 8{,}75$ $5\frac{1}{2} = \frac{11}{2}$ $375\,\% > 3\frac{1}{2}$

49

a) $\frac{4}{2}=\frac{20}{10}$; $\frac{6}{5}=\frac{12}{10}$; $\frac{4}{2}>\frac{6}{5}$

b) $\frac{5}{2}=\frac{10}{4}$; $2\frac{3}{4}=\frac{11}{4}$; $2\frac{3}{4}>\frac{5}{2}$

c) $3\frac{5}{8}=\frac{29}{8}$; $3\frac{3}{4}=\frac{30}{8}$; $3\frac{3}{4}>3\frac{5}{8}$

d) $6\frac{1}{3}=\frac{38}{6}$; $\frac{40}{6}>6\frac{1}{3}$

50

a) $2\frac{4}{5}=\frac{28}{10}$; $\frac{29}{10}>2\frac{4}{5}$

b) $4\frac{3}{4}=\frac{38}{8}$

c) $3\frac{1}{3}=\frac{20}{6}$; $\frac{17}{6}<3\frac{1}{3}$

d) $4\frac{1}{2}=\frac{27}{6}$; $\frac{13}{3}=\frac{26}{6}$; $4\frac{1}{2}>\frac{13}{3}$

51

a) $125\,\% = \frac{125}{100}=\frac{5}{4}=1\frac{1}{4}$

b) $220\,\% = \frac{220}{100}=\frac{11}{5}=2\frac{1}{5}$

c) $350\,\% = \frac{350}{100}=\frac{7}{2}=3\frac{1}{2}$

d) $460\,\% = \frac{460}{100}=\frac{23}{5}=4\frac{3}{5}$

52

a) $\frac{3}{4}+\frac{7}{8}$ Hauptnenner: 8

$\frac{3\cdot 2}{4\cdot 2}+\frac{7}{8}=\frac{6+7}{8}=\frac{13}{8}=1\frac{5}{8}$

b) $\frac{3}{4}+\frac{2}{3}$ Hauptnenner: 12

$\frac{3\cdot 3}{4\cdot 3}+\frac{2\cdot 4}{3\cdot 4}=\frac{9+8}{12}=\frac{17}{12}=1\frac{5}{12}$

c) $\frac{1}{2}+\frac{3}{4}+\frac{5}{8}$ Hauptnenner: 8

$\frac{1\cdot 4}{2\cdot 4}+\frac{3\cdot 2}{4\cdot 2}+\frac{5}{8}=\frac{4+6+5}{8}=\frac{15}{8}=1\frac{7}{8}$

d) $\frac{1}{2}+\frac{2}{3}+\frac{5}{6}$ Hauptnenner: 6

$\frac{1\cdot 3}{2\cdot 3}+\frac{2\cdot 2}{3\cdot 2}+\frac{5}{6}=\frac{3+4+5}{6}=\frac{12}{6}=2$

53

a) $\frac{7}{12}-\frac{3}{8}$ Hauptnenner: 24

$\frac{7\cdot 2}{12\cdot 2}-\frac{3\cdot 3}{8\cdot 3}=\frac{14-9}{24}=\frac{5}{24}$

b) $\frac{23}{24}-\frac{5}{6}$ Hauptnenner: 24

$\frac{23}{24}-\frac{5\cdot 4}{6\cdot 4}=\frac{23-20}{24}=\frac{3}{24}=\frac{1}{8}$

c) $\frac{19}{20}-\frac{1}{5}-\frac{3}{10}$ Hauptnenner: 20

$\frac{19}{20}-\frac{1\cdot 4}{5\cdot 4}-\frac{3\cdot 2}{10\cdot 2}=\frac{19-4-6}{20}=\frac{9}{20}$

d) $\frac{11}{12}-\frac{1}{6}-\frac{3}{4}$ Hauptnenner: 12

$\frac{11}{12}-\frac{1\cdot 2}{6\cdot 2}-\frac{3\cdot 3}{4\cdot 3}=\frac{11-2-9}{12}=0$

54

a) $\frac{1}{3}+\frac{4}{9}-\frac{5}{18}$ Hauptnenner: 18

$\frac{1\cdot 6}{3\cdot 6}+\frac{4\cdot 2}{9\cdot 2}-\frac{5}{18}=\frac{6+8-5}{18}=\frac{9}{18}=\frac{1}{2}$

b) $\frac{2}{3}-\frac{3}{10}+\frac{4}{5}$ Hauptnenner: 30

$\frac{2\cdot 10}{3\cdot 10}-\frac{3\cdot 3}{10\cdot 3}+\frac{4\cdot 6}{5\cdot 6}=\frac{20-9+24}{30}$

$=\frac{35}{30}=1\frac{5}{30}=1\frac{1}{6}$

c) $\frac{7}{10}+\frac{3}{4}-\frac{4}{5}$ Hauptnenner: 20

$\frac{7\cdot 2}{10\cdot 2}+\frac{3\cdot 5}{4\cdot 5}-\frac{4\cdot 4}{5\cdot 4}=\frac{14+15-16}{20}=\frac{13}{20}$

d) $\frac{1}{2}-\frac{7}{18}+\frac{2}{9}$ Hauptnenner: 18

$\frac{1\cdot 9}{2\cdot 9}-\frac{7}{18}+\frac{2\cdot 2}{9\cdot 2}=\frac{9-7+4}{18}=\frac{6}{18}=\frac{1}{3}$

55 a) $\left(\frac{3}{4}-\frac{5}{12}\right)+\left(\frac{5}{6}+\frac{2}{3}\right)$ Hauptnenner: 12

$\frac{3\cdot3}{4\cdot3}-\frac{5}{12}+\frac{5\cdot2}{6\cdot2}+\frac{2\cdot4}{3\cdot4}=\frac{9-5+10+8}{12}=\frac{22}{12}=\frac{11}{6}=1\frac{5}{6}$

b) $\left(\frac{7}{8}+\frac{5}{6}\right)-\left(\frac{11}{12}-\frac{2}{3}\right)$ Hauptnenner: 24

$\frac{7\cdot3}{8\cdot3}+\frac{5\cdot4}{6\cdot4}-\frac{11\cdot2}{12\cdot2}+\frac{2\cdot8}{3\cdot8}=\frac{21+20-22+16}{24}=\frac{35}{24}=1\frac{11}{24}$

---

56 a) $2\frac{1}{6}+1\frac{5}{9}$ Hauptnenner: 18

$\frac{13}{6}+\frac{14}{9}=\frac{13\cdot3}{6\cdot3}+\frac{14\cdot2}{9\cdot2}=\frac{39+28}{18}=\frac{67}{18}=3\frac{13}{18}$

b) $3\frac{1}{4}+4\frac{5}{6}$ Hauptnenner: 12

$\frac{13}{4}+\frac{29}{6}=\frac{13\cdot3}{4\cdot3}+\frac{29\cdot2}{6\cdot2}=\frac{39+58}{12}=\frac{97}{12}=8\frac{1}{12}$

c) $1\frac{3}{8}+3\frac{3}{4}$ Hauptnenner: 8

$\frac{11}{8}+\frac{15}{4}=\frac{11}{8}+\frac{15\cdot2}{4\cdot2}=\frac{11+30}{8}=\frac{41}{8}=5\frac{1}{8}$

d) $2\frac{4}{5}+7\frac{9}{10}$ Hauptnenner: 10

$\frac{14}{5}+\frac{79}{10}=\frac{14\cdot2}{5\cdot2}+\frac{79}{10}=\frac{28+79}{10}=\frac{107}{10}=10\frac{7}{10}$

---

57 a) $3\frac{1}{4}-1\frac{2}{3}$ Hauptnenner: 12

$\frac{13}{4}-\frac{5}{3}=\frac{13\cdot3}{4\cdot3}-\frac{5\cdot4}{3\cdot4}=\frac{39-20}{12}=\frac{19}{12}=1\frac{7}{12}$

b) $4\frac{1}{2}-1\frac{1}{3}$ Hauptnenner: 6

$\frac{9}{2}-\frac{4}{3}=\frac{9\cdot3}{2\cdot3}-\frac{4\cdot2}{3\cdot2}=\frac{27-8}{6}=\frac{19}{6}=3\frac{1}{6}$

c) $7\frac{7}{8}-4\frac{7}{12}$ Hauptnenner: 24

$\frac{63}{8}-\frac{55}{12}=\frac{63\cdot3}{8\cdot3}-\frac{55\cdot2}{12\cdot2}=\frac{189-110}{24}=\frac{79}{24}=3\frac{7}{24}$

d) $8\frac{1}{6}-7\frac{4}{9}$ Hauptnenner: 18

$\frac{49}{6}-\frac{67}{9}=\frac{49\cdot3}{6\cdot3}-\frac{67\cdot2}{9\cdot2}=\frac{147-134}{18}=\frac{13}{18}$

---

58 a) $8\frac{1}{2}$; 10; $11\frac{1}{2}$

b) $4\frac{1}{4}$; 5; $5\frac{3}{4}$

c) $6\frac{1}{2}$; 5; $3\frac{1}{2}$

d) $5\frac{2}{3}$; 5; $4\frac{1}{3}$

---

59 $2\frac{1}{2}\,\text{kg}+\frac{1}{4}\,\text{kg}+3\frac{3}{4}\,\text{kg}+\frac{3}{8}\,\text{kg}+3\frac{1}{2}\,\text{kg}+\frac{1}{2}\,\text{kg}$ Hauptnenner: 8

$\frac{5\cdot4}{2\cdot4}\,\text{kg}+\frac{1\cdot2}{4\cdot2}\,\text{kg}+\frac{15\cdot2}{4\cdot2}\,\text{kg}+\frac{3}{8}\,\text{kg}+\frac{7\cdot4}{2\cdot4}\,\text{kg}+\frac{1\cdot4}{2\cdot4}\,\text{kg}=\frac{20+2+30+3+28+4}{8}\,\text{kg}=\frac{87}{8}\,\text{kg}=10\frac{7}{8}\,\text{kg}$

Die Reißfestigkeit der Einkaufstasche reicht nicht für alle Waren auf dem Einkaufszettel.

---

60 a) $\frac{7}{8}\cdot\frac{3}{7}=\frac{7\cdot3}{8\cdot7}=\frac{\cancel{7}^1\cdot3}{8\cdot\cancel{7}^1}=\frac{3}{8}$

b) $\frac{5}{6}\cdot\frac{3}{5}=\frac{5\cdot3}{6\cdot5}=\frac{\cancel{5}^1\cdot\cancel{3}^1}{\cancel{6}^2\cdot\cancel{5}^1}=\frac{1}{2}$

c) $\frac{20}{21}\cdot\frac{9}{10}=\frac{20\cdot9}{21\cdot10}=\frac{\cancel{20}^2\cdot\cancel{9}^3}{\cancel{21}^7\cdot\cancel{10}^1}=\frac{2\cdot3}{7\cdot1}=\frac{6}{7}$

d) $\frac{14}{3}\cdot\frac{12}{7}=\frac{14\cdot12}{3\cdot7}=\frac{\cancel{14}^2\cdot\cancel{12}^4}{\cancel{3}^1\cdot\cancel{7}^1}=\frac{2\cdot4}{1\cdot1}=8$

---

61 a) $\frac{2}{3}\cdot\frac{4}{5}\cdot\frac{3}{4}=\frac{2\cdot\cancel{4}^1\cdot\cancel{3}^1}{\cancel{3}^1\cdot5\cdot\cancel{4}^1}=\frac{2}{5}$

b) $\frac{14}{3}\cdot\frac{12}{7}\cdot\frac{3}{8}=\frac{\cancel{14}^2\cdot\cancel{12}^3\cdot\cancel{3}^1}{\cancel{3}^1\cdot\cancel{7}^1\cdot\cancel{8}^2}=\frac{\cancel{2}^1\cdot3}{\cancel{2}^1}=3$

c) $\frac{5}{9}\cdot\frac{3}{10}\cdot\frac{6}{2}=\frac{\cancel{5}^1\cdot\cancel{3}^1\cdot\cancel{6}^3}{\cancel{9}^3\cdot\cancel{10}^2\cdot\cancel{2}^1}=\frac{1\cdot1\cdot\cancel{3}^1}{\cancel{3}^1\cdot2\cdot1}=\frac{1}{2}$

d) $\frac{3}{4}\cdot\frac{3}{5}\cdot\frac{5}{6}=\frac{\cancel{3}^1\cdot3\cdot\cancel{5}^1}{4\cdot\cancel{5}^1\cdot\cancel{6}^2}=\frac{1\cdot3\cdot1}{4\cdot2}=\frac{3}{8}$

62 a) $2\frac{1}{4}\cdot\frac{5}{6}=\frac{9}{4}\cdot\frac{5}{6}=\frac{\cancel{9}^3\cdot 5}{4\cdot\cancel{6}^2}=\frac{3\cdot 5}{4\cdot 2}=\frac{15}{8}=1\frac{7}{8}$

b) $\frac{4}{7}\cdot 2\frac{5}{8}=\frac{4}{7}\cdot\frac{21}{8}=\frac{\cancel{4}^1\cdot\cancel{21}^3}{\cancel{7}^1\cdot\cancel{8}^2}=\frac{1\cdot 3}{1\cdot 2}=\frac{3}{2}=1\frac{1}{2}$

c) $2\frac{1}{2}\cdot 3\frac{2}{5}=\frac{5}{2}\cdot\frac{17}{5}=\frac{\cancel{5}^1\cdot 17}{2\cdot\cancel{5}^1}=\frac{17}{2}=8\frac{1}{2}$

d) $3\frac{1}{8}\cdot 4\frac{4}{5}=\frac{25}{8}\cdot\frac{24}{5}=\frac{\cancel{25}^5\cdot\cancel{24}^3}{\cancel{8}^1\cdot\cancel{5}^1}=\frac{5\cdot 3}{1\cdot 1}=15$

---

63 a) $\frac{3}{8}$ von 80 kg $=\frac{3}{8}\cdot 80\text{ kg}=\frac{3\cdot 80\text{ kg}}{8}=3\cdot 10\text{ kg}=30\text{ kg}$

b) $\frac{5}{6}$ von 720 t $=\frac{5}{6}\cdot 720\text{ t}=\frac{5\cdot 720\text{ t}}{6}=5\cdot 120\text{ t}=600\text{ t}$

c) $\frac{5}{8}$ von 240 km $=\frac{5}{8}\cdot 240\text{ km}=\frac{5\cdot 240\text{ km}}{8}=5\cdot 30\text{ km}=150\text{ km}$

d) $\frac{3}{5}$ von 200 m $=\frac{3}{5}\cdot 200\text{ m}=\frac{3\cdot 200\text{ m}}{5}=3\cdot 40\text{ m}=120\text{ m}$

---

64 a) $\frac{3}{5}$ von 150 kg $=\frac{3\cdot 150\text{ kg}}{5}=3\cdot 30\text{ kg}=90\text{ kg}$

$\frac{3}{4}$ von 140 kg $=\frac{3\cdot 140\text{ kg}}{4}=3\cdot 35\text{ kg}=105\text{ kg}$

$90\text{ kg}<150\text{ kg}\ \Rightarrow\ \frac{3}{5}$ von 150 kg $<\frac{3}{4}$ von 140 kg

b) $\frac{2}{3}$ von 180 km $=\frac{2\cdot 180\text{ km}}{3}=2\cdot 60\text{ km}=120\text{ km}$

$\frac{7}{8}$ von 160 km $=\frac{7\cdot 160\text{ km}}{8}=7\cdot 20\text{ km}=140\text{ km}$

$120\text{ km}<140\text{ km}\ \Rightarrow\ \frac{2}{3}$ von 180 km $<\frac{7}{8}$ von 160 km

c) $\frac{5}{7}$ von 420 € $=\frac{5\cdot 420\text{ €}}{7}=5\cdot 60\text{ €}=300\text{ €}$

$\frac{2}{3}$ von 450 € $=\frac{2\cdot 450\text{ €}}{3}=2\cdot 150\text{ €}=300\text{ €}$

$\frac{5}{7}$ von 420 € $=\frac{2}{3}$ von 450 €

d) $\frac{3}{4}$ von 1 200 $\ell=\frac{3\cdot 1\,200\ \ell}{4}=3\cdot 300\ \ell=900\ \ell$

$\frac{7}{8}$ von 880 $\ell=\frac{7\cdot 880\ \ell}{8}=7\cdot 110\ \ell=770\ \ell$

$900\ \ell>770\ \ell\ \Rightarrow\ \frac{3}{4}$ von 1 200 $\ell>\frac{7}{8}$ von 880 ℓ

---

65 a) $\frac{7}{8}:\frac{7}{3}=\frac{7}{8}\cdot\frac{3}{7}=\frac{\cancel{7}^1\cdot 3}{8\cdot\cancel{7}^1}=\frac{3}{8}$

b) $\frac{3}{5}:\frac{7}{15}=\frac{3}{5}\cdot\frac{15}{7}=\frac{3\cdot\cancel{15}^3}{\cancel{5}^1\cdot 7}=\frac{3\cdot 3}{1\cdot 7}=\frac{9}{7}=1\frac{2}{7}$

c) $\frac{6}{7}:\frac{9}{35}=\frac{6}{7}\cdot\frac{35}{9}=\frac{\cancel{6}^2\cdot\cancel{35}^5}{\cancel{7}^1\cdot\cancel{9}^3}=\frac{2\cdot 5}{1\cdot 3}=\frac{10}{3}=3\frac{1}{3}$

d) $\frac{11}{10}:\frac{3}{5}=\frac{11}{10}\cdot\frac{5}{3}=\frac{11\cdot\cancel{5}^1}{\cancel{10}^2\cdot 3}=\frac{11\cdot 1}{2\cdot 3}=\frac{11}{6}=1\frac{5}{6}$

---

66 a) $\frac{12}{7}:2=\frac{12}{7}\cdot\frac{1}{2}=\frac{\cancel{12}^{6}\cdot 1}{7\cdot\cancel{2}^{1}}=\frac{6}{7}$

b) $\frac{9}{8}:3=\frac{9}{8}\cdot\frac{1}{3}=\frac{\cancel{9}^{3}\cdot 1}{8\cdot\cancel{3}^{1}}=\frac{3\cdot 1}{8\cdot 1}=\frac{3}{8}$

c) $6:\frac{1}{2}=\frac{6}{1}\cdot\frac{2}{1}=\frac{6\cdot 2}{1\cdot 1}=12$

d) $12:\frac{6}{5}=\frac{12}{1}\cdot\frac{5}{6}=\frac{\cancel{12}^{2}\cdot 5}{1\cdot\cancel{6}^{1}}=\frac{2\cdot 5}{1\cdot 1}=\frac{10}{1}=10$

---

67 a) $5\frac{1}{4}:3\frac{1}{2}=\frac{21}{4}:\frac{7}{2}=\frac{21}{4}\cdot\frac{2}{7}=\frac{\cancel{21}^{3}\cdot\cancel{2}^{1}}{\cancel{4}^{2}\cdot\cancel{7}^{1}}=\frac{3\cdot 1}{2\cdot 1}=\frac{3}{2}=1\frac{1}{2}$

b) $4\frac{4}{5}:3\frac{6}{10}=\frac{24}{5}:\frac{36}{10}=\frac{24}{5}\cdot\frac{10}{36}=\frac{\cancel{24}^{4}\cdot\cancel{10}^{2}}{\cancel{5}^{1}\cdot\cancel{36}^{6}}=\frac{4\cdot\cancel{2}^{1}}{1\cdot\cancel{6}^{3}}=\frac{4\cdot 1}{1\cdot 3}=\frac{4}{3}=1\frac{1}{3}$

c) $7\frac{1}{3}:2\frac{3}{4}=\frac{22}{3}:\frac{11}{4}=\frac{22}{3}\cdot\frac{4}{11}=\frac{\cancel{22}^{2}\cdot 4}{3\cdot\cancel{11}^{1}}=\frac{2\cdot 4}{3\cdot 1}=\frac{8}{3}=2\frac{2}{3}$

d) $3\frac{1}{2}:1\frac{5}{9}=\frac{7}{2}:\frac{14}{9}=\frac{7}{2}\cdot\frac{9}{14}=\frac{\cancel{7}^{1}\cdot 9}{2\cdot\cancel{14}^{2}}=\frac{1\cdot 9}{2\cdot 2}=\frac{9}{4}=2\frac{1}{4}$

---

68 a) $\frac{1}{2}\text{ t}=500\text{ kg}\quad 1\text{ t}=1\,000\text{ kg}\quad 17\frac{1}{2}\text{ t}=17\,500\text{ kg}\quad 1\frac{1}{4}\text{ kg}=\frac{5}{4}\text{ kg}$

$17\,500:\frac{5}{4}=17\,500\cdot\frac{4}{5}=\frac{17\,500\cdot 4}{5}=14\,000$

Es entstehen 14 000 Liter Apfelsaft.

b) Anzahl der $\frac{7}{10}$ ℓ-Flaschen

$6\,300:\frac{7}{10}=6\,300\cdot\frac{10}{7}=\frac{6\,300\cdot 10}{7}=9\,000$ (Flaschen)

restlicher Apfelsaft

$14\,000\text{ ℓ}-6\,300\text{ ℓ}=7\,700\text{ ℓ}$

Anzahl der $\frac{1}{3}$ ℓ-Flaschen

$7\,700:\frac{1}{3}=7\,700\cdot\frac{3}{1}=23\,100$ (Flaschen)

c) Apfelsaftmenge aus 1,5 t Äpfel für Babynahrung

1,5 t = 1 500 kg

$1\,500:\frac{5}{4}=1\,500\cdot\frac{4}{5}=1\,200$ (Liter Apfelsaft)

Anzahl der $\frac{1}{4}$ ℓ -Flaschen

$1\,200:\frac{1}{4}=1\,200\cdot\frac{4}{1}=4\,800$ (Flaschen)

69

Bruch	$\frac{1}{2}$	$\frac{1}{4}$	$\frac{3}{4}$	$\frac{1}{5}$	$\frac{4}{5}$	$\frac{7}{10}$	$1\frac{1}{4}$	$\frac{1}{8}$
Dezimalbruch	0,5	0,25	0,75	0,2	0,8	0,70	1,25	0,125
Prozent	50 %	25 %	75 %	20 %	80 %	70 %	125 %	12,5 %

70 a) $\frac{2}{3}$ 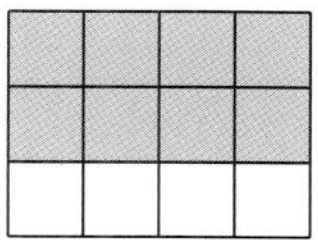 b) 75 % 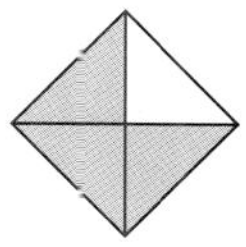 c) $\frac{1}{4}$ 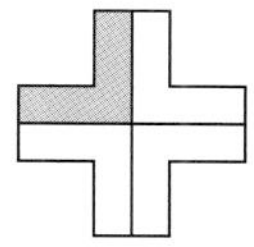

d) $\frac{3}{12}$ 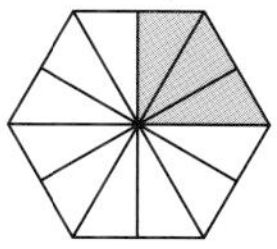 e) 45 % 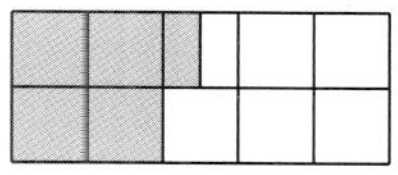 f) $\frac{5}{6}$ 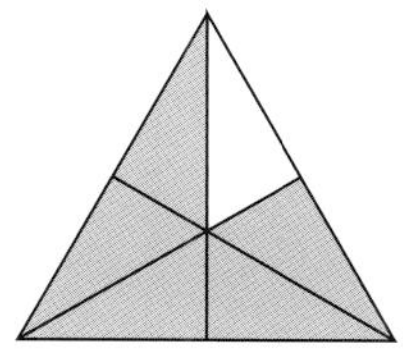

---

71 a) $0{,}15 = 15\,\%$; $0{,}35 = 35\,\%$

b) $38\,\% = 0{,}38$; $100\,\% = 1$

c) $100\,\% = 1$; $95\,\% = 0{,}95$

d) $\frac{1}{4} = 0{,}25$; $12\,\% = 0{,}12$; $\frac{3}{10} = 0{,}30$

$20\,\% - 0{,}15 + 0{,}35 = \mathbf{40}\,\%$

$0{,}60 - 38\,\% + 0{,}20 + \mathbf{0{,}58} = 100\,\%$

$100\,\% - 0{,}97 + \mathbf{0{,}97} - 0{,}05 = 95\,\%$

$0{,}45 + \frac{1}{4} - 12\,\% + \frac{3}{10} = \mathbf{0{,}88}$

---

72 a) $\frac{3}{4} = 0{,}75 \;\Rightarrow\; \frac{3}{4} > 0{,}7$

b) $0{,}35 = \frac{35}{100}$

c) $\frac{36}{72} = \frac{1}{2} = 0{,}5 \;\Rightarrow\; 0{,}60 > \frac{36}{72}$

d) $\frac{3}{5} = 0{,}6 \;\Rightarrow\; \frac{3}{5} > 0{,}06$

e) $\frac{2}{3} \cdot \frac{3}{4} = \frac{\not{2} \cdot \not{3}}{\not{3} \cdot \not{4}^{2}} = \frac{1}{2}$; $\frac{1}{2} : \frac{5}{6} = \frac{1 \cdot \not{6}^{3}}{\not{2} \cdot 5} = \frac{3}{5} \;\Rightarrow\; \frac{2}{3} \cdot \frac{3}{4} < \frac{1}{2} : \frac{5}{6}$

f) $\frac{5}{12} - \frac{1}{4} = \frac{5}{12} - \frac{3}{12} = \frac{\not{2}}{\not{12}^{6}} = \frac{1}{6}$; $\frac{1}{9} + \frac{1}{18} = \frac{2}{18} + \frac{1}{18} = \frac{\not{3}}{\not{18}^{6}} = \frac{1}{6} \;\Rightarrow\; \frac{5}{12} - \frac{1}{4} = \frac{1}{9} + \frac{1}{18}$

g) $0{,}36 + 14\,\% = 0{,}36 + 0{,}14 = 0{,}5 \;\Rightarrow\; 0{,}36 + 14\,\% = \frac{1}{2}$

h) $1\frac{3}{5} = 1{,}6 \;\Rightarrow\; 1{,}50 < 1\frac{3}{5}$

---

73 ☒ $\frac{15}{6}$ $2\frac{2}{3}$ 275 % 2,8

$2\frac{1}{2} < 2\frac{2}{3} < 2\frac{3}{4} < 2\frac{4}{5}$ $\frac{15}{6} = 2\frac{1}{2}$ $2{,}8 = 2\frac{4}{5}$ $275\,\% = 2\frac{3}{4}$

---

74 a) 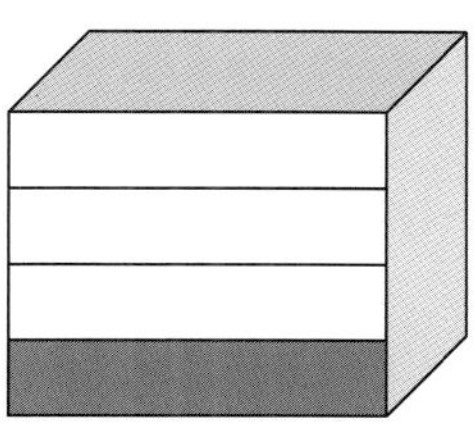

$25\,\% = \frac{1}{4}$

b) 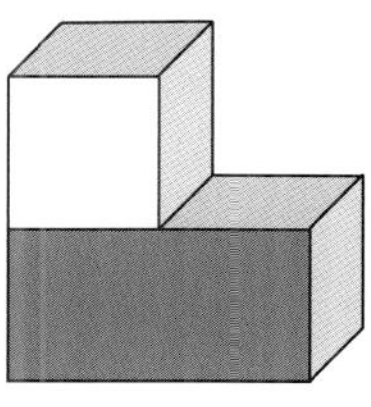

$66\,\% \approx \frac{2}{3}$

c) 

$\frac{3}{10} = \frac{1{,}5}{5}$

75 a) $\left(4\frac{2}{7}\cdot 1\frac{2}{5}\right):\left(4\frac{3}{10}-3\frac{1}{2}\right)=7\frac{1}{2}$

$4\frac{2}{7}\cdot 1\frac{2}{5}=\frac{30}{7}\cdot\frac{7}{5}=\frac{\cancel{30}^{6}\cdot\cancel{7}^{1}}{\cancel{7}^{1}\cdot\cancel{5}^{1}}=\frac{6\cdot 1}{1\cdot 1}=6$

$4\frac{3}{10}-3\frac{1}{2}$ Hauptnenner: 10

$\frac{43}{10}-\frac{7}{2}=\frac{43}{10}-\frac{7\cdot 5}{2\cdot 5}=\frac{43-35}{10}=\frac{\cancel{8}^{4}}{\cancel{10}^{5}}=\frac{4}{5}$

$6:\frac{4}{5}=6\cdot\frac{5}{4}=\frac{\cancel{6}^{3}\cdot 5}{\cancel{4}^{2}}=\frac{3\cdot 5}{2}=\frac{15}{2}=7\frac{1}{2}$

b) $\left(3\frac{3}{7}:\frac{16}{21}\right)-\left(\frac{5}{6}+\frac{2}{3}\right)=3$

$3\frac{3}{7}:\frac{16}{21}=\frac{24}{7}:\frac{16}{21}=\frac{24}{7}\cdot\frac{21}{16}=\frac{\cancel{24}^{3}\cdot\cancel{21}^{3}}{\cancel{7}^{1}\cdot\cancel{16}^{2}}=\frac{3\cdot 3}{1\cdot 2}=\frac{9}{2}$

$\frac{5}{6}+\frac{2}{3}$ Hauptnenner: 6

$\frac{5}{6}+\frac{2\cdot 2}{3\cdot 2}=\frac{5+4}{6}=\frac{\cancel{9}^{3}}{\cancel{6}^{2}}=\frac{3}{2}$

$\frac{9}{2}-\frac{3}{2}=\frac{6}{2}=3$

---

76 a) Eltern: $\frac{1}{6}$ von 480 € Großeltern: 25 % $=\frac{1}{4}$ von 480 €

480 € : 6 = 80 € 480 € : 4 = 120 €

Sparkonto:
480 € – 80 € – 120 € = 280 €

Svenja hebt 280 € von ihrem Sparkonto ab.

b) $\frac{2}{3}$ von $0{,}75=\frac{3}{4}$

$\frac{2}{3}\cdot\frac{3}{4}=\frac{\cancel{2}\cdot\cancel{3}}{\cancel{3}\cdot\cancel{4}^{2}}=\frac{1}{2}=0{,}5\ (\ell)$

$0{,}75\ \ell-0{,}5\ \ell=0{,}25\ \ell$

Es sind noch 0,25 ℓ in der Flasche.

c) $1\frac{1}{4}\ \text{t}=1{,}25\ \text{t}=1\,250\ \text{kg}$

1 Palette: 1 250 kg 2 Paletten: 2 500 kg 3 Paletten: 3 750 kg
4 Paletten: 5 000 kg 5 Paletten: 6 250 kg 6 Paletten: 7 500 kg (zu viel)

Keve darf maximal fünf Paletten auf den Lastwagen laden.

---

77 a) $1-\frac{3}{8}-\frac{1}{3}$ Hauptnenner: 24

$\frac{1\cdot 24}{1\cdot 24}-\frac{3\cdot 3}{8\cdot 3}-\frac{1\cdot 8}{3\cdot 8}=\frac{24-9-8}{24}=\frac{7}{24}$

Der Bruchteil des dritten Stücks an der gesamten Länge ist $\frac{7}{24}$.

b) Länge der einzelnen Stücke

$\frac{3}{8}$ von 12 m $= \frac{3 \cdot \cancel{12}^3 \text{ m}}{\cancel{8}^2} = \frac{3 \cdot 3 \text{ m}}{2} = \frac{9 \text{ m}}{2} = 4\frac{1}{2}$ m

$\frac{1}{3}$ von 12 m $= \frac{1 \cdot \cancel{12}^4 \text{ m}}{\cancel{3}^1} = \frac{1 \cdot 4 \text{ m}}{1} = 4$ m

$\frac{7}{24}$ von 12 m $= \frac{7 \cdot \cancel{12}^1 \text{ m}}{\cancel{24}^2} = \frac{7}{2}$ m $= 3\frac{1}{2}$ m *oder* 12 m $- 4\frac{1}{2}$ m $-$ 4 m $= 3\frac{1}{2}$ m

---

78 a) Anzahl der Obstbäume insgesamt

Birnbäume	30
Apfelbäume	50
Kirschbäume	16
Zwetschgenbäume	24
insgesamt	**120**

b) Anteile der einzelnen Obstbaumsorten am gesamten Obstbaumbestand

Birnbäume	30 von 120 $= \frac{30}{120} = \frac{1}{4}$
Apfelbäume	50 von 120 $= \frac{50}{120} = \frac{5}{12}$
Kirschbäume	16 von 120 $= \frac{16}{120} = \frac{2}{15}$
Zwetschgenbäume	24 von 120 $= \frac{24}{120} = \frac{1}{5}$

---

79 a) $\frac{7}{8} = 7 : 8 = 0{,}875$

b) $\frac{9}{16} = 9 : 16 = 0{,}5625$

c) $\frac{23}{20} = 23 : 20 = 1{,}15$

d) $\frac{29}{25} = 29 : 25 = 1{,}16$

e) $\frac{4}{3} = 4 : 3 = 1{,}333\ldots = 1{,}\overline{3}$

f) $\frac{7}{6} = 7 : 6 = 1{,}1666\ldots = 1{,}1\overline{6}$

g) $\frac{11}{9} = 11 : 9 = 1{,}222\ldots = 1{,}\overline{2}$

h) $\frac{8}{15} = 8 : 15 = 0{,}533\ldots = 0{,}5\overline{3}$

---

80 a) $1 > 0{,}\overline{9}$

b) $\frac{3}{5} = 0{,}6 \Rightarrow \frac{3}{5} < 0{,}\overline{6}$

c) $\frac{1}{6} = 0{,}166\ldots = 0{,}1\overline{6} \Rightarrow \frac{1}{6} = 0{,}1\overline{6}$

d) $\frac{3}{4} = 0{,}75 \Rightarrow \frac{3}{4} > 0{,}749$

e) $\frac{3}{8} = 0{,}375 \Rightarrow \frac{3}{8} = 0{,}375$

f) $\frac{5}{6} = 0{,}8333\ldots = 0{,}8\overline{3} \Rightarrow 0{,}8\overline{3} = \frac{5}{6}$

g) $\frac{1}{3} = 0{,}333\ldots = 0{,}\overline{3} \Rightarrow \frac{1}{3} = 0{,}\overline{3}$

h) $\frac{1}{20} = 0{,}05 \Rightarrow \frac{1}{20} < 0{,}0\overline{5}$

---

81 a) $3\,\ell : 5 = 0{,}6\,\ell$

b) $5\,\ell : 8 = 0{,}625\,\ell$

c) $2\,\ell : 3 = 0{,}666\ldots\,\ell \approx 0{,}67\,\ell$

d) $13\,\ell : 7 = 1{,}857\ldots\,\ell \approx 1{,}86\,\ell$

e) 212 km : 7 = 30,285… km ≈ 30,29 km

f) 136 km : 8 = 17 km

g) 218 km : 3 = 72,666… km ≈ 72,7 km

h) 197 km : 6 = 32,833… km ≈ 32,8 km

82 $5\,\ell : 7 = 0{,}714\ldots\,\ell \approx 0{,}7\,\ell$
Jede Radfahrerin kann 0,7 ℓ Erfrischungsgetränk in die Trinkflasche füllen.

---

83 a) $717\text{ km} : 11 = 65{,}181\ldots\text{ km} \approx 65\text{ km}$
Sven fuhr täglich im Durchschnitt 65 km.

b) Rouven: $678\text{ km} : 13 = 52{,}153\ldots\text{ km} \approx 52\text{ km}$
Antonia: $373\text{ km} : 7 = 53{,}285\ldots\text{ km} \approx 53\text{ km}$
Sergej: $669\text{ km} : 13 = 51{,}461\ldots\text{ km} \approx 51\text{ km}$
Antonia schaffte durchschnittlich die meisten Kilometer pro Tag.

---

84 a) $0{,}2 + 0{,}3 = 0{,}5$ b) $0{,}4 + 1{,}8 = 2{,}2$ c) $1{,}2 + 0{,}05 = 1{,}25$ d) $1{,}625 + 1{,}05 = 2{,}675$
e) $1 + 2{,}2 + 0{,}8 = 4$ f) $1{,}9 + 9 + 1{,}2 = 12{,}1$ g) $1{,}4 + 3 + 1{,}6 = 6$ h) $3{,}9 + 6 + 0{,}1 = 10$

85
a) $\begin{array}{r} 43{,}9 \\ +\ 7{,}7 \\ \hline 51{,}6 \end{array}$ b) $\begin{array}{r} 7{,}357 \\ +\ 7{,}190 \\ \hline 14{,}547 \end{array}$ c) $\begin{array}{r} 8{,}482 \\ +\ 5{,}990 \\ \hline 14{,}472 \end{array}$ d) $\begin{array}{r} 9{,}300 \\ +\ 7{,}738 \\ \hline 17{,}038 \end{array}$

e) $\begin{array}{r} 91{,}020 \\ +\ 13{,}675 \\ \hline 104{,}695 \end{array}$ f) $\begin{array}{r} 63{,}309 \\ +\ 46{,}020 \\ \hline 109{,}329 \end{array}$ g) $\begin{array}{r} 997{,}600 \\ +\ 95{,}432 \\ \hline 1\,093{,}032 \end{array}$ h) $\begin{array}{r} 475{,}900 \\ +\ 8{,}875 \\ \hline 484{,}775 \end{array}$

---

86 a) $0{,}9 - 0{,}3 = 0{,}6$ b) $13{,}4 - 2{,}4 = 11$ c) $8{,}75 - 1{,}25 = 7{,}5$ d) $6{,}2 - 0{,}07 = 6{,}13$
e) $2 - 1{,}11 = 0{,}89$ f) $3{,}25 - 2{,}15 = 1{,}1$ g) $30 - 20{,}7 = 9{,}3$ h) $47{,}8 - 15{,}9 = 31{,}9$

87
a) $\begin{array}{r} 12{,}700 \\ -\ 6{,}842 \\ \hline 5{,}858 \end{array}$ b) $\begin{array}{r} 80{,}000 \\ -\ 39{,}075 \\ \hline 40{,}925 \end{array}$ c) $\begin{array}{r} 267{,}40 \\ -\ 189{,}19 \\ \hline 78{,}21 \end{array}$ d) $\begin{array}{r} 54{,}700 \\ -\ 23{,}457 \\ \hline 31{,}243 \end{array}$

---

88 a) 9,75; 11,0; 12,25 b) 7,9; 7,1; 6,3
c) 8,8; 11,0; 13,2 d) 20,7; 17,4; 14,1

---

89 a) $3{,}4 + 7{,}9 - 1{,}4 + 2{,}1 = 3{,}4 - 1{,}4 + 7{,}9 + 2{,}1 = 2 + 10 = 12$
b) $15{,}5 + 7{,}1 - 6{,}5 + 3{,}9 = 15{,}5 - 6{,}5 + 7{,}1 + 3{,}9 = 9 + 11 = 20$
c) $2{,}7 - 6{,}3 + 10{,}3 - 3{,}7 = 2{,}7 + 10{,}3 - 6{,}3 - 3{,}7 = 13 - 10 = 3$
d) $1{,}78 + 1{,}75 + 1{,}22 + 1{,}25 = 1{,}78 + 1{,}22 + 1{,}75 + 1{,}25 = 3 + 3 = 6$

---

90 a) $16{,}6\text{ h} - 7{,}8\text{ h} = 8{,}8\text{ h} = 8\text{ h } 48\text{ min}$
Der längste Tag ist um 8,8 h (8 h 48 min) länger als der kürzeste.

b) Dauer der Nacht am längsten Tag: $24\text{ h} - 16{,}6\text{ h} = 7{,}4\text{ h}$ $7{,}4\text{ h} = 7\text{ h } 24\text{ min}$
Dauer der Nacht am kürzesten Tag: $24\text{ h} - 7{,}8\text{ h} = 16{,}2\text{ h}$ $16{,}2\text{ h} = 16\text{ h } 12\text{ min}$

91

Zirkelkasten	15,99 €
Holzfarbstifte	7,49 €
Malkasten	8,89 €
Summe	**32,37 €**

Preis für die Sporttasche
50 € – 32,37 € – 4,68 € = 12,95 €
Die Sporttasche kostet 12,95 €.

92 Laufzeit der drei Mädchen
$8{,}5\ s + 8{,}2\ s + 7{,}9\ s = 24{,}6\ s$
höchste Laufzeit für das vierte Mädchen
$33\ s - 24{,}6\ s = 8{,}4\ s$
Leonie kann mit einer Laufzeit von 8,3 s in der Pendelstaffel starten, Ince mit 8,6 s kann nicht starten.

---

93 a) $0{,}2 \cdot 0{,}4 = 0{,}08$ b) $5 \cdot 0{,}12 = 0{,}6$ c) $2{,}5 \cdot 40 = 100$ d) $7{,}5 \cdot 0{,}2 = 1{,}5$

---

94 a) $0{,}932 \cdot 10 = 9{,}32$ b) $6{,}701 \cdot 100 = 670{,}1$
c) $73{,}4 \cdot 1\,000 = 73\,400$ d) $5{,}004 \cdot 10\,000 = 50\,040$

---

95 a) $11{,}2 \cdot 6{,}8 = 76{,}16$ b) $9{,}04 \cdot 4{,}3 = 38{,}872$ c) $24{,}8 \cdot 0{,}2 = 4{,}96$
d) $1{,}28 \cdot 9{,}78 = 12{,}5184$ e) $13{,}4 \cdot 5{,}78 = 77{,}452$ f) $4{,}375 \cdot 8{,}4 = 36{,}75$

---

96 a) $4{,}51 \cdot 2{,}3 = 10{,}373$ b) $25{,}75 \cdot 4{,}04 = 104{,}03$ c) $0{,}034 \cdot 2{,}5 = 0{,}085$ d) $13{,}05 \cdot 7{,}04 = 91{,}872$

---

97 a) $2{,}4 \cdot \mathbf{1{,}5} \cdot \mathbf{2} = 2{,}4 \cdot \mathbf{3} = 7{,}2$ b) $\mathbf{0{,}25} \cdot 3{,}8 \cdot \mathbf{4} = \mathbf{1} \cdot 3{,}8 = 3{,}8$
c) $13 \cdot \mathbf{0{,}5} \cdot \mathbf{0{,}4} = 13 \cdot 0{,}2 = 2{,}6$ d) $1{,}5 \cdot \mathbf{0{,}2} \cdot \mathbf{5} = 1{,}5 \cdot \mathbf{1} = 1{,}5$

---

98 a) $3{,}3 \cdot 0{,}22 = 0{,}726$ $3{,}3 \cdot 0{,}2200 = 0{,}726$
$3{,}3 \cdot 0{,}22 = 3{,}3 \cdot 0{,}2200$

b) $0{,}025 \cdot 0{,}25 = 0{,}00625$ $0{,}205 \cdot 0{,}52 = 0{,}1066$
$0{,}1066 > 0{,}00625 \Rightarrow 0{,}025 \cdot 0{,}25 < 0{,}205 \cdot 0{,}52$

c) $7{,}07 \cdot 0{,}77 = 5{,}4439$ $0{,}707 \cdot 0{,}77 = 0{,}54439$
$5{,}4439 > 0{,}54439 \Rightarrow 7{,}07 \cdot 0{,}77 > 0{,}707 \cdot 0{,}77$

d) $4{,}4 \cdot 4{,}404 = 19{,}3776$ $44{,}04 \cdot 0{,}44 = 19{,}3776$
$4{,}4 \cdot 4{,}404 = 44{,}04 \cdot 0{,}44$

99

Gruppenraum I	$2{,}5 \cdot 62{,}85\ € = 157{,}125\ € \approx 157{,}13\ €$
Gruppenraum II	$2{,}75 \cdot 62{,}85\ € = 172{,}8375\ € \approx 172{,}84\ €$
Gruppenraum III	$3{,}25 \cdot 62{,}85\ € = 204{,}2625\ € \approx 204{,}26\ €$
Flur, Diele	$5{,}5 \cdot 62{,}85\ € = 345{,}675\ € \approx 345{,}68\ €$
Gemeinschaftsraum	$8{,}5 \cdot 62{,}85\ € = 534{,}225\ € \approx 534{,}23\ €$
Schlafraum	$6 \cdot 62{,}85\ € = 377{,}10\ €$

gesamte Kosten
$157{,}13\ € + 172{,}84\ € + 204{,}26\ € + 345{,}68\ € + 534{,}23\ € + 377{,}10\ € = 1\,791{,}24\ €$
Die KITA muss insgesamt 1 791,24 € bezahlen.

---

100 a) $9 : 0{,}3 = 30$ b) $2{,}4 : 0{,}8 = 3$ c) $1{,}6 : 0{,}04 = 40$ d) $4{,}5 : 0{,}15 = 30$

---

101 a) $45{,}07 : 10 = 4{,}507$ b) $753\,8 : 100 = 7{,}538$ c) $9{,}47 : 1\,000 = 0{,}00947$ d) $0{,}08 : 100 = 0{,}0008$

---

102 a) $32{,}4 : 4{,}5 = 7{,}2$ b) $22{,}14 : 3{,}6 = 6{,}15$ c) $32{,}3 : 4{,}75 = 6{,}8$ d) $963{,}9 : 4{,}59 = 210$

---

103 a) $(3{,}1 + 0{,}93) : (0{,}9 + 0{,}4) = 4{,}03 : 1{,}3 = 3{,}1$
b) $(30 - 2{,}45) : (3 - 0{,}1) = 27{,}55 : 2{,}9 = 9{,}5$

104 a) 64,8 ℓ : 892,6 km · 100 km = 7,259… ℓ ≈ 7,3 ℓ
Das Auto verbraucht 7,3 ℓ Benzin auf 100 km.

b) 64,8 ℓ · 2,33 $\frac{kg}{\ell}$ = 150,984 kg ≈ 151 kg
Durch die Fahrt wurden 151 kg CO_2 freigesetzt.

---

105 Vergleichspreise für jeweils 1 kg (1 000 g) Frühstücksmüsli

750 g kosten 1,89 €
1 g kostet 1,89 € : 750 = 0,00252 €
1 000 g kosten 0,00252 € · 1 000 = 2,52 €

2,5 kg kosten 6,23 €
1 kg kostet 6,23 € : 2,5 = 2,492 € ≈ 2,49 €

Die 2,5 kg-Packung ist günstiger.

---

106 a) –8,2; –1; –0,03; 0,01; 1,4
b) –19,3; –0,75; 1; 1,75; 18,1
c) –2,7; –2,5; 2,4; 6,3; 26,5
d) –17,2; –13,4; –13,04; 17,1; 26,5

---

107 a) 12,6 °C b) 10,8 °C c) 17,7 °C

---

108 –6,7 °C + 18,7 °C – 12,8 °C = –0,8 °C

---

109 a) niedrigste Temperatur: –26,7 °C
höchste Temperatur: +15,6 °C
Temperaturunterschied: 42,3 °C

b) (–26,7) + (–22,4) + (–11,9) + (+0,1) + (+8,3) + (+13,7) + (+15,6) + (+12,5) + (+5,9) + (–5) + (–17,9) + (–24,7) = –52,5
–52,5 °C : 12 = –4,375 °C ≈ –4,4 °C

110

Kosten für die Autowerkstatt:	527,69 €
Anzahlung für den Urlaub:	1 250 €
Abbuchungen (gesamt):	1 777,69 €
Kontostand vor den Abbuchungen:	–793,49 € + 1 777,69 € = 984,20 €

111

	alter Kontostand	Buchung	neuer Kontostand
a)	369,55 €	– 567,89 €	– 198,34 €
b)	959,90 €	– 832,54 €	127,36 €
c)	– 607,88 €	+ 2 170,73 €	1 562,85 €
d)	– 437,11 €	1 999,99 €	+ 1 562,88 €
e)	1 651,08 €	– 1 528,75 €	122,33 €
f)	– 175,42 €	– 732,61 €	– 908,03 €

---

112 a) 8,2 + 7,3 = 15,5
b) 2,8 – 3,7 = –0,9
c) –16,8 – 4,8 = –21,6
d) 6,6 – 24,1 = –17,5
e) 10,2 – 30,2 = –20
f) –39,4 + 33,1 = –6,3

---

113 a) (+4) – (+13) = (+4) + (–13)
b) (–18) – (+2) = (–18) + (–2)
c) –(+12) – (–25) = (–12) + (+25)
d) –(+4) – (–16) = (–4) + (+16)

114 a) $-(+6)-(\mathbf{-7})=(+1)$ b) $(\mathbf{-8})+(-17)=(-25)$ c) $(-6)-(\mathbf{+5})=(-11)$
d) $(-12)-(\mathbf{-8})=(-4)$ e) $-(-9)+(\mathbf{+5})=(+14)$ f) $(-8)+(\mathbf{-13})=(-21)$

---

115 a) $\mathbf{-12}-17+\mathbf{12}=-17$ b) $-25-\mathbf{31}+\mathbf{30}=-26$ c) $\mathbf{+11}-45+\mathbf{39}=5$
d) $\mathbf{+11}-\mathbf{22}+13=2$ e) $\mathbf{-33}-\mathbf{66}+99=0$ f) $-36+\mathbf{29}+\mathbf{71}=64$

---

116 a) $3{,}2-5{,}8=-2{,}6$ b) $0+5=5$ c) $-41+47=6$ d) $-3+4{,}5=1{,}5$

---

117 a) $(+6{,}3)-(-8{,}5)+((+5{,}3)-(-8{,}2))=6{,}3+8{,}5+13{,}5=28{,}3$
b) $(-17{,}6)+(+2{,}8)-((-5{,}1)-(-12{,}9))=-17{,}6+2{,}8-7{,}8=-22{,}6$
c) $(-7{,}2)+(-3{,}5)+((-2{,}4)+(-8{,}9))=-7{,}2-3{,}5+(-11{,}3)=-22$

---

118 a) -40 b) 24 c) -70 d) 10
e) -320 f) $-5{,}1$ g) -7 h) 45

---

119 a) $+0{,}9+1{,}2+18{,}4-4=16{,}5$ b) $-1{,}5+25-4{,}5+7{,}2=26{,}2$ c) $70-3-40+3{,}4=30{,}4$

---

120 a) $+0{,}5$ b) $+8$ c) -40

---

121 a) $(-4)\cdot(\mathbf{-10})=(+40)$ b) $(\mathbf{+9})\cdot(-5)=(-45)$ c) $(-27):(\mathbf{-9})=(+3)$ d) $(\mathbf{-45}):(+15)=(-3)$

---

122 a) $(-3)\cdot(+6)=-18$ $(-5)\cdot(-3)=(+15)$
$(-18)<(+15)$ $\Rightarrow$ $(-3)\cdot(+6)<(-5)\cdot(-3)$
b) $(+7)\cdot(-9)=(-63)$ $(+189):(-3)=(-63)$
$(+7)\cdot(-9)=(+189):(-3)$
c) $(-1{,}5)\cdot(-8)=(+12)$ $(-3)\cdot(+4)=(-12)$
$(+12)>(-12)$ $\Rightarrow$ $(-1{,}5)\cdot(-8)>(-3)\cdot(+4)$
d) $(+49{,}7):(+7{,}1)=(+7)$ $(-6{,}3):(-0{,}9)=(+7)$
$(+49{,}7):(+7{,}1)=(-6{,}3):(-0{,}9)$
e) $(-9)\cdot(+8)=(-72)$ $(+144):(+2)=(+72)$
$(-72)<(+72)$ $\Rightarrow$ $(-9)\cdot(+8)<(+144):(+2)$
f) $(+1{,}2)\cdot(+0{,}5)=(+0{,}6)$ $(+12)\cdot(-0{,}5)=(-6)$
$(+0{,}6)>(-6)$ $\Rightarrow$ $(+1{,}2)\ (+0{,}5)>(+12)\cdot(-0{,}5)$

---

123 a) $(+128); (+256); (+512)$ b) $(-24); (-12); (-48)$ c) $(+48); (+24); (-96)$

---

124 a) $11^2=121$ b) $(-7)^2=49$ c) $(-0{,}1)^2=0{,}01$ d) $100^2=10\,000$
e) $0{,}3^2=0{,}09$ f) $(-0{,}09)^2=0{,}0081$ g) $40^2=1\,600$ h) $(-0{,}05)^2=0{,}0025$

---

125 a) $\frac{3^2}{4^2}=\frac{9}{16}$ b) $\frac{7^2}{12^2}=\frac{49}{144}$ c) $\frac{(-8^2)}{(9^2)}=\frac{64}{81}$ d) $\left(\frac{15}{16}\right)^2=\frac{225}{256}$

---

126 a) $\sqrt{25}=5$ b) $\sqrt{49}=7$ c) $\sqrt{100}=10$ d) $\sqrt{169}=13$

---

127 a) $\sqrt{0{,}01}=0{,}1$ b) $\sqrt{0{,}04}=0{,}2$ c) $\sqrt{0{,}16}=0{,}4$ d) $\sqrt{0{,}64}=0{,}8$

128 a) $\sqrt{\frac{9}{289}} = \frac{3}{17}$ b) $\sqrt{\frac{25}{121}} = \frac{5}{11}$ c) $\sqrt{\frac{49}{81}} = \frac{7}{9}$ d) $\sqrt{\frac{144}{400}} = \frac{12}{20}$

---

129 a) $\sqrt{17} = 4{,}123\ldots \approx 4{,}12$ b) $\sqrt{117} = 10{,}816\ldots \approx 10{,}82$
c) $\sqrt{17{,}92} = 4{,}233\ldots \approx 4{,}23$ d) $\sqrt{289{,}05} = 17{,}001\ldots \approx 17{,}00$

---

130 a) $\sqrt{177} = 13{,}304\ldots \quad 13 < \sqrt{177} < 14$ b) $\sqrt{207} = 14{,}387\ldots \quad 14 < \sqrt{207} < 15$
c) $\sqrt{577} = 24{,}020\ldots \quad 24 < \sqrt{577} < 25$ d) $\sqrt{815} = 28{,}548\ldots \quad 28 < \sqrt{815} < 29$
e) $\sqrt{1\,000} = 31{,}622\ldots \quad 31 < \sqrt{1\,000} < 32$ f) $\sqrt{2\,357} = 48{,}548\ldots \quad 48 < \sqrt{2\,357} < 49$

---

131 a) $\sqrt{255} \cdot 12 - 4{,}5^2 \cdot 5 = 15 \cdot 12 - 20{,}25 \cdot 5 = 180 - 101{,}25 = 78{,}75$
b) $16 : \sqrt{0{,}16} + 3{,}5^2 \cdot 8 = 16 : 0{,}4 + 12{,}25 \cdot 8 = 40 + 98 = 138$
c) $41 - \sqrt{196} \cdot 6{,}5^2 + 189 = 41 - 14 \cdot 42{,}25 + 189 = 41 - 591{,}5 + 189 = -361{,}5$
d) $14{,}5^2 - \sqrt{441} \cdot 14 + 9{,}5^2 = 210{,}25 - 21 \cdot 14 + 90{,}25 = 210{,}25 - 294 + 90{,}25 = 6{,}5$
e) $\sqrt{729} : \sqrt{81} + 25^2 : 5^2 = 27 : 9 + 625 : 25 = 3 + 25 = 28$
f) $\sqrt{961} - 5{,}5^2 + 3{,}5^2 : \sqrt{0{,}0625} = 31 - 30{,}25 + 12{,}25 : 0{,}25 = 31 - 30{,}25 + 49 = 49{,}75$

---

132 a) $\sqrt{576} + 2^2 = 24 + 4 = 28$ $\sqrt{1\,024} - 2^2 = 32 - 4 = 28$
$\sqrt{576} + 2^2 = \sqrt{1\,024} - 2^2$
b) $12^2 - \sqrt{169} = 144 - 13 = 131$ $4{,}5^2 + 11^2 = 20{,}25 + 121 = 141{,}25$
$131 < 141{,}25 \quad \Rightarrow \quad 12^2 - \sqrt{169} < 4{,}5^2 + 11$
c) $0{,}25 - 0{,}25^2 = 0{,}25 - 0{,}0625 = 0{,}1875$ $\sqrt{0{,}16} + 0{,}2^2 = 0{,}4 + 0{,}04 = 0{,}44$
$0{,}1875 < 0{,}44 \quad \Rightarrow \quad 0{,}25 - 0{,}25^2 < \sqrt{0{,}16} + 0{,}2^2$
d) $\sqrt{156{,}25} + 8{,}5^2 = 12{,}5 + 72{,}25 = 84{,}75$ $10^2 - \sqrt{12{,}25} = 100 - 3{,}5 = 96{,}5$
$84{,}75 < 96{,}5 \quad \Rightarrow \quad \sqrt{156{,}25} + 8{,}5^2 < 10^2 - \sqrt{12{,}25}$
e) $\sqrt{0{,}04} \cdot \sqrt{121} = 0{,}2 \cdot 11 = 2{,}2$ $\sqrt{196} : \sqrt{49} = 14 : 7 = 2$
$2{,}2 > 2 \quad \Rightarrow \quad \sqrt{0{,}04} \cdot \sqrt{121} > \sqrt{196} : \sqrt{49}$
f) $8^2 + \sqrt{36} = 64 + 6 = 70$ $\sqrt{5\,929} - \sqrt{49} = 77 - 7 = 70$
$8^2 + \sqrt{36} = \sqrt{5\,929} - \sqrt{49}$

---

133 a) $97\,650\,000\,000 \approx 9{,}77 \cdot 10^{10}$ b) $3\,842\,500\,000\,000\,000 \approx 3{,}84 \cdot 10^{15}$
c) $80\,876\,345{,}56 \approx 8{,}09 \cdot 10^{7}$ d) $99\,999\,888\,777\,654 \approx 1{,}00 \cdot 10^{14}$

---

134 a) $0{,}000\,000\,562 \approx 5{,}6 \cdot 10^{-7}$ b) $0{,}000\,000\,002\,24 \approx 2{,}2 \cdot 10^{-9}$
c) $0{,}002\,099\,236\,5 \approx 2{,}1 \cdot 10^{-3}$ d) $0{,}000\,009\,879 \approx 9{,}9 \cdot 10^{-6}$

---

135 a) $2{,}2 \cdot 10^3 = 2\,200$ b) $1{,}3 \cdot 10^4 = 13\,000$
c) $5{,}7 \cdot 10^5 = 570\,000$ d) $6{,}1 \cdot 10^8 = 610\,000\,000$
e) $7{,}9 \cdot 10^{11} = 790\,000\,000\,000$ f) $8{,}2 \cdot 10^{13} = 82\,000\,000\,000\,000$

---

136 a) $2 \cdot 10^{-3} = 0{,}002$ b) $8 \cdot 10^{-4} = 0{,}000\,8$ c) $2{,}3 \cdot 10^{-6} = 0{,}000\,002\,3$
d) $5{,}1 \cdot 10^{-7} = 0{,}000\,000\,51$ e) $4{,}7 \cdot 10^{-5} = 0{,}000\,047$ f) $9{,}25 \cdot 10^{-8} = 0{,}000\,000\,092\,5$

137 a) $\frac{3}{1\,000} = 3 \cdot 10^{-3}$ b) $\frac{67}{1\,000\,000} = 6{,}7 \cdot 10^{-5}$

c) $\frac{245}{100\,000\,000\,000} = 2{,}45 \cdot 10^{-9}$ d) $\frac{8{,}9}{100\,000\,000} = 8{,}9 \cdot 10^{-8}$

e) $\frac{0{,}578}{10\,000\,000\,000} = 5{,}78 \cdot 10^{-11}$ f) $\frac{7\,800}{1\,000\,000\,000\,000} = 7{,}8 \cdot 10^{-9}$

---

138 a) 858 000 000 t = 858 Megatonnen

b) 611 000 000 000 kWh = 611 000 000 MWh
611 000 000 MWh – 243 000 000 MWh = 368 000 000 MWh
368 000 000 MWh = 368 TWh
Es wurden 368 TWh durch nicht erneuerbare Energien erzeugt.

c) 579 MWh = 579 000 kWh
648 MWh = 648 000 kWh
850 MWh = 850 000 kWh
2 000 MWh = 2 000 000 kWh

---

139 a) 8 TB = 8 000 000 MB 16 TB = 16 000 000 MB
b) 4,7 GB = 4 700 MB = 4 700 000 KB 17 GB = 17 000 MB = 17 000 000 KB

---

140 Wellenlängen des sichtbaren Lichts
0,000 000 38 m = $3{,}8 \cdot 10^{-7}$ m = $3{,}8 \cdot 10^{2}$ nm = $3{,}8 \cdot 10^{5}$ pm
0,000 000 75 m = $7{,}5 \cdot 10^{-7}$ m = $7{,}5 \cdot 10^{2}$ nm = $7{,}5 \cdot 10^{5}$ pm
Wellenlängen der Röntgenstrahlung
0,000 000 000 009 m = $9 \cdot 10^{-12}$ m = $9 \cdot 10^{-3}$ nm = 9 pm
0,000 000 003 m = $3 \cdot 10^{-9}$ m = 3 nm = $3 \cdot 10^{3}$ pm

---

141 a) 0,000 000 012 s = 12 ns
b) 8 nm = $8 \cdot 10^{-9}$ m
c) 0,000 000 012 m = 12 nm 0,000 000 022 = 22 nm

---

142 a) $7{,}4 \cdot 10^{11} \cdot 2{,}7 \cdot 10^{-8} \cdot 3{,}5 \cdot 10^{4} \approx 7{,}0 \cdot 10^{8}$ b) $6{,}2 \cdot 10^{12} : (0{,}8 \cdot 10^{-7}) \cdot 4{,}13 \cdot 10^{9} \approx 3{,}2 \cdot 10^{29}$
c) $5{,}73 \cdot 10^{5} \cdot 8{,}12 \cdot 10^{-10} \cdot 0{,}3 \cdot 10^{6} \approx 1{,}4 \cdot 10^{2}$ d) $4{,}3 \cdot 10^{-2} : (7{,}88 \cdot 10^{-14}) \cdot 5{,}95 \cdot 10^{-13} \approx 3{,}2 \cdot 10^{-1}$

---

143 $1{,}2 \cdot 10^{5}$ ha = $0{,}12 \cdot 10^{6}$
$(11{,}79 + 4{,}71 + 0{,}12) \cdot 10^{6}$ ha = $16{,}62 \cdot 10^{6}$ ha = 16 620 000 ha
Es wurden 16,62 Millionen ha landwirtschaftlich genutzt.

---

144 a) $\sqrt{144} = 12$ $2 \cdot 7 = 14$
$12 < 14 \Rightarrow \sqrt{144} < 2 \cdot 7$

b) $\sqrt{121} = 11$ $40 : 4 = 10$
$11 > 10 \Rightarrow \sqrt{121} > 40 : 4$

c) $9^2 = 81$ $\sqrt{81} + 71 = 9 + 71 = 80$
$81 > 80 \Rightarrow 9^2 > \sqrt{81} + 71$

d) $4^2 + 3^2 = 16 + 9 = 25$ $5^2 = 25$
$4^2 + 3^2 = 5^2$

e) $6^2 + 8^2 = 36 + 64 = 100$ $10^2 = 100$
$6^2 + 8^2 = 10^2$

f) $\sqrt{36} + \sqrt{16} = 6 + 4 = 10$ $3 \cdot 5 = 15$
$10 < 15 \Rightarrow \sqrt{36} + \sqrt{16} < 3 \cdot 5$

145 Nur in der Reihe b) sind die Zahlen von der kleinsten bis zur größten Zahl richtig geordnet.

$\frac{1}{5} = 0,2; \quad \sqrt{81} = 0,9$

$0,17 < 0,2 < 0,456 < 0,9 \quad \Rightarrow \quad 0,17 < \frac{1}{5} < 0,456 < \sqrt{0,81}$

---

146 ☒ $0,04 \cdot 10^2 = 4$

☒ $1,2 \cdot 10^{-4} = 0,000\,12$

---

147 a) ☒ 149 600 000 km

b) ☒ $4,4 \cdot 10^{-8}$

---

148 2 Billionen $= 2 \cdot 10^{12}$
250 Milliarden $= 250 \cdot 10^9$
$2 \cdot 10^{12} \cdot 250 \cdot 10^9 = 5 \cdot 10^{23}$

---

149 a) Masse eines Protons: $1,673 \cdot 10^{-27}$ kg
Masse eines Elektrons: $1,673 \cdot 10^{-27}\text{ kg} : 1\,836 = 9,1122\ldots \cdot 10^{-31}\text{ kg} \approx 9,112 \cdot 10^{-31}$ kg

b) Masse eines Urankerns:
92 Protonen + 146 Neutronen = 238 Kernbausteine
$1,673 \cdot 10^{-27}\text{ kg} \cdot 238 = 3,9817\ldots \cdot 10^{-25}\text{ kg} \approx 3,982 \cdot 10^{-25}$ kg

---

150 a) $6\ \ell = 6\text{ dm}^3 = 6\,000\text{ cm}^3 = 6\,000\,000\text{ mm}^3 = 6 \cdot 10^6\text{ mm}^3$
$5 \cdot 10^6 \cdot 6 \cdot 10^6 = 30 \cdot 10^{12} = 3 \cdot 10^{13}$
Ein Erwachsener besitzt ca. $3 \cdot 10^{13}$ rote Blutkörperchen.

b) $3 \cdot 10^{13} \cdot 7 \cdot 10^{-3}\text{ mm} = 21 \cdot 10^{10}$ mm
$21 \cdot 10^{10}\text{ mm} = 21 \cdot 10^7\text{ m} = 21 \cdot 10^4\text{ km} = 210\,000$ km
Das Band wäre 210 000 km lang.

c) Anzahl der Neubildungen der roten Blutkörperchen in einem Jahr
365 Tage : 120 Tage $= 3,04\ldots \approx 3$ Neubildungen

Anzahl der Neubildungen der roten Blutkörperchen in 50 Jahren
$3 \cdot 50 = 150$

Anzahl der neu gebildeten roten Blutkörperchen in 50 Jahren
$150 \cdot 3 \cdot 10^{13} = 450 \cdot 10^{13} = 4,5 \cdot 10^{15}$

---

151 a) Minuten pro Jahr
$60 \cdot 24 \cdot 365 = 525\,600$ min

Plastikmüll in Tonnen pro Jahr
$525\,600 \cdot 15\text{ t} = 7\,884\,000$ t

b) Volumen des Plastikmülls
$7\,884\,000\text{ t} : 0,8\text{ t/m}^3 = 9\,855\,000\text{ m}^3$

c) Anzahl der entstehenden Mikroplastikteilchen (4 mm^3)
$9\,855\,000\text{ m}^3 = 9\,855\,000\,000\text{ dm}^3 = 9\,855\,000\,000\,000\text{ cm}^3 =$
$9\,855\,000\,000\,000\,000\text{ mm}^3 = 9,855 \cdot 10^{15}\text{ mm}^3$
$9,855 \cdot 10^{15}\text{ mm}^3 : 4\text{ mm}^3 = 2,463\ldots \cdot 10^{15} \approx 2,46 \cdot 10^{15}$ Mikroplastikteilchen

Anzahl der entstehenden Nanoplastikteilchen ($0,01\text{ mm}^3$)
$9,855 \cdot 10^{15}\text{ mm}^3 : 0,01\text{ mm}^3 = 9,855 \cdot 10^{17} \approx 9,86 \cdot 10^{17}$ Nanoplastikteilchen

152 a) richtig: Die Werte im Balkendiagramm sind in Prozent angegeben. Knapp 100 % der Befragten haben angegeben, dass sie gerne Freunde treffen. Das ist mit Abstand der höchste Wert.

b) falsch: Die Balken für Fernsehen und Sport sind gleich lang. Mit ca. 70 % der Nennungen sind beide Beschäftigungen gleich beliebt.

c) richtig: Der Balken für Lesen ragt etwas über den Strich hinaus, der 20 % der Befragten anzeigt.

d) falsch: Die Hälfte der Befragten sind 50 %. Der Wert für Videospiele beträgt jedoch weniger als 40 %.

e) richtig: $\frac{2}{3} \approx 0,66 = 66\,\%$

Im Diagramm kann man ablesen, dass etwa 70 % der Befragten Sport treiben.

---

153 richtig: Diagramm b

600 $m\ell$ Orangensaft sind mehr als die Hälfte des Getränks. Der Anteil am Kreisdiagramm muss daher größer als die Hälfte sein. 250 $m\ell$ Apfelsaft entsprechen genau einem Viertel der Menge und somit einem Viertel des Kreises. Die Anteile für den Karottensaft und für den Zitronensaft sind sehr klein, wobei der Anteil für den Zitronensaft der kleinere ist.

a) falsch: Alle vier Anteile sind etwa gleich groß sind. Der Anteil für den Orangensaft müsste aber etwa 12-mal größer sein als der Anteil an Zitronensaft.

c) falsch: Das Diagramm zeigt nur drei Anteile. Im Multivitamin-Getränk sind aber vier verschiedene Säfte enthalten.

d) falsch: Keiner der Anteile in diesem Kreisdiagramm ist größer als die Hälfte und könnte somit dem Anteil des Orangensafts entsprechen.

b) Dies ist das korrekte Diagramm.

---

154 a) richtig: Das Säulendiagramm zeigt den Anteil der Schülerinnen und Schüler in Prozent. Das Fach Wirtschaft wurde von 30 % der Mädchen gewählt. Der Anteil der Buben hingegen ist unter 10 %.

b) richtig: Die Säule, die anzeigt, wie viele Mädchen das Fach Soziales wählen, zeigt etwa 50 % an.

c) falsch: Buben wählen zu mehr als 50 % Musik und nur zu gut 40 % Kunst. Buben bevorzugen also Musik. Mädchen wählen zu knapp 70 % Kunst und nur zu gut 30 % Musik.

d) falsch: Der Anteil der Mädchen, die Technik wählen beträgt knapp 20 %.

e) richtig: Bilde die Mittelwerte der Fächer und vergleiche:
- Technik: (≈ 20 % Mädchen, ≈ 80 % Buben); Mittelwert: $(20\,\% + 80\,\%) : 2 = 50\,\%$
- Wirtschaft: (≈ 30 % Mädchen, ≈ 10 % Buben); Mittelwert: $(30\,\% + 10\,\%) : 2 = 20\,\%$
- Soziales: (≈ 50 % Mädchen, ≈ 10 % Buben); Mittelwert: $(50\,\% + 10\,\%) : 2 = 30\,\%$
- Kunst: (≈ 70 % Mädchen, ≈ 40 % Buben); Mittelwert: $(70\,\% + 40\,\%) : 2 = 55\,\%$
- Musik: (≈ 30 % Mädchen, ≈ 50 % Buben); Mittelwert: $(30\,\% + 50\,\%) : 2 = 40\,\%$

Der Anteil der Schüler, die Wirtschaft wählen ist mit etwa 20 % am geringsten.

f) richtig: $\frac{3}{4} = 0,75 = 75\,\%$

Dreiviertel aller Buben entspricht 75 %. Aus dem Diagramm kann man ablesen, dass mehr als 80 % der Buben das Fach Technik wählen.

---

155 a)

Anteil der Energiesteuer am Benzinpreis:	48 %
Anteil der Mehrwertsteuer am Benzinpreis:	19 %
Anteil aller Steuern am Benzinpreis:	$48\,\% + 19\,\% = 67\,\%$

b)

Anteil der Herstellungskosten am Benzinpreis:	3 %
Anteil des Ölpreises am Benzinpreis:	25 %
Anteil der Betriebskosten am Benzinpreis:	5 %
Anteil aller Kosten am Benzinpreis:	$3\,\% + 25\,\% + 5\,\% = 33\,\%$

Die Summe der Produktions- und Vertriebskosten beträgt 33 % und macht somit nur ein Drittel des Benzinpreises aus. Verglichen mit dem prozentualen Anteil der Steuern ist dieser Anteil relativ gering.

c) Die Aussage ist falsch.
halber Preis der Energiesteuer: 48 % : 2 = 24 %
Preisanteil Öl: 25 %

---

156 a) In allen Monaten sind die Verkaufszahlen für die Standard-Ausgabe am höchsten. Also wurden von dieser Ausgabe am meisten verkauft.

b) Die Monate 3 und 4 scheiden auf den ersten Blick aus. Die Werte für die Monate 1 und 2 werden abgelesen und verglichen.

1. Monat		**2. Monat**	
Standard-Ausgabe	≈ 45 000 Stück	Standard-Ausgabe	≈ 67 000 Stück
Digitale Ausgabe	≈ 22 000 Stück	Digitale Ausgabe	≈ 11 000 Stück
Deluxe-Ausgabe:	≈ 6 000 Stück	Deluxe-Ausgabe:	≈ 2 000 Stück
Summe:	= 73 000 Stück	Summe:	= 80 000 Stück

Im 2. Monat wurden die meisten Spiele verkauft.

c) Im 4. Monat ist kein Balken für die Deluxe-Ausgabe eingezeichnet. Somit wurden in diesem Monat keine Spiele dieser Ausgabe verkauft.

---

157 a) **Diagramm D:** Diagramm D zeigt nur die Leistungssteigerung und nicht die „schwachen Leistungen" zwischen den einzelnen Versuchen. Die Hochwertachse beginnt erst bei 30 m und ist in 0,5 m-Schritte eingeteilt. Die Höhe der Säulen soll Emre eine enorme Leistungssteigerung zeigen.

b) **Diagramm A:** Die Hochwertachse beginnt bei 0 m und ist in 10 m-Schritten eingeteilt. Im Diagramm A sind die Unterschiede zwischen den einzelnen Säulen dem Sachverhalt entsprechend gering.

c) **Diagramm B:** Die Hochwertachse beginnt erst bei 28,0 m und reicht in 0,5 m-Schritten bis 33,0 m. Die Unterschiede zwischen den einzelnen Versuchen werden durch diese Einteilung der Hochwertachse übertrieben dargestellt.

d) **Diagramm C:** Bei Diagramm C beginnt die Hochwertachse bei 25 m und geht in zwei 5 m-Schritten bis 35 m. Das angefertigte Liniendiagramm soll dem Betrachter eine unausgewogene Leistung zeigen.

Diagramm A stellt den Sachverhalt der Situation angemessen dar. Die Hochwertachse beginnt bei 0 und ist gleichmäßig in 10er-Schritten eingeteilt. Wie man in der Tabelle sieht, sind die Unterschiede zwischen den einzelnen erzielten Weiten nicht sehr groß. Dieser Sachverhalt wird auch im Diagramm A korrekt dargestellt.

---

158 a) Die Hochwertachse beginnt bei 0 € und verläuft in 5 €-Schritten bis zu einem Höchstwert von 40 €. Die Säulenhöhen für die letzten fünf Jahre betragen rund ein Fünftel der maximalen Säulenhöhe im Diagrammbereich.
Der Preis für eine Tageskarte im Jahr 2021 liegt bei 7,90 €. Eine Preiserhöhung von 0,15 € von 2020 auf 2021 kann aus der Säulenhöhe nicht abgelesen werden.
Aus dem Diagramm kann Herr Carsten eine leichte Preiserhöhung ablesen, die absolute Erhöhung der Fahrpreise ist auf dem ersten Blick nicht ersichtlich.

b) Das Diagramm stellt die Preisentwicklung für das Tagesticket anschaulich dar. Das Liniendiagramm ist für jedes Jahr mit den Kosten des Tagestickets beschriftet, die Linie steigt von 2017 bis 2021 den Preiserhöhungen entsprechend an.
Die Hochwertachse beginnt bei 7,00 € und reicht in 10 Cent-Schritten bis 8,00 €. Bei oberflächlicher Betrachtung des Diagramms kann der Eindruck entstehen, dass der Preis für das Tagesticket in den letzten fünf Jahren doch sehr stark gestiegen ist.

c) Die Hochwertachse hat keine Beschriftung und beginnt nicht bei null. Im Diagramm werden nur die Preiserhöhungen dargestellt, wobei ein Teilstrich 10 Cent entspricht.
Die Säulen für die Jahre 2018 bis 2021 werden durch diesen Trick sehr hoch und täuschen eine enorme Preiserhöhung vor.
Der Preis für ein Tagesticket ist seit 2017 um 55 Cent gestiegen und hat sich nicht versechsfacht.
Der Diagrammtitel ist falsch und hat mit dem wirklichen Sachverhalt nichts zu tun.

d) Die Rechtswertachse und die Hochwertachse sind gleichmäßig eingeteilt, die Hochwertachse beginnt bei 0 € und reicht in 1,00 €-Schritten bis 9,00 €.
Aus dem Diagramm kann der Betrachter eine leichte Preissteigerung entnehmen.
Herr Eckart sieht nur die Höhe der Säulen für die einzelnen Jahre, die fast bis an den oberen Rand des Diagrammbereichs reichen und kommt daher zu dieser Aussage.
Diagramm D stellt den tatsächlichen Sachverhalt angemessen dar, eine Beschriftung der Säulen mit den Preisen würde die Aussagekraft des Diagramms steigern.

---

159 a) Flächeninhalt der großen Grafik
$A = 4\ \text{cm} \cdot 4\ \text{cm}$
$A = 16\ \text{cm}^2$

Flächeninhalt der kleinen Grafik
$A = 2\ \text{cm} \cdot 3\ \text{cm}$
$A = 6\ \text{cm}^2$

$16\ \text{cm}^2 : 6\ \text{cm}^2 = 2{,}666\ldots \approx 2{,}67$
Die kleine Grafik passt 2,67 mal in die große Grafik, das Bilddiagramm stellt den Sachverhalt nicht korrekt dar.

b) Anzahl der Auszubildenden für 2020 der Größe der Grafik entsprechend
$16\ \text{cm}^2 \mathrel{\hat{=}} 34\,000$ Auszubildenden
$1\ \text{cm}^2 \mathrel{\hat{=}} 34\,000 : 16 = 2\,125$ Auszubildenden
$6\ \text{cm}^2 \mathrel{\hat{=}} 2\,125 \cdot 6 = 12\,750$ Auszubildenden

---

160 Der Jahresumsatz hat sich von 4 Millionen € im Jahr 2019 auf 12 Millionen € im Jahr 2020 verdreifacht.
Das Rechteck für das Jahr 2020 muss daher den 3-fachen Flächeninhalt haben.
Flächeninhalt des Rechtecks für den Umsatz im Jahr 2019
$a = 3{,}5\ \text{cm},\ b = 2{,}5\ \text{cm}$
$A = 3{,}5\ \text{cm} \cdot 2{,}5\ \text{cm}$
$A = 8{,}75\ \text{cm}^2$

Flächeninhalt des Rechtecks für den Umsatz im Jahr 2020
$A = 8{,}75\ \text{cm}^2 \cdot 3$
$A = 26{,}25\ \text{cm}^2$

mögliche Maße für das Rechteck
$a = 7\ \text{cm}$ $\quad b = 3{,}75\ \text{cm} \approx 3{,}8\ \text{cm}$
$a = 6\ \text{cm}$ $\quad b = 4{,}375\ \text{cm} \approx 4{,}4\ \text{cm}$

---

161 a) Anzahl der befragten Schülerinnen und Schüler
$(5 + 6 + 9 + 8) = 28$ Schüler/-innen
28 Schüler/-innen von 560 Schüler/-innen sind 5 % der Schüler/-innen an der Schule.
Die Befragung hat keine Aussagekraft.
17 Schüler/-innen sind der Meinung, das sie an der Schule zu viele oder extrem viele Probearbeiten schreiben müssen.
17 von 560 Schüler/-innen sind rund 3 % der Schüler/-innen an der Schule. Das ist keine große Mehrheit.

b) Die Rechtswertachse beginnt bei 4 Schüler/-innen und endet bei 9 Schüler/-innen. Dadurch erstrecken sich die Balken für „zu viel“ und „extrem viel“ von links nach rechts über weite Teile des Diagrammfeld. Bei der gewählten Einteilung der Rechtswertachse bleiben die Balken für „in Ordnung“ und „weiß nicht“ klein und erscheinen für den Betrachter unwichtig. Die Unterschiede treten besonders hervor.

2 Rechnen mit Größen

162

mm	cm	dm
1 257	125,7	12,57
470	47	4,7
11	1,1	0,11

m	dm	cm
0,002	0,02	0,2
59,75	597,5	5 975
750	7 500	75 000

m	cm	mm
14,5	1 450	14 500
0,5936	59,36	593,6
0,85	85	850

163
a) 2,73 m + 127 cm = 2,73 m + 1,27 m = 4 m
b) 654 m + 3,35 km = 0,654 km + 3,35 km = 4,004 km
c) 179 cm − 7,2 dm = 17,9 dm − 7,2 dm = 10,7 dm
d) 87 mm − 3,5 cm = 8,7 cm − 3,5 cm = 5,2 cm
e) 6 570 m − 6,47 km = 6,57 km − 6,47 km = 0,1 km
f) 812,7 dm − 56,2 m = 81,27 m − 56,2 m = 25,07 m

164
a) 12,5 m − 3,8 m − 3 cm − 97 cm = 12,5 m − 3,8 m − 0,03 m − 0,97 m = 7,7 m
b) 3 750 m + 0,271 km − 210 dm = 3,75 km + 0,271 km − 0,021 km = 4 km
c) 128,5 dm + 34,8 cm − 125 mm = 128,5 dm + 3,48 dm − 1,25 dm = 130,73 dm
d) 13,5 dm − 725 mm + 43,8 cm = 1 350 mm − 725 mm + 438 mm = 1 063 mm

165
a) ☐ 0,05 km ☒ 5 000 m ☒ 5 000 dm ☐ 50 000 mm
b) ☒ 17,6 m ☐ 176 cm ☐ 170,06 dm ☐ 17 000 mm
c) ☐ 0,001 km ☐ 100 mm ☐ 0,01 m ☒ 100,1 cm

166
4,5 km = 4 500 m
4 500 m : 15 m = 300
Man braucht 300 Rohre.

167

dm^2	cm^2	mm^2
0,57	57	5 700
4,7	470	47 000
5,6	560	56 000

mm^2	cm^2	dm^2
810,5	8,105	0,08105
255 500	2 555	25,55
6 250	62,5	0,625

km^2	ha	a
3,57	357	35 700
85	8 500	850 000
0,0725	7,25	725

168
a) 34 mm^2 + 7,4 cm^2 = 0,34 cm^2 + 7,4 cm^2 = 7,74 cm^2
b) 0,738 m^2 − 975 cm^2 = 0,738 m^2 − 0,0975 m^2 = 0,6405 m^2
c) 3,25 km^2 + 950 ha = 3,25 km^2 + 9,5 km^2 = 12,75 km^2
d) 0,82 ha + 785 m^2 = 0,82 ha + 0,0785 ha = 0,8985 ha
e) 7,54 m^2 − 3 750 cm^2 = 7,54 m^2 − 0,375 m^2 = 7,165 m^2
f) 97,5 dm^2 − 0,255 m^2 = 0,975 m^2 − 0,255 m^2 = 0,72 m^2

169
a) ☐ 0,03 km^2 ☐ 30 000 m^2 ☒ 300 ha ☐ 3 000 a
b) ☐ 8,8 m^2 ☒ 8 800 dm^2 ☐ 88 000 cm^2 ☐ 880 000 mm^2
c) ☒ 15 500 ha ☐ 155 000 a ☐ 15,5 km^2 ☐ 155 000 m^2

170 $40\ dm^2 \cdot 5\,800\,000\,000 = 232\,000\,000\,000\ dm^2 = 2\,320\ km^2$
Mit den Kunststofftüten könnte man eine Fläche von $2\,320\ km^2$ abdecken.

---

171 $24{,}82\ km^2 - 812{,}5\ ha - 4{,}625\ km^2 - 73\,450\ a - 356\,000\ m^2 =$
$24{,}82\ km^2 - 8{,}125\ km^2 - 4{,}625\ km^2 - 7{,}345\ km^2 - 0{,}356\ km^2 = 4{,}369\ km^2$
Auf das Gewerbegebiet entfällt eine Fläche von $4{,}369\ km^2$.

---

172 a) gesamte Fläche des Neubaugebiets
$3{,}42\ ha + 6\,500\ m^2 + 44{,}5\ a = 34\,200\ m^2 + 6\,500\ m^2 + 4\,450\ m^2 = 45\,150\ m^2$

b) Grundstücksgröße für ein Einfamilienhaus
$3{,}42\ ha = 34\,200\ m^2$
$34\,200\ m^2 : 36 = 950\ m^2$

c) Kaufpreis für ein Grundstück
$950\ m^2 \cdot 280\ €/m^2 = 266\,000\ €$

173

dm^3	cm^3	mm^3
5,7	5 700	5 700 000
0,35	350	350 000
0,0092	9,2	9 200

m^3	dm^3	cm^3
0,25	250	250 000
0,0037	3,7	3 700
0,91	910	910 000

$h\ell$	ℓ	$m\ell$
0,79	79	79 000
0,75	75	75 000
4,56	456	456 000

---

174 a) $12\ m^3 = 12\,000\ \ell$ b) $6{,}5\ dm^3 = 6{,}5\ \ell$ c) $67\ m\ell = 0{,}067\ \ell$
d) $0{,}078\ m^3 = 78\ \ell$ e) $55\,000\ dm^3 = 55\,000\ \ell$ f) $3{,}75\ m^3 = 3\,750\ \ell$

---

175 a) $3\,350\ mm^3 + 7{,}4\ m\ell = 3{,}35\ m\ell + 7{,}4\ m\ell = 10{,}75\ m\ell$
b) $82\ m^3 - 370\ h\ell = 82\ m^3 - 37\ m^3 = 45\ m^3$
c) $5{,}75\ m^3 + 67{,}8\ h\ell = 5{,}75\ m^3 + 6{,}78\ m^3 = 12{,}53\ m^3$
d) $85\ m^3 - 700\ h\ell = 85\ m^3 - 70\ m^3 = 15\ m^3$
e) $7{,}54\ m^3 - 3\,750\ dm^3 = 7{,}54\ m^3 - 3{,}75\ m^3 = 3{,}79\ m^3$
f) $125\ h\ell + 765\ \ell = 125\ h\ell + 7{,}65\ h\ell = 132{,}65\ h\ell$

---

176 a) Wasserverbrauch der Großstadt
$9\ \ell \cdot 600\,000 = 5\,400\,000\ \ell = 5\,400\ m^3$

b) $\frac{3}{4}$ von 600 000 Spülungen sind 450 000 Spülungen
Einsparung je Spülung
$9\ \ell - 5\ \ell = 4\ \ell$
jährliche Einsparung
$4\ \ell \cdot 450\,000 \cdot 365 = 657\,000\,000\ \ell = 657\,000\ m^3$

---

177 a) $2{,}95\ t = 2\,950\ kg$ b) $3\,750\ kg = 3{,}75\ t$ c) $87{,}3\ kg = 0{,}0873\ t$ d) $0{,}24\ kg = 240\ g$
e) $25\ g = 0{,}025\ kg$ f) $4\,752\ g = 4{,}752\ kg$ g) $0{,}125\ g = 125\ mg$ h) $3\,450\ mg = 3{,}45\ g$

---

178 Umrechnen der Größen in g
0,018 kg 49 g 0,396 kg 256 g 0,0076 kg 4 250 mg
$0{,}018\ kg = 18\ g$ $0{,}396\ kg = 396\ g$ $0{,}0076\ kg = 7{,}6\ g$ $4\,250\ mg = 4{,}25\ g$
Ordnen nach der Größe
$4{,}25\ g < 7{,}6\ g < 18\ g < 49\ g < 256\ g < 396\ g$
$\Rightarrow 4\,250\ mg < 0{,}0076\ kg < 0{,}018\ kg < 49\ g < 256\ g < 0{,}396\ kg$

---

179 a) $70\ \text{t} = 70\,000\ \text{kg}$
b) $5\,400\ \text{g} > 5\ \text{kg}\ 40\ \text{g}$
c) $6\,430\ \text{mg} < 64{,}3\ \text{g}$
d) $13\ \text{t}\ 475\ \text{kg} = 13\,475\ \text{kg}$

---

180 a) Gewicht des Metalls zur Herstellung der 10-Cent-Münzen
$4{,}10\ \text{g} \cdot 15\,890\,000\,000 = 65\,149\,000\,000\ \text{g} = 65\,149\,000\ \text{kg} = 65\,149\ \text{t}$
Gewicht des Metalls zur Herstellung der 20-Cent-Münzen
$5{,}74\ \text{g} \cdot 12\,374\,000\,000 = 71\,026\,760\,000\ \text{g} = 71\,026\,760\ \text{kg} = 71\,026{,}76\ \text{t}$
Gewicht des Metalls zur Herstellung der 50-Cent-Münzen
$7{,}80\ \text{g} \cdot 6\,560\,000\,000 = 51\,168\,000\,000\ \text{g} = 51\,168\,000\ \text{kg} = 51\,168\ \text{t}$
insgesamt benötigtes Metall zur Herstellung der Münzen
$65\,149\ \text{t} + 71\,026{,}76\ \text{t} + 51\,168\ \text{t} = 187\,343{,}76\ \text{t} \approx 187\,344\ \text{t}$

b) $187\,344\ \text{t} : 25\ \text{t} = 7\,493{,}76$
Man würde zum Transport der Münzen 7 494 Lkw benötigen.

c) Turmhöhe aller 10-Cent-Münzen
$1{,}93\ \text{mm} \cdot 15\,890\,000\,000 = 30\,667\,700\,000\ \text{mm} = 30\,667\,700\ \text{m} = 30\,667{,}7\ \text{km}$
Turmhöhe aller 20-Cent-Münzen
$2{,}14\ \text{mm} \cdot 12\,374\,000\,000 = 26\,480\,360\,000\ \text{mm} = 26\,480\,360\ \text{m} = 26\,480{,}36\ \text{km}$
Turmhöhe aller 50-Cent-Münzen
$2{,}38\ \text{mm} \cdot 6\,560\,000\,000 = 15\,612\,800\,000\ \text{mm} = 15\,612\,800\ \text{m} = 15\,612{,}8\ \text{km}$
Turmhöhe aller Münzen
$30\,667{,}7\ \text{km} + 26\,480{,}36\ \text{km} + 15\,612{,}8\ \text{km} = 72\,760{,}86\ \text{km} \approx 72\,761\ \text{km}$

---

181 a) $6\ \text{h} = 6 \cdot 60\ \text{min} = 360\ \text{min}$
b) $45\ \text{min} = 45 : 60\ \text{h} = 0{,}75\ \text{h} = \frac{3}{4}\ \text{h}$
c) $1{,}5\ \text{h} = 1{,}5 \cdot 60\ \text{min} = 90\ \text{min}$
d) $3\frac{1}{2}\ \text{d} = 3 \cdot 24\ \text{h} + \frac{1}{2} \cdot 24\ \text{h} = 72\ \text{h} + 12\ \text{h} = 84\ \text{h}$
e) $5\frac{1}{4}\ \text{min} = 5 \cdot 60\ \text{s} + \frac{1}{4} \cdot 60\ \text{s} = 300\ \text{s} + 15\ \text{s} = 315\ \text{s}$
f) $7\frac{3}{4}\ \text{h} = 7 \cdot 60\ \text{min} + \frac{3}{4} \cdot 60\ \text{min} = 420\ \text{min} + 45\ \text{min} = 465\ \text{min}$

---

182 a) $3\ \text{h}\ 23\ \text{min} + 2\ \text{h}\ 47\ \text{min} = 370\ \text{min} = 6\ \text{h}\ 10\ \text{min}$
b) $9\ \text{h}\ 37\ \text{min} + 6\ \text{h}\ 59\ \text{min} = 996\ \text{min} = 16\ \text{h}\ 36\ \text{min}$
c) $7\ \text{h}\ 28\ \text{min} - 5\ \text{h}\ 26\ \text{min} = 122\ \text{min} = 2\ \text{h}\ 2\ \text{min}$
d) $6\ \text{h}\ 2\ \text{min} - 1\ \text{h}\ 9\ \text{min} = 5\ \text{h}\ 2\ \text{min} - 9\ \text{min} = 4\ \text{h}\ 53\ \text{min}$

---

183 a) $560\ \text{s} = 9\ \text{min}\ 20\ \text{s}$ b) $998\ \text{s} = 16\ \text{min}\ 38\ \text{s}$ c) $1\,600\ \text{s} = 26\ \text{min}\ 40\ \text{s}$ d) $3\,150\ \text{s} = 52\ \text{min}\ 30\ \text{s}$

---

184 a) $1{,}3\ \text{h} = 1\ \text{h} + 0{,}3\ \text{h} = 1\ \text{h} + (0{,}3 \cdot 60)\ \text{min} = 1\ \text{h}\ 18\ \text{min}$
b) $4{,}9\ \text{h} = 4\ \text{h} + 0{,}9\ \text{h} = 4\ \text{h} + (0{,}9 \cdot 60)\ \text{min} = 4\ \text{h}\ 54\ \text{min}$
c) $2{,}35\ \text{h} = 2\ \text{h} + 0{,}35\ \text{h} = 2\ \text{h} + (0{,}35 \cdot 60)\ \text{min} = 2\ \text{h}\ 21\ \text{min}$
d) $8{,}05\ \text{h} = 8\ \text{h} + 0{,}05\ \text{h} = 8\ \text{h} + (0{,}05 \cdot 60)\ \text{min} = 8\ \text{h}\ 3\ \text{min}$

---

185 a) $97\ \text{min} = 1\ \text{h}\ 37\ \text{min}$ Verspätung
22:45 Uhr + 1 h 37 min = 00:22 Uhr
Der Bus fährt um 00:22 in München ab.

b) Ankunftszeit in Paris
7:12 Uhr + 1 h 37 min = 8:49 Uhr
Der Bus kommt um 8:49 in Paris an.

c) Fahrzeit für die Strecke München – Paris
Abfahrtszeit in München: 00:22 Uhr
Ankunftszeit in Paris: 8:49 Uhr
Fahrzeit: 8 h 27 min
Die Fahrzeit beträgt 8 h 27 min.

---

186 a) 560 km in 7 h $= 80\frac{\text{km}}{\text{h}}$ b) 680 km in 8 h $= 85\frac{\text{km}}{\text{h}}$ c) 360 km in 5 h $= 72\frac{\text{km}}{\text{h}}$

d) 120 km in 1,25 h $= 96\frac{\text{km}}{\text{h}}$ e) 660 km in 8,25 h $= 80\frac{\text{km}}{\text{h}}$ f) 624 km in 9,75 h $= 64\frac{\text{km}}{\text{h}}$

187

	Weg	Zeit	Geschwindigkeit
a)	12 m	1,5 s	**$8\frac{\text{m}}{\text{s}}$**
b)	225 km	**2,5 h**	$90\frac{\text{km}}{\text{h}}$
c)	**402,5 km**	3,5 h	$115\frac{\text{km}}{\text{h}}$
d)	48 000 km	90 min	**$32\,000\frac{\text{km}}{\text{h}}$**
e)	**136 m**	16 s	$8{,}5\frac{\text{m}}{\text{s}}$
f)	**650 km**	40 min	$975\frac{\text{km}}{\text{h}}$
g)	12 cm	15 min	**$0{,}8\frac{\text{cm}}{\text{min}}$**

188

Masse	43,6 kg	**2 891,7 g**	45 t	37,25 g	**1 245,68 mg**	221 t
Volumen	117,72 dm^3	255 dm^3	**≈ 5,7 m^3**	1,94 cm^3	92 mm^3	**85 m^3**
Dichte	**$\approx 0{,}37\frac{\text{kg}}{\text{dm}^3}$**	11,34 g/dm^3	7,9 t/m^3	**$\approx 19{,}2\frac{\text{g}}{\text{cm}^3}$**	13,54 mg/mm^3	2,6 t/m^3

---

189 1 dm^3 Schaumstoff wiegt 0,125 kg ⇒ 1 m^3 Schaumstoff wiegt 0,125 t

$\text{Masse} = 0{,}125\frac{\text{t}}{\text{m}^3}\cdot 65\ \text{m}^3$

Masse = 8,125 t
Der Lkw kann höchstens 8,125 t Schaumstoff laden.

---

190 1 dm^3 Marmor wiegt 2,5 kg ⇒ 1 m^3 Marmor wiegt 2,5 t

$\text{Volumen} = 6{,}7\ \text{t} : 2{,}5\frac{\text{t}}{\text{m}^3}$

Volumen = 2,68 m^3
Der Marmorblock hat einen Rauminhalt von 2 68 m^3.

---

191 Masse des eingefüllten Benzins
4,25 kg – 550 g = 4,25 kg – 0,55 kg = 3,7 kg
5 ℓ = 5 dm^3

$\text{Dichte}_{\text{Benzin}} = \frac{3{,}7\ \text{kg}}{5\ \text{dm}^3} = 0{,}74\frac{\text{kg}}{\text{dm}^3}$

---

192 a) $4{,}07\ \text{m} = 407\ \text{cm}$ b) $375\ \text{mm} = 3{,}75\ \text{dm}$ c) $125\,000\ \text{mm}^2 = 12{,}5\ \text{dm}^2$
d) $4\,700\ \text{cm}^2 = 0{,}47\ \text{m}^2$ e) $630\ m\ell = 0{,}63\ \text{dm}^3$ f) $0{,}75\ \text{dm}^3 = 750\ \text{cm}^3$

---

193 a) $100\ \text{min} = 1\ \text{h}\ 40\ \text{min} \approx 1{,}67\ \text{h}$ b) $150\ \text{min} = 2\ \text{h}\ 30\ \text{min} = 2{,}5\ \text{h} = 2\frac{1}{2}\ \text{h}$
c) $200\ \text{min} = 3\ \text{h}\ 20\ \text{min} \approx 3{,}33\ \text{h}$ d) $225\ \text{min} = 3\ \text{h}\ 45\ \text{min} = 3{,}75\ \text{h} = 3\frac{3}{4}\ \text{h}$

---

194 a) $1\ \text{h}\ 20\ \text{min} = 80\ \text{min}$ b) $2\ \text{h}\ 50\ \text{min} = 170\ \text{min}$
c) $4\ \text{h}\ 25\ \text{min} = 265\ \text{min}$ d) $9\ \text{h}\ 10\ \text{min} = 550\ \text{min}$

---

195 a) $8\,750\ \text{g} > 0{,}875\ \text{kg}$ b) $90\,000\ \text{mg} = 90\ \text{g}$ c) $17{,}3\ \text{t} > 1{,}730\ \text{kg}$

---

196 a) Strecke des Sekundenzeigers an einem Tag
$2{,}6\ \text{mm} \cdot 60 \cdot 60 \cdot 24 = 224\,640\ \text{mm} = 224{,}640\ \text{m} \approx 225\ \text{m}$
b) Strecke des Minutenzeigers in einem Jahr
$2{,}1\ \text{mm} \cdot 60 \cdot 24 \cdot 365 = 1\,103\,760\ \text{mm} = 1\,103{,}760\ \text{m} = 1{,}103760\ \text{km} \approx 1{,}1\ \text{km}$

197

	könnte stimmen	ist sicher falsch
Ein neu geborenes Kind wiegt 9 500 g. 9 500 g = 9,5 kg	☐	☒
Ein Kugelschreiber kostet 250 Cent. 250 Cent = 2,50 €	☒	☐
Das Display eines Smartphones ist 9 dm^2 groß. 9 dm^2 = 900 cm^2	☐	☒
Eine Zimmertür ist 2 000 mm hoch. 2 000 mm = 2 m	☒	☐
Ein Wasserglas hat ein Volumen von ca. 1,1 cm^3. 1,1 cm^3 = 1,1 $m\ell$	☐	☒
Eine Unterrichtsstunde dauert 2 700 Sekunden. 2 700 s : 60 = 45 min	☒	☐

---

198 a)

Zement:	$50\ \text{kg} \cdot 100 = 5\,000\ \text{kg}$
Kalk:	$40\ \text{kg} \cdot 80 = 3\,200\ \text{kg}$
Ziegel:	$350\ \text{kg} \cdot 12 = 4\,200\ \text{kg}$
Gesamtgewicht:	$12\,400\ \text{kg}$

$12\,400\ \text{kg} = 12{,}4\ \text{t}$
Das Material kann nicht geladen werden.

b)

Baustahlmatten:	$45\ \text{kg} \cdot 80 = 3\,600\ \text{kg}$
Baustahlstäbe:	$18\ \text{kg} \cdot 120 = 2\,160\ \text{kg}$
U-Träger:	$95\ \text{kg} \cdot 12 = 1\,140\ \text{kg}$
Doppel-T-Träger:	$150\ \text{kg} \cdot 4 = 600\ \text{kg}$
Gesamtgewicht:	$7\,500\ \text{kg}$

$7\,500\ \text{kg} = 7{,}5\ \text{t}$
Das Material kann geladen werden.

---

199 Berechnen der Zeitdauer:
Hinfahrt: 1 h 25 min + 35 min + 1 h 40 min = 3 h 40 min
Rückfahrt: 3 h 40 min
Zeitspanne bei Philipp: 5 h 30 min
gesamte Zeit 3 h 40 min + 5 h 30 min + 3 h 40 min = 12 h 50 min
Berechnen der Uhrzeit: 8 h 15 min + 12 h 50 min = 21 h 5 min
Uhrzeit zu Hause: 21:05 Uhr

200 Dauer des Schulwegs ab Bushaltestelle:
30 min + 3 min = 33 min

Abfahrzeit des Busses:
7:40 Uhr − 33 min = 7:07 Uhr
Violetta muss den Bus um 7:00 Uhr nehmen.

---

201 5 h 45 min = 5,75 h

$765\text{ km} : 5{,}75\text{ h} = 133{,}04\ldots\frac{\text{km}}{\text{h}} \approx 133\frac{\text{km}}{\text{h}}$

Der ICE fährt mit einer durchschnittlichen Geschwindigkeit von $133\frac{\text{km}}{\text{h}}$.

---

202 a) $598{,}5\text{ g} : 57\text{ cm}^3 = 10{,}5\frac{\text{g}}{\text{cm}^3}$

Es handelt sich um Silber.

b) $11{,}3\frac{\text{g}}{\text{cm}^3} \cdot 53\text{ cm}^3 = 598{,}9\text{ g}$

53 cm³ Blei haben eine Masse von 598,9 g.

c) $345\text{ t} : 7{,}9\frac{\text{t}}{\text{m}^2} = 43{,}67\ldots\text{ m}^3 \approx 43{,}7\text{ m}^3$

345 t Eisen haben ein Volumen von 43,7 m³.

---

203 Dichte der Münze

$\frac{21{,}56\text{ g}}{2{,}47\text{ cm}^3} = 8{,}728\ldots\frac{\text{g}}{\text{cm}^3} \approx 8{,}73\frac{\text{g}}{\text{cm}^3}$

Die Münze besteht nicht aus purem Gold, sondern aus Messing.

---

204 a)

Abfahrt in Regensburg:	08:46 Uhr
Ankunft in Salzburg:	11:54 Uhr
Reisezeit:	3 h 8 min

Katharina ist 3 h 8 min unterwegs.

b)

Ankunft in Mühldorf:	10:25 Uhr
Abfahrt in Mühldorf:	10:44 Uhr
Zeit zum Umsteigen:	19 min

Katharina bleiben in Mühldorf 19 min Zeit zum Umsteigen.

c)

planmäßige Ankunft in Salzburg:	11:54 Uhr
Verspätung wegen technischer Störung:	25 min
verspätete Ankunftszeit in Salzburg:	12:19 Uhr

Katharina kommt um 12:19 Uhr in Salzburg an.

205

Flug	Abflug	Flugdauer	Ankunft
München – New York	9:20 Uhr (MEZ)	9 h 25 min	**18:45 Uhr (MEZ)**
Frankfurt – Johannesburg	20.45 Uhr (MEZ)	**10 h 40 min**	7:25 Uhr (MEZ)
Berlin – Sydney	**16:46 Uhr (MEZ)**	22 h 12 min	14:58 Uhr (MEZ)

206 a) Länge des Kunststoffstricks
$50\ \text{cm} \cdot 2\,000\,000\,000 = 100\,000\,000\,000\ \text{cm} = 1\,000\,000\ \text{km}$

Länge für die Knoten
20 % von 1 000 000 km = 200 000 km

Länge des Kunststoffstricks ohne Knoten
1 000 000 km – 200 000 km = 800 000 km

Umwicklungen um den Äquator
$800\,000\ \text{km} : 40\,074\ \text{km} = 19{,}963\ldots \approx 20$

Man könnte den Kunststoffstrick rund 20 mal um den Äquator wickeln.

b) Länge des Kunststoffstricks ohne Knoten: 800 000 km
Entfernung Erde – Mond: 384 400 km
Der Kunststoffstrick reicht bis zum Mond und zurück.

c) Fläche einer Kunststoff–Tragetasche
$40\ \text{cm} \cdot 50\ \text{cm} \cdot 2 = 4\,000\ \text{cm}^2 = 0{,}4\ \text{m}^2$

Fläche von 2 Billionen Kunststoff-Tragetaschen
$0{,}4\ \text{m}^2 \cdot 2\,000\,000\,000\,000 = 800\,000\,000\,000\ \text{m}^2 = 800\,000\ \text{km}^2$

Man könnte mit der Menge an Kunststoff-Tragetaschen die Fläche der Bundesrepublik Deutschland 2-mal parkettieren.

207

	Entfernung Karte	Entfernung Wirklichkeit	Maßstab
a)	40 cm	**6 km**	1 : 15 000
b)	**28,25 cm**	56,5 km	1 : 200 000
c)	7 cm	1 400 km	**1 : 20 000 000**

208 Länge in Wirklichkeit: 3 050 m = 305 000 cm
Maßstab: 1 : 50 000
50 000 cm ≙ 1 cm
305 000 cm ≙ 305 000 cm : 50 000 = 6,1 cm
Die Länge des Tunnels auf der Karte beträgt 6,1 cm.

209 4 cm ≙ 800 cm
1 cm ≙ 200 cm
Maßstab: 1 : 200

210 Modell A: 30 cm Modell ≙ 30 000 cm Original
1 cm Modell ≙ 30 000 cm : 30 = 1 000 cm Original
Maßstab: 1:1 000

Modell B: 20 cm Modell ≙ 30 000 cm
1 cm Modell ≙ 30 000 cm : 20 = 1 500 cm
Maßstab: 1:1 500

Modell C: 25 cm Modell ≙ 30 000 cm
1 cm Modell ≙ 30 000 cm : 25 = 1 200 cm
Maßstab: 1:1 200

211 a) Länge auf der Karte: 30 cm
Länge in Wirklichkeit: 30 cm · 50 000 = 1 500 000 cm = 15 km

b) 20 cm ≙ 1 500 000 cm
1 cm ≙ 75 000 cm
Maßstab: 1:75 000

---

212 7,6 cm ≙ 3 800 cm
1 cm ≙ 500 cm
Maßstab: 1:500

---

213 250 000 cm ≙ 1 cm
42 km = 4 200 000 cm
4 200 000 cm : 250 000 = 16,8 cm

---

214 Länge auf der Karte: 11 cm + 14 cm + 8,5 cm = 33,5 cm
Länge in Wirklichkeit: 33,5 cm · 500 000 = 16 750 000 cm = 167,5 km

3 Rechnen mit Termen und Gleichungen

215
a) $125+35a-77-18a=48+17a$
b) $2{,}7b-3{,}5c+1{,}7b-1{,}5c=4{,}4b-5c$
c) $8{,}5x-2{,}5y-3{,}7x-12{,}2y=4{,}8x-14{,}7y$
d) $-99z-145-222+132z=33z-367$
e) $7{,}2d+8{,}9e-13{,}8e+2{,}3d=9{,}5d-4{,}9e$
f) $-11{,}1z-77{,}7+33{,}3z-55{,}5=22{,}2z-133{,}2$

216
a) $18{,}9x+19{,}3+51{,}7y-73{,}4-82{,}9y+52{,}8x=71{,}7x-31{,}2y-54{,}1$
b) $73-65a+23b-69+64a-13b-81+39a-47b=38a-37b-77$
c) $-45-93z-63y+65z-22-15y+88-32z-91y=21-169y-60z$
d) $10{,}9a-13{,}4b-10{,}7a+13{,}6b+10{,}6a-13{,}5b-10{,}3a-13{,}2b=0{,}5a-26{,}5b$

217
a) $3\cdot(12x-7)=36x-21$
b) $(3a+5b)\cdot 12=36a+60b$
c) $2{,}5\cdot(4x-20y)=10x-50y$
d) $(-2)\cdot(8-6x)=-16+12x$
e) $(3x+7y)\cdot(-4)=-12x-28y$
f) $(-9)\cdot(9a-10)=-81a+90$

218
a) $(44z+32):4=11z+8$
b) $(30-9a):3=10-3a$
c) $(81x-45y):9=9x-5y$
d) $(12a-6):(-2)=-6a+3$
e) $(-20x-15y):(-5)=4x+3y$
f) $(66+42b):(-6)=-11-7b$

219
a) $12x-25\cdot(2x-4)-(75+30):5+25=12x-50x+100-15-6+25=-38x+104$
b) $(0{,}5+3x)\cdot 12+7x-(48x-160):(-8)+14=6+36x+7x+6x-20+14=49x$
c) $(-8)\cdot(5x+30)+10-20\cdot(8x-5)+23x=-40x-240+10-160x+100+23x=-177x-130$
d) $2-2\cdot(7{,}5x-18)+(26x-40):2+7\cdot 2x=2-15x+36+13x-20+14x=18+12x$

220
a) $4\cdot(6x+4)+(12-8x):4=24x+16+3-2x=22x+19$

- ☐ $(6x-4)\cdot 4+(12+8x):4=24x-16+3+2x=26x-13$
- ☐ $(12+8x):4-(4-6x)\cdot 4=3+2x-16+24x=26x-13$
- ☐ $4\cdot(6x-4)+(12+8x):4=24x-16+3+2x=26x-13$
- ☒ $4\cdot(4+6x)-(8x-12):4=16+24x-2x+3=22x+19$

b) $3\cdot(9a-15)+(6-12a):6=27a-45+1-2a=25a-44$

- ☐ $3\cdot(15-9a)+(12a-6):6=45-27a+2a-1=44-25a$
- ☐ $(9a+15)\cdot 3-(-12a-6):6=27a+45+2a+1=29a+46$
- ☒ $3\cdot(9a-15)-(12a-6):6=27a-45-2a+1=25a-44$
- ☐ $(6-12a):3+(15-9a)\cdot 6=2-4a+90-54a=-58a+92$

221
a) $24x-(16x-\mathbf{25})=8x+25$
b) $\mathbf{18x}-(20-7x)=25x-20$
c) $21x-(\mathbf{9x}-\mathbf{13})=12x+13$
d) $43x-(\mathbf{41x}+(\mathbf{-18}))=2x+18$
e) $12x-2\cdot(\mathbf{1}+\mathbf{4{,}5x})=3x-2$
f) $\mathbf{-13x}+6\cdot(4x+(\mathbf{-1{,}5}))=11x-9$

222
a) A: $2x+2\cdot(3x+3\text{ cm})=2x+6x+6\text{ cm}=8x+6\text{ cm}$
B: $2x+4x+1\text{ cm}+3{,}5x=9{,}5x+1\text{ cm}$
C: $0{,}5x+2\cdot(x-1{,}5\text{ cm})+x=0{,}5x+2x-3\text{ cm}+x=3{,}5x-3\text{ cm}$
D: $8x+2\cdot(1{,}5x+1\text{ cm})+2\cdot(4x-2{,}5\text{ cm})=8x+3x+2\text{ cm}+8x-5\text{ cm}=19x-3\text{ cm}$

b) $u_A=8\cdot 6\text{ cm}+6\text{ cm}$
$u_A=48\text{ cm}+6\text{ cm}$
$u_A=54\text{ cm}$

$u_B = 9{,}5 \cdot 6\text{ cm} + 1\text{ cm}$
$u_B = 57\text{ cm} + 1\text{ cm}$
$u_B = 58\text{ cm}$

$u_C = 3{,}5 \cdot 6\text{ cm} - 3\text{ cm}$
$u_C = 21\text{ cm} - 3\text{ cm}$
$u_C = 18\text{ cm}$

$u_D = 19 \cdot 6\text{ cm} - 3\text{ cm}$
$u_D = 114\text{ cm} - 3\text{ cm}$
$u_D = 111\text{ cm}$

---

223 a) A: $2 \cdot (3{,}5x - 1\text{ cm}) + 8 \cdot 1{,}5x + 2x + 6 \cdot (4{,}5x - 7\text{ cm}) =$
$7x - 2\text{ cm} + 12x + 2x + 27x - 42\text{ cm} = 48x - 44\text{ cm}$

B: $2 \cdot x + 2 \cdot 2x + 2 \cdot (4x - 5\text{ cm}) + 2 \cdot (2{,}5x + 2\text{ cm}) + 4 \cdot (3x + 3\text{ cm}) =$
$2x + 4x + 8x - 10\text{ cm} + 5x + 4\text{ cm} + 12x + 12\text{ cm} = 31x + 6\text{ cm}$

C: $12 \cdot (2x + 1\text{ cm}) + 4 \cdot (1{,}5x + 4\text{ cm}) =$
$24x + 12\text{ cm} + 6x + 16\text{ cm} = 30x + 28\text{ cm}$

b) Länge aller Kanten des Körpers A:
$48 \cdot 4{,}5\text{ cm} - 44\text{ cm} = 216\text{ cm} - 44\text{ cm} = 172\text{ cm}$

Länge aller Kanten des Körpers B:
$31 \cdot 4{,}5\text{ cm} + 6\text{ cm} = 139{,}5\text{ cm} + 6\text{ cm} = 145.5\text{ cm}$

Länge aller Kanten des Körpers C:
$30 \cdot 4{,}5\text{ cm} + 28\text{ cm} = 135\text{ cm} + 28\text{ cm} = 163\text{ cm}$

---

224 **Addition**

Vermehrt man eine Zahl um 3	$x + 3$
Addiert man 53 zu einer Zahl	$x + 53$
Die Summe aus einer Zahl und 12	$x + 12$
Subtraktion	
Eine um 17 verminderte Zahl	$x - 17$
Die Differenz aus einer Zahl und 30	$x - 30$
Subtrahiert man von einer Zahl 56	$x - 56$
Multiplikation	
Multipliziert man das 12-fache einer Zahl mit 7	$12x \cdot 7$
Das Produkt aus dem 3-fachen einer Zahl und 17	$3x \cdot 17$
Die doppelte Summe aus dem 3-fachen einer Zahl und 8	$2 \cdot (3x + 8)$
Division	
Dividiert man eine Zahl durch 70	$x : 70$
Der Quotient aus einer Zahl und 3	$x : 3$
Der vierte Teil der Summe aus einer Zahl und 84	$(x + 84) : 4$

---

225 a) $2 \cdot (3x + 28) + (5x + 7) = 6x + 56 + 5x + 7 = 11x + 63$
b) $8 \cdot (x + 32) - 3 \cdot (x - 45) = 8x + 256 - 3x + 135 = 5x + 391$
c) $2 \cdot (4x + 5) \cdot (61 - 57) = (8x + 10) \cdot 4 = 32x + 40$
d) $(9x - 15) : (18 : 6) = (9x - 15) : 3 = 3x - 5$

---

226 a) $4x + 104 = 296 \quad | -104$
$4x = 192 \quad | : 4$
$x = 48$

b) $3x + 1 = 13 \quad | -1$
$3x = 12 \quad | : 3$
$x = 4$

c) $28 = 15x - 92 \quad | +92$
$120 = 15x \quad | : 15$
$8 = x$

d) $52 = 20 + 16x \quad | -20$
$32 = 16x \quad | :16$
$2 = x$

e) $108 = 45 + 3x \quad | -45$
$63 = 3x \quad | :3$
$21 = x$

f) $2x - 104 = 54 \quad | +104$
$2x = 158 \quad | :2$
$x = 79$

---

227 a) $7x - 19 = 4x + 2 \quad | -4x$
$3x - 19 = 2 \quad | +19$
$3x = 21 \quad | :3$
$x = 7$

b) $7x - 5 = 6x + 8 \quad | -6x$
$x - 5 = 8 \quad | +5$
$x = 13$

c) $4x + 32 = 14x + 12 \quad | -14x$
$-10x + 32 = 12 \quad | -32$
$-10x = -20 \quad | :(-10)$
$x = 2$

d) $4x + 24 = 8x - 48 \quad | -8x$
$-4x + 24 = -48 \quad | -24$
$-4x = -72 \quad | :(-4)$
$x = 18$

e) $34 - 4x = 16 + 5x \quad | -5x$
$34 - 9x = 16 \quad | -34$
$-9x = -18 \quad | :(-9)$
$x = 2$

f) $5x + 5 = 69 - 3x \quad | +3x$
$8x + 5 = 69 \quad | -5$
$8x = 64 \quad | :8$
$x = 8$

---

228 a) $16x - 5 = 203 \quad | +5$
$16x = 208 \quad | :16$
$x = 13$

b) $x : 3 = 26 \quad | \cdot 3$
$x = 78$

c) $7 + 5x = 25 - x \quad | +x$
$7 + 6x = 25 \quad | -7$
$6x = 18 \quad | :6$
$x = 3$

d) $2x + 24 = 8x - 36 \quad | -8x$
$-6x + 24 = -36 \quad | -24$
$-6x = -60 \quad | :(-6)$
$x = 10$

---

229 a) $5x - 4 + 6x = 2x + 87 - 4x$
$11x - 4 = -2x + 87 \quad | +2x$
$13x - 4 = 87 \quad | +4$
$13x = 91 \quad | :13$
$x = 7$

b) $5x - 29 + 3x = 12x + 61 - 10x$
$8x - 29 = 2x + 61 \quad | -2x$
$6x - 29 = 61 \quad | +29$
$6x = 90 \quad | :6$
$x = 15$

c) $2x + 105 - 26 = 95 - 4x + 5x$
$2x + 79 = 95 + x \quad | -x$
$x + 79 = 95 \quad | -79$
$x = 16$

d) $19 - 2x + 19 = x + 32 - 2x$
$38 - 2x = 32 - x \quad | +x$
$38 - x = 32 \quad | -38$
$-x = -6 \quad | :(-1)$
$x = 6$

---

230 a) $3x - 6 + 2x + 4 - 14 = 40 - 2x - 10 - 4$
$5x - 16 = 26 - 2x \quad | +2x$
$7x - 16 = 26 \quad | +16$
$7x = 42 \quad | :7$
$x = 6$

b) $12x + 4 - 12 + 4x - 32 = 10x - 10 - 4x$
$16x - 40 = 6x - 10 \quad | -6x$
$10x - 40 = -10 \quad | +40$
$10x = 30 \quad | :10$
$x = 3$

c) $14x + 8 - 4x = 2x + 12 + 9x - 3 + 3x + 5$
$10x + 8 = 14x + 14 \quad | -14x$
$-4x + 8 = 14 \quad | -8$
$-4x = 6 \quad | :(-4)$
$x = -1{,}5$

d) $55 - 14x + 20 + 4x + 7x - 30 - 2x = 0$
$45 - 5x = 0 \quad | -45$
$-5x = -45 \quad | :5$
$x = 9$

e) $35x - 15 - 200 + 24x = 42x + 24 - 6x - 15 - 33x$
$59x - 215 = 3x + 9 \quad | -3x$
$56x - 215 = 9 \quad | +215$
$56x = 224 \quad | :56$
$x = 4$

231 a)
$$\begin{aligned} 28x-6(2x-9) &= 8(4x-16)+22 \\ 28x-12x+54 &= 32x-128+22 \\ 16x+54 &= 32x-106 && \mid -32x \\ -16x+54 &= -106 && \mid -54 \\ -16x &= -160 && \mid :(-16) \\ x &= 10 \end{aligned}$$

b)
$$\begin{aligned} 2{,}5x-(9-2x)\cdot 3 &= 2{,}5\cdot(5x+12)-2x \\ 2{,}5x-27+6x &= 12{,}5x+30-2x \\ 8{,}5x-27 &= 10{,}5x+30 && \mid -10{,}5x \\ -2x-27 &= 30 && \mid +27 \\ -2x &= 57 && \mid :(-2) \\ x &= -28{,}5 \end{aligned}$$

c)
$$\begin{aligned} 2x+7{,}75-0{,}5(6-5x) &= 4{,}5(4-5x)+6{,}75x+7 \\ 2x+7{,}75-3+2{,}5x &= 18-22{,}5x+6{,}75x+7 \\ 4{,}5x+4{,}75 &= 25-15{,}75x && \mid +15{,}75x \\ 20{,}25x+4{,}75 &= 25 && \mid -4{,}75 \\ 20{,}25x &= 20{,}25 && \mid :20{,}25 \\ x &= 1 \end{aligned}$$

d)
$$\begin{aligned} 5x-(324-72x):6 &= 5\cdot(5x+12)-4x \\ 5x-54+12x &= 25x+60-4x \\ 17x-54 &= 21x+60 && \mid -21x \\ -4x-54 &= 60 && \mid +54 \\ -4x &= 114 && \mid :(-4) \\ x &= -28{,}5 \end{aligned}$$

e)
$$\begin{aligned} -5(x+2)-35 &= 21x+4(10-12x)-3(15-6x) \\ -5x-10-35 &= 21x+40-48x-45+18x \\ -5x-45 &= -9x-5 && \mid +9x \\ 4x-45 &= -5 && \mid +45 \\ 4x &= 40 && \mid :4 \\ x &= 10 \end{aligned}$$

---

232 a)
$$\begin{aligned} (200x+600):20+(1-20x):4 &= 55{,}25-(5x+2):2 \\ 10x+30+0{,}25-5x &= 55{,}25-2{,}5x-1 \\ 5x+30{,}25 &= 54{,}25-2{,}5x && \mid +2{,}5x \\ 7{,}5x+30{,}25 &= 54{,}25 && \mid -30{,}25 \\ 7{,}5x &= 24 && \mid :7{,}5 \\ x &= 3{,}2 \end{aligned}$$

b)
$$\begin{aligned} 3(x-2)+(30x-40):5 &= (10x+4):2-2(3x+2) \\ 3x-6+6x-8 &= 5x+2-6x-4 \\ 9x-14 &= -x-2 && \mid +x \\ 10x-14 &= -2 && \mid +14 \\ 10x &= 12 && \mid :10 \\ x &= 1{,}2 \end{aligned}$$

c)
$$\begin{aligned} (x-3)\cdot 10-(25-150x):5 &= 5(x-7)+(10x+60):2 \\ 10x-30-5+30x &= 5x-35+5x+30 \\ 40x-35 &= 10x-5 && \mid -10x \\ 30x-35 &= -5 && \mid +35 \\ 30x &= 30 && \mid :30 \\ x &= 1 \end{aligned}$$

d) $(2{,}352x+2{,}94):2{,}8-(0{,}864-4{,}896x):2{,}4=2(1{,}368-0{,}265x)$

$$\begin{aligned}0{,}84x+1{,}05-0{,}36+2{,}04x&=2{,}736-0{,}53x &&|+0{,}53x\\ 3{,}41x+0{,}69&=2{,}736 &&|-0{,}69\\ 3{,}41x&=2{,}046 &&|:3{,}41\\ x&=0{,}6\end{aligned}$$

e) $2{,}8(0{,}3x+0{,}375)-(0{,}15-0{,}85x)\cdot 2{,}4=(42{,}76-8{,}48x):4$

$$\begin{aligned}0{,}84x+1{,}05-0{,}36+2{,}04x&=10{,}69-2{,}12x\\ 2{,}88x+0{,}69&=10{,}69-2{,}12x &&|+2{,}12x\\ 5x+0{,}69&=10{,}69 &&|-0{,}69\\ 5x&=10 &&|:5\\ x&=2\end{aligned}$$

---

233 a) $\frac{2}{5}x=8$
$0{,}4x=8 \quad |:0{,}4$
$x=20$

b) $\frac{7}{5}x=21$
$1{,}4x=21 \quad |:1{,}4$
$x=15$

c) $\frac{3}{4}x=150$
$0{,}75x=150 \quad |:0{,}75$
$x=200$

d) $\frac{9}{4}x=108$
$2{,}25x=108 \quad |:2{,}25$
$x=48$

e) $\frac{9}{10}x=4{,}5$
$0{,}9x=4{,}5 \quad |:0{,}9$
$x=5$

f) $\frac{7}{8}x=112$
$0{,}875x=112 \quad |:0{,}875$
$x=128$

g) $\frac{2}{3}x=12 \quad |\cdot 3$
$2x=36 \quad |:2$
$x=18$

h) $\frac{7}{3}x=210 \quad |\cdot 3$
$7x=630 \quad |:7$
$x=90$

---

234 a) $\frac{3}{8}x-12=15$
$0{,}375x-12=15 \quad |+12$
$0{,}375x=27 \quad |:0{,}375$
$x=72$

b) $\frac{5}{4}x+35=80$
$1{,}25x+35=80 \quad |-35$
$1{,}25x=45 \quad |:1{,}25$
$x=36$

c) $\frac{5}{7}x-60=35 \quad |+60$
$\frac{5}{7}x=95 \quad |\cdot 7$
$5x=665 \quad |:5$
$x=133$

d) $\frac{4}{3}x+34=-32 \quad |-34$
$\frac{4}{3}x=-66 \quad |\cdot 3$
$4x=-198 \quad |:4$
$x=-49{,}5$

e) $43=1+\frac{7}{10}x$
$43=1+0{,}7x \quad |-1$
$42=0{,}7x \quad |:0{,}7$
$60=x$

f) $40=10+\frac{3}{4}x$
$40=10+0{,}75x \quad |-10$
$30=0{,}75x \quad |:0{,}75$
$40=x$

g) $96=100+\frac{5}{2}x$
$96=100+2{,}5x \quad |-100$
$-4=2{,}5x \quad |:2{,}5$
$-1{,}6=x$

h) $20=10+\frac{4}{3}x \quad |-10$
$10=\frac{4}{3}x \quad |\cdot 3$
$30=4x \quad |:4$
$7{,}5=x$

---

235 a) $\frac{3}{4}x+28=49$
$0{,}75x+28=49 \quad |-28$
$0{,}75x=21 \quad |:0{,}75$
$x=28$

b) $\frac{1}{8}x-0{,}7=1{,}3$
$0{,}125x-0{,}7=1{,}3 \quad |+0{,}7$
$0{,}125x=2 \quad |:0{,}125$
$x=16$

c)
$$\begin{aligned} \frac{1}{9}x + 2{,}5 &= 6{,}5 && |-2{,}5 \\ \frac{1}{9}x &= 4 && |\cdot 9 \\ x &= 36 \end{aligned}$$

d)
$$\begin{aligned} \frac{5}{6}x - 43 &= 12 && |+43 \\ \frac{5}{6}x &= 55 && |\cdot 6 \\ 5x &= 330 && |:5 \\ x &= 66 \end{aligned}$$

---

236 a)
$$\begin{aligned} \frac{2}{3}x - \frac{5}{6} &= \frac{1}{2}x + \frac{1}{6} && |\text{HN}:6 \\ \frac{2\cdot 6}{3}x - \frac{5\cdot 6}{6} &= \frac{1\cdot 6}{2}x + \frac{1\cdot 6}{6} \\ 4x - 5 &= 3x + 1 && |+5-3x \\ x &= 6 \end{aligned}$$

b)
$$\begin{aligned} \frac{3}{4}x + \frac{1}{5} &= \frac{7}{8}x - \frac{3}{10} \\ 0{,}75x + 0{,}2 &= 0{,}875x - 0{,}3 && |-0{,}2-0{,}875x \\ -0{,}125x &= -0{,}5 && |:(-0{,}125) \\ x &= 4 \end{aligned}$$

c)
$$\begin{aligned} 1\frac{1}{8}x - 2\frac{1}{5} &= 20 + \frac{1}{5}x \\ 1{,}125x - 2{,}2 &= 20 + 0{,}2x && |+2{,}2-0{,}2x \\ 0{,}925x &= 22{,}2 && |:0{,}925 \\ x &= 24 \end{aligned}$$

d)
$$\begin{aligned} \frac{3}{5}x - \frac{1}{2} &= 12\frac{5}{6} - \frac{1}{15}x \\ \frac{3}{5}x - \frac{1}{2} &= \frac{77}{6} - \frac{1}{15}x && |\text{HN}:30 \\ \frac{3\cdot 30}{5}x - \frac{1\cdot 30}{2} &= \frac{77\cdot 30}{6} + \frac{1\cdot 30}{15}x \\ 18x - 15 &= 385 - 2x && |+2x+15 \\ 20x &= 400 && |:20 \\ x &= 20 \end{aligned}$$

---

237 a)
$$\begin{aligned} \frac{1}{3}x + \frac{1}{6}x + \frac{1}{9}x &= 5{,}5 && |\text{HN}:18 \\ \frac{1\cdot 18}{3}x - \frac{1\cdot 18}{6}x + \frac{1\cdot 18}{9}x &= 5{,}5\cdot 18 \\ 6x + 3x + 2x &= 99 \\ 11x &= 99 && |:11 \\ x &= 9 \end{aligned}$$

b)
$$\begin{aligned} \frac{2}{3}x - \frac{3}{4}x &= 2 - \frac{1}{6}x && |\text{HN}:12 \\ \frac{2\cdot 12}{3}x - \frac{3\cdot 12}{4}x &= 2\cdot 12 - \frac{1\cdot 12}{6}x \\ 8x - 9x &= 24 - 2x && |+2x \\ x &= 24 \end{aligned}$$

c)
$$\begin{aligned} 2 - \frac{3}{8}x &= \frac{1}{8}x + 1 && |\cdot 8 \\ 16 - 3x &= x + 8 && |+3x-8 \\ 8 &= 4x && |:4 \\ 2 &= x \end{aligned}$$

---

238 a)
$$\begin{aligned} \frac{1}{3}(x-18) &= \frac{1}{2}(2x-6) && |\text{HN}:6 \\ 2(x-18) &= 3(2x-6) \\ 2x - 36 &= 6x - 18 && |-6x+36 \\ -4x &= 18 && |:(-4) \\ x &= -4{,}5 \end{aligned}$$

b)
$$\begin{aligned} \frac{7}{5} - \frac{1}{3}(9x-6) &= -\frac{2}{5}(3x-4) && |\text{HN}:15 \\ 21 - 5(9x-6) &= -6(3x-4) \\ 21 - 45x + 30 &= -18x + 24 \\ 51 - 45x &= -18x + 24 && |+18x-51 \\ -27x &= -27 && |:(-27) \\ x &= 1 \end{aligned}$$

c)
$$\begin{aligned} \frac{1}{9}(21x+18) - \frac{x}{3} &= 5\frac{1}{2} - \frac{1}{2}(5x-2) \\ \frac{1}{9}(21x+18) - \frac{x}{3} &= \frac{11}{2} - \frac{1}{2}(5x-2) && |\text{HN}:18 \\ 2(21x+18) - 6x &= 99 - 9(5x-2) \\ 42x + 36 - 6x &= 99 - 45x + 18 \\ 36x + 36 &= 117 - 45x && |+45x-36 \\ 81x &= 81 && |:81 \\ x &= 1 \end{aligned}$$

d)
$$\begin{aligned} \frac{1}{6}(10x-4) + 2 &= \frac{1}{2}(5x-3) - 4\frac{1}{3} \\ \frac{1}{6}(10x-4) + 2 &= \frac{1}{2}(5x-3) - \frac{13}{3} && |\text{HN}:6 \\ (10x-4) + 12 &= 3(5x-3) - 26 \\ 10x + 8 &= 15x - 35 && |-15x-8 \\ -5x &= -43 && |:(-5) \\ x &= 8{,}6 \end{aligned}$$

239 a)
$$\begin{aligned} \frac{1}{9}(2x-12) &= \frac{1}{9}(x+3) &&|\cdot 9\\ 2x-12 &= x+3 &&|-x+12\\ x &= 15 \end{aligned}$$

b)
$$\begin{aligned} \frac{1}{15}(10x-1) &= \frac{1}{5}(3x+2) &&|\text{HN:}15\\ 10x-1 &= 9x+6 &&|-9x+1\\ x &= 7 \end{aligned}$$

---

240 a)
$$\begin{aligned} \frac{3x+7}{4} &= \frac{4x-8}{5}+3 &&|\text{HN: }20\\ 5(3x+7) &= 4(4x-8)+3\cdot 20\\ 15x+35 &= 16x-32+60\\ 15x+35 &= 16x+28 &&|-15x-28\\ 7 &= x \end{aligned}$$

b)
$$\begin{aligned} \frac{12x+20}{8} &= \frac{5x+4}{3} &&|\text{HN: }24\\ 3(12x+20) &= 8(5x+4)\\ 36x+60 &= 40x+32 &&|-40x-60\\ -4x &= -28 &&|:(-4)\\ x &= 7 \end{aligned}$$

c)
$$\begin{aligned} \frac{2(x-1)}{3} &= 40-\frac{3(x-4)}{5} &&|\text{HN:}15\\ 10(x-1) &= 600-9(x-4)\\ 10x-10 &= 600-9x+36\\ 10x-10 &= 636-9x &&|+9x+10\\ 19x &= 646 &&|:19\\ x &= 34 \end{aligned}$$

d)
$$\begin{aligned} \frac{3x-19}{3} &= \frac{x-12}{2}+\frac{5x}{18} &&|\text{HN:}18\\ 6(3x-19) &= 9(x-12)+5x\\ 18x-114 &= 9x-108+5x\\ 18x-114 &= 14x-108 &&|-14x+114\\ 4x &= 6 &&|:4\\ x &= 1{,}5 \end{aligned}$$

---

241 a)
$$\begin{aligned} 5(3x-1) &= 4(4x-3)\\ 15x-5 &= 16x-12 &&|-15x+12\\ 7 &= x \end{aligned}$$

b)
$$\begin{aligned} 3(x+5) &= (10x+8):4\\ 3x+15 &= 2{,}5x+2 &&|-2{,}5x-15\\ 0{,}5x &= -13 &&|:0{,}5\\ x &= -26 \end{aligned}$$

c)
$$\begin{aligned} 34-3(x+7) &= 6+4x\\ 34-3x-21 &= 6+4x\\ 13-3x &= 6+4x &&|+3x-6\\ 7 &= 7x &&|:7\\ 1 &= x \end{aligned}$$

d)
$$\begin{aligned} 8(x-12) &= -441-7(x-45)\\ 8x-96 &= -441-7x+315\\ 8x-96 &= -126-7x &&|+7x+96\\ 15x &= -30 &&|:15\\ x &= -2 \end{aligned}$$

e)
$$\begin{aligned} 2\tfrac{1}{8}x+9 &= 3\tfrac{1}{4}x-2\\ \frac{17}{8}x+9 &= \frac{13}{4}x-2 &&|\text{HN:}8\\ 17x+72 &= 26x-16 &&|-26x-72\\ -9x &= -88 &&|:(-9)\\ x &= 9\frac{7}{9} \end{aligned}$$

f)
$$\begin{aligned} \frac{4}{5}x+\frac{1}{4} &= -\frac{9}{20}x+4 &&|\text{HN: }20\\ 16x+5 &= -9x+80 &&|+9x-5\\ 25x &= 75 &&|:25\\ x &= 3 \end{aligned}$$

242
a) $4\cdot(\mathbf{-3}\cdot x+\mathbf{5})-4=-12\cdot x+20-4$
b) $\mathbf{3}\cdot(\mathbf{7}x-5)=21x-15$
c) $21x+\mathbf{6}=3\cdot(\mathbf{7x}+2)$

---

243 a)
$$\begin{aligned} (14x-24):2-3x &= 5x-2\cdot(3x+4)\\ (14x-24):2-3x &= 5x-6x-8\\ \underline{7x-\mathbf{24}-3x} &\underline{= -x-8}\\ 7x-12-3x &= -x-8\\ 5x &= 4\\ x &= 0{,}8 \end{aligned}$$

b)
$$\begin{aligned} 5{,}5x-2\cdot(x-5) &= 3\cdot(x+6)\\ \underline{5{,}5x-2x-\mathbf{10}} &\underline{= 3x+18}\\ 5{,}5x-2x+10 &= 3x+18\\ 3{,}5x+10 &= 3x+18\\ 0{,}5x &= 8\\ x &= 16 \end{aligned}$$

c) $4\cdot(2x+2{,}5)+7=20-2\cdot(x+4)$
$\underline{8x+10+7=20-2x+\mathbf{8}}$
$8x+17=20-2x-8$
$10x=-5$
$x=-0{,}5$

d) $5\cdot(6x-3)-3\cdot(4x+3)=12$
$30x-15-12x-9=12$
$\underline{18x-\mathbf{6}=12}$
$18x-24=12$
$18x=36$
$x=2$

---

244 a) $\mathbf{10x+5=32+7x}$ $\quad|-7x$
$3x+5=32$ $\quad|-5$
$\mathbf{3x=27}$ $\quad|:3$
$x=9$

b) $\mathbf{6x-8=2x+12}$ $\quad|+8$
$6x=2x+20$ $\quad|-2x$
$\mathbf{4x=20}$ $\quad|:4$
$x=5$

c) $\mathbf{\frac{1}{5}(2x+50)=\frac{1}{5}(4x-150)}$ $\quad|\cdot 5$
$\mathbf{2x+50=4x-150}$ $\quad|-4x$
$-2x+50=-150$ $\quad|-50$
$\mathbf{-2x=-200}$ $\quad|:(-2)$
$x=100$

d) $\mathbf{\frac{1}{4}(0{,}5x+1{,}5)=\frac{1}{4}(15-2{,}5x)}$ $\quad|\cdot 4$
$\mathbf{0{,}5x+1{,}5=15-2{,}5x}$ $\quad|+2{,}5x$
$3x+1{,}5=15$ $\quad|-1{,}5$
$\mathbf{3x}=13{,}5$ $\quad|:3$
$x=4{,}5$

---

245 a) $u=5x+3x+2x+4x$
$u=14x$
$14x=28\text{ cm}$
$x=2\text{ cm}$

b) $u=2\cdot 3x+2\cdot 1{,}5x$
$u=6x+3x$
$u=9x$
$9x=63\text{ dm}$
$x=7\text{ dm}$

c) $u=3x+x+x+x+x+x+x+x$
$u=10x$
$10x=15\text{ m}$
$x=1{,}5\text{ m}$

d) achsensymmetrische Figur
$u=2\cdot(3{,}5x+6x+1{,}5x+x+1{,}5x)$
$u=2\cdot 13{,}5x$
$u=27x$
$27x=108\text{ dm}$
$x=4\text{ dm}$

e) achsensymmetrische Figur
$u=2\cdot(2x+2x+x+x+x+3{,}5x)$
$u=2\cdot 10{,}5x$
$u=21x$
$21x=126\text{ mm}$
$x=6\text{ mm}$

f) achsensymmetrische Figur
$u=2\cdot(3{,}5x+3x+3x+2x+3x+3x+3{,}5x)$
$u=2\cdot 21x$
$u=42x$
$42x=126\text{ m}$
$x=3\text{ m}$

---

246 a) $\frac{2(7x-6)}{3}-\frac{5x-25}{6}=3-\frac{3(9x+30)}{4}+\frac{x-1}{2}$ $\quad|\text{HN: }24$
$16(7x-6)-4(5x-25)=72-18(9x+30)+12(x-1)$
$112x-96-20x+100=72-162x-540+12x-12$
$92x+4=-150x-480$ $\quad|+150x-4$
$242x=-484$ $\quad|:242$
$x=-2$

b) $8x-\frac{1}{4}\cdot(4x+32)+\frac{1}{2}\cdot(8x-4)+3=\frac{1}{8}\cdot(48+64x)-(10x-35)\cdot\frac{1}{5}$ $\quad|$Klammern auflösen
$8x-x-8+4x-2+3=6+8x-2x+7$
$11x-7=6x+13$ $\quad|-6x+7$
$5x=20$ $\quad|:5$
$x=4$

c) $(27x+19{,}2):6-8{,}25=0{,}8\cdot(10+0{,}5x)-(3x-6):4$

$$
\begin{aligned}
4{,}5x+3{,}2-8{,}25 &= 8+0{,}4x-0{,}75x+1{,}5 \\
4{,}5x-5{,}05 &= 9{,}5-0{,}35x && \mid +0{,}35x+5{,}05 \\
4{,}85x &= 14{,}55 && \mid :4{,}85 \\
x &= 3
\end{aligned}
$$

d) $34{,}25x-48-3{,}5\cdot(23+x)=(166{,}25+20x):2{,}5+6{,}5x$

$$
\begin{aligned}
34{,}25x-48-80{,}5-3{,}5x &= 66{,}5+8x+6{,}5x \\
30{,}75x-128{,}5 &= 66{,}5+14{,}5+14{,}5x && \mid -14{,}5x+128{,}5 \\
16{,}25x &= 195 && \mid :16{,}25 \\
x &= 12
\end{aligned}
$$

---

247 a) erste Zahl: x
zweite Zahl: $x+30$
dritte Zahl: $x-80$
} Summe der Zahlen: 400

Gleichung aufstellen

$$
\begin{aligned}
x+x+30+x-80 &= 400 \\
3x-50 &= 400 \\
3x &= 450 \\
x &= 150
\end{aligned}
$$

erste Zahl: 150
zweite Zahl: $150+30=180$
dritte Zahl: $150-80=70$

b) erste Zahl: $x+30$
zweite Zahl: x
dritte Zahl: $x-60$
} Summe der Zahlen: $2x+50$

Gleichung aufstellen

$$
\begin{aligned}
x+30+x+x-60 &= 2x+50 \\
3x-30 &= 2x+50 \\
x &= 80
\end{aligned}
$$

erste Zahl: $80+30=110$
zweite Zahl: 80
dritte Zahl: $80-60=20$

c) erste Zahl: $2x$
zweite Zahl: x
dritte Zahl: $x:4$
} Summe der Zahlen: 520

Gleichung aufstellen

$$
\begin{aligned}
2x+x+x:4 &= 520 \\
3{,}25x &= 520 \\
x &= 160
\end{aligned}
$$

erste Zahl: $2\cdot 160=320$
zweite Zahl: 160
dritte Zahl: $160:4=40$

d) erste Zahl: $2\cdot(x-7)$
zweite Zahl: $x-7$
dritte Zahl: x
vierte Zahl: $3\cdot(x-7)$
} Summe der Zahlen: 56

Gleichung aufstellen

$$
\begin{aligned}
2\cdot(x-7)+x-7+x+3\cdot(x-7) &= 56 \\
2x-14+x-7+x+3x-21 &= 56 \\
7x-42 &= 56 \\
7x &= 98 \\
x &= 14
\end{aligned}
$$

erste Zahl: $2\cdot(14-7)=14$
zweite Zahl: $14-7=7$
dritte Zahl: 14
vierte Zahl: $3\cdot(14-7)=21$

---

248 a) **C:** $65-4x=2(1{,}5x+1)$ b) **D:** $(5x-18)=\frac{1}{3}(6+9x)$ c) **B:** $(5x-6)\cdot 4=3(x+1)\cdot 3$

d) **D:** $(x+5)\cdot 2-4=\frac{1}{4}(72-4x)$ e) **D:** $x+(2x+8)+3\cdot(2x+8)-24=116$

---

249 a) erste Zahl: $3x$; zweite Zahl: x; dritte Zahl: $2x-5$ } Summe der Zahlen: 43

Gleichung aufstellen

$$\begin{aligned} 3x+x+2x-5 &= 43 \\ 6x &= 48 \\ x &= 8 \end{aligned}$$

erste Zahl: $3\cdot 8=24$

zweite Zahl: 8

dritte Zahl: $2\cdot 8-5=11$

b) erste Zahl: $2\cdot(x+8)$; zweite Zahl: x; dritte Zahl: $3x-12$; vierte Zahl: $3\cdot(3x-12)$ } Summe der Zahlen: 268

Gleichung aufstellen

$$\begin{aligned} 2\cdot(x+8)+x+3x-12+3\cdot(3x-12) &= 268 \\ 2x+16+x+3x-12+9x-36 &= 268 \\ 15x-32 &= 268 \\ 15x &= 300 \\ x &= 20 \end{aligned}$$

erste Zahl: $2\cdot(20+8)=56$

zweite Zahl: 20

dritte Zahl: $3\cdot 20-12=48$

vierte Zahl: $3\cdot(3\cdot 20-12)=144$

---

250 kleine Töpfe: $0{,}5x$; mittlere Töpfe: x; große Töpfe: $0{,}5x+12$ } zusammen 96 Töpfe

Gleichung aufstellen

$$\begin{aligned} 0{,}5x+x+0{,}5x+12 &= 96 \\ 2x+12 &= 96 \\ 2x &= 84 \\ x &= 42 \end{aligned}$$

kleine Töpfe: $0{,}5\cdot 42=21$

mittlere Töpfe: 42

große Töpfe: $0{,}5\cdot 42+12=33$

---

251 Zulieferer A: x Teile; Zulieferer B: $x+13\,800$ Teile; Zulieferer C: $2\cdot(x+13\,800$ Teile$)$; Zulieferer D: 12 300 Teile } zusammen 146 100 Teile

Gleichung aufstellen

$$\begin{aligned} x+x+13\,800+2\cdot(x+13\,800)+12\,300 &= 146\,100 \\ x+x+13\,800+2x+27\,600+12\,300 &= 146\,100 \\ 4x+53\,700 &= 146\,100 \\ 4x &= 92\,400 \\ x &= 23\,100 \end{aligned}$$

Zulieferer A: 23 100 Teile

Zulieferer B: 23 100 Teile + 13 800 Teile = 36 900 Teile

Zulieferer C: $2\cdot$(23 100 Teile + 13 800 Teile) = 73 800 Teile

Zulieferer D: 12 300 Teile

---

252 Pfirsiche: $x-8$; Ananas: x; Mangos: $0{,}5x+12$; Kiwis: $3x$; Äpfel: 14 } zusammen 84 Früchte

Gleichung aufstellen

$$\begin{aligned} x-8+x+0{,}5x+12+3x+14 &= 84 \\ 5{,}5x+18 &= 84 \\ 5{,}5x &= 66 \\ x &= 12 \end{aligned}$$

Pfirsiche: $12-8=4$

Ananas: 12

Mangos: $0{,}5\cdot 12+12=18$

Kiwis: $3\cdot 12=36$

Äpfel: 14

253 a) Anouk: $\frac{1}{3}x-10$; Bekim: $\frac{1}{4}x+5$; Florian: $\frac{1}{6}x+20$ – zusammen x Stimmen

Gleichung aufstellen

$$\frac{1}{3}x-10+\frac{1}{4}x+5+\frac{1}{6}x+20=x \quad |\text{HN}:12$$
$$4x-120+3x+60+2x+240=12x$$
$$9x+180=12x$$
$$-3x=-180$$
$$x=60$$

Es wurden insgesamt 60 Stimmen abgegeben.

b) Stimmen für die einzelnen Bewerber:

Anouk: $\frac{1}{3}\cdot 60-10=10$ Stimmen

Bekim: $\frac{1}{4}\cdot 60+5=20$ Stimmen

Florian: $\frac{1}{6}\cdot 60+20=30$ Stimmen

---

254 Setze den Betrag, den Torsten gesammelt hat, auf x € fest.

Torsten: x €; Stefan: (x + 14) €; Markus: (x − 21) € – zusammen 326 €

Gleichung aufstellen

$$x+x+14+x-21=326$$
$$3x-7=326$$
$$3x=333$$
$$x=111$$

Sammelergebnisse

Torsten: 111 €

Stefan: 111 € + 14 € = 125 €

Markus: 111 € − 21 € = 90 €

---

255 Setze den Betrag, den Marcus gesammelt hat, auf x fest.

Marcus: x €; Tulia: (x + 12) €; Corinna: (x + 32) € – zusammen 80 €

Gleichung aufstellen

$$x+x+12+x+32=80$$
$$3x+44=80$$
$$3x=36$$
$$x=12$$

Sammelergebnisse

Marcus: 12 €

Tulia: 12 € + 12 € = 24 €

Corinna: 12 € + 32 € = 44 €

---

256 Setze den Betrag, den die Klasse 9b erzielte, auf x € fest.

9b: x €; 9a: (2x + 30) €; 9c: (3 · (2x + 30) − 18) € – zusammen 912 €

Gleichung aufstellen

$$x+2x+30+3(2x+30)-18=912$$
$$3x+30+6x+90-18=912$$
$$9x+102=912$$
$$9x=810$$
$$x=90$$

Sammelergebnis der Klassen

9b: 90 €

9a: 2 · 90 € + 30 € = 210 €

9c: 3(2 · 90 € + 30 €) − 18 € = 3 · 210 € − 18 € = 630 € − 18 € = 612 €

257 a) Die Anzahl aller verkauften Karten beträgt x Karten.

Preisklasse 1: $\frac{1}{4}x$
Preisklasse 2: $\frac{1}{8}x$
Preisklasse 3: $\frac{1}{4}x + 8\,000$
Preisklasse 4: $\frac{1}{4}x - 1\,000$
} zusammen x Karten

Gleichung ansetzen

$$\frac{1}{4}x + \frac{1}{8}x + \frac{1}{4}x + 8\,000 + \frac{1}{4}x - 1\,000 = x$$
$$\frac{3}{4}x + \frac{1}{8}x + 7\,000 = x \quad | \cdot 8$$
$$6x + x + 56\,000 = 8x$$
$$7x + 56\,000 = 8x$$
$$x = 56\,000$$

Es wurden insgesamt 56 000 Karten verkauft.

b) Berechnen der Einnahmen

Preisklasse 1: $\left(\frac{1}{4} \cdot 56\,000\right) \cdot 128\text{ €} = \quad 1\,792\,000\text{ €}$

Preisklasse 2: $\left(\frac{1}{8} \cdot 56\,000\right) \cdot 97\text{ €} = \quad 679\,000\text{ €}$

Preisklasse 3: $\left(\frac{1}{4} \cdot 56\,000 + 8\,000\right) \cdot 74\text{ €} = 1\,628\,000\text{ €}$

Preisklasse 4: $\left(\frac{1}{4} \cdot 56\,000 - 1\,000\right) \cdot 65\text{ €} = \quad \underline{845\,000\text{ €}}$

Gesamteinnahmen: 4 944 000 €

---

258 Setze den Preis für das Tischchen auf x fest.

Tischchen: x €
Bettwäsche: 3x €
Couch: 256 €
Schrank: $2 \cdot (3x + 256)$ €
} zusammen 1 018 €

Gleichung aufstellen

$$x + 3x + 256 + 2 \cdot (3x + 256) = 1\,018$$
$$4x + 256 + 6x + 512 = 1\,018$$
$$10x + 768 = 1\,018$$
$$10x = 250$$
$$x = 25$$

Preise
Tischchen: 25 €
Bettwäsche: $3 \cdot 25\text{ €} = 75\text{ €}$
Schrank: $2 \cdot (3 \cdot 25\text{ €} + 256\text{ €}) = 662\text{ €}$

---

259 Setze den vollen Preis für eine Teilnehmerin mit x € fest.

19 Mädchen: x €
2 Sportlerinnen: $x - 80$ €
} zusammen 4 880 €

Gleichung aufstellen

$$19x + 2 \cdot (x - 80) = 4\,880$$
$$19x + 2x - 160 = 4\,880$$
$$21x = 5\,040$$
$$x = 240$$

Der reguläre Preis für eine Teilnehmerin beträgt 240 €.

260 Setze die Länge der Seite c auf x cm fest.

$u = a + b + c$

$$\left.\begin{array}{l} a: \frac{2}{3}x\text{ cm} - 2\text{ cm} \\ b: \frac{1}{2}x\text{ cm} + 6\text{ cm} \\ c: x\text{ cm} \end{array}\right\} u = 56\text{ cm}$$

Gleichung ansetzen

$$\begin{aligned} \frac{2}{3}x - 2 + \frac{1}{2}x + 6 + x &= 56 \\ \frac{2}{3}x + \frac{1}{2}x + x + 4 &= 56 \quad |\cdot 6 \\ 4x + 3x + 6x + 24 &= 336 \\ 13x &= 312 \\ x &= 24 \end{aligned}$$

Länge der Dreiecksseiten

a: $\frac{2}{3} \cdot 24\text{ cm} - 2\text{ cm} = 14\text{ cm}$

b: $\frac{1}{2} \cdot 24\text{ cm} + 6\text{ cm} = 18\text{ cm}$

c: 24 cm

---

261 Setze die Anzahl der 2-€-Münzen auf x fest.

	Anzahl	Euro	
2-€-Münzen:	x	$2 \cdot x$ €	insgesamt 30 €
1-€-Münzen:	$(x+6)$	$1 \cdot (x+6)$ €	

Gleichung aufstellen

$$\begin{aligned} 2x + (x+6) &= 30 \\ 3x + 6 &= 30 \\ 3x &= 24 \\ x &= 8 \end{aligned}$$

Münzen

2-€-Münzen: 8 Stück

1-€-Münzen: 14 Stück

---

262 Setze den monatlichen Taschengeldbetrag auf x fest.

$$\begin{aligned} 450 + 5 \cdot 50 + 5 \cdot x &= 925 \\ 450 + 250 + 5x &= 925 \\ 5x &= 225 \\ x &= 45 \end{aligned}$$

---

263 a) Mike berücksichtigt bei seinem Ansatz die Preise für den Wochenskipass nicht.
Setze die Anzahl der Schülerinnen und Schüler in Gruppe A auf x fest.

	Anzahl	Preis pro Schüler/-in	
Gruppe A:	x	27 €	insgesamt 909 €
Gruppe B:	$(x+4)$	27 €	
Gruppe C:	$2x$	31,50 €	
Gruppe D:	$(2x-6)$	54 €	

b) Gleichung aufstellen

$$\begin{aligned} x \cdot 27 + (x+4) \cdot 27 + 2x \cdot 31{,}50 + (2x-6) \cdot 54 &= 909 \\ 27x + 27x + 108 + 63x + 108x - 324 &= 909 \\ 225x - 216 &= 909 \\ 225x &= 1125 \\ x &= 5 \end{aligned}$$

Teilnehmer

Gruppe A: 5 Teilnehmer

Gruppe B: 9 Teilnehmer

Gruppe C: 10 Teilnehmer

Gruppe D: 4 Teilnehmer

---

264 Die Aufgabe ist nicht eindeutig lösbar, da keine Angabe über das Verhältnis 4-Bett-Zimmer zu 6-Bett-Zimmer gemacht wird. So könnte es z. B. 60 Zimmer mit 4-Betten und 5 Zimmer mit 6 Betten geben, oder 45 Zimmer mit 4 Betten und 15 Zimmer mit 6 Betten, usw.

265 Setze die Anzahl der gefangenen Fische auf x Fische fest.

Hotelkoch: $\frac{1}{3}x$
Fischhändler: $\frac{1}{3}x + 60$
Großküche: $\frac{1}{4}x$
Katze: 1
Räuchern: 38
} insgesamt x Fische

a) Gleichung aufstellen

$$\frac{1}{3}x + \frac{1}{3}x + 60 + \frac{1}{4}x + 1 + 38 = x$$
$$\frac{2}{3}x + \frac{1}{4}x + 99 = x \quad | \cdot 12$$
$$8x + 3x + 1188 = 12x$$
$$11x + 1188 = 12x$$
$$1188 = x$$

Fischer Fritze hat 1 188 Fische gefangen.

b) Verteilung der Fische

Hotelkoch: $\frac{1}{3} \cdot 1188 = 396$ Fische

Fischhändler: $\frac{1}{3} \cdot 1188 + 60 = 456$ Fische

Großküche: $\frac{1}{4} \cdot 1188 = 297$ Fische

---

266 Setze den Betrag, den Annika zur Verfügung hat, mit x € fest.

Annika: x €
Björn: x € + 4 500 €
Carsten: 250 000 € : 4 = 62 500 €
Darlehen: 250 000 € : 5 = 50 000 €
Werbebanner: 2 500 €
} zusammen 250 000 €

Gleichung aufstellen

$$x + x + 4\,500 + 62\,500 + 50\,000 + 2\,500 = 250\,000$$
$$2x + 119\,500 = 250\,000$$
$$2x = 130\,500$$
$$x = 65\,250$$

Annika: 65 250 €
Björn: 65 250 € + 4 500 € = 69 750 €
Carsten: 62 500 €

---

267 a) Lege die Anzahl aller verkauften Karten mit x fest.

Haupttribüne: $\frac{1}{4}x$
Gegentribüne: $\frac{1}{3}x$
Nordkurve: $\frac{1}{6}x$
Südkurve: $\frac{1}{6}x + 5\,500$
} zusammen x Karten

Gleichung aufstellen

$$\frac{1}{4}x + \frac{1}{3}x + \frac{1}{6}x + \frac{1}{6}x + 5\,500 = x \quad | \text{HN}: 12$$
$$3x + 4x + 2x + 2x + 66\,000 = 12x$$
$$11x + 66\,000 = 12x$$
$$x = 66\,000$$

Es wurden insgesamt 66 000 Karten verkauft.

b) Haupttribüne: $\frac{1}{4} \cdot 66\,000 = 16\,500$ Karten

Gegentribüne: $\frac{1}{3} \cdot 66\,000 = 22\,000$ Karten

Nordkurve: $\frac{1}{6} \cdot 66\,000 = 11\,000$ Karten

Südkurve: $\frac{1}{6} \cdot 66\,000 + 5\,500 = 16\,500$ Karten

Einnahmen aus dem Kartenverkauf

Haupttribüne:	16 500 · 72,50 € = 1 196 250 €
Gegentribüne:	22 000 · 63,00 € = 1 386 000 €
Nordkurve:	11 000 · 34,50 € = 379 500 €
Südkurve:	16 500 · 45,00 € = 742 500 €

Gesamteinnahmen

1 196 250 € + 1 386 000 € + 379 500 € + 742 500 € = 3 704 250 €

---

268 Der zusammengesetzte Körper setzt sich aus einem Würfel (12 gleich lange Kanten a) und einer Pyramide (4 gleich lange Seitenkanten s) zusammen.

Würfelkanten: a (cm) — $12 \cdot a$ (cm)
Seitenkanten: $s = 2 \cdot a$ (cm) — $4 \cdot 2 \cdot a$ (cm)
} insgesamt 180 cm

Gleichung aufstellen

$$\begin{aligned} 12a + 4 \cdot 2 \cdot a &= 180 \\ 12a + 8a &= 180 \\ 20a &= 180 \\ a &= 9 \end{aligned}$$

Kantenlänge des Würfels: 9 cm
Seitenlänge der Pyramide: $2 \cdot 9$ cm = 18 cm

---

269 Setze das Alter von Lena auf x Jahre fest.

Lena: x
Jens: $2x$
Mike: $\frac{1}{2}x$
Judith: $\frac{1}{4}(x+2x)$
} zusammen 17 Jahre

Gleichung aufstellen

$$\begin{aligned} x + 2x + \frac{1}{2}x + \frac{1}{4}(x+2x) &= 17 \\ 3x + \frac{1}{2}x + \frac{1}{4}x + \frac{1}{2}x &= 17 \\ 4x + \frac{1}{4}x &= 17 \quad | \cdot 4 \\ 16x + x &= 68 \\ 17x &= 68 \\ x &= 4 \end{aligned}$$

Alter der Geschwister

Lena: 4 Jahre
Jens: $2 \cdot 4$ Jahre = 8 Jahre
Mike: $\frac{1}{2} \cdot 4$ Jahre = 2 Jahre
Judith: $\frac{1}{4}(4 + 2 \cdot 4)$ Jahre = 3 Jahre

4 Funktionale Zusammenhänge

270

Zeit (h)	1	2	3	4	5	6	7	8	9	10
Lohn (€)	**6,50**	**13,00**	19,50	**26,00**	**32,50**	**39,00**	**45,50**	**52,00**	**58,50**	**65,00**

271

Stunden (h)	Lohn (€)
36	**378,00**
9	94,50
35	367,50
15	**157,50**
24	252,00
27	283,50

Menge (kg)	Preis (€)
5	**17,00**
6	20,40
8	**27,20**
11	37,40
13	**44,20**
17	57,80

Stück	Preis (€)
5	**3,00**
8	4,80
11	6,60
13	**7,80**
22	13,20
25	**15**

272 4 Rollen ≙ 176 €
1 Rolle ≙ 44 €
15 Rollen ≙ 660 €

273 a) 3 m ≙ 240 g
1 m ≙ 240 g : 3
50 m ≙ 240 g : 3 · 50 = 4 000 g = 4 kg

b) 0,24 kg ≙ 3 m
1 kg ≙ 3 m : 0,24
38 kg ≙ 3 m : 0,24 · 38 = 475 m

274 a) 61,88 € ≙ 7 h
1 € ≙ 7 h : 61,88
79,56 € ≙ 7 h : 61,88 · 79,56 = 9 h arbeitete Sonja

b) 7 h ≙ 61,88 €
1 h ≙ 61,88 € : 7
5 h ≙ 61,88 € : 7 · 5 = 44,20 € Verdienst

c) 57,46 € ≙ 7 h : 61,88 · 57,46 = 6,5 h Arbeitsstunden

275 36 cm ≙ 90 min
170 cm ≙ 425 min = 7 h 5 min

276 a) 4 h ≙ 120 cm
9 h ≙ 270 cm = 2,7 m

b) 120 cm ≙ 4 h
180 m = 18 000 cm ≙ 600 h = 25 Tage

277 a) 5 t = 5 000 kg
400 kg ≙ 336 kg
1 kg ≙ 0,84 kg
5 000 kg ≙ 4 200 kg
Es können 4 200 kg Pommes frites hergestellt werden.

b) 400 g = 0,4 kg
4 200 kg : 0,4 kg = 10 500
Man kann daraus 10 500 Pakete Pommes frites abpacken.

c) Menge der Pommes frites
$750\ \text{g} = 0{,}75\ \text{kg}$
$4\,000 \cdot 0{,}75\ \text{kg} = 3\,000\ \text{kg}$

Menge der dafür benötigten Kartoffeln
$3\,000\ \text{kg} : 0{,}84 = 3\,571{,}4\ldots\ \text{kg} \approx 3{,}57\ \text{t}$
Es werden ca. 3,57 t Kartoffeln verarbeitet.

---

278 a) Preis für ein Frühstücksbrötchen
$72{,}00\ € : 160 = 0{,}45\ €$

Anzahl der gelieferten Brötchen an das Hotel Seeblick
$139{,}50\ € : 0{,}45\ € = 310$ Stück

Preis für die an das Hotel Edelweiß gelieferten Brötchen
$520 \cdot 0{,}45\ € = 234{,}00\ €$

b) $374{,}85\ € : 0{,}45\ € = 833$
Der Bäcker hat 833 Brötchen ausgeliefert.

---

279 $0{,}7\ \ell \mathrel{\hat{=}} 2{,}45\ €$
$1\ \ell \mathrel{\hat{=}} 2{,}45\ € : 0{,}7 = 3{,}50\ €$
$0{,}5\ \ell \mathrel{\hat{=}} 3{,}50\ € \cdot 0{,}5 = 1{,}75\ €$
$0{,}3\ \ell \mathrel{\hat{=}} 3{,}50\ € \cdot 0{,}3 = 1{,}05\ €$
Eine Flasche Fruchtsaftgetränk kostet 1,05 €.

---

280 a) 18 Rollen $\mathrel{\hat{=}} 265{,}50\ €$
1 Rolle $\mathrel{\hat{=}} 265{,}50\ € : 18 = 14{,}75\ €$
12 Rollen $\mathrel{\hat{=}} 14{,}75\ € \cdot 12 = 177\ €$

Die Tapeten für das Schlafzimmer kosten 177 €.

b) Preis für 1 Rolle:
$14{,}75\ € + 1{,}45\ € = 16{,}20\ €$
Anzahl der Tapetenrollen:
$243\ € : 16{,}20\ € = 15$ Rollen
Er benötigt für das Kinderzimmer 15 Rollen.

---

281 $32\ \text{m}^2 \mathrel{\hat{=}} 604{,}80\ €$
$1\ \text{m}^2 \mathrel{\hat{=}} 604{,}80\ € : 32 = 18{,}90\ €$
$28\ \text{m}^2 \mathrel{\hat{=}} 18{,}90\ € \cdot 28 = 529{,}20\ €$
$24\ \text{m}^2 \mathrel{\hat{=}} 18{,}90\ € \cdot 24 = 453{,}60\ €$
Preis für alle Holzdecken
$604{,}80\ € + 529{,}20\ € + 453{,}60\ € = 1\,587{,}60\ €$

oder
Deckenbretterbedarf
$32\ \text{m}^2 + 28\ \text{m}^2 + 24\ \text{m}^2 = 84\ \text{m}^2$
$1\ \text{m}^2$ kostet $18{,}90\ €$
$84\ \text{m}^2$ kostet $18{,}90\ € \cdot 84 = 1\,587{,}60\ €$

---

282 a) In 1,5 h werden 12 m^3 Wasser versprüht.
In 45 min werden 6 m^3 Wasser versprüht.
In 2 h werden 16 m^3 Wasser versprüht.
In 3 h 30 min werden 28 m^3 Wasser versprüht.
In 4 h 15 min werden 34 m^3 Wasser versprüht.

b) 2 m^3 Wasser werden in 15 min gefördert.
10 m^3 Wasser werden in 1 h 15 min gefördert.
22 m^3 Wasser werden in 2 h 45 min gefördert.
30 m^3 Wasser werden in 3 h 45 min gefördert.
38 m^3 Wasser werden in 4 h 45 min gefördert.

283 a) Grafische Darstellung

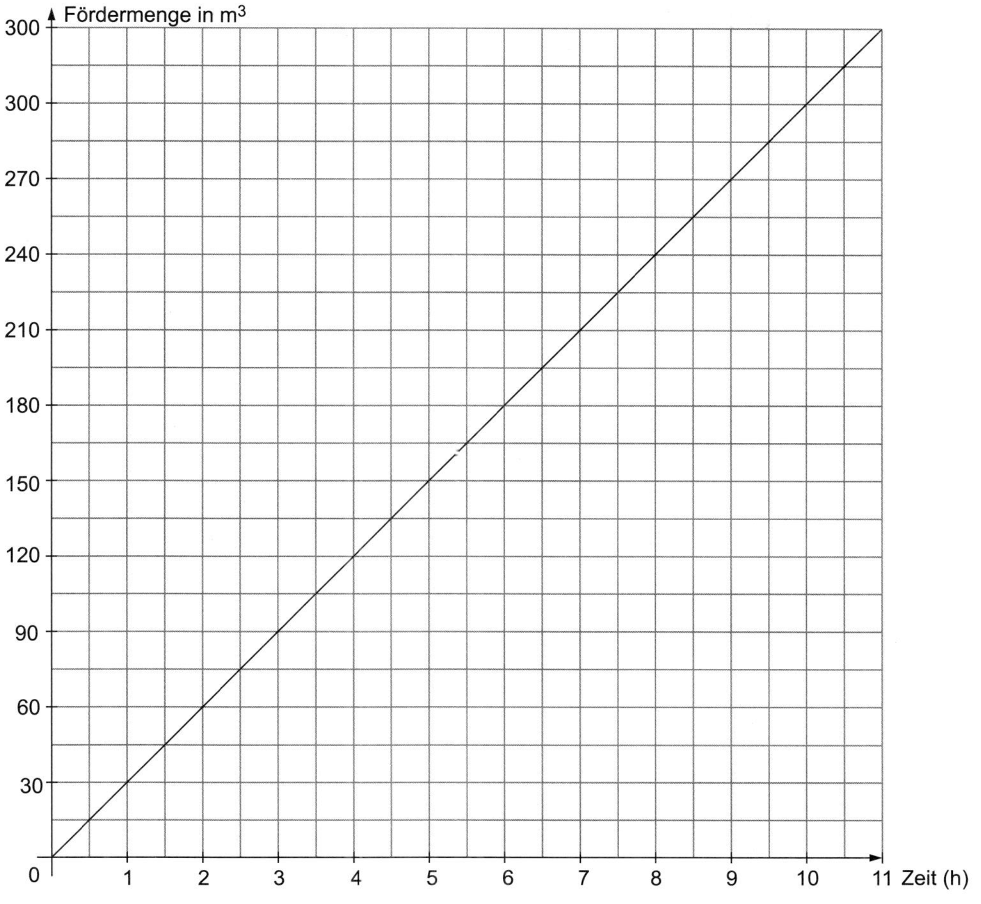

b) In 30 min werden 15 m^3 Wasser gefördert.
In 1,5 h werden 45 m^3 Wasser gefördert.
In 3 h werden 90 m^3 Wasser gefördert.
In 4 h werden 120 m^3 Wasser gefördert.
In 5,5 h werden 165 m^3 Wasser gefördert.
In 10 h werden 300 m^3 Wasser gefördert.

c) 45 m^3 Wasser werden in 1 h 30 min versprüht.
105 m^3 Wasser werden in 3 h 30 min versprüht.
120 m^3 Wasser werden in 4 h versprüht.
225 m^3 Wasser werden in 7 h 30 min versprüht.
240 m^3 Wasser werden in 8 h versprüht.
285 m^3 Wasser werden in 9 h 30 min versprüht.

284 a)

Zeit (s)	1	2,5	3	3,5	4,5	5	5,5	6	7	7,5	8	8,5	9	10
Weg (m)	20	50	60	70	90	100	110	120	140	150	160	170	180	200

b)

Zeit (s)	11	7,5	15	17,5	25	26	40	32,5	45	35,5	51	41,5	60	50
Weg (m)	220	150	300	350	500	520	800	650	900	710	1 020	830	1 200	1 000

285 a)

kg	10	20	30	40	50	60	70	80	90	100	110	120
€	1,50	3	4,50	6	7,50	9	10,50	12	13,50	15	16,50	18

b)

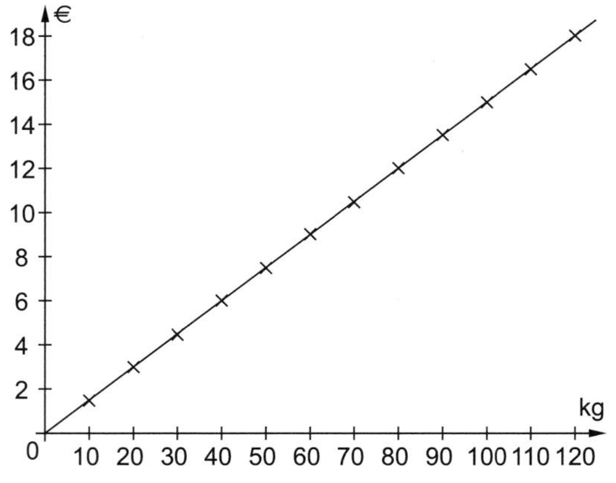

c) 75 kg ≙ 11,25 €; 95 kg ≙ 14,25 €; 115 kg ≙ 17,25 €

d) 1,50 € ≙ 10 kg
$1\,€ \mathrel{\hat=} 10\text{ kg} : 1{,}50$
$5\,€ \mathrel{\hat=} 10\text{ kg} : 1{,}50 \cdot 5 \approx 33{,}3\text{ kg}$
$12\,€ \mathrel{\hat=} 10\text{ kg} : 1{,}50 \cdot 12 = 80\text{ kg}$
$20\,€ \mathrel{\hat=} 10\text{ kg} : 1{,}50 \cdot 20 \approx 133{,}3\text{ kg}$

e) 1 t = 1 000 kg
10 kg ≙ 1,50 €
1 000 kg ≙ 150 €

286 a)

Weg (km)	5	10	15	20	25	30	40	55	60
Zeit	15 min	30 min	45 min	60 min	1 h 15 min	1 h 30 min	2 h	2 h 45 min	3 h

b)

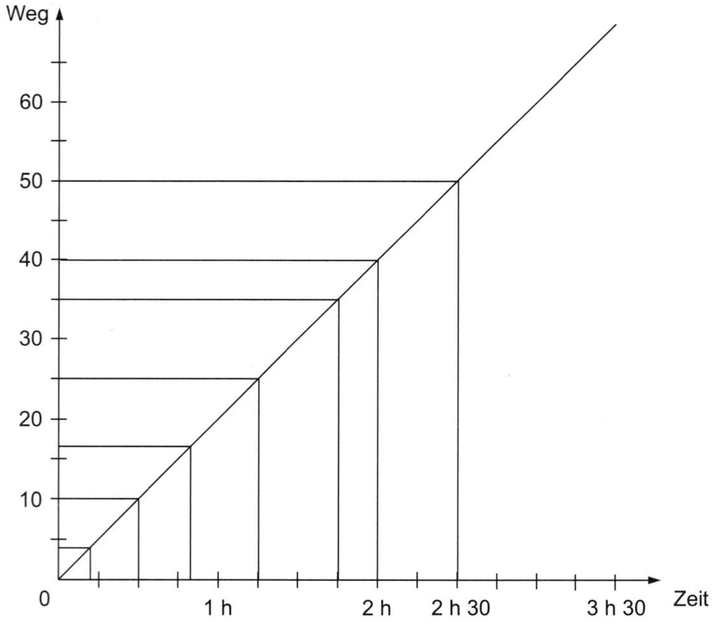

c) 10 min ≙ 3,3 km
50 min ≙ 16,7 km
1 h 45 min ≙ 35 km

d) 10 km ≙ 30 min
25 km ≙ 1 h 15 min
40 km ≙ 2 h
50 km ≙ 2 h 30 min

287 a) Fahrzeuge A und B
b) 30 min
c) Fahrzeug A: $60 \frac{km}{h}$ Fahrzeug B: $80 \frac{km}{h}$ Fahrzeug C: $40 \frac{km}{h}$
d) A: 75 km B: 80 km C: 20 km
e) 37,5 min
f) 30 km

288 a) 8:15 Uhr; 8:30 Uhr; 15 min vor der Pause: $40 \frac{km}{h}$; nach der Pause: $40 \frac{km}{h}$
b) 45 min
c) A: $v = 60 \frac{km}{h}$; C: $v = 100 \frac{km}{h}$
d) A: 1 h; 60 km; B: 1 h 30 min; 50 km; C: 30 min; 50 km
e) A: 30 km; B: 20 km

289 a)

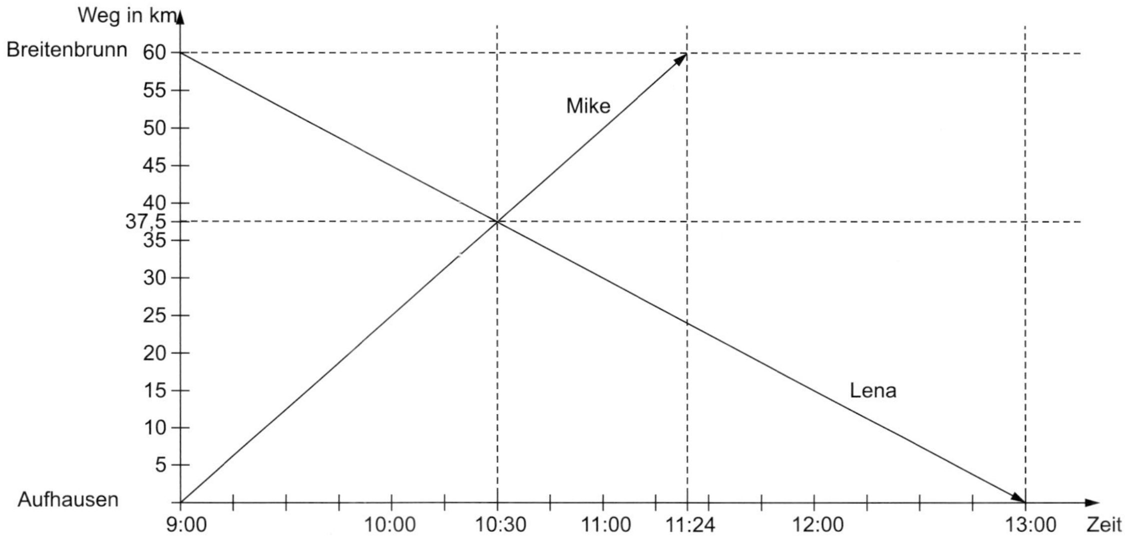

b) Sie treffen sich um 10:30 Uhr, 37,5 km von Aufhausen entfernt.

c) Mike erreicht sein Ziel um 11:24 Uhr. Lena kommt um 13:00 Uhr in Aufhausen an.

290

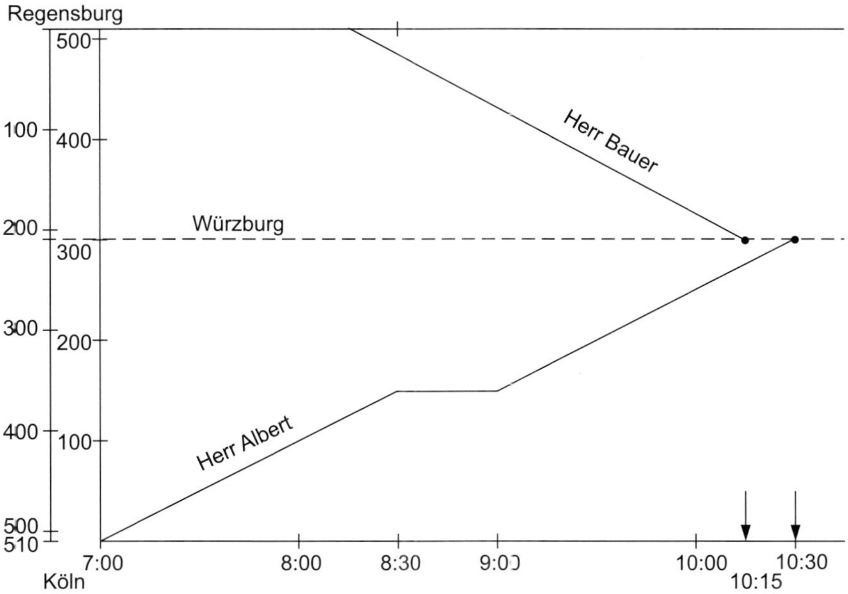

Herr Albert erreicht Würzburg 15 min später als Herr Bauer.

291 a) $17{,}5\ \frac{\text{km}}{\text{h}}$ b) $15\ \frac{\text{km}}{\text{h}}$ c) 30 min d) 9:20 Uhr

e) $75\ \frac{\text{km}}{\text{h}}$ f) 9:50 Uhr g) 2 h 20 min h) 30 min

i) 7,5 km k) 10:20 Uhr l) 9:56 Uhr

292 a)

Verbrauch (m^3)	0	10	20	30	40	50	60	70	80	90
Gesamtkosten (€)	50	75	100	125	150	175	200	225	250	275

b)

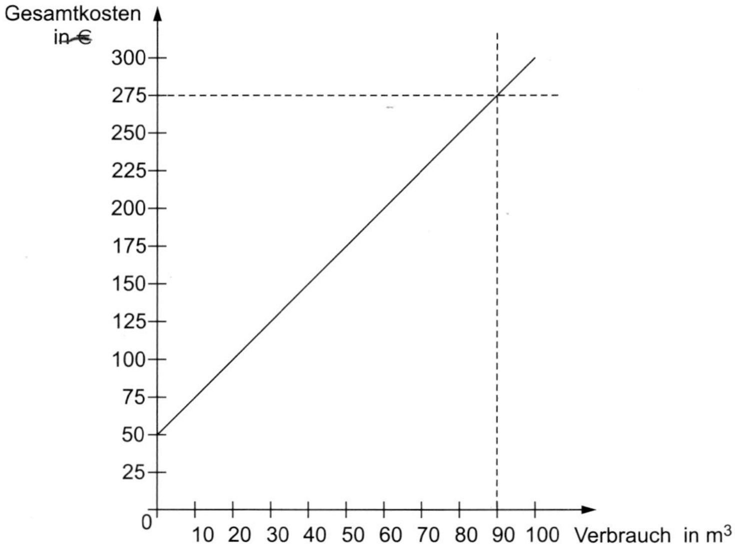

c) $35\ m^3 \triangleq 137{,}50$ €
$55\ m^3 \triangleq 187{,}50$ €
$75\ m^3 \triangleq 237{,}50$ €
$85\ m^3 \triangleq 262{,}50$ €

d) $50 + 184 \cdot 2{,}50$ € $= 50 + 460$ € $= 510$ €

293 a) $22{,}00$ € $- 3{,}30$ € $= 18{,}70$ €
$18{,}70$ € $: 1{,}70\ \frac{€}{\text{km}} = 11$ km

b) $28\ \text{km} \cdot 2{,}00\ \frac{€}{\text{km}} + 3{,}90$ € $= 59{,}90$ €

c) $65{,}25$ € $- 4{,}00$ € $= 61{,}25$ €
$61{,}25$ € $: 1{,}75\ \frac{€}{\text{km}} = 35$ km

d) $18\ \text{km} \cdot 2{,}00\ \frac{€}{\text{km}} + 3{,}90$ € $= 39{,}90$ €

e) $24{,}60$ € $- 3{,}90$ € $= 20{,}70$ €
$20{,}70$ € $: 2{,}30\ \frac{€}{\text{km}} = 9$ km

f) $23\ \text{km} \cdot 2{,}10\ \frac{€}{\text{km}} + 4{,}80$ € $= 53{,}10$ €
23 km kosten 53,10 €. 50 € reichen nicht.

294 a) Alpha-Super-Prepaid, SMS

x (Anzahl)	10	18	27	40	51	68	77	83	93	98
y (€)	0,70	1,26	1,89	2,80	3,57	4,76	5,39	5,81	6,51	6,86

b) Alpha-Super-Prepaid, Telefonie

x (min)	10	13	31	43	49	57	74	84	89	99
y (€)	0,50	0,65	1,55	2,15	2,45	2,85	3,70	4,20	4,45	4,95

c) Beta-Better-Prepaid, SMS

x (Anzahl)	9	23	35	43	49	54	68	73	87	96
y (€)	0,27	0,69	1,05	1,29	1,47	1,62	2,04	2,19	2,61	2,88

d) Beta-Better-Prepaid, Telefonie

x (min)	12	19	22	29	33	51	54	75	87	98
y (€)	0,48	0,76	0,88	1,16	1,32	2,04	2,16	3,00	3,48	3,92

295 a) $0,05\,\frac{€}{\text{min}} \cdot 41\text{ min} = 2,05\text{ €}$

b) $0,07\,\frac{€}{\text{SMS}} \cdot 87\text{ SMS} = 6,09\text{ €}$

c) $3,15\text{ €} : 0,05\,\frac{€}{\text{min}} = 63\text{ min}$

d) $3,78\text{ €} : 0,07\,\frac{€}{\text{SMS}} = 54\text{ SMS}$

296 a) $500\text{ MB} : 20\,\frac{\text{MB}}{\text{Tag}} = 25\text{ Tage}$

500 MB reichten Tina nicht.

b) Tägliche Kosten (SMS und Telefonie):
$4 \cdot 0,07\text{ €} + 7 \cdot 0,05\text{ €} = 0,28\text{ €} + 0,35\text{ €} = 0,63\text{ €}$

Internet: Bei 30 Tagen pro Monat musste Tina für 5 Tage jeweils 20 zusätzliche MB kaufen.
$5 \cdot 20\text{ MB} = 100\text{ MB}$

$100\text{ MB} \cdot 0,05\,\frac{€}{\text{MB}} = 5\text{ €}$

Monatliche Kosten:
$0,63\text{ €} \cdot 30 + 9,95\text{ €} + 5\text{ €} = 33,85\text{ €}$

Tina zahlte pro Monat (30 Tage) 33,85 €.

c) Tägliche Kosten (SMS und Telefonie):
$4 \cdot 0,03\text{ €} + 7 \cdot 0,04\text{ €} = 0,12\text{ €} + 0,28\text{ €} = 0,40\text{ €}$

Monatliche Kosten:
$0,40\text{ €} \cdot 30 + 14,95\text{ €} = 26,95\text{ €}$

Ein Wechsel hätte sich gelohnt.

297 a) Preis für 3 500 kWh: $3\,500 \cdot 0,25\text{ €} = 875\text{ €}$
jährliche Gesamtkosten: $875\text{ €} + 120\text{ €} = 995\text{ €}$

b) Preis für 3 500 kWh: $3\,500 \cdot 0,20\text{ €} = 700\text{ €}$
jährliche Gesamtkosten: $700\text{ €} + 150\text{ €} = 850\text{ €}$
Der Energieversorger „Sun-Power“ ist günstiger.

c) Die Grundgebühr des Anbieters „Mix-Eltron“ beträgt 50 €.

d) Bei einem jährlichen Verbrauch von 2 000 kWh sind die Energiekosten gleich, bis zu einem Verbrauch von 1 999 kWh ist „Mix-Eltron“ günstiger.

e) Preis für 2 000 kWh mit Grundgebühr: 550 €
Preis für 2 000 kWh ohne Grundgebühr: $550\text{ €} - 50\text{ €} = 500\text{ €}$
Preis für 1 kWh: $500\text{ €} : 2\,000 = 0,25\text{ €}$

298 a)

h	1	2	3	4	5	6
kg	135	110	85	60	35	10

b) 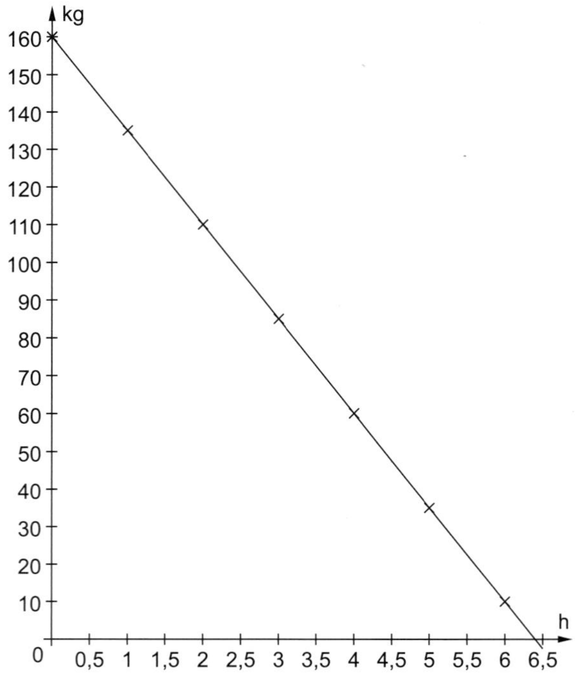

c) Grafische Lösung: abgelesen ≈ 6 h 25 min

Rechnerische Lösung:
Nach 6 h sind noch 10 kg Futter übrig.
1 h = 60 min
25 kg $\triangleq$ 60 min
1 kg $\triangleq$ 60 min : 25
10 kg $\triangleq$ 60 min : 25 · 10 = 24 min
6 h + 24 min = 6 h 24 min
Der Futterautomat ist nach 6 h 24 min leer.

d) 1 d = 24 h
24 · 25 kg = 600 kg
Ein solcher Futterautomat hat ein Fassungsvermögen von 600 kg.

---

299 a) Diagramm VI b) Diagramm IV c) Diagramm III
d) Diagramm V e) Diagramm II f) Diagramm I

---

300 a)

s	0	2	4	6	8	10	12	14	15
mm	90	78	66	54	42	30	18	6	0

b) 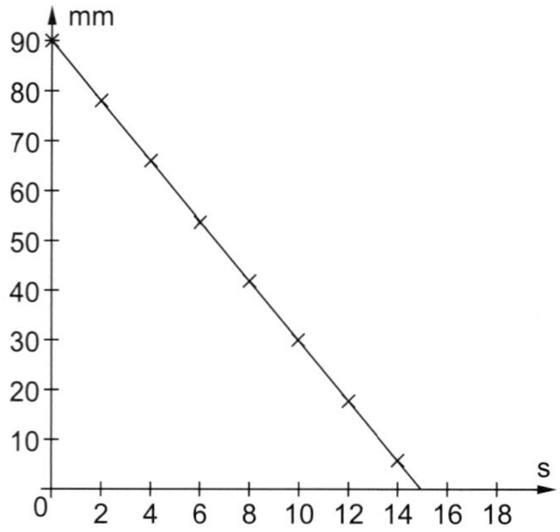

c) Nein. Nach 15 s wäre das Streichholz komplett abgebrannt. Man benötigt ca. 2 cm um das brennende Streichholz zu halten. Frau Utz muss das Streichholz nach ca. 12 s auspusten, da sie sich sonst die Finger verbrennt.

301 a)

Bagger	4	10	12	24	6	40	10	20	24	30
Tage	60	24	20	10	40	6	24	12	10	8

„Gesamtgröße“ $8 \cdot 30 = 240$

b)

Raupen	5	24	20	36	30	20	9	30	8	10
Tage	72	15	18	10	12	18	40	12	45	36

„Gesamtgröße“ $12 \cdot 30 = 360$

302

Anzahl der Lkw	Fahrten je Lkw
6	24
3	**48**
12	12
24	**6**
4	36
8	**18**

Holzpellet pro Tag (kg)	Anzahl der Tage
60	80
120	40
30	**160**
80	60
40	**120**
20	240

Anzahl der Raten	Höhe je Rate (€)
72	120
36	240
48	**180**
24	360
12	**720**
18	480

303 a) 3 Gärtner ≙ 8 Tage
1 Gärtner ≙ 8 Tage · 3 = 24 Tage
2 Gärtner ≙ 24 Tage : 2 = 12 Tage

b) 8 Tage ≙ 3 Gärtner
1 Tag ≙ 3 Gärtner · 8 = 24 Gärtner
6 Tage ≙ 24 Gärtner : 6 = 4 Gärtner

304 a) 60 Lkw ≙ 36 Tage
1 Lkw ≙ 60 · 36 Tage = 2 160 Tage
20 Lkw ≙ 2 160 Tage : 20 = 108 Tage
Verzögerung
108 Tage − 36 Tage = 72 Tage

b) 2 160 Tage ≙ 1 Lkw
2 160 Tage : 24 Tage ≙ 90 Lkw
zusätzliche Lkw
90 Lkw − 60 Lkw = 30 Lkw

305 7,50 € · 14 = 105 € Taschengeld
105 € : 10 = 10,50 € durchschnittlich pro Tag

306 a) **Angebot A**
Fläche einer Platte
25 cm · 25 cm = 625 cm² = 6,25 dm²
Anzahl der Platten
20 m² = 2 000 dm²
2 000 dm² : 6,25 dm² = 320 Platten

Angebot B
Fläche einer Platte
20 cm · 25 cm = 500 cm² = 5 dm²
Anzahl der Platten
20 m² = 2 000 dm²
2 000 dm² : 5 dm² = 400 Platten

Von den 10er-Packs müsste Leopold 32 Packs kaufen, von den 20er-Packs müsste er 20 Packs kaufen.

b) Kosten für die 10er-Packs
11,65 € · 32 = 372,80 €
Kosten für die 20er-Packs
16,95 € · 20 = 339,00 €
Ersparnis beim günstigeren Angebot
372,80 € − 339,00 € = 33,80 €

307 a) 54 Mädchen ≙ 30 €
1 Mädchen ≙ 1 620 €
50 Mädchen ≙ 32,40 €
Der Fahrpreis beträgt 32,40 €.

b) Buskosten abzüglich des Zuschusses durch den Sportverein
1 620 € – 300 € = 1 320 €

Fahrpreis für ein angemeldetes Mädchen
1 320 € : 50 = 26,40 €
Jedes Mädchen bezahlt nun 26,40 €.

---

308 a) 2,4 h = 2 h 24 min

b) je größer die Geschwindigkeit, umso kürzer die Reisezeit
je kleiner die Geschwindigkeit, umso länger die Reisezeit

c)

Reisedauer (h)	1	1,5	2	2,5	3	3,5	4	4,5	5	5,5	6
Geschwindigkeit (km/h)	300	200	150	120	100	85,7	75	66,7	60	54,5	50
zurückgelegte Strecke (km)	300	300	300	300	300	300	300	300	300	300	300

d) Unrealistisch sind durchschnittliche Geschwindigkeiten über $150\,\frac{\text{km}}{\text{h}}$ und unter $75\,\frac{\text{km}}{\text{h}}$. Das entspricht einer Reisedauer von weniger als 2 Stunden bzw. mehr als 4 Stunden.

---

309 a)

Reisedauer (h)	1	1,5	2	2,5	3	3,5	4	4,5	5	5,5	6
Geschwindigkeit (km/h)	240	160	120	96	80	68,6	60	53,3	48	43,6	40
zurückgelegte Strecke (km)	240	240	240	240	240	240	240	240	240	240	240

b)

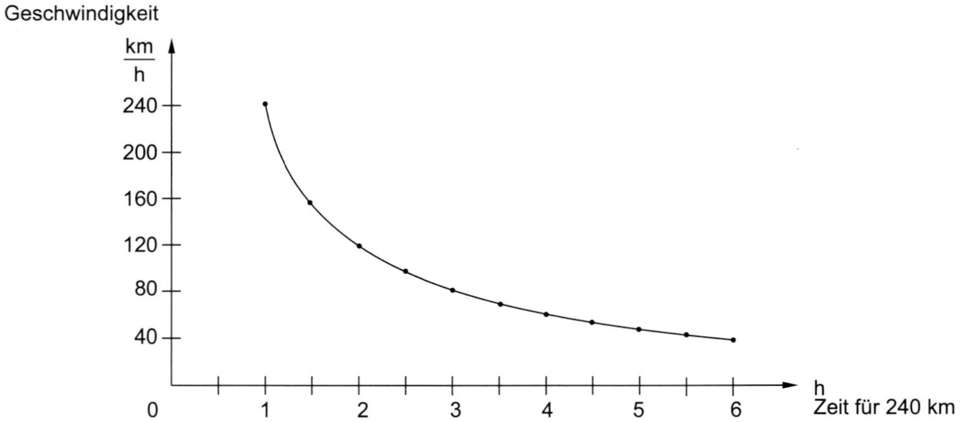

---

310 Bei den Aufgaben b) und c) sind keine Gesetzmäßigkeiten erkennbar.

---

311 a)

Stück	5	10	20	30	50
Preis	35 €	70 €	140 €	210 €	350 €

b)

Lkw	3	6	12	24	48
Tage	64	32	16	8	4

312

Liter	0,5	1	1,5	2	2,5	3	3,5	4
€	**7**	14	21	28	35	42	49	56

Einheiten, z. B. x-Achse: 0,5 ℓ ≙ 1cm y-Achse: 7 € ≙ 1cm

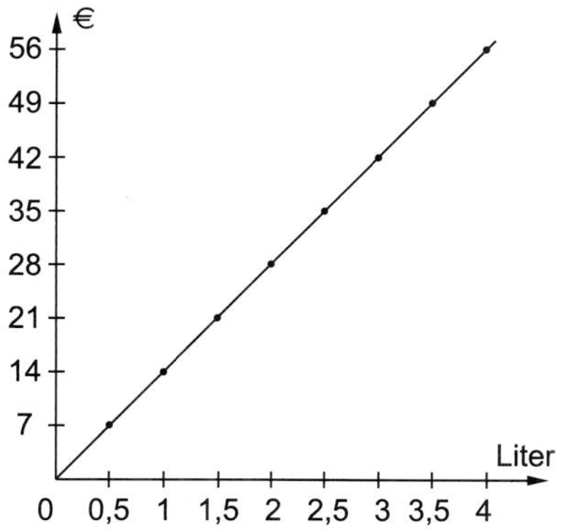

313

Zutaten	4 Personen	1 Person	3 Personen
Kohlrabi	600 g : 4 =	150 g	· 3 = 450 g
Möhren	400 g : 4 =	100 g	· 3 = 300 g
Blumenkohl	200 g : 4 =	50 g	· 3 = 150 g
Rosenkohlröschen	12 St. : 4 =	3 St.	· 3 = 9 St.
Zwiebeln	100 g : 4 =	25 g	· 3 = 75 g
Bouillon	1 ℓ : 4 =	0,25 ℓ	· 3 = 0,75 ℓ
Butter	120 g : 4 =	30 g	· 3 = 90 g
Salz, Pfeffer	2 EL : 4 =	$\frac{1}{2}$ EL	· 3 = $1\frac{1}{2}$ EL
Knoblauch	1 Zehe : 4 =	$\frac{1}{4}$ Zehe	· 3 = $\frac{3}{4}$ Zehe

314 a) **Vergleich der Grundstückspreise**
(Preis pro m²)

Grundstück A

$152\,250\text{ €} : 870\text{ m}^2 = 175\,\frac{\text{€}}{\text{m}^2}$

Grundstück B

100 % ≙ 155 480 € ohne Maklergebühren

102 % ≙ 158 589,60 € mit 2 % Maklergebühren

$158\,589{,}60\text{ €} : 920\text{ m}^2 = 172{,}38\,\frac{\text{€}}{\text{m}^2}$

Grundstück C

$100\,\% \mathrel{\hat{=}} 176\,\frac{\text{€}}{\text{m}^2}$

$101{,}5\,\% \mathrel{\hat{=}} 178{,}64\,\frac{\text{€}}{\text{m}^2}$

Grundstück B hat den günstigsten Preis pro m².

b) **Kaufpreis für das Grundstück C**

Fläche des Grundstücks: $A = a \cdot b$

$A = 35\text{ m} \cdot 25\text{ m}$

$A = 875\text{ m}^2$

$875\text{ m}^2 \cdot 178{,}64\,\frac{\text{€}}{\text{m}^2} = 156\,310\text{ €}$

Das Grundstück kommt auf 156 310 €.

315

Angebot A:	Einrüsten:	$265\text{ m}^2 \cdot 6{,}25\,\frac{\text{€}}{\text{m}^2}$ =	1 656,25 €
	Außenputz:	$265\text{ m}^2 \cdot 31{,}50\,\frac{\text{€}}{\text{m}^2}$ =	8 347,50 €
	Sockelsteine:	$122\text{ m} \cdot 8{,}50\,\frac{\text{€}}{\text{m}}$ =	1 037,00 €
		Gesamtkosten:	11 040,75 €
Angebot B:	Einrüsten:		1 500,00 €
	Außenputz:	$265\text{ m}^2 \cdot 34{,}20\,\frac{\text{€}}{\text{m}^2}$ =	9 063,00 €
	Sockelsteine:	$122\text{ m} \cdot 7{,}90\,\frac{\text{€}}{\text{m}}$ =	963,80 €
		Gesamtkosten:	11 526,80 €

Familie Ferchow wird sich für die Firma mit Angebot A entscheiden.

316 a) Arbeitslohn für den Meister pro Stunde
323,75 € : 5 = 64,75 €

Arbeitslohn für den Gesellen pro Stunde
483,45 € : 11 = 43,95 €

Arbeitslohn für den Azubi pro Stunde
247,05 : 9 = 27,45 €

b) Arbeitslohn für den Meister
64,75 € · 3 = 194,25 €

Arbeitslohn für den Gesellen
43,95 € · 13 = 571,35 €

Arbeitslohn für den Azubi
27,45 · 7 = 192,15 €

gesamter Arbeitslohn
194,25 € + 571,35 € + 192,15 € = 957,75 €

---

317 a) Einzelpreis für eine Glühlampe
11,85 € : 15 = 0,79 €

Einzelpreis für eine Energiesparlampe
10,95 € : 3 = 3,65 €

Einzelpreis für eine LED Lampe
15,68 € : 4 = **3,92** €
Sven hat nicht recht.

5facher Preis für eine Glühlampe
0,79 € · 5 = **3,95** €

10facher Preis für eine Glühlampe
0,79 € · 10 = **7,90** €

b) Stunden in einem Jahr
24 · 365 = 8 760 Stunden
35 000 : 8 760 = 3,995… ≈ 4

Eine LED Lampe könnte 4 Jahre lang ununterbrochen in Betrieb sein.

c) Glühlampe: 1 000 Wh : 40 W = 25 h
Energiesparlampe: 1 000 Wh : 7,5 W = 133,3… h ≈ 133 h
LED Lampe: 1 000 Wh : 4 W = 250 h

d) jährliche Einschaltdauer
3 h · 365 = 1 095 h

jährliche Energiekosten für eine 40 Watt-Glühlampe
40 W · 1 095 h = 43 800 Wh = 43,8 kWh
0,34 € · 43,8 = 14,892 € ≈ 14,89 €

jährliche Energiekosten für eine 7,5 Watt-Energiesparlampe
7,5 W · 1 095 h = 8 212,5 Wh ≈ 8,2 kWh
0,34 € · 8,2 = 2,788 € ≈ 2,79 €

Einsparung nach einem Jahr ohne die Anschaffungskosten für eine Energiesparlampe
14,89 € – 2,79 € = 12,10 €

Einsparung nach einem Jahr mit den Anschaffungskosten für eine Energiesparlampe
12,10 € – 3,65 € = 8,45 €

e)

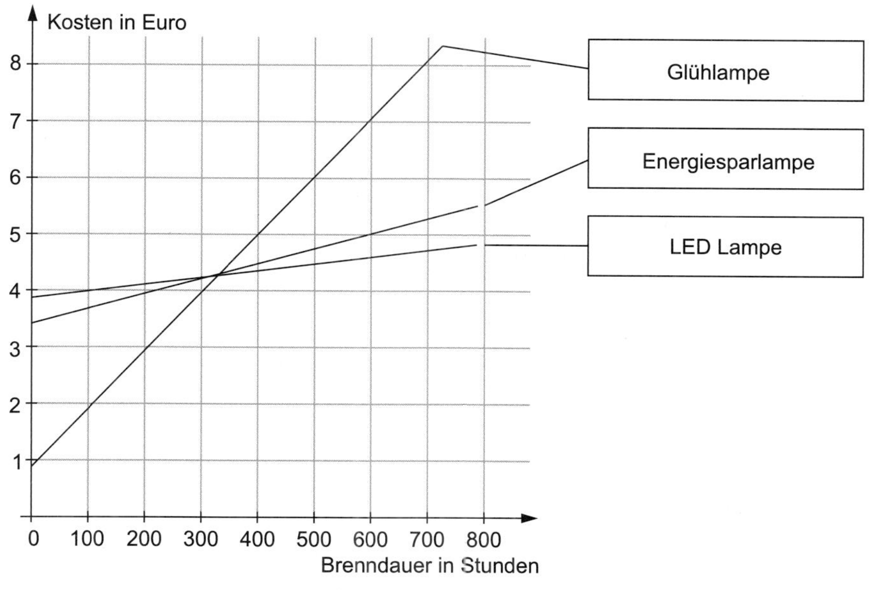

f) Nach rund 320 Stunden Brenndauer sind die Kosten für eine LED Lampe günstiger als die Kosten für eine Glühlampe.

5 Prozent- und Zinsrechnen

318

	a)	b)	c)	d)	e)	f)	g)	h)
Grundwert	32 €	78 €	120 €	240 €	490 €	725 €	1 050 €	1 255 €
Prozentsatz	15 %	64 %	37 %	86 %	107 %	11 %	41 %	72 %
Prozentwert	4,8 €	49,92 €	44,40 €	206,40 €	524,30 €	79,75 €	430,50 €	903,60 €

319 a) $100\,\% \mathrel{\hat{=}} 360°$
$1\,\% \mathrel{\hat{=}} 360° : 100 = 3,6°$
$5\,\% \mathrel{\hat{=}} 3,6° \cdot 5 = 18°$
$15\,\% \mathrel{\hat{=}} 3,6° \cdot 15 = 54°$
$25\,\% \mathrel{\hat{=}} 3,6° \cdot 25 = 90°$
$55\,\% \mathrel{\hat{=}} 3,6° \cdot 55 = 198°$

b) $100\,\% \mathrel{\hat{=}} 360°$
$1\,\% \mathrel{\hat{=}} 360° : 100 = 3,6°$
$22\,\% \mathrel{\hat{=}} 3,6° \cdot 22 \approx 79°$
$36,5\,\% \mathrel{\hat{=}} 3,6° \cdot 36,5 \approx 131°$
$54\,\% \mathrel{\hat{=}} 3,6° \cdot 54 \approx 194°$
$91,25\,\% \mathrel{\hat{=}} 3,6° \cdot 91,25 \approx 329°$

320 a) $\frac{1}{4} = 0,25 = 25\,\%$ b) $\frac{1}{8} = 0,125 = 12,5\,\%$ c) $\frac{1}{3} \approx 0,33 = 33\,\%$ d) $\frac{1}{5} = 0,2 = 20\,\%$

321 a) **Anzahl der Schülerinnen und Schüler**
$106 + 72 + 55 + 12 + 5 = 250$

b) **Anteile in Prozent**
250 Schüler/-innen $\mathrel{\hat{=}} 100\,\%$
1 Schüler/-in $\mathrel{\hat{=}} 100\,\% : 250 = 0,4\,\%$
106 Schüler/-innen $\mathrel{\hat{=}} 0,4\,\% \cdot 106 \approx 42\,\%$ Lerchenau
72 Schüler/-innen $\mathrel{\hat{=}} 0,4\,\% \cdot 72 \approx 29\,\%$ Farnheim
55 Schüler/-innen $\mathrel{\hat{=}} 0,4\,\% \cdot 55 = 22\,\%$ Dengenbach
12 Schüler/-innen $\mathrel{\hat{=}} 0,4\,\% \cdot 12 \approx 5\,\%$ Neuhaus
5 Schüler/-innen $\mathrel{\hat{=}} 0,4\,\% \cdot 5 = 2\,\%$ Kiefernhofen

c) **Kreisdiagramm**
$100\,\% \mathrel{\hat{=}} 360°$
$1\,\% \mathrel{\hat{=}} 360° : 100 = 3,6°$
$42\,\% \mathrel{\hat{=}} 3,6° \cdot 42 \approx 151°$ Lerchenau
$29\,\% \mathrel{\hat{=}} 3,6° \cdot 29 \approx 104°$ Farnheim
$22\,\% \mathrel{\hat{=}} 3,6° \cdot 22 \approx 79°$ Dengenbach
$5\,\% \mathrel{\hat{=}} 3,6° \cdot 5 = 18°$ Neuhaus
$2\,\% \mathrel{\hat{=}} 3,6° \cdot 2 \approx 7°$ Kiefernhofen

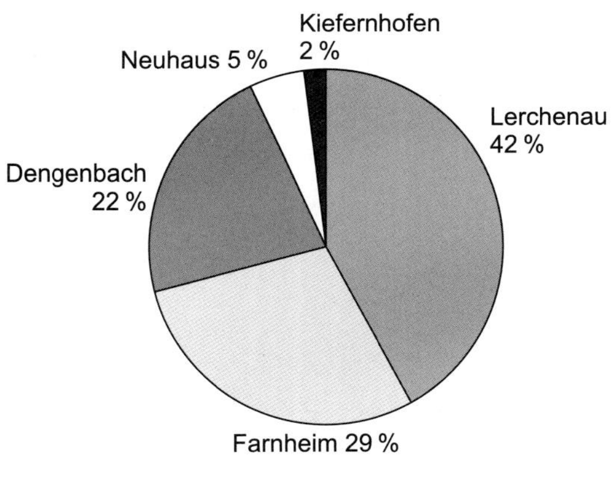

322 a) **Anzahl aller verkauften Pkw**
16 Kleinwagen
26 Mittelklassewagen
8 gehobene Mittelklasse

50 Pkw insgesamt

Anteile der verkauften Pkw in Prozent

50 Pkw $\hat{=}$ 100 %
1 Pkw $\hat{=}$ 2 %
16 Pkw $\hat{=}$ 2 % · 16 = 32 % Kleinwagen
26 Pkw $\hat{=}$ 2 % · 26 = 52 % Mittelklassewagen
8 Pkw $\hat{=}$ 2 % · 8 = 16 % gehobene Mittelklasse

b) **Streifendiagramm**

Berechnen der Streifenlänge
100 % $\hat{=}$ 10 cm
1 % $\hat{=}$ 0,1 cm = 1 mm
32 % $\hat{=}$ 1 mm · 32 = 32 mm Kleinwagen
52 % $\hat{=}$ 1 mm · 52 = 52 mm Mittelklassewagen
16 % $\hat{=}$ 1 mm · 16 = 16 mm gehobene Mittelklasse

---

323 a) **Neuwert des Fernsehgeräts**

1 299 € + 324,75 € = 1 623,75 €

b) **Ersparnis in Prozent**

324,75 € : 1 623,75 € · 100 % = 20 %

---

324 a) Armin bezahlt 100 % – 23 % = 77 %.

23 % $\hat{=}$ 133,77 €
1 % $\hat{=}$ 5,816... € ≈ 5,82 €
77 % $\hat{=}$ 5,82 € · 77 = 448,14 €

Armin bezahlt 448,14 €.

b) 448,14 € + 133,77 € = 581,91 €

oder
1 % $\hat{=}$ 5,82 €
100 % $\hat{=}$ 582 €

Vor dem Ausverkauf kostete das Smartphone 581,91 € (582 €). Rundungsbedingt ergibt sich eine Differenz von 9 Cent.

---

325 a) **Länge der gesamten Neubaustrecke**

Länge des ersten Bauabschnitts in Prozent
100 % – (32 % + 28 % + 15 %) = 25 %
25 % $\hat{=}$ 112,5 km
100 % $\hat{=}$ 112,5 km · 4 = 450 km

Die gesamte Neubaustrecke ist 450 km lang.

b) **Länge der einzelnen Bauabschnitte**

100 % $\hat{=}$ 450 km
1 % $\hat{=}$ 4,5 km
32 % $\hat{=}$ 4,5 km · 32 = 144 km zweiter Abschnitt
28 % $\hat{=}$ 4,5 km · 28 = 126 km dritter Abschnitt
15 % $\hat{=}$ 4,5 km · 15 = 67,5 km vierter Abschnitt

---

326 a) Autohaus A: 144 + 292 + 264 = 700
Autohaus B: 182 + 310 + 294 = 786
Autohaus C: 208 + 330 + 306 = 844
Autohaus D: 224 + 340 + 328 = 892

b) **Säulendiagramme**

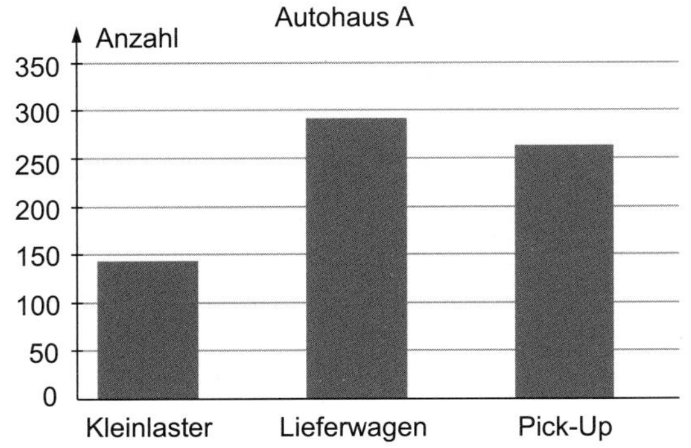

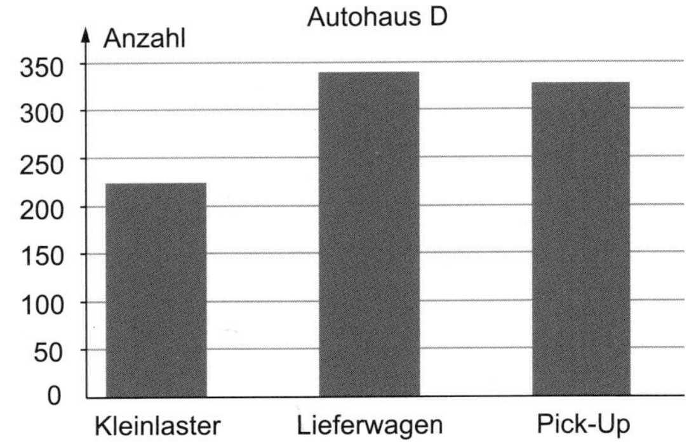

c) **Anteile in Prozent:**

$844 \text{ Fahrzeuge} \mathrel{\hat{=}} 100\,\%$

$1 \text{ Fahrzeug} \mathrel{\hat{=}} 100\,\% : 844$

$208 \text{ Fahrzeuge} \mathrel{\hat{=}} 100\,\% : 844 \cdot 208 \approx 25\,\%$ Kleinlaster

$330 \text{ Fahrzeuge} \mathrel{\hat{=}} 100\,\% : 844 \cdot 330 \approx 39\,\%$ Lieferwagen

$306 \text{ Fahrzeuge} \mathrel{\hat{=}} 100\,\% : 844 \cdot 306 \approx 36\,\%$ Pick-Up

Kreisdiagramm

$100\,\% \mathrel{\hat{=}} 360°$

$1\,\% \mathrel{\hat{=}} 3{,}6°$

$25\,\% \mathrel{\hat{=}} 3{,}6° \cdot 25 = 90°$ Kleinlaster

$39\,\% \mathrel{\hat{=}} 3{,}6° \cdot 39 \approx 140°$ Lieferwagen

$36\,\% \mathrel{\hat{=}} 3{,}6° \cdot 36 \approx 130°$ Pick-Up

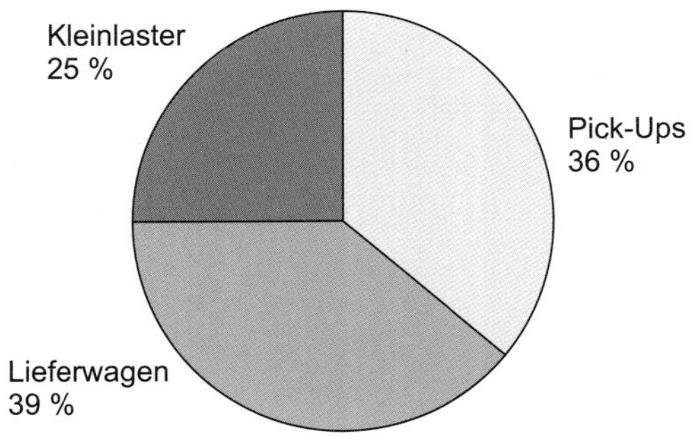

327 a) **Anteil der Hubraumklassen in Prozent**

$100\,\% \mathrel{\hat{=}} 12\,000 \text{ Motorräder}$

$1\,\% \mathrel{\hat{=}} 12\,000 \text{ Motorräder} : 100 = 120 \text{ Motorräder}$

$20\,\% \mathrel{\hat{=}} 120 \text{ Motorräder} \cdot 20 = 2\,400 \text{ Motorräder bis } 250 \text{ cm}^3$

$45\,\% \mathrel{\hat{=}} 120 \text{ Motorräder} \cdot 45 = 5\,400 \text{ Motorräder bis } 500 \text{ cm}^3$

$15\,\% \mathrel{\hat{=}} 120 \text{ Motorräder} \cdot 15 = 1\,800 \text{ Motorräder bis } 750 \text{ cm}^3$

Rest: $100\,\% - (20\,\% + 45\,\% + 15\,\%) = 20\,\%$

$20\,\% \mathrel{\hat{=}} 120 \text{ Motorräder} \cdot 20 = 2\,400 \text{ Motorräder über } 750 \text{ cm}^3$

b) **Streifendiagramm**

Berechnen der Streifenlängen

$100\,\% \mathrel{\hat{=}} 10 \text{ cm}$

$1\,\% \mathrel{\hat{=}} 0{,}1 \text{ cm} = 1 \text{ mm}$

$20\,\% \mathrel{\hat{=}} 1 \text{ mm} \cdot 20 = 20 \text{ mm}$ Motorräder bis 250 cm^3 und über 750 cm^3

$45\,\% \mathrel{\hat{=}} 1 \text{ mm} \cdot 45 = 45 \text{ mm}$ Motorräder bis 500 cm^3

$15\,\% \mathrel{\hat{=}} 1 \text{ mm} \cdot 15 = 15 \text{ mm}$ Motorräder bis 750 cm^3

$20\,\% \mathrel{\hat{=}} 1 \text{ mm} \cdot 20 = 20 \text{ mm}$ Motorräder über 750 cm^3

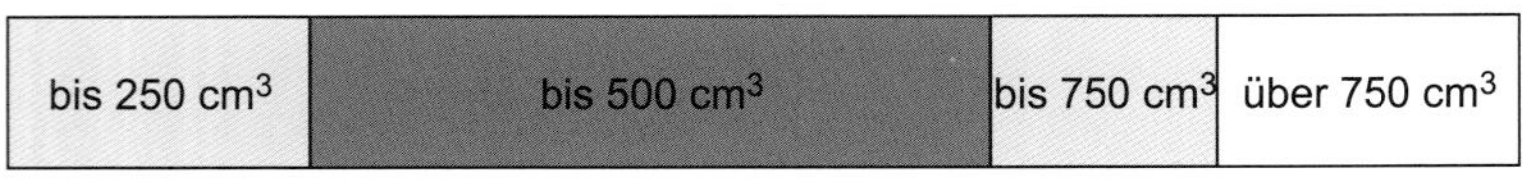

c) **Berechnen der jeweiligen Anzahl der Motorräder nach Herstellern**

$100\ \% \mathrel{\hat{=}} 12\,000$ Motorräder

$1\ \% \mathrel{\hat{=}} 12\,000$ Motorräder $: 100 = 120$ Motorräder

$35\ \% \mathrel{\hat{=}} 120$ Motorräder $\cdot 35 = 4\,200$ Motorräder von Hindu

$17\ \% \mathrel{\hat{=}} 120$ Motorräder $\cdot 17 = 2\,040$ Motorräder von Kawanaki

$22\ \% \mathrel{\hat{=}} 120$ Motorräder $\cdot 22 = 2\,640$ Motorräder von Sosika

Rest: $100\ \% - (35\ \% + 17\ \% + 22\ \%) = 26\ \%$

$26\ \% \mathrel{\hat{=}} 120$ Motorräder $\cdot 26 = 3\,120$ Motorräder von Jamimoto

Anteile der Lieferanten im Kreisdiagramm

Berechnen der Winkel

$100\ \% \mathrel{\hat{=}} 360°$

$1\ \% \mathrel{\hat{=}} 3{,}6°$

$35\ \% \mathrel{\hat{=}} 3{,}6° \cdot 35 = 126°$ Hindu

$17\ \% \mathrel{\hat{=}} 3{,}6° \cdot 17 \approx 61°$ Kawanaki

$22\ \% \mathrel{\hat{=}} 3{,}6° \cdot 22 \approx 79°$ Sosika

$26\ \% \mathrel{\hat{=}} 3{,}6° \cdot 26 \approx 94°$ Jamimoto

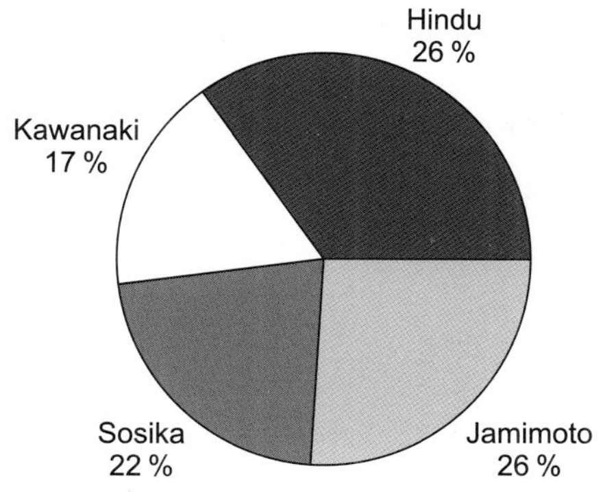

328

	a)	b)	c)	d)	e)	f)	g)	h)
Einkaufspreis	2 500 €	3 685 €	1 200 €	2 400 €	631,69 €	957,73 €	2 258,95 €	632,39 €
Verlust	7 %	6,45 %	37 %	18,4 %	17 %	45 %	36,7 %	13,25 %
Verkaufspreis	2 325 €	3 447,32 €	756 €	1 958 €	524,30 €	526,75 €	1 430,50 €	548,60 €

329 a) **Anzahl der erkrankten Angestellten**

$12\ \%$ erkrankte Angestellte

$100\ \% - 12\ \% = 88\ \%$ arbeitsfähige Angestellte

$88\ \% \mathrel{\hat{=}} 264$ Personen

$1\ \% \mathrel{\hat{=}} 264$ Personen $: 88 = 3$ Personen

$12\ \% \mathrel{\hat{=}} 3$ Personen $\cdot 12 = 36$ Personen

Es sind 36 Personen erkrankt.

b) **Länger als 2 Wochen erkrankte Angestellte**

Der neue Grundwert beträgt 36 Personen.

36 Personen – (9 Personen + 12 Personen) = 15 Personen

15 Personen sind länger als zwei Wochen krank.

Berechnen des Prozentsatzes

15 Personen : 36 Personen $\cdot$ 100 % = 41,66... % ≈ 41,7 %

Von den erkrankten Angestellten sind 41,7 % länger als zwei Wochen krank.

330

a) $\frac{1}{2} = 50\ \%$

b) $\frac{3}{4} = 75\ \%$

c) $\frac{4}{5} = 80\ \%$

d) $\frac{9}{20} = \frac{45}{100} = 45\ \%$

e) $\frac{3}{25} = \frac{12}{100} = 12\ \%$

f) $\frac{7}{50} = \frac{14}{100} = 14\ \%$

g) $\frac{2}{100} = 2\ \%$

h) $\frac{91}{100} = 91\ \%$

331 a) A: $6 \text{ von } 20 = \frac{6}{20} = \frac{3}{10} = 30\,\%$

B: $12 \text{ von } 16 = \frac{12}{16} = \frac{3}{4} = 75\,\%$

C: $6 \text{ von } 16 = \frac{6}{16} = \frac{3}{8} = 37{,}5\,\%$

D: $16 \text{ von } 32 = \frac{16}{32} = \frac{1}{2} = 50\,\%$

b) 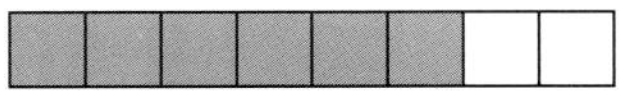

75 %

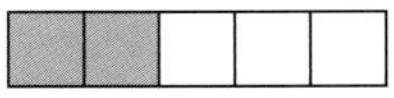

40 %

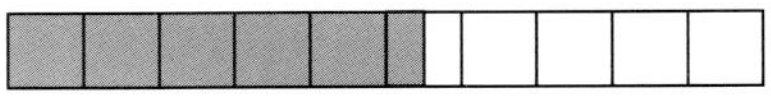

55 %

---

332 a) 30 % von 200 kg = **60** kg

b) 14 % von 500 ℓ = **70** ℓ

c) 45 cm von 180 cm = **25** %

d) 12 m^3 von 60 m^3 = **20** %

e) 25 % ≙ 70 dm
100 % ≙ **280** dm

f) 75 % ≙ 1 200 m^3
100 % ≙ **1 600** m^3

---

333 Die Kästen a (neuer Preis müsste 274 € sein) und c (bezahlt werden nur 990 €) enthalten falsche Angaben.

334

20 %	100 %	50 %	25 %	175 %
800 km	**4 000** km	**2 000** km	**1 000** km	**7 000** km

100 %	**500** %	**250** %	**125** %	**225** %
300 kg	1 500 kg	750 kg	375 kg	675 kg

---

335 100 % ≙ 200 €
1 % ≙ 2 €

Buskosten	15 % ≙ **30** €
Verpflegung	55 % ≙ **110** €
Unterkunft	**20** % ≙ 40 €
Rest: Taschengeld	**10** % ≙ 20 €

---

336 Albert denkt falsch, Chos Gedankengang ist Unsinn. Nur Bernhard denkt richtig.
Begründung: Da die Mehrwertsteuer in Höhe von 19 % immer auf den Preis ohne Mehrwertsteuer dazugerechnet wird, entspricht der Preis ohne Mehrwertsteuer 100 % und der Preis mit Mehrwertsteuer 119 %.

---

337 a) **Höhe des Bargelds**
5 880 € · 0,15 = 882 € Bargeld

b) **Kaufpreis Händler**
5 880 € · 0,15 = 882 € Anzahlung
18 · 320 € = 5 760 € Raten
5 760 € + 882 € = 6 642 € Händlerfinanzierung

c) **Kreditsumme bei Bankfinanzierung**
Barzahlung ⇒ 2 % Skonto
5 880 € · 0,98 = 5 762,40 € Barzahlungspreis
5 762,40 € − 882 € = 4880,40 € Kredit, den er aufnehmen muss

d) **Bankfinanzierung**
5 762,40 € + 313,50 € = 6 075,90 € Preis bei Bankfinanzierung

e) **Unterschied**
Bankfinanzierung: 6 075,90 €
Händlerfinanzierung: 6 642,00 €
6 642,00 € − 6 075,90 € = 566,10 € Unterschied in Euro
566,10 : 6 075,90 · 100 % ≈ 9,32 % Unterschied in Prozent

338 **Kosten für Robin**

Kosten der Konsole vor dem Weihnachtsgeschäft

$100\,\% \mathrel{\hat{=}} 399\,€$ zahlt Robin

Kosten für Peter

Kosten der Konsole nach der Preiserhöhung

$100\,\% + 12{,}5\,\% = 112{,}5\,\%$

$100\,\% \mathrel{\hat{=}} 399\,€$

$1\,\% \mathrel{\hat{=}} 3{,}99\,€$

$112{,}5\,\% \mathrel{\hat{=}} 3{,}99\,€ \cdot 112{,}5 = 448{,}875\,€ \approx 448{,}88\,€$

Zum Weihnachtsgeschäft kostet die Konsole 448,88 € (neuer Grundwert).

Kosten der Konsole nach der Preissenkung

$100\,\% - 12{,}5\,\% = 87{,}5\,\%$

$100\,\% \mathrel{\hat{=}} 448{,}88\,€$

$1\,\% \mathrel{\hat{=}} 4{,}4888\,€$

$87{,}5\,\% \mathrel{\hat{=}} 4{,}4888\,€ \cdot 87{,}5 = 392{,}77\,€$

Nach dem Weihnachtsgeschäft kostet die Konsole 392,77 €. Peter zahlt weniger als Robin.

---

339 a) **Durchschnittlicher Monatsverdienst**

$(1\,997\,€ + 1\,801\,€ + 2\,198\,€ + 2\,314\,€ + 2\,269\,€ + 1\,709\,€) : 6 = 12\,288\,€ : 6 = 2\,048\,€$

b) Durchschnittlicher Verdienst = Grundwert (G): 2 048 €

Berlin:

$2\,048\,€ \mathrel{\hat{=}} 100\,\%$

$1\,€ \mathrel{\hat{=}} 100\,\% : 2\,048$

$1\,997\,€ \mathrel{\hat{=}} 100\,\% : 2\,048 \cdot 1\,997 \approx 97{,}5\,\%$

Abweichung: $100\,\% - 97{,}5\,\% = 2{,}5\,\%$ unter dem Durchschnitt

Dresden:

$1\,801\,€ \mathrel{\hat{=}} 100\,\% : 2\,048 \cdot 1\,801 \approx 87{,}9\,\%$

Abweichung: $100\,\% - 87{,}9\,\% = 12{,}1\,\%$ unter dem Durchschnitt

Frankfurt/M.:

$2\,198\,€ \mathrel{\hat{=}} 100\,\% : 2\,048 \cdot 2\,198 \approx 107{,}3\,\%$

Abweichung: $107{,}3\,\% - 100\,\% = 7{,}3\,\%$ über dem Durchschnitt

Hamburg:

$2\,314\,€ \mathrel{\hat{=}} 100\,\% : 2\,048 \cdot 2\,314 \approx 113{,}0\,\%$

Abweichung: $113\,\% - 100\,\% = 13\,\%$ über dem Durchschnitt

München:

$2\,269\,€ \mathrel{\hat{=}} 100\,\% : 2\,048 \cdot 2\,269 \approx 110{,}8\,\%$

Abweichung: $110{,}8\,\% - 100\,\% = 10{,}8\,\%$ über dem Durchschnitt

Magdeburg:

$1\,709\,€ \mathrel{\hat{=}} 100\,\% : 2\,048 \cdot 1\,709 \approx 83{,}4\,\%$

Abweichung: $100\,\% - 83{,}4\,\% = 16{,}6\,\%$ unter dem Durchschnitt

c) **Plus-Minus-Diagramm**

Säulenhöhe für das Diagramm berechnen

$1\,\% \mathrel{\hat{=}} 2\text{ mm}$	
$2{,}5\,\% \mathrel{\hat{=}} 5\text{ mm}$	Berlin (nach unten)
$12{,}1\,\% \mathrel{\hat{=}} 24{,}2\text{ mm} \approx 2{,}4\text{ cm}$	Dresden (nach unten)
$7{,}3\,\% \mathrel{\hat{=}} 14{,}6\text{ mm} \approx 1{,}5\text{ cm}$	Frankfurt (nach oben)
$13\,\% \mathrel{\hat{=}} 26\text{ mm} = 2{,}6\text{ cm}$	Hamburg (nach oben)
$10{,}8\,\% \mathrel{\hat{=}} 21{,}6\text{ mm} \approx 2{,}2\text{ cm}$	München (nach oben)
$16{,}6\,\% \mathrel{\hat{=}} 33{,}2\text{ mm} \approx 3{,}3\text{ cm}$	Magdeburg (nach unten)

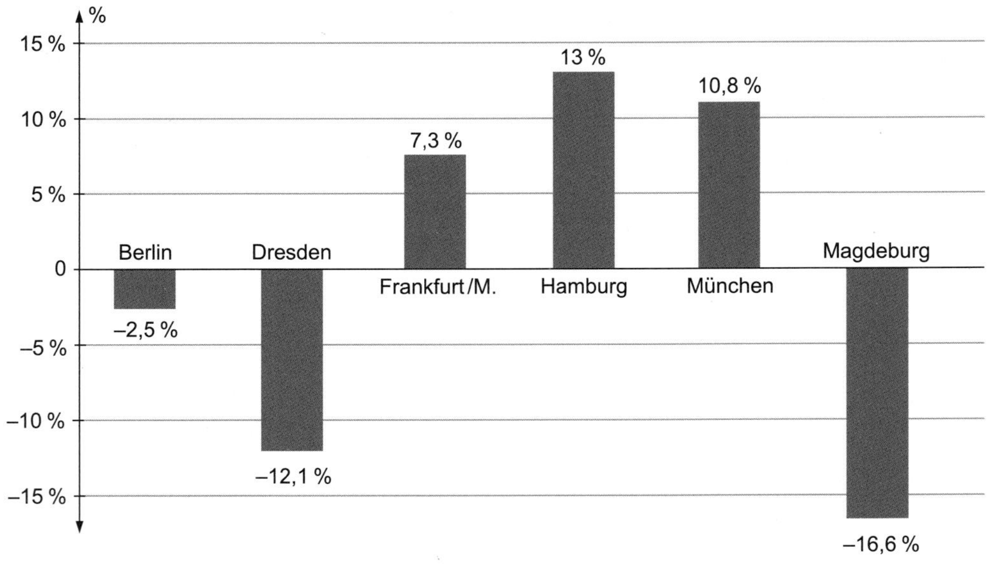

340 a) **Prozentualer Anteil der technischen Hilfeleistungen**
Anzahl aller Einsätze:
$45+50+68+62+24+8=257$ Einsätze
Anzahl der technischen Hilfeleistungen
$68+62=130$ Einsätze
prozentualer Anteil:
$130:257\cdot 100\,\%=50{,}58\ldots\,\%\approx 50{,}6\,\%$

b) **Prozentuale Abnahme der blinden Alarmierungen**
$24-8=16$ Alarmierungen weniger
$16:24\cdot 100\,\%=66{,}66\ldots\,\%\approx 66{,}7\,\%$
Die blinden Alarmierungen nahmen um 66,7 % ab.

c) **Kreisdiagramm**
Anzahl der Einsätze im zweiten Halbjahr
$50+62+8=120$ Einsätze
120 Einsätze $\hat{=}$ 360°
1 Einsatz $\hat{=}$ $360°:120=3°$
$3°\cdot 50=150°$ Brandbekämpfung
$3°\cdot 62=186°$ technische Hilfeleistung
$3°\cdot 8=24°$ blinde Alarmierung

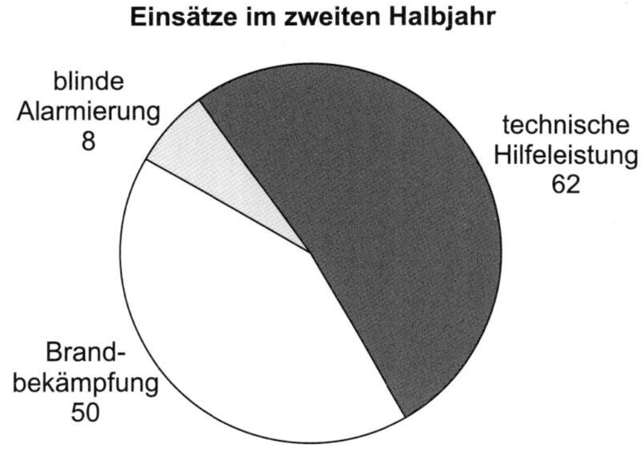

341 a) Für 50 Schülerinnen und Schüler gibt es 4 Freikarten.
Ermäßigung für einen Teilnehmer durch die 4 Freikarten in €
$380\,€\cdot 4:50=30{,}40\,€$
$380{,}00\,€-30{,}40\,€=349{,}60\,€$
Jede Schülerin und jeder Schüler muss 349,60 € bezahlen.

Ermäßigung für die Teilnehmer durch die 4 Freikarten in Prozent
$p\,\%=30{,}40:380\cdot 100\,\%$
$p\,\%=8\,\%$
Durch die Freikarten ermäßigt sich der Preis pro Schüler/-in um 8 %.

b) Gesamtpreis des Busunternehmers ohne Rabatt
$6\,300\text{ €} + 210\text{ €} \cdot 50 = 16\,800\text{ €}$
Gesamtpreis des Busunternehmers mit 5 % Rabatt
Der Gesamtpreis beträgt 100 % – 5 % = 95 %.
$100\ \% \mathrel{\hat{=}} 16800\text{ €}$
$1\% \mathrel{\hat{=}} 168\text{ €}$
$95\% \mathrel{\hat{=}} 168\text{ €} \cdot 95 = 15\,960\text{ €}$
oder
$95\ \% = 0{,}95$
$16\,800\text{ €} \cdot 0{,}95 = 15\,960\text{ €}$

Preis pro Teilnehmer/-in mit 5 % Rabatt
$15\,960\text{ €} : 50 = 319{,}20\text{ €}$
Jede Teilnehmerin und jeder Teilnehmer muss 319,20 € für die Fahrt aufbringen.

c) Angebot der Bahn AG: 349,60 € je Teilnehmer/-in
Angebot des Busunternehmers: 319,20 € je Teilnehmer/-in
Unterschied der Angebote in €
$349{,}60\text{ €} - 319{,}20\text{ €} = 30{,}40\text{ €}$

Das Angebot des Busunternehmers ist der Grundwert, der Preisunterschied der Prozentsatz.
$p\ \% = 30{,}40 : 319{,}20 \cdot 100\ \%$
$p\ \% = 9{,}523\ldots\ \% \approx 9{,}52\ \%$

---

342 a) durchschnittlicher Haushaltskundenpreis Strom 2019 in ct/kWh
$6{,}70\text{ ct/kWh} + 6{,}79\text{ ct/kWh} + 7{,}19\text{ ct/kWh} + 9{,}20\text{ ct/kWh} = 29{,}88\text{ ct/kWh}$
durchschnittlicher Haushaltskundenpreis Strom 2020 in ct/kWh
$7{,}61\text{ ct/kWh} + 6{,}43\text{ ct/kWh} + 7{,}22\text{ ct/kWh} + 9{,}61\text{ ct/kWh} = 30{,}87\text{ ct/kWh}$

Preiserhöhung in ct/kWh
$30{,}87\text{ ct/kWh} - 29{,}88\text{ ct/kWh} = 0{,}99\text{ ct/kWh}$

Preiserhöhung in Prozent
$p\ \% = 0{,}99 : 29{,}88 \cdot 100\ \%$
$p\ \% = 3{,}313\ldots\ \% \approx 3{,}3\ \%$

Der durchschnittliche Haushaltskundenpreis stieg um 3,3 %.

b) $p\ \% = 9{,}61 : 30{,}87 \cdot 100\ \%$
$p\ \% = 31{,}130\ldots\ \% \approx 31{,}1\ \%$

31,1 % der Stromrechnung entfielen 2020 auf den Bereich Steuern/Abgaben.

c) Preis für 1 kWh des örtlichen Energieanbieters
$1\,268{,}63\text{ €} : 4\,250\text{ kWh} = 0{,}29850\ldots\text{ €/kWh} \approx 29{,}85\text{ ct/kWh}$

Unterschied in ct/kWh
$30{,}87\text{ ct/kWh} - 29{,}85\text{ ct/kWh} = 1{,}02\text{ ct/kWh}$

Unterschied in Prozent
$p\ \% = 1{,}02 : 30{,}87 \cdot 100\ \%$
$p\ \% = 3{,}304\ldots\ \% \approx 3{,}3\ \%$

d) Berechnen der Streifenlängen
$30{,}87\text{ ct} \mathrel{\hat{=}} 15\text{ cm}$
$1\text{ ct} \mathrel{\hat{=}} 0{,}486\text{ cm}$
$7{,}61\text{ ct} \mathrel{\hat{=}} 3{,}7\text{ cm} = 37\text{ mm}$ Beschaffung/Vertrieb
$6{,}43\text{ ct} \mathrel{\hat{=}} 3{,}12\text{ cm} \approx 31\text{ mm}$ EEG-Umlage
$7{,}22\text{ ct} \mathrel{\hat{=}} 3{,}5\text{ cm} = 35\text{ mm}$ Netzentgeld
$9{,}61\text{ ct} \mathrel{\hat{=}} 4{,}67\text{ cm} \approx 47\text{ mm}$ Steuern/Abgaben

Streifendiagramm
Zusammensetzung des durchschnittlichen Haushaltskundenpreis Strom 2020 in ct/kWh

Beschaffung Vertrieb 7,61 ct/kWh	EEG-Umlage 6,43 ct/kWh	Netzentgeld 7,22 ct/kWh	Steuern/Abgaben 9,61 ct/kWh

343 a)

	wahr	falsch
China produzierte 2019 die doppelte Menge an Kunststoffen als Europa.	☐	☒
Russlands Kunststoffproduktion betrug etwa ein Sechstel der Kunststoffproduktion Europas.	☒	☐
Nordamerika und Südamerika produzierten zusammen mehr Kunststoffe als Asien und Japan.	☒	☐
China, Asien und der Mittlere Osten/Afrika stellten genau so viel Kunststoffe her wie die restlichen Regionen zusammen.	☐	☒

b) Weltweite Kunststoffproduktion 2019 in Millionen Tonnen
$68{,}2 + 14{,}4 + 64{,}6 + 25{,}1 + 10{,}8 + 57{,}4 + 100{,}5 + 18{,}0 = 359$ Millionen Tonnen

c) prozentuale Anteile der Regionen und Länder an der weltweiten Kunststoffproduktion

$p\,\% = 68{,}2 : 359 \cdot 100\,\%$
$p\,\% = 18{,}99\ldots\,\% \approx 19\,\%$ Nordamerika

$p\,\% = 14{,}4 : 359 \cdot 100\,\%$
$p\,\% = 4{,}01\ldots\,\% \approx 4\,\%$ Südamerika

$p\,\% = 64{,}6 : 359 \cdot 100\,\%$
$p\,\% = 17{,}99\ldots\,\% \approx 18\,\%$ Europa

$p\,\% = 25{,}1 : 359 \cdot 100\,\%$
$p\,\% = 6{,}99\ldots\,\% \approx 7\,\%$ Mittlerer Osten/Afrika

$p\,\% = 10{,}8 : 359 \cdot 100\,\%$
$p\,\% = 3{,}00\ldots\,\% \approx 3\,\%$ Russland

$p\,\% = 57{,}4 : 359 \cdot 100\,\%$
$p\,\% = 15{,}98\ldots\,\% \approx 16\,\%$ Asien

$p\,\% = 100{,}5 : 359 \cdot 100\,\%$
$p\,\% = 27{,}99\ldots\,\% \approx 28\,\%$ China

$p\,\% = 18{,}0 : 359 \cdot 100\,\%$
$p\,\% = 5{,}01\ldots\,\% \approx 5\,\%$ Japan

d) Menge der in China, Asien, Nordamerika und Europa 2019 produzierten Kunststoffe in Millionen Tonnen
$100{,}5 + 57{,}4 + 68{,}2 + 64{,}6 = 290{,}7$ Millionen Tonnen Kunststoffe
Berechnen der Winkel für das Kreisdiagramm
$290{,}7$ Mio. t $\hat{=}$ $360°$
1 Mio. t $\hat{=}$ $1{,}238\ldots°$
$100{,}5$ Mio. t $\hat{=}$ $124{,}42\ldots° \approx 124°$ China
$57{,}4$ Mio. t $\hat{=}$ $71{,}06\ldots° \approx 71°$ Asien
$68{,}2$ Mio. t $\hat{=}$ $84{,}43\ldots° \approx 84°$ Nordamerika
$64{,}6$ Mio. t $\hat{=}$ $79{,}97\ldots° \approx 80°$ Europa

Rundungsbedingt beträgt die Winkelsumme der einzelnen Kreissegmente nur 359°.

2019 produzierte Kunststoffe in Millionen Tonnen

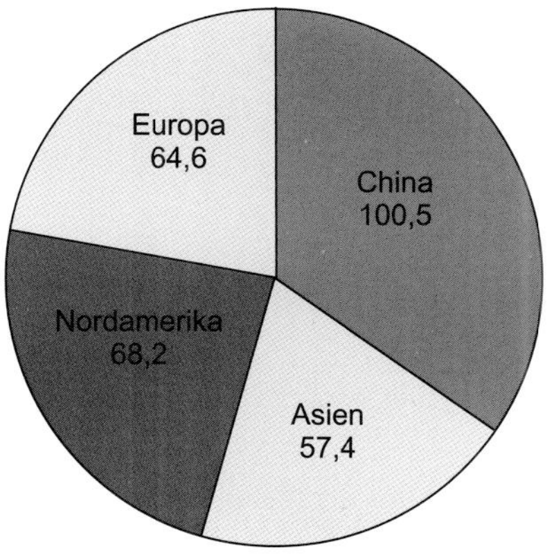

344 a) $100\,\% - 10{,}4\,\% - 19{,}7\,\% - 41{,}3\,\% = 28{,}6\,\%$

2019 entfielen 28,6 % der in Deutschland produzierten Kunststoffe auf den Bereich „Andere Branchen".

b) Verbrauch an Kunststoffen im Jahr 2019 für jede Branche

$100\,\% \mathrel{\hat{=}} 21{,}8$ Mio. t

$1\,\% \mathrel{\hat{=}} 0{,}218$ Mio. t

$41{,}3\,\% \mathrel{\hat{=}} 9{,}0034$ Mio. t $\approx 9{,}00$ Mio. t		Verpackungsindustrie
$19{,}7\,\% \mathrel{\hat{=}} 4{,}2946$ Mio. t $\approx 4{,}29$ Mio. t		Baugewerbe
$10{,}4\,\% \mathrel{\hat{=}} 2{,}2672$ Mio. t $\approx 2{,}27$ Mio. t		Automobilsektor
$28{,}6\,\% \mathrel{\hat{=}} 6{,}2348$ Mio. t $\approx 6{,}23$ Mio. t		Andere Bereiche

c) Berechnen der Säulenhöhen

Verpackungsindustrie	9,00 Mio. t $\mathrel{\hat{=}} 9{,}00 \cdot 0{,}5$ cm $= 4{,}5$ cm
Baugewerbe	4,29 Mio. t $\mathrel{\hat{=}} 4{,}29 \cdot 0{,}5$ cm $= 2{,}145$ cm $\approx 2{,}1$ cm
Automobilsektor	2,27 Mio. t $\mathrel{\hat{=}} 2{,}27 \cdot 0{,}5$ cm $= 1{,}135$ cm $\approx 1{,}1$ cm
Andere Branchen	6,23 Mio. t $\mathrel{\hat{=}} 6{,}23 \cdot 0{,}5$ cm $= 3{,}115$ cm $\approx 3{,}1$ cm

Säulendiagramm

Verbrauch an Kunststoffen nach Branchen in Mio. t

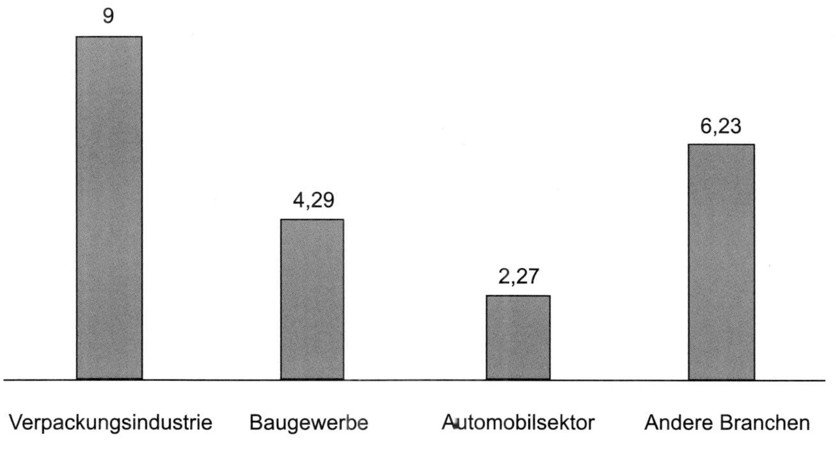

345 a) Italien: 204 Plastiktüten

Irland: 18 Plastiktüten

$204 : 18 = 11{,}33\ldots$

Der Plastiktütenverbrauch Italiens lag um mehr als das 11-fache über dem Plastiktütenverbrauch Irlands.

b) Deutschland: 71 Plastiktüten
EU-Vorgabe: 40 Plastiktüten

Unterschied in Anzahlen
71 Plastiktüten – 40 Plastiktüten = 31 Plastiktüten

Unterschied in Prozent
$p\,\% = 31 : 71 \cdot 100\,\%$
$p\,\% = 43{,}66\ldots\,\% \approx 43{,}7\,\%$
Der Plastiktütenverbrauch in Deutschland hätte um 43,7 % fallen müssen, damit die EU-Vorgabe erreicht worden wäre.

c) Gesamter Plastiktütenverbrauch pro Person in den acht ausgewählten EU-Staaten
$204 + 133 + 111 + 98 + 79 + 77 + 71 + 18 = 791$
durchschnittlicher Plastiktütenverbrauch pro Person in den acht ausgewählten EU-Staaten
$791 : 8 = 98{,}875 \approx 99$
Der durchschnittliche Plastiktütenverbrauch pro Person in den acht ausgewählten EU-Staaten lag im Jahr 2020 bei 99 Plastiktüten.

d) $198 \cdot 450$ Millionen = 89 100 Millionen = 89,1 Milliarden
Im Jahr 2020 verbrauchten die EU-Bürger 89,1 Milliarden Plastiktüten.

346

	a)	b)	c)	d)	e)	f)
Kapital	45 785 €	37 855 €	46 580 €	25 897 €	450 000 €	115 300 €
Zinssatz	0,4 %	0,8 %	1,25 %	1,5 %	1,72 %	1,95 %
Jahreszinsen	183,14 €	302,84 €	582,25 €	388,46 €	7 740 €	2 248,35 €

347 $12\,000\,€ \cdot \frac{2{,}1}{100} = 12\,000\,€ \cdot 0{,}021 = 252\,€$ Zinsen

$12\,000\,€ + 252\,€ = 12\,252\,€$ gesamte Rückzahlung

348 a) $25\,000\,€ \cdot \frac{2{,}15}{100} = 25\,000\,€ \cdot 0{,}0215 = 537{,}50\,€$ Zinsen

b) $512{,}50\,€ : 25\,000\,€ \cdot 100\,\% = 2{,}05\,\%$ Zinssatz

349 $85{,}50\,€ : \frac{0{,}05}{100} = 85{,}50\,€ : 0{,}005 = 17\,100\,€$ Sparguthaben

350 **Angebot 1**
$51\,500\,€ - 50\,000\,€ = 1\,500\,€$ Zinsen
$1\,500\,€ : 50\,000\,€ \cdot 100\,\% = 3\,\%$ Zinssatz

Angebot 2
$50\,000\,€ \cdot 0{,}0315 = 1\,575\,€$ Zinsen
3,15 % Zinssatz

Das erste Angebot ist günstiger, es müssen 75 € weniger Zinsen bezahlt werden.

351

	a)	b)	c)	d)	e)	f)
Kapital	2 000 €	40 800 €	73 000 €	49 740 €	2 400 €	10 250 €
Zinssatz	2,5 %	2 %	3 %	1,5 %	2,5 %	0,8 %
Zeit	6 Monate	5 Monate	4 Monate	2 Monate	7 Monate	3 Monate
Zinsen	25 €	340 €	730 €	124,35 €	35 €	20,50 €

352 **Berechnen der Zinsen**

$K = 5\,780\,€$; $p\,\% = 0{,}5\,\%$; $t = 112\,d$

$$Z = \frac{5\,780\,€ \cdot 0{,}5 \cdot 112}{100 \cdot 360}$$

$Z = 8{,}991\ldots\,€ \approx 8{,}99\,€$ Zinsen für 112 Tage

$K = 5\,780$; $p\,\% = 0{,}25\,\%$; $t = 145\,d$

$$Z = \frac{5\,780\,€ \cdot 0{,}25 \cdot 145}{100 \cdot 360}$$

$Z = 5{,}820\ldots\,€ \approx 5{,}82\,€$ Zinsen für 145 Tage

Berechnen der gesamten Auszahlung

	5 780,00 €	Kapital
+	8,99 €	Zinsen für 112 Tage bei 0,5 %
+	5,82 €	Zinsen für 145 Tage bei 0,25 %
	5 794,81 €	gesamteAuszahlung

---

353 a) **Berechnen der Zinsen**

$K = 1\,500\,€$; $p\,\% = 14{,}75\,\%$; $t = 1\,m$

$$Z = \frac{1\,500\,€ \cdot 14{,}75 \cdot 1}{100 \cdot 12}$$

$Z = 18{,}437\ldots\,€ \approx 18{,}44\,€$

$K = 750\,€$; $p\,\% = 14{,}75\,\%$; $t = 1\,m$

$$Z = \frac{750\,€ \cdot 14{,}75 \cdot 1}{100 \cdot 12}$$

$Z = 9{,}218\ldots\,€ \approx 9{,}22\,€$

gesamte Zinsen für 2 Monate

$18{,}44\,€ + 9{,}22\,€ = 27{,}66\,€$

Gunnar muss 27,66 € Zinsen bezahlen.

b) **Ersparnis**

	3 550 €	normaler Preis
–	3 300 €	Aktionspreis
	250 €	Ersparnis durch Angebot
–	27,66 €	Überziehungzinsen für 2 Monate
	222,34 €	eingespart

Gunnar spart 222,34 €.

---

354 a) $K = 5\,€$; $t = 1\,d$; $Z = (5{,}20\,€ - 5{,}00\,€) = 0{,}20\,€$

$$p\,\% = \frac{0{,}20\,€ \cdot 100 \cdot 360}{5\,€ \cdot 1}\,\% = 1\,440\,\%$$

Tina verlangt einen Zinssatz von 1 440 %.

b) Katrin ist sauer, weil ein Zinssatz von 1 440 % mehr als Wucherei ist!

---

355 a) $100\,\% \mathrel{\hat{=}} 11\,000\,€$

$1\,\% \mathrel{\hat{=}} 110\,€$

$0{,}2\,\% \mathrel{\hat{=}} 22\,€$

Markus bekommt nach einem Jahr 22 € an Zinsen gutgeschrieben.

b) neues Kapital für 2019

$11\,000\,€ + 22\,€ = 11\,022\,€$

Das Kapital wächst bis Ende 2019 bei einem Zinssatz von 0,1 % auf $100\,\% + 0{,}1\,\% = 100{,}1\,\%$ an.

$100\,\% \mathrel{\hat{=}} 11\,022\,€$

$1\,\% \mathrel{\hat{=}} 110{,}22\,€$

$100{,}1\,\% \mathrel{\hat{=}} 11\,033{,}022\,€ \approx 11\,033{,}02\,€$

Das neue Kapital für 2020 beträgt 11 033,02 €.

Das Kapital wächst bis Ende 2020 bei einem Zinssatz von 0,02 % auf $100\,\% + 0{,}02\,\% = 100{,}02\,\%$ an.

$100\,\% \mathrel{\hat{=}} 11\,033{,}02\,€$

$1\,\% \mathrel{\hat{=}} 110{,}3302\,€$

$100{,}02\,\% \mathrel{\hat{=}} 11\,035{,}2266\,€ \approx 11\,035{,}23\,€$

oder

Verkette die Zinsfaktoren:
2018: 100 % + 0,2 % = 100,2 % = 1,002
2019: 100 % + 0,1 % = 100,1 % = 1,001
2020: 100 % + 0,02 % = 100,02 % = 1,0002
11 000 € · 1,002 · 1,001 · 1,0002 = 11 035,2286 € ≈ 11 035,23 €
Ende 2020 beträgt die Höhe des Guthabens beträgt Ende 11 035,23 €.

c) Zinsen für drei Jahre
11 035,23 € – 11 000 € = 35,23 €
p % = 35,23 : 11 000 : 3 · 100 %
p % = 0,1067... % ≈ 0,11 %

oder

(0,2 % + 0,1 % + 0,02 %) : 3 = 0,1066 ... % ≈ 0,11 %

Die durchschnittlichen Zinssätze für 2018 bis 2020 liegen bei 0,11 %.

d) 1 096,67 € · 10 = 10 966,70 €
2018 bezahlt Julia für die 10 Goldmünzen 10 966,70 €.

e) Wertsteigerung einer Goldmünze nach einem Jahr in Euro
1 418,00 € – 1 096,67 € = 321,33 €

Wertsteigerung einer Goldmünze nach einem Jahr in Prozent
p % = 321,33 : 1 096,67 · 100 %
p % = 29,300... % ≈ 29,3 %

Die Wertsteigerung entspricht einem Zinssatz von 29,3 %.

f) Wert der Goldmünzen in Jahr 2020
1 789,87 € · 10 = 17 898,70 €

Gewinn in Euro
17 898,70 € – 10 966,70 € = 6 932 €

Gewinn in Prozent
p % = 6 932 : 10 966,70 · 100 %
p % = 63,209... % ≈ 63,21 %
Der Gewinn für Julia beträgt 6 932 € oder 63,21 %.

356

	a)	b)	c)	d)	e)	f)
Zinsen	175 €	140 €	567 €	283,50 €	1 064 €	577,50 €
Zeit	6 Monate	7 Monate	3 Monate	40 Tage	76 Tage	84 Tage
Jahreszinsen	350 €	240 €	2 268 €	2 551,50 €	5 040 €	2 475 €
Zinssatz	2,5 %	1,2 %	1,5 %	1,25 %	2 %	0,9 %
Kapital	14 000 €	20 000 €	151 200 €	204 120 €	252 000 €	275 000 €

357 p % = 13,75 %; Z = 12,85 €; t = 22 d

$$K = \frac{12{,}85\ € \cdot 100 \cdot 360}{13{,}75 \cdot 22}$$

K = 1 529,256... € ≈ 1 529,26 €
Sie hat ihr Konto um 1 529,26 € überzogen.

358 a) 3 Monate · 4 = 12 Monate = 1 Jahr
20 € · 4 = 80 €

b) 45 € : 9 = 5 € monatliche Zinsen
5 € · 12 = 60 € jährliche Zinsen

c) 60 Tage · 6 = 360 Tage = 1 Jahr
5 € · 6 = 30 € jährliche Zinsen

d) 120 Tage · 3 = 1 Jahr
15 € · 3 = 45 € jährliche Zinsen

e) 280 € · 4 = 1 120 € jährliche Zinsen

f) 810 € · 2 = 1 620 € jährliche Zinsen

---

359 0,7 % von 6 000 € = 42 € jährliche Zinsen
42 € : 2 = 21 € Zinsen in 6 Monaten

1,2 % von 800 € = 9,60 € jährliche Zinsen
9,60 € : 12 · 5 = 4 € Zinsen in 5 Monaten

0,5 % von 12 000 € = 60 € jährliche Zinsen
60 € : 12 = 5 € Zinsen in 1 Monat

0,2 % von 750 € = 1,50 € jährliche Zinsen
1,50 € : 3 = 0,50 € Zinsen in 4 Monaten

0,4 % von 9 500 € = 38 € jährliche Zinsen
38 € : 4 = 9,50 € Zinsen in 3 Monaten

---

360 a) 0,8 % von 500 € = 4 €
0,4 % von 500 € = 2 €
zusammen: 4 € + 2 € = 6 €

0,7 % von 1 000 € = 7 € (besser)

b) 0,3 % von 200 € = 0,60 €
0,5 % von 1 800 € = 9 €
zusammen: 0,60 € + 9 € = 9,60 € (besser)

0,4 % von 2 000 € = 8 €

c) 0,35 % von 1 000 € = 3,50 €
0,6 % von 800 € = 4,80 €
zusammen: 3,50 € + 4,80 € = 8,30 € (besser)

0,4 % von 900 € = 3,60 €
0,5 % von 900 € = 4,50 €
zusammen: 3,60 € + 4,50 € = 8,10 €

---

361 **Berechnen der PC-Kosten für das Angebot des Mediacenters**

35,00 €	Bearbeitungsgebühr
+ 350,00 €	Anzahlung
+ 284,00 €	erste Rate
+ 1160,00 €	8 Raten zu 145 € (8 · 145 € = 1 160 €)
1 829,00 €	gesamt

Berechnen der PC-Kosten für das Angebot des Jupitermarkts

500,00 €	Anzahlung
+ 299,00 €	erste Rate
+ 900,00 €	5 Raten zu 180 € (5 · 180 € = 900 €)
1 699,00 €	gesamt

Das Angebot des Jupitermarkts ist günstiger.

---

362 a) **Berechnen der Kosten für die neuen Fahrschulfahrzeuge**

Modell Eco-Star

42 200 €	Grundpreis
+ 3 800 €	Umrüstung
46 000 €	Gesamtpreis

Model HybridPLUS

58 500 €	Grundpreis
+ 3 500 €	Umbau
62 000 €	Gesamtpreis

Berechnen der gesamten Kosten für vier neue Fahrschulautos:
3 · 46 000 € + 62 000 € = 200 000 € gesamte Kosten

b) **Höhe des Kredits**

200 000 €	gesamte Kosten für vier neue Fahrschulautos
– 120 000 €	Eigenkapital
80 000 €	Kreditsumme

c) **jährlich fällige Zinsen**
550 € · 4 = 2 200 €

d) **Berechnen des Zinssatzes für den Kredit**
$Z = 2\,200$ €; $K = 80\,000$ €

$$p\,\% = \frac{2\,200\text{ €} \cdot 100}{80\,000\text{ €}}\,\%$$

$p\,\% = 2{,}75\,\%$

---

363 a) **Berechnen der gesamten Kosten für die Sanierung**

Wärmedämmung des Daches:	9 500 €
Erneuerung der Heizungsanlage:	+ 18 200 €
Erneuerung der Heizkörper:	+ 5 200 €
Erneuerung der Fenster:	+ 10 900 €
Erneuerung der Außentüren:	+ 6 200 €
gesamte Kosten für die Sanierung:	50 000 €

b) **Berechnen der monatlichen Zinsen**
$K = 50\,000$ €; $p\,\% = 1{,}25\,\%$; $t = 1$

$$Z = \frac{50\,000\text{ €} \cdot 1{,}25 \cdot 1}{100 \cdot 12}$$

$Z = 52{,}083\ldots\text{ €} \approx 52{,}08$ € monatlich anfallende Zinsen

c) **Berechnen der Einsparung in Prozent**
$p\,\% = 600\text{ €} : 50\,000\text{ €} \cdot 100\,\%$
$p\,\% = 1{,}2\,\%$

Die jährliche Einsparung beträgt 1,2 % der Darlehenssumme.

---

364 a) **Fehlender Betrag zum Mofakauf**
$K = 850$ €; $p\,\% = 0{,}8\,\%$; $t = 145$ d

$$Z = \frac{850\text{ €} \cdot 0{,}8 \cdot 145}{100 \cdot 360}$$

$Z = 2{,}738\ldots\text{ €} \approx 2{,}74$ €

	2 959,00 €	Preis für den Mofaroller
–	850,00 €	Sparguthaben
–	2,74 €	Zinsen für 145 Tage
–	500,00 €	Geschenk der Großeltern
	1 606,26 €	fehlender Betrag

b) **Berechnen des Zinssatzes**
$K = 2\,000$ €; $Z = 65$ €; $t = 6$ m

$$p\,\% = \frac{65\text{ €} \cdot 100 \cdot 12}{2\,000 \cdot 6}\,\%$$

$p\,\% = 6{,}5\,\%$
Jens bekommt den Kleinkredit zu 6,5 %.

c) **Berechnen der Höhe einer Monatsrate**
$2\,000\text{ €} + 65\text{ €} = 2\,065$ €
$2\,065\text{ €} : 6 = 3{,}44{,}166\ldots\text{ €} \approx 344{,}17$ € Höhe einer Monatsrate

---

365

	a)	b)	c)	d)	e)	f)
Grundwert G	20 000 €	36 000 €	**50 000 €**	2 ℓ	35 ℓ	**45 000 mℓ**
Promillewert P	80 €	**54 €**	37,50 €	7 mℓ	**0,245 ℓ**	112,5 mℓ
Promillesatz p ‰	**4 ‰**	1,5 ‰	0,75 ‰	**3,5 ‰**	7 ‰	2,5 ‰

---

366 a) $175\text{ mℓ} \cdot 40 = 7\,000$ mℓ
$1\,000\,‰ \mathrel{\hat{=}} 7\,000$ mℓ
$1\,‰ \mathrel{\hat{=}} 7$ mℓ
$2{,}5\,‰ \mathrel{\hat{=}} 17{,}5$ mℓ

Der Apotheker Marius braucht 17,5 mℓ Alkohol.

b) $30\ m\ell \cdot 30 = 900\ m\ell$
$p\ ‰ = 8{,}1 : 900 \cdot 1\,000\ ‰$
$p\ ‰ = 9\ ‰$
Der Alkoholgehalt der Nasensalbe beträgt 9 ‰.

c) Alkoholgehalt in $m\ell$ in einem Fläschchen Ohrentropfen
$1\,000\ ‰ \triangleq 50\ m\ell$
$1\ ‰ \triangleq 0{,}05\ m\ell$
$3{,}5\ ‰ \triangleq 0{,}175\ m\ell$

Anzahl der Fläschchen
$14\ m\ell : 0{,}175\ m\ell = 80$

Der Apotheker Marius kann 80 Fläschchen abfüllen.

---

367 a) Salzgehalt in einem Liter Ostseewasser
$1\,000\ ‰ \triangleq 1\,000\ g$
$15\ ‰ \triangleq 15\ g$

Salzmenge in Gramm in 5 Liter Ostseewasser
$15\ g \cdot 5 = 75\ g$

b) In 0,5 ℓ Wasser sind 19 g Salz enthalten.
In 1 ℓ Wasser sind $19\ g \cdot 2 = 38\ g$ Salz enthalten.
$1\ \ell = 1\,000\ g \triangleq 1\,000\ ‰$
$38\ g \triangleq 38\ ‰$

Der Salzgehalt im Mittelmeer beträgt 38 ‰.

c) 1 Liter Nordatlantikwasser enthält 36 g Salz.
$126\ g : 36\ g = 3{,}5$
Die Wasserprobe umfasst 3,5 ℓ Wasser.

---

368 a) $1\,000\ ‰ \triangleq 8\,000\,000\ €$
$1\ ‰ \triangleq 8\,000\ €$
$1{,}75\ ‰ \triangleq 14\,000\ €$

$14\,000\ € \cdot 12 = 168\,000\ €$

Der Juwelier bezahlt in einem Zeitraum von 12 Jahren 168 000 € als Prämie an die Versicherung.

b) $p\ ‰ = 372 : 120\,000 \cdot 1\,000\ ‰$
$p\ ‰ = 3{,}1\ ‰$

Die Versicherungsgesellschaft legt den Promillesatz auf 3,1 ‰ fest.

c) $2{,}95\ ‰ \triangleq 1\,770\ €$
$1\ ‰ \triangleq 600\ €$
$1\,000\ ‰ \triangleq 600\,000\ €$

Die Versicherungssumme beträgt 600 000 €.

---

369 a) $15\ m\ell = 15\ cm^3$
$5\ \ell = 5\ dm^3 = 5\,000\ cm^3$
$p\ ‰ = 15 : 5\,000 \cdot 1\,000\ ‰$
$p\ ‰ = 3\ ‰$

Die Lösung hat eine Konzentration von 3 ‰.

b) $8\ \ell = 8000\ cm^3 = 8\,000\ m\ell$
$1\,000\ ‰ \triangleq 8\,000\ m\ell$
$1\ ‰ \triangleq 8\ m\ell$
$1{,}5\ ‰ \triangleq 12\ m\ell$

Herr Günzelsen muss 12 $m\ell$ Pflanzenschutzmittel zumischen.

---

370 a) jährliche Prämie bei Versicherung A

$525\ € \cdot 12 = 6\,300\ €$

$2{,}1\ ‰ \triangleq 6\,300\ €$

$1\ ‰ \triangleq 3\,000\ €$

$1\,000\ ‰ \triangleq 3\,000\,000\ €$

Die Versicherungssumme bei Versicherung A beträgt 3 000 000 €.

b) jährliche Prämie bei Versicherung B

$807{,}50\ € \cdot 4 = 3\,230\ €$

$p\ ‰ = 3\,230 : 1\,700\,000 \cdot 1\,000\ ‰$

$p\ ‰ = 1{,}9\ ‰$

Der jährliche Promillesatz bei Versicherung B liegt bei 1,9 ‰.

c) jährliche Prämie für die Brandversicherung

$1\,000\ ‰ \triangleq 2\,200\,000\ €$

$1\ ‰ \triangleq 2\,200\ €$

$1{,}2\ ‰ \triangleq 2\,640\ €$

jährliche Prämie für Wasserschäden

$4\,620\ € - 2\,640\ € = 1\,980\ €$

Promillesatz für die Versicherung gegen Wasserschäden

$p\ ‰ = 1\,980 : 2\,200\,000 \cdot 1\,000\ ‰$

$p\ ‰ = 0{,}9\ ‰$

Der jährliche Promillesatz bei Versicherung C gegen Wasserschaden liegt bei 0,9 ‰.

---

371 a) $12\text{ km} = 12\,000\text{ m}$

$p\ ‰ = 751 : 12\,000 \cdot 1\,000\ ‰$

$p\ ‰ = 62{,}58\ldots\ ‰ \approx 62{,}6\ ‰$

Die durchschnittliche Steigung beträgt 62,6 ‰.

b) $6{,}8\text{ km} = 6\,800\text{ m}$

$1\,000\ ‰ \triangleq 6\,800\text{ m}$

$1\ ‰ \triangleq 6{,}8\text{ m}$

$23{,}19\ ‰ \triangleq 157{,}692\text{ m} \approx 157{,}7\text{ m}$

Es wird ein Höhenunterschied von 157,7 m überwunden.

c) $7\ ‰ \triangleq 42\text{ m}$

$1\ ‰ \triangleq 6\text{ m}$

$1\,000\ ‰ \triangleq 6\,000\text{ m} = 6\text{ km}$

Die Auffahrtsrampen haben eine Länge von 6 km.

---

372 a) gesamte Anteile

$5 + 7 + 13 = 25$

25 Anteile $\triangleq$ 120 000 €

1 Anteil $\triangleq$ 4 800 €

5 Anteile $\triangleq$ 24 000 €

7 Anteile $\triangleq$ 33 600 €

13 Anteile $\triangleq$ 62 400 €

b) gesamte Anteile

$6 + 7 + 9 = 22$

22 Anteile $\triangleq$ 55 000 €

1 Anteil $\triangleq$ 2 500 €

6 Anteile $\triangleq$ 15 000 €

7 Anteile $\triangleq$ 17 500 €

9 Anteile $\triangleq$ 22 500 €

---

373 a) 78 Teile ≙ 780 kg Kupfer
1 Teil ≙ 10 kg
22 Teile ≙ 220 kg Zinn

Es müssen 220 kg Zinn zugemischt werden.

b) 22 Teile ≙ 880 g Zinn
1 Teil ≙ 40 g
78 Teile ≙ 3 120 g Kupfer

Es sind 3 120 g Kupfer erforderlich.

c) 100 Teile ≙ 4,8 kg Bronze
1 Teil ≙ 0,048 kg
78 Teile ≙ 3,744 kg Kupfer
22 Teile ≙ 1,056 kg Zinn

Die Bronzeskulptur enthält 3,744 kg Kupfer und 1,056 kg Zinn.

---

374 a) Gewichtsanteile der anderen Metalle an der „Bavaria"
92 % ≙ 80,37 t Kupfer
1 % ≙ 0,87358... t ≈ 0,874 t Blei
5 % ≙ 4,3679... t ≈ 4,368 t Zink
2 % ≙ 1,7471... t ≈ 1,747 t Zinn

b) 100 % ≙ 87,358… t ≈ 87,36 t Bronze
oder
80,37 t + 0,874 t + 4,368 t + 1,747 t = 87,359 t
Die fertige Statue hat ein Gewicht von 87,359 t.

---

375 a) gesamte Anteile
3 Teile Rosinen + 4 Teile Haselnüsse + 2 Teile Mandelsplitter = 9 Teile Knabbermischung
9 Teile ≙ 180 g Knabbermischung
3 Teile ≙ 180 g : 3 = 60 g Rosinen

In der Tüte sind 60 g Rosinen enthalten.

b) benötigte Zutaten für 8,1 kg Knabbermischung
9 Teile ≙ 8,1 kg Knabbermischung
1 Teil ≙ 0,9 kg
3 Teile ≙ 2,7 kg Rosinen
4 Teile ≙ 3,6 kg Haselnüssen
2 Teile ≙ 1,8 kg Mandelsplitter

---

376 ÖL-Benzin-Gemisch im Verhältnis 1 : 50 bedeutet:
Zu 50 Liter Benzin muss 1 Liter Öl zugemischt werden.
Zu 10 Liter Benzin muss 0,2 Liter Öl zugemischt werden.

---

377 a) gesamte Anteile der Gewürzmischung
5 Teile Cayennepfeffer + 4 Teile Paprika + 1 Teil Knoblauchpulver = 10 Teile Gewürzmischung
10 Teile ≙ 45 kg Gewürzmischung
1 Teil ≙ 4,5 kg
5 Teile ≙ 22,5 kg Cayennepfeffer
4 Teile ≙ 18 kg roter Bio Paprika
1 Teil ≙ 4,5 kg Knoblauchpulver

b) 45 kg = 45 000 g
45 000 g : 50 g = 900 Gläser
Es werden 900 Gläser abgefüllt.

c) Einnahmen nach dem Verkauf von 900 Gläsern Gewürzmischung
$2{,}99\ € \cdot 900 = 2\ 691{,}00\ €$
entstandene Kosten für den Einkauf der Gewürze
Cayennepfeffer: $45{,}20\ € \cdot 22{,}5 = 1\ 017{,}00\ €$
roter Bio Paprika: $24{,}90\ € \cdot 18 = 448{,}20\ €$
Knoblauchpulver: $12{,}90\ € \cdot 4{,}5 = 58{,}05\ €$

gesamte Einkaufskosten
$1\ 017{,}00\ € + 448{,}20\ € + 58{,}05\ € = 1\ 523{,}25\ €$

Gewinn der Gewürzhandlung in €
$2\ 691{,}00\ € - 1\ 523{,}25\ € = 1\ 167{,}75\ €$

Gewinn der Gewürzhandlung in Prozent
$p\ \% = 1\ 167{,}75 : 2\ 691{,}00 \cdot 100\ \%$
$p\ \% = 43{,}39\ldots\ \% \approx 43{,}4\ \%$
Die Gewürzhandlung macht einen Gewinn von 1 167,75 € bzw. 43,4 %.

---

378 a) Mischungsverhältnis in kleinen ganzen Zahlen
$200 : 160 : 120 : 100 : 20 =$ | Dividiere die Zahlen durch 20
$10 : 8 : 6 : 5 : 1$

b) gesamte Anteile
10 Teile Nudeln + 8 Teile Schinken + 6 Teile Käse + 5 Teile Mayonnaise + 1 Teil Gewürze
= 30 Teile Nudelsalat

benötigte Zutaten
8 Teile $\hat{=}$ 3,2 kg Schinken
1 Teil $\hat{=}$ 0,4 kg Gewürze
10 Teile $\hat{=}$ 4 kg Nudeln
6 Teile $\hat{=}$ 2,4 kg Käse
5 Teile $\hat{=}$ 2 kg Mayonnaise

c) Gesamtgewicht des fertigen Nudelsalats
1 Teil $\hat{=}$ 0,4 kg
30 Teile $\hat{=}$ 12 kg
oder
1 Teil $\hat{=}$ 0,4 kg
30 Teile $\hat{=}$ 12 kg
$3{,}2\text{ kg} + 0{,}4\text{ kg} + 4\text{ kg} + 2{,}4\text{ kg} + 2\text{ kg} = 12\text{ kg}$
Anzahl der Portionen
$12\text{ kg} = 12\ 000\text{ g}$
$12\ 000\text{ g} : 150\text{ g} = 80$ Portionen
Der fertige Nudelsalat kann in 80 Portionen aufgeteilt werden.

6 Daten und Zufall

379 a) **Anzahl der befragten Schülerinnen und Schüler**
32 Schüler wurden befragt.

b) **Strichliste**

1 km	2 km	3 km	4 km	5 km	6 km
𝍸	𝍸 IIII	𝍸 I	𝍸	IIII	III

c) **Häufigkeitstabelle**

Länge des Schulweges:	1 km	2 km	3 km	4 km	5 km	6 km
Anzahl:	5	9	6	5	4	3

---

380 a) **Anzahl der befragten Schülerinnen und Schüler**
42 Schüler wurden befragt.

b) **geordnete Urliste**
30, 30, 30, 30, 31, 31, 31, 31, 32, 32, 32, 32, 32, 32, 33, 33, 33, 33, 34, 34, 34, 35, 35, 35, 35, 36, 36, 36, 37, 37, 37, 37, 38, 38, 38, 39, 39, 39, 40, 40, 40, 40

c) **Strichliste**

30 €	31 €	32 €	33 €	34 €	35 €	36 €	37 €	38 €	39 €	40 €
IIII	IIII	𝍸 I	IIII	III	IIII	III	IIII	III	III	IIII

d) **Häufigkeitstabelle**

30 €	31 €	32 €	33 €	34 €	35 €	36 €	37 €	38 €	39 €	40 €
4	4	6	4	3	4	3	4	3	3	4

---

381 a) **9a**

Noten:	1	2	3	4	5	6
absolute Häufigkeit:	3	4	7	3	2	1
relative Häufigkeit:	$\frac{3}{20} = 15\ \%$	$\frac{4}{20} = 20\ \%$	$\frac{7}{20} = 35\ \%$	$\frac{3}{20} = 15\ \%$	$\frac{2}{20} = 10\ \%$	$\frac{1}{20} = 5\ \%$

9b

Noten:	1	2	3	4	5	6
absolute Häufigkeit:	5	2	8	7	1	2
relative Häufigkeit:	$\frac{5}{25} = 20\ \%$	$\frac{2}{25} = 8\ \%$	$\frac{8}{25} = 32\ \%$	$\frac{7}{25} = 28\ \%$	$\frac{1}{25} = 4\ \%$	$\frac{2}{25} = 8\ \%$

b) **9a und 9b**

Noten:	1	2	3	4	5	6
absolute Häufigkeit:	8	6	15	10	3	3
relative Häufigkeit:	$\frac{8}{45} \approx 18\ \%$	$\frac{6}{45} \approx 13\ \%$	$\frac{15}{45} \approx 33\ \%$	$\frac{10}{45} \approx 22\ \%$	$\frac{3}{45} \approx 7\ \%$	$\frac{3}{45} \approx 7\ \%$

---

382 **Häufigkeitstabelle**

Werktage:	0	1	2	3	4	5
absolut:	12	14	9	7	5	3
relativ:	$\frac{12}{50} = 24\ \%$	$\frac{14}{50} = 28\ \%$	$\frac{9}{50} = 18\ \%$	$\frac{7}{50} = 14\ \%$	$\frac{5}{50} = 10\ \%$	$\frac{3}{50} = 6\ \%$

383 a) **Strichliste**

Stunden:	1	2	3	4	5
Anzahl:	𝍸 𝍸 ||	𝍸 𝍸 𝍸 ||||	𝍸 𝍸 |||	𝍸 𝍸 |	𝍸 ||||

b) **Häufigkeitstabelle**

Stunden:	1	2	3	4	5
absolute Häufigkeit:	12	19	13	11	9
relative Häufigkeit:	$\frac{12}{64} \approx 19\,\%$	$\frac{19}{64} \approx 30\,\%$	$\frac{13}{64} \approx 20\,\%$	$\frac{11}{64} \approx 17\,\%$	$\frac{9}{64} \approx 14\,\%$

384 a) **Häufigkeitstabelle**

Ergebnis	absolute Häufigkeit	relative Häufigkeit als Bruch	relative Häufigkeit in Prozent
Fahrräder/Mofas	48	$\frac{48}{200} = \frac{24}{100} = 0{,}24$	24 %
Motorräder	22	$\frac{22}{200} = \frac{11}{100} = 0{,}11$	11 %
Pkw	94	$\frac{94}{200} = \frac{47}{100} = 0{,}47$	47 %
Lkw	36	$\frac{36}{200} = \frac{18}{100} = 0{,}18$	18 %
Summe	200	1	100 %

b) **Berechnen der Säulenhöhen für das Säulendiagramm**

10 Fahrzeugen $\triangleq$ 0,5 cm
48 Fahrräder $\triangleq$ 2,4 cm
22 Motorräder $\triangleq$ 1,1 cm
94 Pkw $\triangleq$ 4,7 cm
36 Lkw $\triangleq$ 1,8 cm

Säulendiagramm

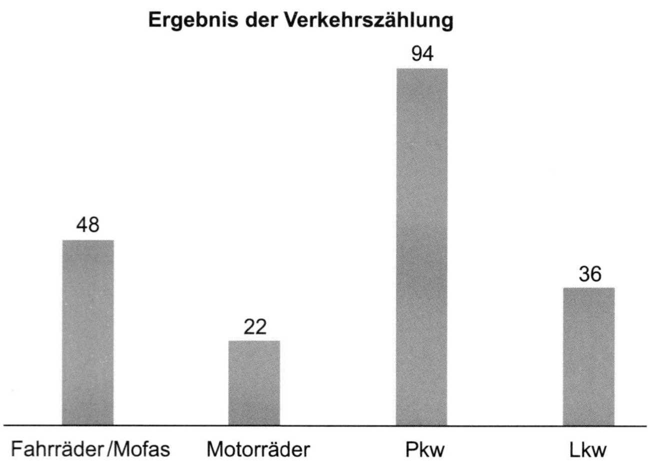

c) **Winkel für das Kreisdiagramm berechnen**

$100\,\% \mathrel{\hat{=}} 360°$
$1\,\% \mathrel{\hat{=}} 3{,}6°$
$24\,\% \mathrel{\hat{=}} 86{,}4° \approx 86°$
$11\,\% \mathrel{\hat{=}} 39{,}6° \approx 40°$
$47\,\% \mathrel{\hat{=}} 169{,}2° \approx 169°$
$18\,\% \mathrel{\hat{=}} 64{,}8° \approx 65°$

Kreisdiagramm

Ergebnis der Verkehrszählung

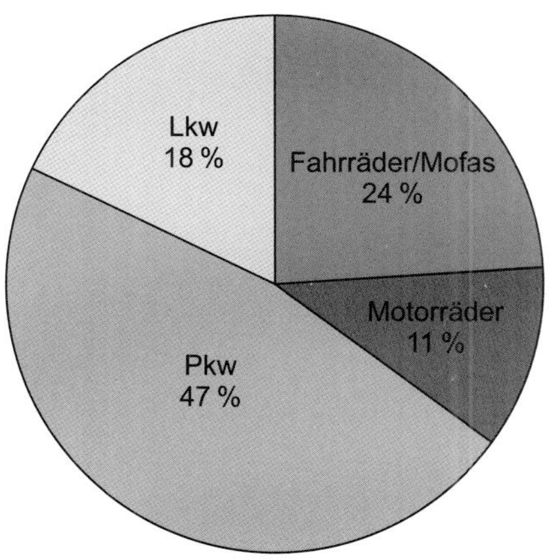

385 a)

Nutzung	E-Mail	E-Banking	Online-Shop	Nachrichten	soziale Netzwerke
absolute Häufigkeit	60	**38**	**247**	25	130
relative Häufigkeit	**12 %**	7,6 %	**49,4 %**	**5 %**	**26 %**

E-Mail: 60 von 500 Personen sind 12 %
E-Banking: 7,6 % von 500 Personen sind 38 Personen
Nachrichten: 25 von 500 Personen sind 5 %
soziale Netzwerke: 130 von 500 Personen sind 26 %
Online-Shop: absolute Häufigkeit: $500 - 60 - 38 - 25 - 130 = 247$
relative Häufigkeit: $100\,\% - 12\,\% - 7{,}6\,\% - 5\,\% - 26\,\% = 49{,}4\,\%$

b) **Berechnen der Streifenlängen**

$100\,\% \mathrel{\hat{=}} 15\text{ cm}$
$1\,\% \mathrel{\hat{=}} 0{,}15\text{ cm}$
$12\,\% \mathrel{\hat{=}} 1{,}8\text{ cm} = 18\text{ mm}$ → E-Mail
$7{,}6\,\% \mathrel{\hat{=}} 1{,}14\text{ cm} \approx 11\text{ mm}$ → E-Banking
$49{,}4\,\% \mathrel{\hat{=}} 7{,}41\text{ cm} \approx 74\text{ mm}$ → Online-Shop
$5\,\% \mathrel{\hat{=}} 0{,}75\text{ cm} \approx 8\text{ mm}$ → Nachrichten
$26\,\% \mathrel{\hat{=}} 3{,}9\text{ cm} = 39\text{ mm}$ → soziale Netzwerke

Streifendiagramm

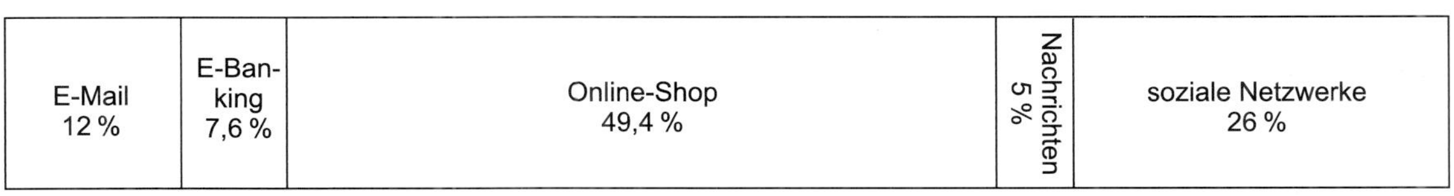

386 a) **Häufigkeitstabelle**

Sportart	absolute Häufigkeit	relative Häufigkeit
Fußball	112	32 %
Tennis	63	18 %
Handball	42	12 %
andere Sportarten	70	20 %
keinen Sport	63	18 %
Summe	350	100 %

b) **Berechnen der Balkenlängen (hier: 5 % $\hat{=}$ 1 cm)**

$1\,\% \hat{=} 0{,}2\text{ cm}$

$32\,\% \hat{=} 6{,}4\text{ cm} = 64\text{ mm}$ → Fußball

$18\,\% \hat{=} 3{,}6\text{ cm} = 36\text{ mm}$ → Tennis

$12\,\% \hat{=} 2{,}4\text{ cm} = 24\text{ mm}$ → Handball

$20\,\% \hat{=} 4\text{ cm} = 40\text{ mm}$ → andere Sportarten

$18\,\% \hat{=} 3{,}6\text{ cm} = 36\text{ mm}$ → keinen Sport

Balkendiagramm

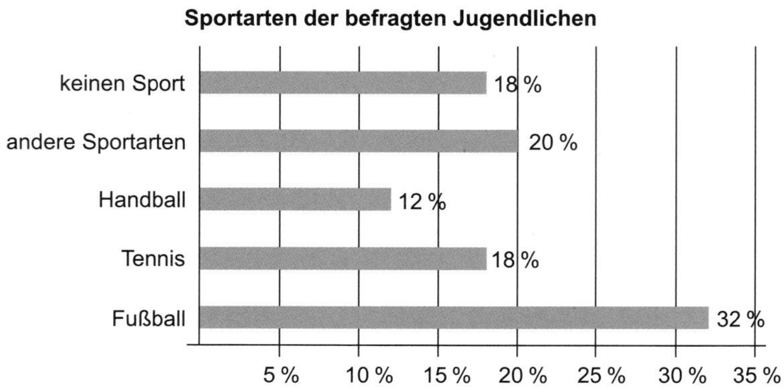

387 a) Häufigkeitstabelle

Personen	absolute Häufigkeit	relative Häufigkeit
1	110	55 %
2	45	22,5 %
3	22	11 %
4	15	7,5 %
5	8	4 %
Summen	200	100 %

b) Berechnen der Streifenlängen

$200 \text{ Personen} \mathrel{\hat{=}} 15 \text{ cm}$

$1 \text{ Person} \mathrel{\hat{=}} 0{,}075 \text{ cm}$

$110 \text{ Personen} \mathrel{\hat{=}} 8{,}25 \text{ cm} \approx 83 \text{ mm}$

$45 \text{ Personen} \mathrel{\hat{=}} 3{,}375 \text{ cm} \approx 34 \text{ mm}$

$22 \text{ Personen} \mathrel{\hat{=}} 1{,}65 \text{ cm} \approx 17 \text{ mm}$

$15 \text{ Personen} \mathrel{\hat{=}} 1{,}125 \text{ cm} \approx 11 \text{ mm}$

$8 \text{ Personen} \mathrel{\hat{=}} 0{,}6 \text{ cm} = 6 \text{ mm}$

Personen pro Auto

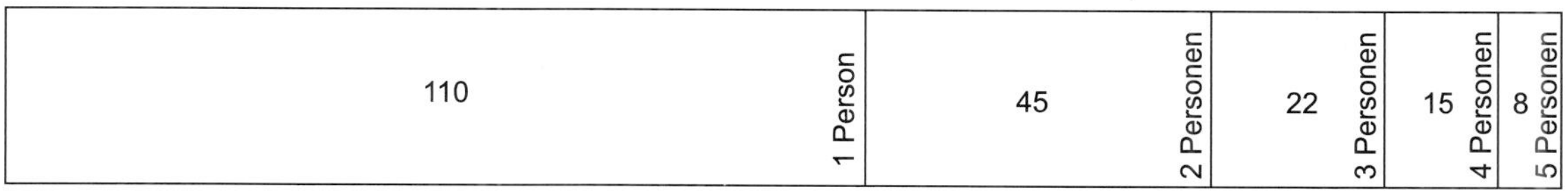

---

388 $(2+3+3+2+4+2+3+3):8=22:8=2{,}75$

Notendurchschnitt für Tina: 2,75

---

389 $(8{,}2+10{,}7+12{,}4+14{,}1+11{,}9+12{,}7+9{,}8):7=79{,}8:7=11{,}4\ °C$

Durchschnittliche Temperatur: 11,4 °C

---

390 $(-49-45-30-13+2+12+15+11+2-14-37-46):12=-192:12=-16\ °C$

Durchschnittliche Jahrestemperatur: –16 °C

---

391 **Durchschnittliche Tagesstrecke**

$(191 \text{ km}+229 \text{ km}+167 \text{ km}+183 \text{ km}+235 \text{ km}):5=$

$1\,005 \text{ km}:5=201 \text{ km}$

---

392 Setze die in der letzten Probe erzielte Note mit x fest.

Gleichung für den Notendurchschnitt:

$3+4+3+1+2+x=2{,}5\cdot 6$

$13+x=15$

$x=2$

Tabea hat in der letzten Probe die Note 2 erzielt.

---

393 a) $\bar{x}=\dfrac{164+157+193+348+425+413+298}{7}=\dfrac{1\,998}{7}$

$\bar{x}=285{,}42\ldots\approx 285$

Im Durchschnitt kamen rund 285 Besucher täglich ins Kino.

b) Die Besucherzahl am Sonntag wird mit x bezeichnet.

$\bar{x}=300$

$\bar{x}=\dfrac{164+157+193+348+425+413+x}{7}$

$300=\dfrac{1\,700+x}{7} \quad |\cdot 7$

$2\,100=1\,700+x \quad |-1\,700$

$400=x$

Um eine durchschnittliche Besucherzahl von 300 zu erreichen, hätten am Sonntag 400 Besucher ins Kino kommen müssen.

---

394 a) 100 % $\hat{=}$ 200 Schülerinnen und Schüler
1 % $\hat{=}$ 2 Schülerinnen und Schüler
9 % $\hat{=}$ 18 Schülerinnen und Schüler
26 % $\hat{=}$ 52 Schülerinnen und Schüler
37,5 % $\hat{=}$ 75 Schülerinnen und Schüler
19 % $\hat{=}$ 38 Schülerinnen und Schüler
8,5 % $\hat{=}$ 17 Schülerinnen und Schüler

b) **durchschnittliches monatliches Taschengeld der Schülerinnen und Schüler**
$(20\,€ \cdot 18 + 25\,€ \cdot 52 + 30\,€ \cdot 75 + 35\,€ \cdot 38 + 40\,€ \cdot 17) : 200 = 5\,920\,€ : 200 = 29{,}60\,€$
Die befragten Schülerinnen und Schüler verfügen monatlich durchschnittlich über 29,60 € Taschengeld.

---

395 **Ausgaben für Kino**
$300\,€ - (60\,€ + 50\,€ + 45\,€ + 50\,€ + 20\,€ + 30\,€) =$
$300\,€ - 255\,€ = 45\,€$

Durchschnittliche monatliche Ausgabe
$300\,€ : 12 = 25\,€$

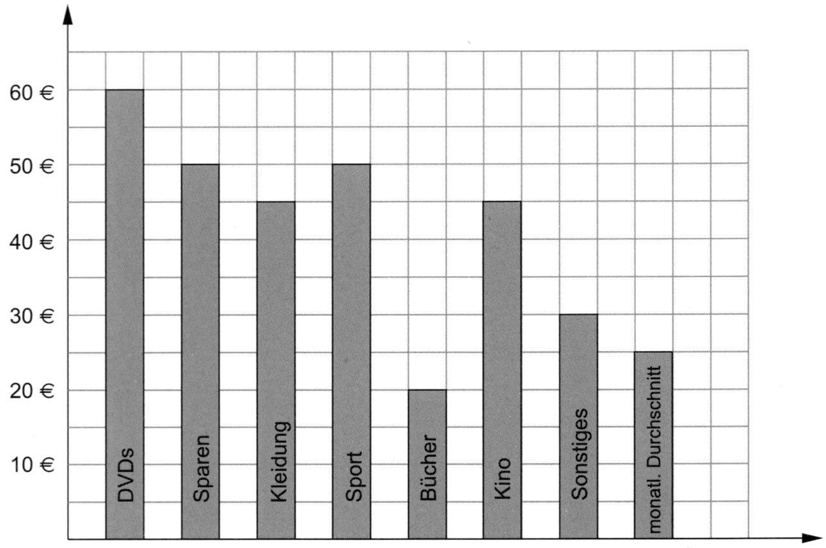

---

396 a) **geordnete Rangliste**
7. Jahrgangsstufe:
41 42 48 49 52 54 54 56 61 72

9. Jahrgangsstufe:
39 41 45 53 55 60 65 74 82

b) **Mittelwert**
7. Jahrgangsstufe:
$(41 + 42 + 48 + 49 + 52 + 54 + 54 + 56 + 61 + 72) : 10 = 529 : 10 = 52{,}9$ min

9. Jahrgangsstufe:
$(39 + 41 + 45 + 53 + 55 + 60 + 65 + 74 + 82) : 9 = 514 : 9 \approx 57{,}1$ min

Zentralwert
7. Jahrgangsstufe:
gerade Anzahl von Daten: $(52 + 54) : 2 = 53$
$\tilde{x} = 53$ min

9. Jahrgangsstufe:
ungerade Anzahl von Daten:
$\tilde{x} = 55$ min

---

397 a) **Berechnen der durchschnittlichen Jahrestemperatur**
$(-10{,}9 + (-11{,}3) + (-9{,}9) + (-7{,}4) + (-2{,}8) + 0{,}1 + 2{,}4 + 2{,}4 + 0{,}4 + (-2{,}3) + (-6{,}9) + (-9{,}4)) : 12$
$= -55{,}6 : 12 = -4{,}63\ldots \approx -4{,}6\,°C$

b) **geordnete Rangliste für die Niederschlagsmengen**

Februar:	–11,3 °C	
Januar:	–10,9 °C	
März:	–9,9 °C	
Dezember:	–9,4 °C	
April:	–7,4 °C	
November:	–6,9 °C	**Zentralwert:** (– 6,9 °C+(–2,8 °C)) : 2 = –9,7 °C : 2 = –4,85 °C
Mai:	–2,8 °C	
Oktober:	–2,3 °C	
Juni:	0,1 °C	
September:	0,4 °C	
Juli:	2,4 °C	
August:	2,4 °C	

Abweichung des Zentralwerts vom Mittelwert

in °C: –4,6 °C – (–4,85 °C) = 0,25 °C

in Prozent: 0,25 °C : 4,6 °C · 100 % = 5,43… % ≈ 5,4 %

---

398 a) **Anzahl der Fahrzeuge**

16 Fahrzeuge

b) **geordnete Rangliste**

77 78 78 79 80 80 85 87 88 92 93 99 102 103 105 112

c) **Fahrzeuge mit erlaubter Geschwindigkeit**

6 Fahrzeuge

d) **Mittelwert**

$(77+78+78+79+80+80+85+87+88+92+93+99+102+103+105+112) : 16 = 1\,438 : 16 = 89{,}875\ \frac{km}{h}$

Zentralwert

gerade Anzahl von Daten: $\tilde{x} = (87+88) : 2 = 87{,}5\ \frac{km}{h}$

---

399 a) **Durchschnittliche Jahrestemperatur**

$(7{,}2+8{,}2+10{,}6+13{,}7+17{,}6+21{,}7+24{,}5+24{,}3+21{,}2+16{,}6+11{,}9+8{,}6) : 12 =$

$186{,}1 : 12 = 15{,}50\ldots \approx 15{,}5$ °C

Das Jahresmittel beträgt 15,5 °C.

Die Monate Mai, Juni, Juli, August, September und Oktober liegen über dem Jahresmittel.

b) **Zentralwert**

geordnete Rangliste

Januar:	7,2 °C	
Februar:	8,2 °C	
Dezember:	8,6 °C	
März:	10,6 °C	
November:	11,9 °C	
April:	13,7 °C	$\tilde{x} = (13{,}7\ °C + 16{,}6\ °C) : 2$
Oktober:	16,6 °C	$\tilde{x} = 15{,}15\ °C \approx 15{,}2\ °C$
Mai:	17,6 °C	
September:	21,2 °C	
Juni:	21,7 °C	
August:	24,3 °C	
Juli:	24,5 °C	

Abweichung des Jahresmittels vom Zentralwert

15,5 °C – 15,2 °C = 0,3 °C

0,3 °C : 15,2 °C · 100 % = 1,97… % ≈ 2 %

c) **Durchschnittliche Niederschlagsmenge im Monat**
(79,3 + 70,4 + 68,1 + 66,3 + 50,0 + 35,0 + 16,1 + 24,3 + 69,3 + 114,2 + 110,5 + 95,7) : 12 =
799,2 : 12 = 66,6 mm

d) **Niederschlagsmengen in den Jahreszeiten**

Winter	Frühjahr	Sommer	Herbst
95,7 mm	68,1 mm	35,0 mm	69,3 mm
79,3 mm	66,3 mm	16,1 mm	114,2 mm
70,4 mm	50,0 mm	24,3 mm	110,5 mm
245,4 mm	184,4 mm	75,4 mm	294,0 mm

e) **Prozentuale Anteile an der gesamten Niederschlagsmenge**
Winter: 245,4 mm : 799,2 mm · 100 % = 30,70... % ≈ 30,7 %
Frühjahr: 184,4 mm : 799,2 mm · 100 % = 23,07... % ≈ 23,1 %
Sommer: 75,4 mm : 799,2 mm · 100 % = 9,43... % ≈ 9,4 %
Herbst: 294,0 mm : 799,2 mm · 100 % = 36,78... % ≈ 36,8 %

Winkel für das Kreisdiagramm
100 % ≙ 360°
1 % ≙ 3,6°
30,7 % ≙ 3,6° · 30,7 = 110,5...° ≈ 111°
23,1 % ≙ 3,6° · 23,1 = 83,1...° ≈ 83°
9,4 % ≙ 3,6° · 9,4 = 33,8...° ≈ 34°
36,8 % ≙ 3,6° · 36,8 = 132,4...° ≈ 132°

Verteilung der Niederschläge in mm

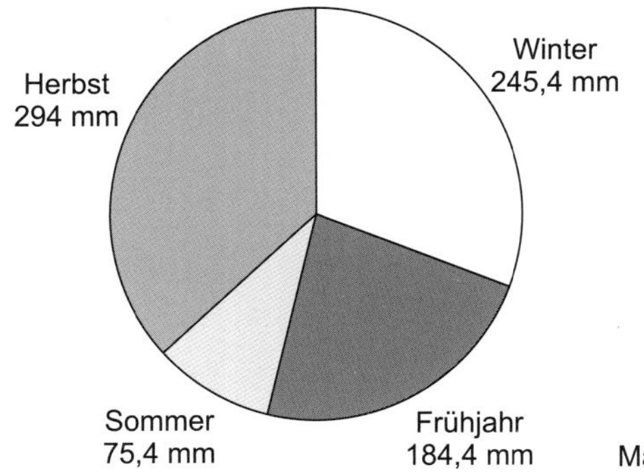

Maßstab 1 : 2

400

	a)	b)	c)	d)	e)	f)
Minimum	35 €	45 m	**23 g**	258 mm	100 ℓ	**– 111 $**
Maximum	92 €	**53 m**	68 g	285 mm	**1 559 ℓ**	81 $
Spannweite	**57 €**	8 m	45 g	**27 mm**	1 459 ℓ	192 $

401 a) **1. Fahrstrecke**
Maximum: 59 min
Minimum: 35 min
Spannweite: 24 min

2. Fahrstrecke
Maximum: 63 min
Minimum: 44 min
Spannweite: 19 min

b) **arithmetisches Mittel (durchschnittliche Fahrzeit) für die 1. Fahrstrecke**
35 min + 40 min + 38 min + 50 min + 56 min + 59 min + 39 min + 35 min + 49 min + 39 min = 440 min
440 min : 10 = 44 min

arithmetisches Mittel (durchschnittliche Fahrzeit) für die 2. Fahrstrecke
44 min + 50 min + 54 min + 46 min + 48 min + 49 min + 52 min + 63 min + 46 min + 48 min = 500 min
500 min : 10 = 50 min

c) **geordnete Rangliste für die 1. Fahrstrecke**
35 min; 35 min; 38 min; 39 min; 39 min; 40 min; 49 min; 50 min; 56 min; 59 min
Zentralwert für die 1. Fahrstrecke
$\tilde{x} = (39\text{ min} + 40\text{ min}) : 2$
$\tilde{x} = 39{,}5\text{ min}$

geordnete Rangliste für die 2. Fahrstrecke
44 min; 46 min; 46 min; 48 min; 48 min; 49 min; 50 min; 52 min; 54 min; 63 min
Zentralwert für die 2. Fahrstrecke
$\tilde{x} = (48\text{ min} + 49\text{ min}) : 2$
$\tilde{x} = 48{,}5\text{ min}$

d) Das arithmetische Mittel und der Zentralwert sprechen für die 1. Fahrstrecke.
Ella sollte die 1. Fahrstrecke nehmen.

---

402 a) **Spannweite der Preise für die Smartphones**
$s = 699\text{ €} - 259\text{ €}$
$s = 440\text{ €}$

b) **geordnete Rangliste**
259 €; 278 €; 289 €; 325 €; 379 €; 445 €; 519 €; 539 €; 699 €

Zentralwert
$\tilde{x} = 379\text{ €}$

c) **arithmetisches Mittel (durchschnittlicher Preis) für ein Smartphone**
$259\text{ €} + 699\text{ €} + 325\text{ €} + 445\text{ €} + 289\text{ €} + 519\text{ €} + 539\text{ €} + 278\text{ €} + 379\text{ €} = 3\,732\text{ €}$
$3\,732\text{ €} : 9 = 414{,}666\ldots\text{ €} \approx 414{,}67\text{ €}$

---

403 a)

A:	55 000 Einwohner
B:	35 000 Einwohner
C:	50 000 Einwohner
D:	40 000 Einwohner
	180 000 Einwohner zusammen

b) **Durchschnitt der Einwohnerzahlen**
180 000 Einwohner : 4 = 45 000 Einwohner
Stadt E hat 45 000 Einwohner.

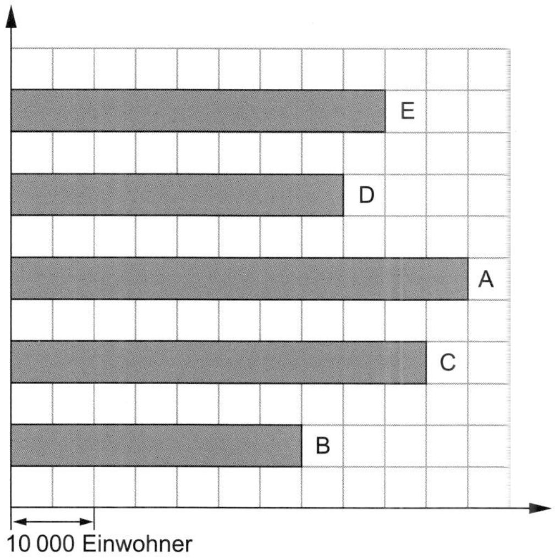

404 a) **Notendurchschnitt der Klasse 9 a** (25 Schüler/-innen)

$(2 \cdot 1 + 4 \cdot 2 + 7 \cdot 3 + 6 \cdot 4 + 5 \cdot 5 + 1 \cdot 6) : 25 = (2 + 8 + 21 + 24 + 25 + 6) : 25 = 86 : 25 = 3{,}44$

b) **Anteile der Noten in Prozent**

	25 Schüler/-innen	$\triangleq$ 100 %
Note 6:	1 Schüler/-innen	$\triangleq$ 4 %
Note 1:	2 Schüler/-innen	$\triangleq 2 \cdot 4\,\% = 8\,\%$
Note 2:	4 Schüler/-innen	$\triangleq 4 \cdot 4\,\% = 16\,\%$
Note 3:	7 Schüler/-innen	$\triangleq 7 \cdot 4\,\% = 28\,\%$
Note 4:	6 Schüler/-innen	$\triangleq 6 \cdot 4\,\% = 24\,\%$
Note 5:	5 Schüler/-innen	$\triangleq 5 \cdot 4\,\% = 20\,\%$

c) **Winkel für das Kreisdiagramm**

$1\,\% \triangleq 3{,}6°$

$4\,\% \triangleq 3{,}6° \cdot 4 = 14{,}4° \approx 14°$

$8\,\% \triangleq 3{,}6° \cdot 8 = 28{,}8° \approx 29°$

$16\,\% \triangleq 3{,}6° \cdot 16 = 57{,}6° \approx 58°$

$28\,\% \triangleq 3{,}6° \cdot 28 = 100{,}8° \approx 101°$

$24\,\% \triangleq 3{,}6° \cdot 24 = 86{,}4° \approx 86°$

$20\,\% \triangleq 3{,}6° \cdot 20 = 72°$

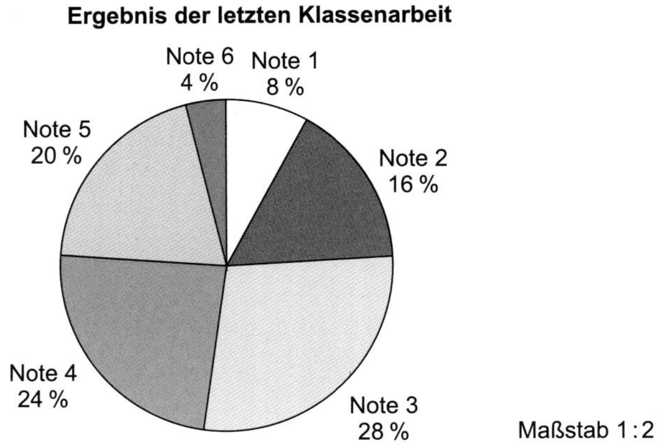

405 a) **Anzahl der Schülerinnen und Schüler**

463 Schülerinnen und Schüler

b) **Durchschnittsalter**

$(72 \cdot 11 + 63 \cdot 12 + 68 \cdot 13 + 71 \cdot 14 + 66 \cdot 15 + 52 \cdot 16 + 48 \cdot 17 + 23 \cdot 18) : 463 = 6\,478 : 463 = 13{,}99\ldots \approx 14$ Jahre

c) **relative Häufigkeiten**

11 Jahre $\triangleq$ 16 %
12 Jahre $\triangleq$ 14 %
13 Jahre $\triangleq$ 15 %
14 Jahre $\triangleq$ 15 %
15 Jahre $\triangleq$ 14 %
16 Jahre $\triangleq$ 11 %
17 Jahre $\triangleq$ 10 %
18 Jahre $\triangleq$ 5 %

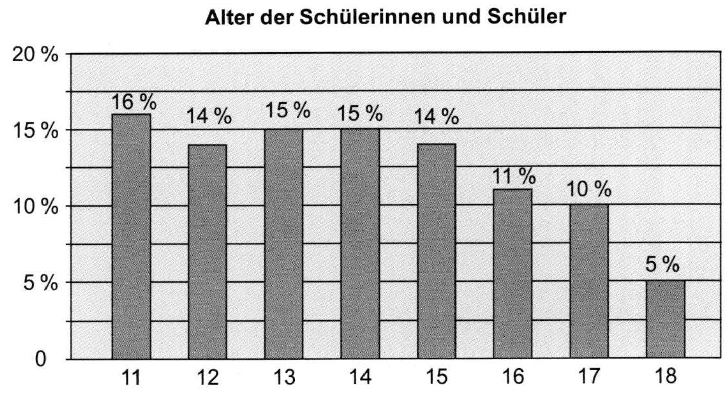

406 a) **Anzahl der Schülerinnen und Schüler**

530 Schülerinnen und Schüler besuchen die Grundschule.

b) **Durchschnittsalter**

$(82 \cdot 6 + 104 \cdot 7 + 93 \cdot 8 + 118 \cdot 9 + 88 \cdot 10 + 45 \cdot 11) : 530 = 4\,401 : 530 = 8{,}3$ Jahre

c) **relative Häufigkeiten**
6 Jahre ≙ 15 %
7 Jahre ≙ 20 %
8 Jahre ≙ 18 %
9 Jahre ≙ 22 %
10 Jahre ≙ 17 %
11 Jahre ≙ 8 %

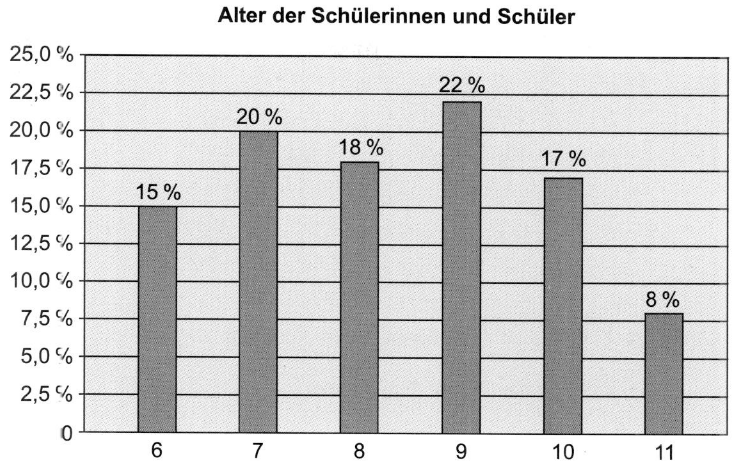

---

407 a) **Spannweite für die monatlichen Durchschnittstemperaturen**
höchste Temperatur: 25,5 °C
niedrigste Temperatur: 4,2 °C
Spannweite: 21,3 °C

b) **geordnete Rangliste der monatlichen Durchschnittstemperaturen**
4,2 °C; 4,9 °C; 5,9 °C; 8,4 °C; 10,7 °C; 14,6 °C; 15,4 °C; 20,0 °C; 20,3 °C; 23,1 °C; 25,1 °C; 25,5 °C

Zentralwert
$\tilde{x} = (14{,}6\ °C + 15{,}4\ °C) : 2$
$\tilde{x} = 15\ °C$

c) **Monatsdurchschnitt (arithmetisches Mittel) der Temperaturen**
$4{,}2\ °C + 5{,}9\ °C + 10{,}7\ °C + 15{,}4\ °C + 20{,}0\ °C + 23{,}1\ °C + 25{,}5\ °C + 25{,}1\ °C + 20{,}3\ °C + 14{,}6\ °C + 8{,}4\ °C + 4{,}9\ °C = 178{,}1\ °C$
$178{,}1\ °C : 12 = 14{,}84...\ °C \approx 14{,}8\ °C$

d) **heißester Monat: 25,5 °C**
$p\ \% = (25{,}5 - 14{,}8) : 14{,}8 \cdot 100\ \%$
$p\ \% = 72{,}29...\ \% \approx 72{,}3\ \%$

e) **kältester Monat: 4,2 °C**
$p\ \% = (14{,}8 - 4{,}2) : 14{,}8 \cdot 100\ \%$
$p\ \% = 71{,}62...\ \% \approx 71{,}6\ \%$

---

408 a) **geordnete Urliste für die Sprungweiten von Anouk**
487 cm; 491 cm; 492 cm; 493 cm; 495 cm; 497 cm; 498 cm; 515 cm

geordnete Urliste für die Sprungweiten von Birthe
467 cm; 471 cm; 473 cm; 493 cm; 501 cm; 515 cm; 519 cm; 521 cm

b) **arithmetisches Mittel für die Sprungweiten von Anouk**
$(492\ cm + 487\ cm + 491\ cm + 515\ cm + 498\ cm + 493\ cm + 497\ cm + 495\ cm) : 8 = 3\,968\ cm : 8 = 496\ cm$

Zentralwert $\tilde{x}$ für die Sprungweiten von Anouk
$\tilde{x} = (493\ cm + 495\ cm) : 2$
$\tilde{x} = 494\ cm$

arithmetisches Mittel für die Sprungweiten von Birthe
$(501\ cm + 471\ cm + 515\ cm + 519\ cm + 473\ cm + 521\ cm + 467\ cm + 493\ cm) : 8 = 3\,960\ cm : 8 = 495\ cm$

Zentralwert $\tilde{x}$ für die Sprungweiten von Birthe
$\tilde{x} = (493 + 501\ cm) : 2$
$\tilde{x} = 497\ cm$

Beim arithmetischen Mittel liegt Anouk um 1 cm vor Birthe, beim Zentralwert liegt Birthe um 3 cm vor Anouk. Die Betreuerin entscheidet sich für Birthe.

c) **Spannweite für die Sprungweiten von Anouk**
515 cm − 487 cm = 28 cm
Spannweite für die Sprungweiten von Birthe
521 cm − 467 cm = 54 cm

Anouks Leistungen sind konstanter.

---

409 $\Omega = \{1; 2; 3; 4; 5; 6\}$
$E_1 = \{1; 2; 3; 4; 5\}$
$E_2 = \{3; 4; 5; 6\}$
$E_3 = \{\ \}$ unmögliches Ereignis
$E_4 = \{2; 4; 6\}$
$E_5 = \{1; 2; 3; 4; 5; 6\}$ sicheres Ereignis
$E_6 = \{6\}$
$E_7 = \{1; 2; 6\}$

---

410 $\Omega = \{1; 2; 3; 4; 5; 6; 7; 8; 9; 10; 11; 12\}$
$E_1 = \{1; 2; 3; 4\}$
$E_2 = \{4; 8; 12\}$
$E_3 = \{2; 3; 4; 6; 8; 9; 10; 12\}$
$E_4 = \{\ \}$ unmögliches Ereignis
$E_5 = \{1; 2; 3; 4; 5; 6; 7; 8; 9; 10; 11; 12\}$ sicheres Ereignis
$E_6 = \{6; 12\}$
$E_7 = \{\ \}$ unmögliches Ereignis
$E_8 = \{5; 10\}$

---

411 A_2 $E_1 = \{4; 8; 12; 16; 20\}$
A_6 $E_2 = \{2; 4; 6; 8; 10; 12; 14; 16; 18; 20\}$
A_4 $E_3 = \{1; 2; 3; 4; 5; 6; 7; 8\}$
A_8 $E_4 = \{1; 2; 3; 4; 5; 17; 18; 19; 20\}$
A_3 $E_5 = \{\ \}$
A_1 $E_6 = \{5; 10; 15; 20\}$
A_5 $E_7 = \{20\}$
A_7 $E_8 = \{1; 2; 3; 4; 5; 6; 7; 8; 9; 10; 11; 12; 13; 14; 15; 16; 17; 18; 19; 20\}$

---

412 a) **Ergebnismenge**
$\Omega = \{1; 2; 3; 4; 5; 6\}$
Anzahl aller Ergebnisse: 6

E(ungerade Zahl) = {1; 3; 5}
Anzahl der günstigen Ergebnisse: 3

$$P(\text{ungerade}) = \frac{3}{6} = 0{,}5 = 50\ \%$$

b) E(kleiner als 3) = {1; 2}
Anzahl der günstigen Ergebnisse: 2

$$P(\text{kleiner als } 3) = \frac{2}{6} = \frac{1}{3} = 0{,}333\ldots \approx 33{,}3\ \%$$

c) E(eine 5) = {5}
Anzahl der günstigen Ergebnisse: 1

$$P(\text{eine } 5) = \frac{1}{6} = 0{,}1666\ldots \approx 16{,}7\ \%$$

d) E(keine 6) = {1; 2; 3; 4; 5}
Anzahl der günstigen Ergebnisse: 5

$P(\text{keine } 6) = \frac{5}{6} = 0{,}833\ldots \approx 83{,}3\ \%$

oder Gegenwahrscheinlichkeit für: Jasmin würfelt eine 6.
Anzahl der ungünstigen Ergebnisse: 1

$P(\text{eine } 6) = \frac{1}{6} = 0{,}1666\ldots \approx 16{,}7\ \%$

$P(\text{keine } 6) = 1 - \frac{1}{6} = \frac{5}{6} = 0{,}833\ldots \approx 83{,}3\ \%$

---

413 Ergebnismenge

Ω = {1 g; 1 s; 2 g; 3 g; 3 g; 4 g; 4 s; 5 s; 5 s; 5 s}
Anzahl aller möglichen Ergebnisse: 10

a) E(3) = {3g; 3g}
Anzahl der günstigen Ergebnisse: 2

$P(3) = \frac{2}{10} = 0{,}2 = 20\ \%$

b) Gegenwahrscheinlichkeit für: Das Glücksrad bleibt bei 4 stehen.
Anzahl der ungünstigen Ergebnisse: 2

$P(\text{Zahl } 4) = \frac{2}{10} = 0{,}2 = 20\ \%$

$P(\text{nicht } 4) = 1 - \frac{2}{10} = \frac{8}{10} = 0{,}8 = 80\ \%$

c) E(1 weißes Feld) = {1 w}
Anzahl der günstigen Ergebnisse: 1

$P(1 \text{ weißes Feld}) = \frac{1}{10} = 0{,}1 = 10\ \%$

d) Gegenwahrscheinlichkeit für: Das Glücksrad bleibt bei der Zahl 5 stehen.
E(Zahl 5) = {5s ; 5 s; 5 s}
Anzahl der ungünstigen Ergebnisse: 3

$P(\text{Zahl } 5) = \frac{3}{10} = 0{,}3 = 30\ \%$

$P(\text{nicht } 5) = 1 - \frac{3}{10} = \frac{7}{10} = 0{,}7 = 70\ \%$

e) E(Zahl 3 oder Zahl 5) = {3 w; 3 w; 5 s; 5 s; 5 s}
Anzahl der günstigen Ergebnisse: 5

$P(\text{Zahl 3 oder Zahl 5}) = \frac{5}{10} = 0{,}5 = 50\ \%$

---

414 Aygüls Glücksrad

Ergebnismenge
Ω = {alle Zahlen von 1 bis 50}
Anzahl aller möglichen Ergebnisse: 50
E(Vielfache von 7) = {7; 14; 21; 28; 35; 42; 49}
Anzahl der günstigen Ergebnisse: 7

$P(\text{Gewinn}) = \frac{7}{50} = \frac{14}{100} = 0{,}14 = 14\ \%$

Kevins Glücksrad
Ergebnismenge
$\Omega = \{\text{alle Zahlen von 1 bis 100}\}$
Anzahl aller möglichen Ergebnisse: 100
E(Zahlen mit zwei gleichen Ziffern) = {11; 22; 33; 44; 55; 66; 77; 88; 99}
Anzahl der günstigen Ergebnisse: 9

$P(\text{Gewinn}) = \frac{9}{100} = 0{,}09 = 9\ \%$

Bei Aygüls Glücksrad sind die Gewinnchancen größer.

---

415 **Im Behälter liegen 20 Kugeln.**
3 graue Kugeln mit den Ziffern 1, 2, 3
8 weiße Kugeln mit den Ziffern 1, 2, 3, 4, 5, 6, 7, 8
5 rote Kugeln mit den Ziffern 1, 2, 3, 4, 5
4 schwarze Kugeln mit den Ziffern 1, 2, 3, 4
Anzahl aller möglichen Ergebnisse: 20

a) Ereignis: eine weiße oder eine rote Kugel
Anzahl der günstigen Ergebnisse: 13

$P(\text{w oder r}) = \frac{13}{20} = \frac{65}{100} = 0{,}65 = 65\ \%$

b) Ereignis: eine Kugel mit einer ungeraden Zahl
Anzahl der günstigen Ergebnisse: 11

$P(\text{ungerade Zahl}) = \frac{11}{20} = \frac{55}{100} = 0{,}55 = 55\ \%$

c) Ereignis: eine rote Kugel mit einer geraden Zahl
Anzahl der günstigen Ergebnisse: 2

$P(\text{r mit gerader Zahl}) = \frac{2}{20} = \frac{10}{100} = 0{,}1 = 10\ \%$

d) Ereignis: eine Kugel mit einer Zahl kleiner als 10
Anzahl der günstigen Ergebnisse: 20

$P(\text{Zahl kleiner als 10}) = \frac{20}{20} = 1 \Rightarrow$ sicheres Ereignis

e) Ereignis: eine schwarze oder eine weiße Kugel
Anzahl der günstigen Ergebnisse: 12

$P(\text{s oder w}) = \frac{12}{20} = \frac{60}{100} = 0{,}6 = 60\ \%$

f) Ereignis: keine weiße Kugel
Gegenereignis: eine weiße Kugel
Anzahl der ungünstigen Ergebnisse: 8

$P(\text{w}) = \frac{8}{20} = \frac{40}{100} = 0{,}4 = 40\ \%$

$P(\text{nicht w}) = 1 - \frac{8}{20} = \frac{12}{20} = \frac{60}{100} = 0{,}6 = 60\ \%$

g) Ereignis: eine graue Kugel mit der Zahl 6
Anzahl der günstigen Ergebnisse: 0

$P(\text{g mit 6}) = \frac{0}{20} = 0 \Rightarrow$ unmögliches Ereignis

---

416 **360 Nieten, 156 Trostpreise, 78 Gewinne, 6 Hauptgewinne**
Anzahl aller möglichen Ergebnisse: 600

a) Ereignis: keine Niete
Gegenereignis: eine Niete
Anzahl der ungünstigen Ergebnisse: 360

$P(\text{Niete}) = \frac{360}{600} = \frac{60}{100} = 0{,}6 = 60\ \%$

$P(\text{keine Niete}) = 1 - \frac{60}{100} = \frac{40}{100} = 0{,}4 = 40\ \%$

b) Ereignis: Hauptgewinn
Anzahl der günstigen Ergebnisse: 6

$P(\text{Hauptgewinn}) = \frac{6}{600} = \frac{1}{100} = 0{,}01 = 1\ \%$

c) Anzahl aller möglichen Ergebnisse nach dem Verkauf von 240 Losen
$600 - 240 = 360$
Ereignis: Hauptgewinn
Anzahl der günstigen Ergebnisse: 4

$P(\text{Hauptgewinn}) = \frac{4}{360} = \frac{1}{90} = 0{,}0111\ldots \approx 1{,}1\ \%$

---

417 **5 Karpfen, 6 Forellen, 2 Hechte, 4 Enten, 2 Schuhe, 1 Regenschirm**
Anzahl aller möglichen Ergebnisse: 20
E_1: Es wird ein Hecht geangelt.
Anzahl der günstigen Ergebnisse: 2

$P(E_1) = \frac{2}{20} = \frac{1}{10} = 0{,}1 = 10\ \%$

E_2: Es wird ein Karpfen oder eine Ente geangelt.
Anzahl der günstigen Ergebnisse: 9

$P(E_2) = \frac{9}{20} = \frac{45}{100} = 0{,}45 = 45\ \%$

E_3: Es wir kein Fisch geangelt.
Gegenereignis zu E_3: Es wird ein Fisch geangelt.
Anzahl der ungünstigen Ergebnisse: 13

$P(\overline{E_3}) = \frac{13}{20} = \frac{65}{100} = 0{,}65 = 65\ \%$

$P(E_3) = 1 - \frac{13}{20} = \frac{7}{20} = \frac{35}{100} = 0{,}35 = 35\ \%$

E_4: Es wird ein Schuh oder ein Regenschirm geangelt.
Anzahl der günstigen Ergebnisse: 3

$P(E_4) = \frac{3}{20} = \frac{15}{100} = 0{,}15 = 15\ \%$

E_5: Es wird keine Forelle gefangen.
Gegenereignis zu E_5: Es wird eine Forelle geangelt.
Anzahl der ungünstigen Ergebnisse: 6

$P(\overline{E_5}) = \frac{6}{20} = \frac{30}{100} = 0{,}3 = 30\ \%$

$P(E_5) = 1 - \frac{6}{20} = \frac{14}{20} = \frac{70}{100} = 0{,}7 = 70\ \%$

---

418 Baumdiagramm für das Ziehen eines Loses ergänzen

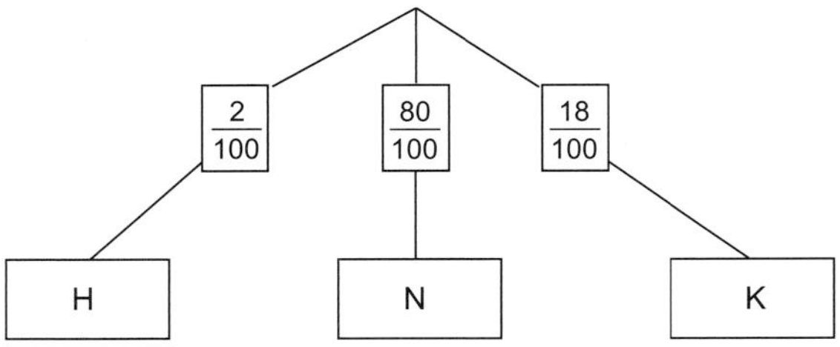

419 9a: 5 Jugendliche 9b: 13 Jugendliche 9c: 12 Jugendliche
Anzahl aller möglichen Ergebnisse: 30

a) Baumdiagramm für die Verteilung der Gewinnchancen auf die einzelnen Klassen

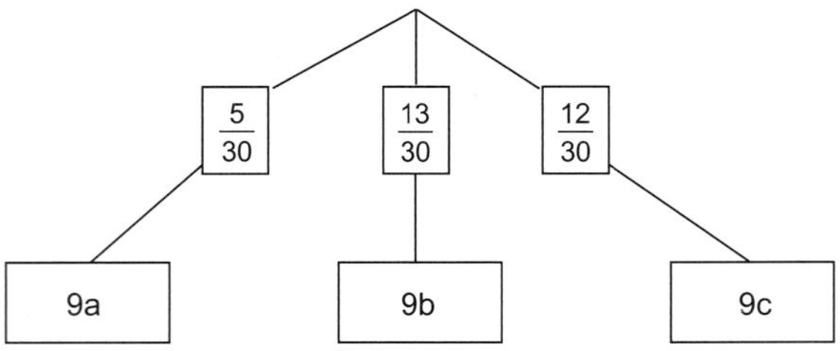

b) Ereignis: kein Preis für die Schülerinnen und Schüler der Klasse 9c
Gegenereignis: ein Preis für die Schülerinnen und Schüler der 9c
Anzahl der ungünstigen Ergebnisse: 12

$$\text{P(ein Preis)} = \frac{12}{30} = \frac{2}{5} = 0{,}4 = 40\ \%$$

$$\text{P(kein Preis)} = 1 - \frac{2}{5} = \frac{3}{5} = 0{,}6 = 60\ \%$$

420 Das Baumdiagramm stellt die Anzahl der verschieden farbigen Kugeln dar.
1 graue Kugel, 2 rote Kugeln, 10 weiße Kugeln (Nenner: 13)

Im Behälter 1 befinden sich 2 graue Kugeln.
Im Behälter 2 befindet ich nur eine rote Kugel.
Im Behälter 3 befinden sich die richtige Anzahl der farbigen Kugeln.
Der Behälter **3** passt zum dargestellten Baumdiagramm.

421 a) $24 - 4 - 5 - 8 = 7$
Es starten 7 Skirennläufer für die Schweiz.

b) 4 **D**eutsche, 5 **I**taliener, 8 **Ö**sterreicher, 7 **S**chweizer

Baumdiagramm

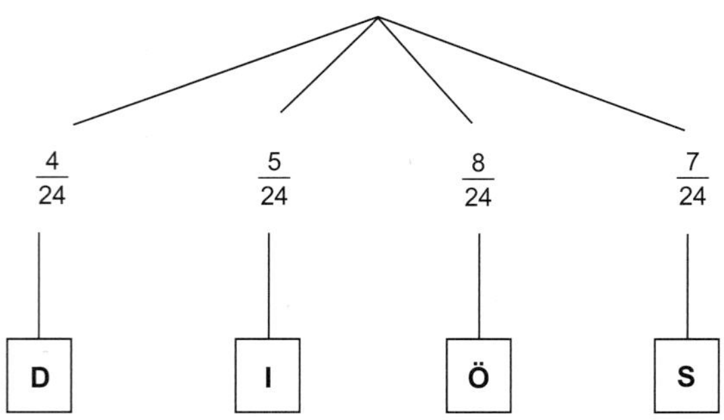

c) Ereignis: Startnummer 1 an einen deutschen Skirennläufer
Anzahl der günstigen Ergebnisse: 4

$P(\text{Startnummer 1 für } \mathbf{D}) = \frac{4}{24} = 0{,}1666\ldots \approx 0{,}167 = 16{,}7\ \%$

d) Ereignis: Startnummer 1 geht nicht an einen Österreicher
Gegenereignis: Startnummer 1 geht an einen Österreicher
Anzahl der ungünstigen Ergebnisse: 8

$P(\text{Ö Startnummer 1}) = \frac{8}{24} = 0{,}33333\ldots \approx 0{,}333 = 33{,}3\ \%$

$P(\text{Ö nicht Startnummer 1}) = 1 - \frac{8}{24} = \frac{16}{24} = 0{,}66666\ldots \approx 0{,}667 = 66{,}7\ \%$

---

422 a)

Das gezogene Stäbchen hat	sicher	möglich	unmöglich
… mindestens einen schwarzen Streifen	☒	☐	☐
… zwei graue Streifen	☐	☒	☐
… mindestens einen grauen Streifen	☐	☒	☐
… zwei schwarze und einen grauen Streifen	☐	☒	☐
… einen schwarzen und keinen weißen Streifen	☐	☐	☒
… zwei weiße und mindestens einen schwarzen Streifen	☐	☒	☐

b) Ereignis: Das Stäbchen hat zwei weiße Streifen.
4 von 5 Stäbchen haben zwei weiße Streifen. $P(E) = \frac{4}{5} = 0{,}8 = 80\ \%$

Ereignis: Das Stäbchen hat keinen grauen Streifen.
2 von 5 Stäbchen haben keinen grauen Streifen. $P(E) = \frac{2}{5} = 0{,}4 = 40\ \%$

Ereignis: Das Stäbchen hat zwei schwarze und keinen grauen Streifen.
1 von 5 Stäbchen hat zwei schwarze und keinen grauen Streifen. $P(E) = \frac{1}{5} = 0{,}2 = 20\ \%$

Ereignis: Das Stäbchen hat mehr als drei graue Streifen.
0 Stäbchen haben mehr als drei graue Streifen. $\Rightarrow$ unmögliches Ereignis, $P(E) = 0\ \%$

Ereignis: Das Stäbchen hat mindestens eine weißen Streifen.
Alle Stäbchen haben mindestens einen weißen Streifen. $\Rightarrow$ sicheres, $P(E) = 100\ \%$

Ereignis: Das Stäbchen hat zwei schwarze Streifen.
3 von 5 Stäbchen haben zwei schwarze Streifen. $P(E) = \frac{3}{5} = 0{,}6 = 60\ \%$

Ereignis	Wahrscheinlichkeit
Das Stäbchen hat zwei weiße Streifen.	80 %
Das Stäbchen hat keinen grauen Streifen.	40 %
Das Stäbchen hat zwei schwarze und keinen grauen Streifen.	20 %
Das Stäbchen hat mehr als drei graue Streifen.	0 %
Das Stäbchen hat mindestens eine weißen Streifen.	100 %
Das Stäbchen hat zwei schwarze Streifen.	60 %

---

423 a) $P(\text{grün}) = 0{,}3 = 30\ \%$
$P(\text{blau}) = 0{,}3 = 30\ \%$
$P(\text{rot}) = 1 - 0{,}3 - 0{,}3 = 0{,}4 = 40\ \%$

Mit einer Wahrscheinlichkeit von 40 % wird eine rote Kugel gezogen.

b) Anzahl der jeweiligen farbigen Kugeln in der Urne

$100\ \% \mathrel{\hat{=}} 50$ Kugeln
$1\ \% \mathrel{\hat{=}} 0{,}5$ Kugeln
$30\ \% \mathrel{\hat{=}} 15$ grüne Kugeln
$30\ \% \mathrel{\hat{=}} 15$ blaue Kugeln
$40\ \% \mathrel{\hat{=}} 20$ rote Kugeln

oder

Anzahl der grünen Kugeln: $50 \cdot 0{,}3 = 15$ grüne Kugeln
Anzahl der blauen Kugeln: $50 \cdot 0{,}3 = 15$ blaue Kugeln
Anzahl der roten Kugeln: $50 \cdot 0{,}4 = 20$ rote Kugeln

424 100 **F**reilose, 50 **T**rostpreise, 20 **K**leingewinne, 1 **H**auptgewinn, 829 **N**ieten
Anzahl aller möglichen Ergebnisse: 1 000

E_1: Es wird ein Gewinnlos gezogen.
Anzahl aller günstigen Ergebnisse: 20 K + 1 H = 21 Gewinnlose

$$P(E_1) = \frac{21}{1\,000} = 0{,}021 = 2{,}1\ \%$$

E_2: Es wird eine Niete gezogen.
Anzahl aller günstigen Ergebnisse: 829

$$P(E_2) = \frac{829}{1\,000} = 0{,}829 = 82{,}9\ \%$$

E_3: Es wird kein Trostpreis gezogen.
$\overline{E_3}$: Gegenereignis: Es wird ein Trostpreis gezogen.
Anzahl aller ungünstigen Ergebnisse: 50

$$P(\overline{E_3}) = \frac{50}{1\,000} = 0{,}05 = 5\ \%$$

$$P(E_3) = 1 - \frac{50}{1\,000} = \frac{950}{1\,000} = 0{,}95 = 95\ \%$$

E_4: Es wird ein Kleingewinn oder ein Freilos gezogen.
Anzahl der günstigen Ergebnisse: 20 K + 100 F = 120 Lose

$$P(E_4) = \frac{120}{1\,000} = 0{,}12 = 12\ \%$$

425 a)

Gesamtzahl der Versuche	absolute Häufigkeit für Kopf	relative Häufigkeit für Kopf	absolute Häufigkeit für Seite	relative Häufigkeit für Seite
200	96	**48 %**	**104**	**52 %**
400	**166**	**41,5 %**	234	**58,5 %**
600	263	**≈ 43,8 %**	**337**	**≈ 56,2 %**
800	**348**	**43,5 %**	452	**56,5 %**
1 000	435	**43,5 %**	**565**	**56,5 %**

b) Nach 600 Würfen ändert sich die relative Häufigkeit für „Kopf“ kaum noch.

c) Die Wahrscheinlichkeit für „Seite“ liegt bei diesen Reißnägeln bei 56,5 %.

426 a) $149 + 231 + 120 = 500$

b) **Wahrscheinlichkeit für leichte Mängel an einem zufällig ausgewählten Fahrrad**

$$\frac{231}{500} = 0{,}462 = 46{,}2\ \%$$

---

427 a) fehlende Werte in der Tabelle

Augenzahl	1	2	3	4	5	6
absolute Häufigkeit	152	153	149	150	151	245
relative Häufigkeit	15,2 %	15,3 %	14,9 %	15,0 %	15,1 %	24,5 %

b) Tina und Nora haben recht. Die Wahrscheinlichkeit für eine „6“ ist bei Tims Würfel um mehr als 9 % höher als für die anderen Augenzahlen.
Bei einem echten Spielewürfel liegt die Wahrscheinlichkeit bei jedem Wurf für jede Augenzahl bei 16,7 %.

7 Berechnungen an geometrischen Figuren

428 a) $A = \frac{12\text{ cm} \cdot 9{,}8\text{ cm}}{2}$
$A = 58{,}8\text{ cm}^2$
$u = (14 + 10 + 12)\text{ cm}$
$u = 36\text{ cm}$

b) $A = \frac{35\text{ cm} \cdot 10{,}8\text{ cm}}{2}$
$A = 189\text{ cm}^2$
$u = (35 + 16{,}8 + 24{,}6)\text{ cm}$
$u = 76{,}4\text{ cm}$

c) $A = \frac{20{,}2\text{ cm} \cdot 8{,}8\text{ cm}}{2}$
$A = 88{,}88\text{ cm}^2$
$u = (10{,}2 + 17{,}4 + 20{,}2)\text{ cm}$
$u = 47{,}8\text{ cm}$

429 a) $A = \frac{4{,}5\text{ cm} \cdot 2{,}8\text{ cm}}{2}$
$A = 6{,}3\text{ cm}^2$

b) $A = \frac{8{,}6\text{ m} \cdot 22\text{ m}}{2}$
$A = 94{,}6\text{ m}^2$

c) $A = \frac{85\text{ dm} \cdot 52\text{ dm}}{2}$
$A = 2\,210\text{ dm}^2$

430 a)

Grundseite g	2,6 m
Höhe h	1,25 m
Flächeninhalt A	1,625 m^2

ausführliche Lösung:
$A = \frac{2{,}6\text{ m} \cdot 1{,}25\text{ m}}{2}$
$A = 1{,}625\text{ m}^2$

b)

Grundseite g	2,5 dm
Höhe h	2,6 dm
Flächeninhalt A	3,25 dm^2

ausführliche Lösung:
$3{,}25\text{ dm}^2 = \frac{2{,}5\text{ dm} \cdot h}{2}$
$h = 2{,}6\text{ dm}$

c)

Grundseite g	5,2 cm
Höhe h	5,2 cm
Flächeninhalt A	13,52 cm^2

ausführliche Lösung:
$13{,}52\text{ cm}^2 = \frac{g \cdot 5{,}2\text{ cm}}{2}$
$g = 5{,}2\text{ cm}$

d)

Grundseite g	1,56 m
Höhe h	0,85 m
Flächeninhalt A	0,663 m^2

ausführliche Lösung:
$A = \frac{1{,}56\text{ m} \cdot 0{,}85\text{ m}}{2}$
$A = 0{,}663\text{ m}^2$

e)

Grundseite g	19,8 dm
Höhe h	14,5 dm
Flächeninhalt A	143,55 dm^2

ausführliche Lösung:
$143{,}55\text{ dm}^2 = \frac{19{,}8\text{ dm} \cdot h}{2}$
$h = 14{,}5\text{ dm}$

f)

Grundseite g	21,5 cm
Höhe h	43 cm
Flächeninhalt A	462,25 cm^2

ausführliche Lösung:
$462{,}25\text{ cm}^2 = \frac{g \cdot 43\text{ cm}}{2}$
$g = 21{,}5\text{ cm}$

431 fehlende Werte in der Tabelle

	a)	b)	c)	d)	e)
Kathete a	8 cm	**20 m**	15 dm	210 mm	**3,4 m**
Kathete b	12 cm	10 m	**12 dm**	96 mm	6,8 m
Flächeninhalt A	**48 cm^2**	100 m^2	90 dm^2	**10 080 mm^2**	11,56 m^2

432 a) $A = \frac{1}{2} \cdot 4\text{ cm} \cdot 4\text{ cm}$
$A = 8\text{ cm}^2$

b) $A = \frac{1}{2} \cdot 6\text{ cm} \cdot 4\text{ cm}$
$A = 12\text{ cm}^2$

c) $A = \frac{1}{2} \cdot 4\text{ cm} \cdot 4\text{ cm}$
$A = 8\text{ cm}^2$

433 a)

Kathete a	33 cm
Kathete b	56 cm
Hypotenuse c	65 cm

b)

Kathete a	63 dm
Kathete b	16 dm
Hypotenuse c	65 dm

c)

Kathete a	6,5 cm
Kathete b	7,2 cm
Hypotenuse c	9,7 cm

d)

Kathete a	39 dm
Kathete b	80 dm
Hypotenuse c	89 dm

e)

Kathete a	1,5 m
Kathete b	11,2 m
Hypotenuse c	11,3 m

f)

Kathete a	55 cm
Kathete b	48 cm
Hypotenuse c	73 cm

434 a) 4 cm b) 12 dm c) 8 cm d) 10 dm

435 a) längste Seite: $c = 15$ cm
$(9\text{ cm})^2 + (12\text{ cm})^2 = 225\text{ cm}^2$
$\sqrt{225\text{ cm}^2} = 15\text{ cm}$
Das Dreieck ist rechtwinklig.

b) längste Seite: $b = 30$ dm
$(18\text{ dm})^2 + (24\text{ dm})^2 = 900\text{ dm}^2$
$\sqrt{900\text{ dm}^2} = 30\text{ dm}$
Das Dreieck ist rechtwinklig.

c) längste Seite: $b = 17$ m
$(15\text{ m})^2 + (16\text{ m})^2 = 481\text{ m}^2$
$\sqrt{481\text{ m}^2} = 21{,}93\ldots\text{ m} \approx 21{,}9\text{ m}$
$21{,}9\text{ m} \neq 17\text{ m}$
Das Dreieck ist nicht rechtwinklig.

d) längste Seite: $a = 25$ km
$(20\text{ km})^2 + (15\text{ km})^2 = 625\text{ km}^2$
$\sqrt{625\text{ km}^2} = 25\text{ km}$
Das Dreieck ist rechtwinklig.

e) längste Seite: $a = 170$ mm
$(150\text{ mm})^2 + (80\text{ mm})^2 = 28\,900\text{ mm}^2$
$\sqrt{28\,900\text{ mm}^2} = 170\text{ mm}$
Das Dreieck ist rechtwinklig.

436 a) $h^2 = (27\text{ cm})^2 - (6\text{ cm})^2$
$h \approx 26{,}3\text{ cm}$
$A = \frac{1}{2} \cdot 12\text{ cm} \cdot 26{,}3\text{ cm}$
$A = 157{,}8\text{ cm}^2$
$u = 2 \cdot 27\text{ cm} + 12\text{ cm}$
$u = 66\text{ cm}$

b) $\left(\frac{g}{2}\right)^2 = (8{,}7\text{ cm})^2 - (7\text{ cm})^2$
$\frac{g}{2} \approx 5{,}2\text{ cm};\ \Rightarrow\ g = 10{,}4\text{ cm}$
$A = \frac{1}{2} \cdot 10{,}4\text{ cm} \cdot 7\text{ cm}$
$A = 36{,}4\text{ cm}^2$
$u = 2 \cdot 8{,}7\text{ cm} + 10{,}4\text{ cm}$
$u = 27{,}8\text{ cm}$

c) $h^2 = (22{,}5\text{ dm})^2 - (8{,}7\text{ dm})^2$
$h \approx 20{,}7\text{ dm}$
$A = \frac{1}{2} \cdot 17{,}4\text{ dm} \cdot 20{,}7\text{ dm}$
$A = 180{,}09\text{ dm}^2$
$u = 2 \cdot 22{,}5\text{ dm} + 17{,}4\text{ dm}$
$u = 62{,}4\text{ dm}$

437 a) $a^2 = (75\text{ cm})^2 + (29\text{ cm})^2$
$a^2 = 5\,625\text{ cm}^2 + 841\text{ cm}^2$
$a^2 = 6\,466\text{ cm}^2 \quad |\sqrt{\ }$
$a = 80{,}41\ldots\text{ cm} \approx 80{,}4\text{ cm}$

b) $a^2 = (118\text{ cm})^2 - (45\text{ cm})^2$
$a^2 = 13\,924\text{ cm}^2 - 2\,025\text{ cm}^2$
$a^2 = 11\,899\text{ cm}^2 \quad \sqrt{\ }$
$a = 109{,}08\ldots\text{ cm} \approx 109{,}1\text{ cm}$

$b^2 = (49\text{ cm})^2 + (109{,}1\text{ cm})^2$
$b^2 = 2\,401\text{ cm}^2 + 11\,902{,}81\text{ cm}^2$
$b^2 = 14\,303{,}81\text{ cm}^2 \quad |\sqrt{\ }$
$b = 119{,}59\ldots\text{ cm} \approx 119{,}6\text{ cm}$

c) $a^2 = (25\text{ cm})^2 + (16\text{ cm})^2$
$a^2 = 625\text{ cm}^2 + 256\text{ cm}^2$
$a^2 = 881\text{ cm}^2 \quad \sqrt{\ }$
$a = 29{,}68\ldots\text{ cm} \approx 29{,}7\text{ cm}$

$b^2 = (25\text{ cm})^2 + (25\text{ cm})^2$
$b^2 = 625\text{ cm}^2 + 625\text{ cm}^2$
$b^2 = 1\,250\text{ cm}^2 \quad |\sqrt{\ }$
$b = 35{,}35\ldots\text{ cm} \approx 35{,}4\text{ cm}$

438 a)
$$a^2+b^2=c^2$$
$$\left(\frac{4,8\text{ cm}}{2}\right)^2+h^2=(6\text{ cm})^2$$
$$(2,4\text{ cm})^2+h^2=36\text{ cm}^2$$
$$5,76\text{ cm}^2+h^2=36\text{ cm}^2$$
$$h^2=30,24\text{ cm}^2$$
$$h\approx 5,5\text{ cm}$$

b)
$$a^2+b^2=c^2$$
$$(1,2\text{ cm})^2+h^2=(4,9\text{ cm})^2$$
$$1,44\text{ cm}^2+h^2=24,01\text{ cm}^2$$
$$h^2=22,57\text{ cm}^2$$
$$h\approx 4,8\text{ cm}$$

c)
$$a^2+b^2=c^2$$
$$a^2+a^2=(8\text{ cm})^2$$
$$2a^2=64\text{ cm}^2$$
$$a^2=32\text{ cm}^2$$
$$a\approx 5,7\text{ cm}$$

d)
$$a^2+b^2=c^2$$
$$\left(\frac{6,4\text{ cm}-3,5\text{ cm}}{2}\right)^2+h^2=(4,8\text{ cm})^2$$
$$(1,45\text{ cm})^2+h^2=23,04\text{ cm}^2$$
$$2,1025\text{ cm}^2+h^2=23,04\text{ cm}^2$$
$$h^2=20,9375\text{ cm}^2$$
$$h\approx 4,6\text{ cm}$$

e) $a=x+4,6\text{ cm}+x$
$$a^2+b^2=c^2$$
$$(2,2\text{ cm})^2+x^2=(3,6\text{ cm})^2$$
$$4,84\text{ cm}^2+x^2=12,96\text{ cm}^2$$
$$x^2=8,12\text{ cm}^2$$
$$x\approx 2,8\text{ cm}$$
$$a=2,8\text{ cm}+4,6\text{ cm}+2,8\text{ cm}=10,2\text{ cm}$$

f) $x=a+3\text{ cm}$
$$a^2+b^2=c^2$$
$$a^2+(2,75\text{ cm})^2=(4,5\text{ cm})^2$$
$$a^2+7,5625^2=20,25\text{ cm}^2$$
$$a^2=12,6875\text{ cm}^2$$
$$a\approx 3,6\text{ cm}$$
$$x=3,6\text{ cm}+3\text{ cm}=6,6\text{ cm}$$

g) Sechseck: sechs gleichseitige Dreiecke
$$a^2+b^2=c^2$$
$$\left(\frac{12\text{ cm}}{2}\right)^2+\left(\frac{a}{2}\right)^2=a^2$$
$$36\text{ cm}^2+\frac{a^2}{4}=a^2 \quad |\cdot 4$$
$$144\text{ cm}^2+a^2=4a^2$$
$$144\text{ cm}^2=3a^2$$
$$48\text{ cm}^2=a^2$$
$$6,9\text{ cm}\approx a$$

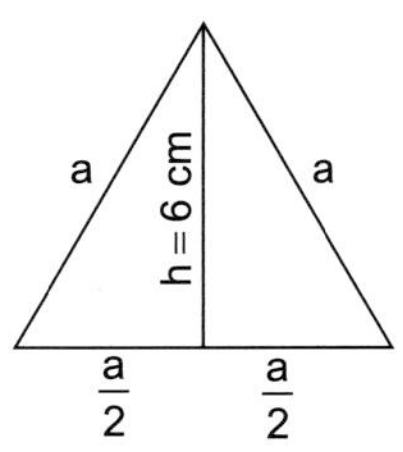

439

a)

a	12 cm
d	16,97 cm
u	48 cm
A	144 cm²

b)

a	11 cm
d	15,56 cm
u	44 cm
A	121 cm²

c)

a	25 dm
d	35,36 dm
u	100 dm
A	625 dm²

d)

a	8 cm
b	11,31 cm
u	32 cm
A	64 cm²

e)

a	7,2 m
d	10,18 m
u	28,8 m
A	51,84 m²

f)

a	19,25 cm
d	27,22 cm
u	77 cm
A	370,56 cm²

g)

a	7,35 dm
d	10,39 dm
u	29,4 dm
A	54 dm²

440 $\sqrt{665\text{ m}^2}\approx 25,79\text{ m}$ Grundstücksseite

Umfang des Grundstücks

$25,79\text{ m}\cdot 4=103,16\text{ m}$

Gartenzaun

$103,16\text{ m}-(4,5\text{ m}+1,3\text{ m})=97,36\text{ m}$ Gartenzaun

441 $u = 17\ m$; $a = 17\ m : 4 = 4{,}25\ m$

Fläche des Zimmers:	$(4{,}25\ m)^2 = 18{,}0625\ m^2$
Kosten für Teppichboden:	$18{,}0625\ m^2 \cdot 15{,}4\ \frac{€}{m^2} \approx 278{,}16\ €$
Kosten für Randleiste:	$(17\ m - 1{,}3\ m) \cdot 8{,}9\ \frac{€}{m} = 139{,}73\ €$
Gesamtkosten:	$278{,}16\ € + 139{,}73\ € = 417{,}89\ €$

442

a)

a	4,5 dm
b	3,0 dm
u	15 dm
d	5,41 dm
A	13,5 dm^2

b)

a	4 cm
b	16 cm
u	40 cm
d	16,49 cm
A	64 cm^2

c)

a	6,69 m
b	5,09 m
u	23,56 m
d	8,41 m
A	34,05 m^2

d)

a	3,8 m
b	2,0 m
u	11,6 m
d	4,29 m
A	7,6 m^2

e)

a	23 m
b	1,56 m
u	49,12 m
d	23,05 m
A	35,9 m^2

f)

a	13 dm
b	7 dm
u	40 dm
d	14,76 dm
A	91 dm^2

g)

a	12,31 cm
b	6,5 cm
u	37,62 cm
d	13,92 cm
A	80 cm^2

443

Fläche Firmengelände:	$60\ m \cdot 130\ m = 7\,800\ m^2$
Fläche Hauptgebäude:	$(160\ m - 2 \cdot 50\ m) : 2 = 30\ m$
	$30\ m \cdot 50\ m = 1\,500\ m^2$
Fläche Nebengebäude:	$30\ m \cdot 30 m = 900\ m^2$
Rasenfläche:	$7\,800\ m^2 - 1\,500\ m^2 - 900\ m^2 = 5\,400\ m^2$

444

a) $a^2 = (100\ m)^2 - (60\ m)^2$
$a = 80\ m$

$u = 2 \cdot a + 2 \cdot b$
$u = 2 \cdot 80\ m + 2 \cdot 60\ m$
$u = 280\ m$

$A = a \cdot b$
$A = 80\ m \cdot 60\ m$
$A = 4\,800\ m^2$

b) $a^2 = (130\ mm)^2 - (50\ mm)^2$
$a = 120\ mm$

$u = 2 \cdot a + 2 \cdot b$
$u = 2 \cdot 120\ mm + 2 \cdot 50\ mm$
$u = 340\ mm$

$A = a \cdot b$
$A = 120\ mm \cdot 50\ mm$
$A = 6\,000\ mm^2$

c) $a^2 = (20\ dm)^2 - (12\ dm)^2$
$a = 16\ dm$

$u = 2 \cdot a + 2 \cdot b$
$u = 2 \cdot 16\ dm + 2 \cdot 12\ dm$
$u = 56\ dm$

$A = a \cdot b$
$A = 16\ dm \cdot 12\ dm$
$A = 192\ dm^2$

d) $a^2 = (25\ cm)^2 - (15\ cm)^2$
$a = 20\ cm$

$u = 2 \cdot a + 2 \cdot b$
$u = 2 \cdot 20\ cm + 2 \cdot 15\ cm$
$u = 70\ cm$

$A = a \cdot b$
$A = 20\ cm \cdot 15\ cm$
$A = 300\ cm^2$

445 a) $b = c + c + c$

Seite b berechnen (Pythagoras)

$b^2 = (10\ m)^2 - (8\ m)^2$

$b = 6\ cm$

$3c = 6\ m$

$c = 2\ m$

$A = a \cdot b + 2 \cdot c \cdot c$

$A = 8\ m \cdot 6\ m + 2 \cdot 2\ m \cdot 2\ m$

$A = 48\ m^2 + 8\ m^2$

$A = 56\ m^2$

$u = 2 \cdot a + 10 \cdot c$

$u = 2 \cdot 8\ m + 10 \cdot 2\ m$

$u = 16\ m + 20\ m$

$u = 36\ m$

b) Seite b berechnen (Pythagoras)

$b^2 = (40\ dm)^2 - (32\ dm)^2$

$b = 24\ dm$

Seite d berechnen (Pythagoras)

$d^2 = (15\ dm)^2 - (9\ dm)^2$

$d = 12\ dm$

$u = 2 \cdot 32\ dm + 2 \cdot 24\ dm + 2 \cdot 9\ dm$

$u = 64\ dm + 48\ dm + 18\ dm$

$u = 130\ dm$

$A = 32\ dm \cdot 24\ dm + 12\ dm \cdot 9\ dm$

$A = 768\ dm^2 + 108\ dm^2$

$A = 876\ dm^2$

---

446 Berechnen der Teilflächen des Landwirts Blumscheid

B_1: $a = 60\ m$ $b = 30\ m$ $B_1 = 60\ m \cdot 30\ m$ $B_1 = 1\,800\ m^2$

B_2: $a = 120\ m$ $b = 30\ m$ $B_2 = 120\ m \cdot 30\ m$ $B_2 = 3\,600\ m^2$

B_3: $a = 120\ m$ $b = 60\ m$ $B_3 = 120\ m \cdot 60\ m$ $B_3 = 7\,200\ m^2$

Gesamtfläche der drei Weidegrundstücke

$1\,800\ m^2 + 3\,600\ m^2 + 7\,200\ m^2 = 12\,600\ m^2$

Berechnen der neuen Breite

$12\,600\ m^2 = 120\ m \cdot b \quad |: 120\ m$

$105\ m = b$

Das neue Weidegrundstück wird 105 m breit.

447

a)

Grundseite g	4,5 cm
Höhe h	54,76 cm
Flächeninhalt A	246,4 cm²

b)

Grundseite g	24 m
Höhe h	29 m
Flächeninhalt A	696 m²

c)

Grundseite g	12,6 cm
Höhe h	50 cm
Flächeninhalt A	630 cm²

d)

Grundseite g	7 m
Höhe h	66 m
Flächeninhalt A	46,2 m²

e)

Grundseite g	45 cm
Höhe h	150 cm
Flächeninhalt A	675 cm²

f)

Grundseite g	3,7 m
Höhe h	0,8 m
Flächeninhalt A	2,96 m²

---

448 a) $A = 12\ dm \cdot 13{,}5\ dm$

$A = 162\ dm^2$

b) $A = 45\ cm \cdot 102\ cm$

$A = 4\,590\ cm^2$

c) $A = 7{,}25\ m \cdot 22{,}7\ m$

$A = 164{,}575\ m^2$

d) Berechnen der Höhe h mithilfe des Satzes von Pythagoras

$h^2 = (20\ m)^2 - (12\ m)^2$

$h = 16\ m$

$a = 39\ m + 12\ m$

$a = 51\ m$

$A = 51\ m \cdot 16\ m$

$A = 816\ m^2$

---

449 a) $h = 51\ m^2 : 7{,}5\ m$

$h = 6{,}8\ m$

b) $a = 55{,}1\ m^2 : 5{,}8\ m$

$a = 9{,}5\ m$

c) $9{,}8\ m = 98\ dm$

$h = 1\,470\ dm^2 : 98\ dm$

$h = 15\ dm$

450 a) $A_{Dreieck} = \frac{3\,cm \cdot 3\,cm}{2}$

$A_{Dreieck} = 4,5\,cm^2$

$A_{Parallelogramm} = 9\,cm \cdot 3\,cm$

$A_{Parallelogramm} = 27\,cm^2$

b) Das Parallelogramm kann in sechs Dreiecke mit der Form und der Größe des gezeichneten Dreiecks zerlegt werden.

---

451 a) $A_{Parallelogramm} = 8\,cm \cdot 3\,cm$

$A_{Parallelogramm} = 24\,cm^2$

b) $A_{Dreieck} = \frac{3\,cm \cdot 3\,cm}{2}$

$A_{Dreieck} = 4,5\,cm^2$

c) $A_{Rechteck} = 5\,cm \cdot 3\,cm$

$A_{Rechteck} = 15\,cm^2$

---

452 a) Ergänzen des Dreiecks zu einem Parallelogramm

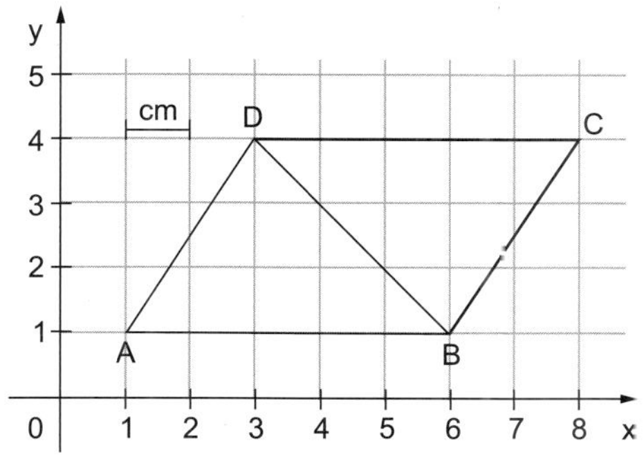

b) Koordinaten von Punkt C

C(8|4)

c) $A_{Parallelogramm} = 5\,cm \cdot 3\,cm$

$A_{Parallelogramm} = 15\,cm^2$

d) $A_{Dreieck} = \frac{5\,cm \cdot 3\,cm}{2}$

$A_{Dreieck} = 7,5\,cm^2$

Es stimmt, dass der Flächeninhalt des Dreiecks nur halb so groß ist wie der Flächeninhalt des Parallelogramms.

---

453 $e = 7\,cm$; $f = 9\,cm$

$\frac{e}{2} = 3,5\,cm$; $\frac{f}{2} = 4,5\,cm$

$a^2 = (3,5\,cm)^2 + (4,5\,cm)^2$

$a \approx 5,7\,cm$

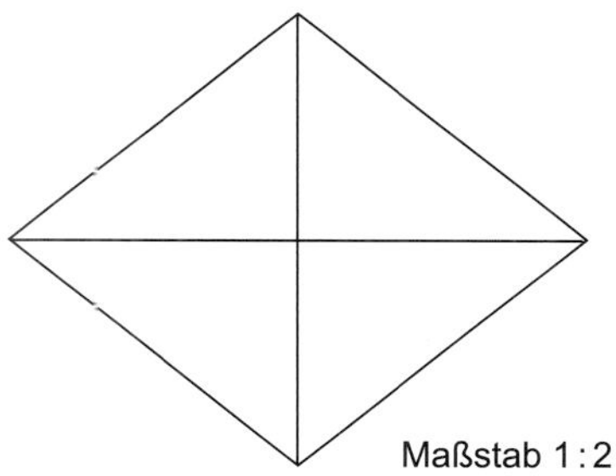

---

454 a) $e = e_1 + e_2$ $e = 1,5\,cm + 4\,cm$

$e = 5,5\,cm$

$A = \frac{5,5 \cdot 3,2}{2}\,cm^2$ $A = 8,8\,cm^2$

$f = 3,2\,cm$ $\frac{f}{2} = 1,6\,cm$

$a^2 = (1,5\,cm)^2 + (1,6\,cm)^2$ $a \approx 2,2\,cm$

$b^2 = (1,6\,cm)^2 + (4\,cm)^2$ $b \approx 4,3\,cm$

$u = 2 \cdot 2,2\,cm + 2 \cdot 4,3\,cm$ $u = 13\,cm$

b) $e = e_1 + e_2$ $\quad e = 2{,}1\ \text{dm} + 5{,}8\ \text{dm}$

$e = 7{,}9\ \text{dm}$

$A = \frac{7{,}9 \cdot 4}{2}\ \text{dm}^2$ $\quad A = 15{,}8\ \text{dm}^2$

$f = 4\ \text{dm}$ $\quad \frac{f}{2} = 2\ \text{dm}$

$a^2 = (2{,}1\ \text{dm})^2 + (2\ \text{dm})^2$ $\quad a \approx 2{,}9\ \text{dm}$

$b^2 = (5{,}8\ \text{dm})^2 + (2\ \text{dm})^2$ $\quad b \approx 6{,}1\ \text{dm}$

$u = 2 \cdot 2{,}9\ \text{dm} + 2 \cdot 6{,}1\ \text{dm}$ $\quad u = 18\ \text{dm}$

c) $e = e_1 + e_2$ $\quad e = 2{,}2\ \text{cm} + 5{,}4\ \text{cm}$

$e = 7{,}6\ \text{cm}$

$31{,}54\ \text{cm}^2 = \frac{7{,}6\ \text{cm} \cdot f}{2}$ $\quad | \cdot 2 : 7{,}6\ \text{cm}$

$f = 8{,}3\ \text{cm}$ $\quad \frac{f}{2} = 4{,}15\ \text{cm}$

$a^2 = (2{,}2\ \text{cm})^2 + (4{,}15\ \text{cm})^2$ $\quad a \approx 4{,}7\ \text{cm}$

$b^2 = (5{,}4\ \text{cm})^2 + (4{,}15\ \text{cm})^2$ $\quad b \approx 6{,}8\ \text{cm}$

$u = 2 \cdot 4{,}7\ \text{cm} + 2 \cdot 6{,}8\ \text{cm}$ $\quad u = 23\ \text{cm}$

---

455 a) Maße des Trapezes

$a = 4\ \text{cm} \cdot 4 = 16\ \text{cm},\ c = 4\ \text{cm} \cdot 3 = 12\ \text{cm},\ h = 4\ \text{cm} \cdot 4 = 16\ \text{cm}$

Berechnen des Flächeninhalts des Trapezes mit der Formel

$A_{\text{Trapez}} = \frac{16\ \text{cm} + 12\ \text{cm}}{2} \cdot 16\ \text{cm}$

$A_{\text{Trapez}} = 224\ \text{cm}^2$

b) Maße des Trapezes

$a = 4\ \text{cm} \cdot 5 = 20\ \text{cm},\ c = 4\ \text{cm},\ h = 4\ \text{cm} \cdot 3 = 12\ \text{cm}$

Berechnen des Flächeninhalts des Trapezes mit der Formel

$A_{\text{Trapez}} = \frac{20\ \text{cm} + 4\ \text{cm}}{2} \cdot 12\ \text{cm}$

$A_{\text{Trapez}} = 144\ \text{cm}^2$

c) Maße des Trapezes

$a = 4\ \text{cm} \cdot 2 = 8\ \text{cm},\ c = 4\ \text{cm} \cdot 5 = 20\ \text{cm},\ h = 4\ \text{cm} \cdot 5 = 20\ \text{cm}$

Berechnen des Flächeninhalts des Trapezes mit der Formel

$A_{\text{Trapez}} = \frac{8\ \text{cm} + 20\ \text{cm}}{2} \cdot 20\ \text{cm}$

$A_{\text{Trapez}} = 280\ \text{cm}^2$

---

456 a) *Flächeninhalt Rechteck*

$A_R = 6\ \text{cm} \cdot 8\ \text{cm}$

$A_R = 48\ \text{cm}^2$

Flächeninhalt Dreieck

$A_D = \frac{14\ \text{cm} \cdot 8\ \text{cm}}{2}$

$A_D = 56\ \text{cm}^2$

Flächeninhalt Trapez

$A_T = 48\ \text{cm}^2 + 56\ \text{cm}^2$

$A_T = 104\ \text{cm}^2$

b) *Flächeninhalt Rechteck*

$A_R = 18\ \text{m} \cdot 22\ \text{m}$

$A_R = 396\ \text{m}^2$

Flächeninhalt Dreieck

$A_D = \frac{14\ \text{m} \cdot 22\ \text{m}}{2}$

$A_D = 154\ \text{m}^2$

Flächeninhalt Trapez

$A_T = 396\ \text{m}^2 + 154\ \text{m}^2$

$A_T = 550\ \text{m}^2$

c) *Flächeninhalt Rechteck*

$A_R = 5\ \text{m} \cdot 4\ \text{m}$

$A_R = 20\ \text{m}^2$

Flächeninhalt Dreieck

$A_D = \frac{5\ \text{m} \cdot 7\ \text{m}}{2}$

$A_D = 17{,}5\ \text{m}^2$

Flächeninhalt Trapez

$A_T = 20\ \text{m}^2 + 17{,}5\ \text{m}^2$

$A_T = 37{,}5\ \text{m}^2$

d) *Berechnen der Seitenlänge c*

$s_1^2 = (10\text{ cm})^2 - (8\text{ cm})^2$

$s_2^2 = (9{,}2\text{ cm})^2 - (8\text{ cm})^2$

$s_1 = 6\text{ cm}$

$s_2 \approx 4{,}5\text{ cm}$

$c = 6\text{ cm} + 5{,}5\text{ cm} + 4{,}5\text{ cm}$

$c = 16\text{ cm}$

Flächeninhalt Rechteck

$A_R = 5{,}5\text{ cm} \cdot 8\text{ cm}$

$A_R = 44\text{ cm}^2$

Flächeninhalt Dreieck

$A_D = \dfrac{10{,}5\text{ cm} \cdot 8\text{ cm}}{2}$

$A_D = 42\text{ cm}^2$

Flächeninhalt Trapez

$A_T = 44\text{ cm}^2 + 42\text{ cm}^2$

$A_T = 86\text{ cm}^2$

---

457 a) $A_B = \dfrac{7\text{ cm} \cdot 8\text{ cm}}{2}$

$A_B = 28\text{ cm}^2$

b) Bei A fehlt die Höhe, bei C fehlt die Grundseite.

---

458 a) $\alpha = \gamma = 120°$

$\beta = \delta = 180° - 120° = 60°$

b) $\delta = \gamma = 70°$

$\alpha = \beta = 180° - 70° = 110°$

c) $\gamma = 50°$

$\alpha = \beta = (180° - 50°) : 2 = 65°$

---

459 a) $u = 12\text{ cm} \Rightarrow a = 4\text{ cm}$

$u_{\text{groß}} = 9 \cdot 4\text{ cm}$

$u_{\text{groß}} = 36\text{ cm}$

$A_{\text{groß}} = 9 \cdot 6{,}9\text{ cm}^2$

$A_{\text{groß}} = 62{,}1\text{ cm}^2$

b) $7 + 9 = 16$ kleine Dreiecke

---

460 a) $A_{\text{grau}} = 12 \cdot A_{\text{kleines Quadrat}}$

$A_{\text{grau}} = 12 \cdot 2\text{ cm} \cdot 2\text{ cm}$

$A_{\text{grau}} = 48\text{ cm}^2$

b) $A_{\text{grau}} = A_{\text{Rechteck}} - 8 \cdot A_{\text{weißes Dreieck}}$

$A_{\text{grau}} = 6\text{ cm} \cdot 3\text{ cm} - 8 \cdot \dfrac{1}{2} \cdot 2\text{ cm} \cdot 1\text{ cm}$

$A_{\text{grau}} = 18\text{ cm}^2 - 8\text{ cm}^2$

$A_{\text{grau}} = 10\text{ cm}^2$

c) $A_{\text{grau}} = \dfrac{1}{2} \cdot A_{\text{Rechteck}} + A_{\text{kleines Quadrat}}$

$A_{\text{grau}} = \dfrac{1}{2} \cdot 6\text{ cm} \cdot 4\text{ cm} + 1\text{ cm} \cdot 1\text{ cm}$

$A_{\text{grau}} = 12\text{ cm}^2 + 1\text{ cm}^2$

$A_{\text{grau}} = 13\text{ cm}^2$

d) $A_{\text{grau}} = 4 \cdot A_{\text{Dreieck}} + A_{\text{kleines Rechteck}}$

$A_{\text{grau}} = 4 \cdot \dfrac{1}{2} \cdot 6\text{ cm} \cdot 4\text{ cm} + 6\text{ cm} \cdot 2\text{ cm}$

$A_{\text{grau}} = 48\text{ cm}^2 + 12\text{ cm}^2$

$A_{\text{grau}} = 60\text{ cm}^2$

---

461 a) $A_{\text{gesamt}} = 8\text{ cm} \cdot 4\text{ cm} = 32\text{ cm}^2$

$A_A = \dfrac{1}{2} \cdot 32\text{ cm}^2 = 16\text{ cm}^2$

$A_B = A_C = \dfrac{1}{4} \cdot 32\text{ cm}^2 = 8\text{ cm}^2$

b) $A_A = \dfrac{1}{2} \cdot 10\text{ cm} \cdot 4\text{ cm} = 20\text{ cm}^2$

$A_B = 4\text{ cm} \cdot 5\text{ cm} = 20\text{ cm}^2$

$A_C = \dfrac{1}{2} \cdot 5\text{ cm} \cdot 4\text{ cm} = 10\text{ cm}^2$

$A_D = A_B + A_C = 20\text{ cm}^2 + 10\text{ cm}^2 = 30\text{ cm}^2$

---

462 a) $u = 32\text{ cm}$

$a = (32\text{ cm} - 2 \cdot 7\text{ cm}) : 2$

$a = 9\text{ cm}$

$A = 9\text{ cm} \cdot 7\text{ cm}$

$A = 63\text{ cm}^2$

b) $u = 42\text{ cm}$

$a = (42\text{ cm} - 2 \cdot 6\text{ cm}) : 2$

$a = 15\text{ cm}$

$h = A : a$

$h = 45\text{ cm}^2 : 15\text{ cm}$

$h = 3\text{ cm}$

463 *Flächeninhalt Trapez*

$$A_T = \frac{16\text{ cm} + 5\text{ cm}}{2} \cdot 20\text{ cm}$$

$$A_T = 210\text{ cm}^2$$

Berechnen der Seite b

$$b^2 = (20\text{ cm})^2 + (5{,}5\text{ cm})^2$$

$$b \approx 20{,}7\text{ cm}$$

Umfang des Trapezes

$$u = 16\text{ cm} + 2 \cdot 20{,}7\text{ cm} + 5\text{ cm}$$

$$u = 62{,}4\text{ cm}$$

464 Das unregelmäßige Fünfeck kann in ein rechtwinkliges Dreieck BCD und ein Trapez ABDE zerlegt werden. Der Flächeninhalt des rechtwinkligen Dreiecks kann mithilfe der beiden gegebenen Katheten $\overline{BC} = 6$ cm und $\overline{CD} = 8$ cm berechnet werden.

Dreiecksfläche

$$A_D = \frac{1}{2} \cdot \overline{BC} \cdot \overline{CD}$$

$$A_D = \frac{1}{2} \cdot 6\text{ cm} \cdot 8\text{ cm}$$

$$A_D = 24\text{ cm}^2$$

Zur Berechnung des Flächeninhalts des Trapezes werden die beiden Grundseiten $\overline{BD}$ und $\overline{AE}$ sowie die Höhe des Trapezes benötigt: $\overline{AE} = 6$ cm, $h = 12$ cm

Die Grundseite $\overline{BD}$ kann mithilfe des Satzes von Pythagoras über das rechtwinklige Dreieck berechnet werden.

$$\overline{BD}^2 = \overline{BC}^2 + \overline{CD}^2$$

$$\overline{BD}^2 = (6\text{ cm})^2 + (8\text{ cm})^2$$

$$\overline{BD}^2 = 36\text{ cm}^2 + 64\text{ cm}^2$$

$$\overline{BD}^2 = 100\text{ cm}^2$$

$$\overline{BD} = \sqrt{100\text{ cm}^2}$$

$$\overline{BD} = 10\text{ cm}$$

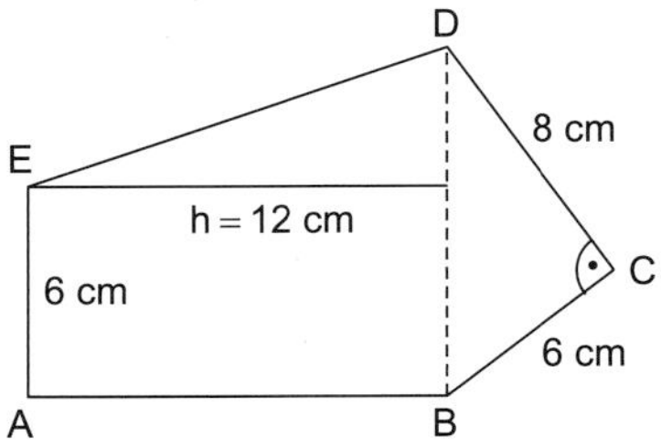

Trapezfläche

Flächeninhalt Trapez

$$A_T = \frac{10\text{ cm} + 6\text{ cm}}{2} \cdot 12\text{ cm}$$

$$A_T = 96\text{ cm}^2$$

Gesamtfläche

$$A = A_D + A_T$$

$$A = 24\text{ cm}^2 + 96\text{ cm}^2$$

$$A = 120\text{ cm}^2$$

465

a)

r	3,9 m
d	7,8 m
u	24,49 m
A	47,76 m²

b)

r	2 cm
d	4 cm
u	12,56 cm
A	12,56 cm²

c)

r	7,88 m
d	15,76 m
u	49,49 m
A	195 m²

d)

r	0,9 m
d	1,8 m
u	5,65 m
A	2,54 m²

e)

r	1,21 dm
d	2,42 dm
u	7,6 dm
A	4,6 dm²

f)

r	3,24 dm
d	6,47 dm
u	20,32 dm
A	32,96 dm²

g)

r	5,2 dm
d	10,4 dm
u	32,66 cm
A	84,87 cm²

466 **Stundenzeiger**

$r = 3{,}5\ \text{m}$

$u = 2 \cdot 3{,}5\ \text{m} \cdot 3{,}14$

$u = 21{,}98\ \text{m}$

2 Umdrehungen in 24 h

$21{,}98\ \text{m} \cdot 2 = 43{,}96\ \text{m}$ in 24 Stunden

Minutenzeiger

$r = 4\ \text{m}$

$u = 4\ \text{m} \cdot 2 \cdot 3{,}14$

$u = 25{,}12\ \text{m}$

24 Umdrehungen in 24 h

$24 \cdot 25{,}12\ \text{m} = 602{,}88\ \text{m}$ in 24 Stunden

---

467 a) $u = 2 \cdot r \cdot 3{,}14$

$u = 2 \cdot 32\ \text{cm} \cdot 3{,}14$

$u = 200{,}96\ \text{cm}$

$u \approx 2\ \text{m}$

b) Berechnen der Umdrehungen

35 000 km = 35 000 000 m

35 000 000 m : 2 m = 17 500 000

Der Reifen macht 17 500 000 Umdrehungen.

---

468 a) Berechnen der Kreisfläche für r = 6,50 m

$A = (6{,}50\ \text{m})^2 \cdot 3{,}14$

$A = 132{,}665\ \text{m}^2$

Die Ziege kann eine Fläche von 132,655 m^2 abgrasen.

b) Berechnen der Kreisfläche für r = 13 m

$A = (13\ \text{m})^2 \cdot 3{,}14$

$A = 530{,}66\ \text{m}^2$

$530{,}66\ \text{m}^2 : 132{,}665\ \text{m}^2 = 4$

Die Ziege kann bei doppeltem Radius die 4-fache Fläche abgrasen.

---

469 a) Die Figur setzt sich aus einem großen Halbkreis ($r_1 = 4$ cm), einem Rechteck ($a = 12$ cm, $b = 2$ cm) und einem kleinen Halbkreis ($r_2 = 2$ cm) zusammen.

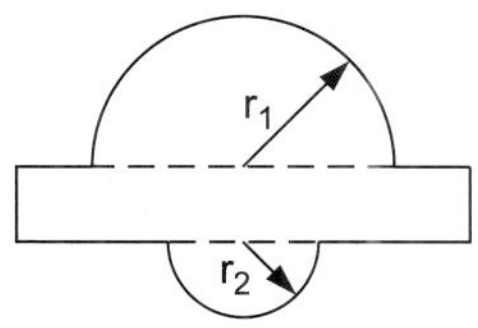

Berechnen des Flächeninhalts

großer Halbkreis A_1

$A_1 = \frac{1}{2} \cdot (4\ \text{cm})^2 \cdot 3{,}14$

$A_1 = 25{,}12\ \text{cm}^2$

Rechteck A_3

$A_3 = 12\ \text{cm} \cdot 2\ \text{cm}$

$A_3 = 24\ \text{cm}^2$

kleiner Halbkreis A_2

$A_2 = \frac{1}{2} \cdot (2\ \text{cm})^2 \cdot 3{,}14$

$A_2 = 6{,}28\ \text{cm}^2$

gesamter Flächeninhalt

$A = A_1 + A_2 + A_3$

$A = 25{,}12\ \text{cm}^2 + 6{,}28\ \text{cm}^2 + 24\ \text{cm}^2$

$A = 55{,}40\ \text{cm}^2$

Berechnen des Umfangs

Umfang des großen Halbkreises

$u_1 = \frac{1}{2} \cdot 2 \cdot 4\ \text{cm} \cdot 3{,}14$

$u_1 = 12{,}56\ \text{cm}$

Umfang des zu berücksichtigenden Rechtecks

$u_3 = 4\ \text{cm} + 4\ \text{cm} + 2\ \text{cm} + 2\ \text{cm} + 2\ \text{cm} + 2\ \text{cm}$

$u_3 = 16\ \text{cm}$

Umfang des kleinen Halbkreises

$u_2 = \frac{1}{2} \cdot 2 \cdot 2\ \text{cm} \cdot 3{,}14$

$u_2 = 6{,}28\ \text{cm}$

gesamter Umfang

$u = u_1 + u_2 + u_3$

$u = 12{,}56\ \text{cm} + 6{,}28\ \text{cm} + 16\ \text{cm}$

$u = 34{,}84\ \text{cm}$

b) Die Figur setzt sich aus einem Rechteck ($a = 12$ cm, $b = 6$ cm), aus dem ein kleiner Halbkreis ($r_2 = 3$ cm) herausgeschnitten wurde, und einem großen Kreis ($r_1 = 6$ cm) zusammen.

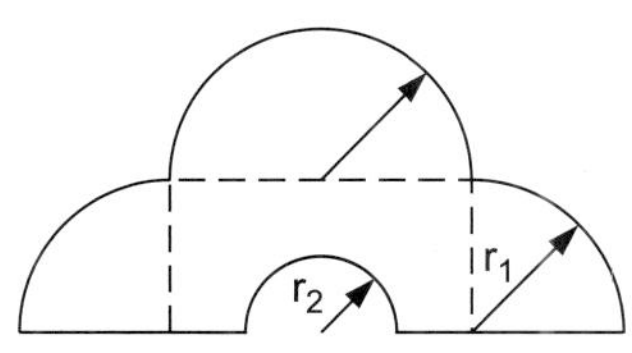

Berechnen des Flächeninhalts

großer Kreis A_1

(Halbkreis oben, 2 Viertelkreise links und rechts)

$A_1 = (6\ \text{cm})^2 \cdot 3{,}14$

$A_1 = 113{,}04\ \text{cm}^3$

Rechteck A_3

$A_3 = 12\ \text{cm} \cdot 6\ \text{cm}$

$A_3 = 72\ \text{cm}^2$

kleiner Halbkreis A_2

$A_2 = \frac{1}{2} \cdot (3\ \text{cm})^2 \cdot 3{,}14$

$A_2 = 14{,}13\ \text{cm}^2$

gesamter Flächeninhalt

$A = A_3 - A_2 + A_1$

$A = 72\ \text{cm}^2 - 14{,}13\ \text{cm}^2 + 113{,}04\ \text{cm}^2$

$A = 170{,}91\ \text{cm}^2$

Berechnen des Umfangs

Der Umfang der Figur setzt sich aus Teilumfängen zusammen.

Umfang des großen Kreises

$u_1 = 2 \cdot 6\text{ cm} \cdot 3{,}14$

$u_1 = 37{,}68\text{ cm}$

Umfang des kleinen Halbkreises

$u_2 = \frac{1}{2} \cdot 6\text{ cm} \cdot 3{,}14$

$u_2 = 9{,}42\text{ cm}$

Streckenlänge der unteren geraden Strecke

$u_3 = 18\text{ cm}$

gesamter Umfang

$u = u_1 + u_2 + u_3$

$u = 37{,}68\text{ cm} + 9{,}42\text{ cm} + 18\text{ cm}$

$u = 65{,}10\text{ cm}$

c) Die Figur setzt sich aus einem kleinen Halbkreis ($r_1 = 3$ cm), einem Trapez ($a = 9$ cm, $c = 6$ cm, $h_T = 3$ cm) und einem großen Halbkreis ($r_2 = 4{,}5$ cm) zusammen.

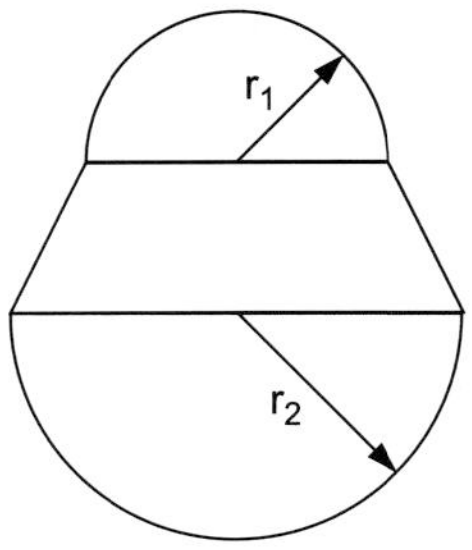

Berechnen des Flächeninhalts

kleiner Halbkreis A_1

$A_1 = \frac{1}{2} \cdot (3\text{ cm})^2 \cdot 3{,}14$

$A_1 = 14{,}13\text{ cm}^2$

großer Halbkreis A_2

$A_2 = \frac{1}{2} \cdot (4{,}5\text{ cm})^2 \cdot 3{,}14$

$A_2 = 31{,}7925\text{ cm}^2$

Trapez A_3

$A_3 = \frac{9\text{ cm} \cdot 6\text{ cm}}{2} \cdot 3\text{ cm}$

$A_3 = 22{,}5\text{ cm}^2$

gesamter Flächeninhalt

$A = A_1 + A_2 + A_3$

$A = 14{,}13\text{ cm}^2 + 31{,}7925\text{ cm}^2 + 22{,}5\text{ cm}^2$

$A \approx 68{,}42\text{ cm}^2$

Berechnen des Umfangs

Umfang des kleinen Halbkreises

$u_1 = \frac{1}{2} \cdot 2 \cdot 3\text{ cm} \cdot 3{,}14$

$u_1 = 9{,}42\text{ cm}$

Umfang des großen Halbkreises

$u_2 = \frac{1}{2} \cdot 2 \cdot 4{,}5\text{ cm} \cdot 3{,}14$

$u_2 = 14{,}13\text{ cm}$

Trapezseiten

(Satz des Pythagoras)

$b^2 = (3\text{ cm})^2 + (1{,}5\text{ cm})^2$

$b \approx 3{,}35\text{ cm}$

$u_3 = 2 \cdot b$

$u_3 = 2 \cdot 3{,}35\text{ cm}$

$u_3 = 6{,}7\text{ cm}$

gesamter Umfang

$u = u_1 + u_2 + u_3$

$u = 9{,}42\text{ cm} + 14{,}13\text{ cm} + 6{,}7\text{ cm}$

$u = 30{,}25\text{ cm}$

d) Die Figur setzt sich aus einem Halbkreis oben ($r_1 = 3$ cm) und einem Rechteck ($a = 6$ cm, $b = 4$ cm) zusammen, aus dem drei kleine Halbkreise ($r_2 = 1$ cm) und zwei größere Viertelkreise ($r_3 = 2$ cm) herausgeschnitten wurden.

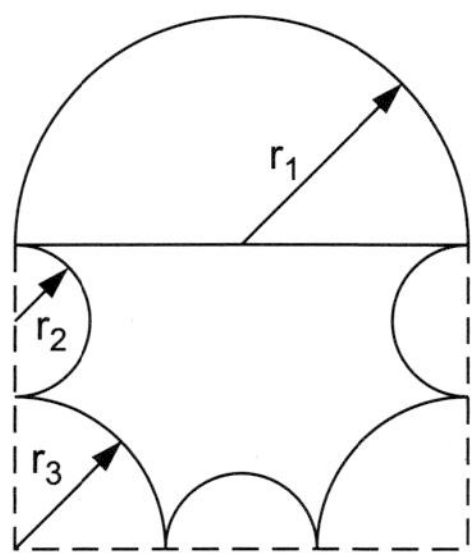

Berechnen des Flächeninhalts

Halbkreis oben A_1

$A_1 = \frac{1}{2} \cdot (3\text{ cm})^2 \cdot 3{,}14$

$A_1 = 14{,}13\text{ cm}^2$

drei kleine Halbkreise A_2

$A_2 = 3 \cdot \frac{1}{2} \cdot (1\text{ cm})^2 \cdot 3{,}14$

$A_2 = 4{,}71\text{ cm}^2$

zwei größere Viertelkreise = ein Halbkreis A_3

$A_3 = \frac{1}{2} \cdot (2\text{ cm})^2 \cdot 3{,}14$

$A_3 = 6{,}28\text{ cm}^2$

Rechteck A_4

$A_4 = 6\text{ cm} \cdot 4\text{ cm}$

$A_4 = 24\text{ cm}^2$

gesamter Flächeninhalt

$A = A_1 + A_4 - A_2 - A_3$

$A = 14{,}13\text{ cm}^2 + 24\text{ cm}^2 - 4{,}71\text{ cm}^2 - 6{,}28\text{ cm}^2$

$A = 27{,}14\text{ cm}^2$

Berechnen des Umfangs

Umfang des Halbkreises oben u_1

$u_1 = \frac{1}{2} \cdot 2 \cdot 3\,\text{cm} \cdot 3{,}14$

$u_1 = 9{,}42\,\text{cm}$

Umfang des Halbkreises u_3

$u_3 = \frac{1}{2} \cdot 2 \cdot 2\,\text{cm} \cdot 3{,}14$

$u_3 = 6{,}28\,\text{cm}$

Umfang der drei kleinen Halbkreise u_2

$u_2 = 3 \cdot \frac{1}{2} \cdot 2 \cdot 1\,\text{cm} \cdot 3{,}14$

$u_2 = 9{,}42\,\text{cm}$

gesamter Umfang

$u = u_1 + u_2 + u_3$

$u = 9{,}42\,\text{cm} + 9{,}42\,\text{cm} + 6{,}28\,\text{cm}$

$u = 25{,}12\,\text{cm}$

e) Die Figur besteht aus einem Rechteck (a = 63 cm, b = 28 cm), aus dem 10 Halbkreise (r = 7 cm) ausgeschnitten wurden.

Berechnen des Flächeninhalts

Rechteck A_1

$A_1 = 63\,\text{cm} \cdot 28\,\text{cm}$

$A_1 = 1\,764\,\text{cm}^2$

10 Halbkreise A_2

$A_2 = 10 \cdot \frac{1}{2} \cdot (7\,\text{cm})^2 \cdot 3{,}14$

$A_2 = 769{,}3\,\text{cm}^2$

gesamter Flächeninhalt

$A = A_1 - A_2$

$A = 1\,764\,\text{cm}^2 - 769{,}3\,\text{cm}^2$

$A = 994{,}7\,\text{cm}^2$

Berechnen des Umfangs

Umfang der 10 Halbkreise u_1

$u_1 = 10 \cdot \frac{1}{2} \cdot 2 \cdot 7\,\text{cm} \cdot 3{,}14$

$u_1 = 219{,}8\,\text{cm}$

Länge der geraden Linien u_2

$u_2 = 6 \cdot 7\,\text{cm}$

$u_2 = 42\,\text{cm}$

gesamter Umfang

$u = u_1 + u_2$

$u = 219{,}8\,\text{cm} + 42\,\text{cm}$

$u = 261{,}8\,\text{cm}$

f) Die Figur wird in ein Quadrat (a = 24 cm) und zwei Halbkreise (r = 12 cm) zerlegt.

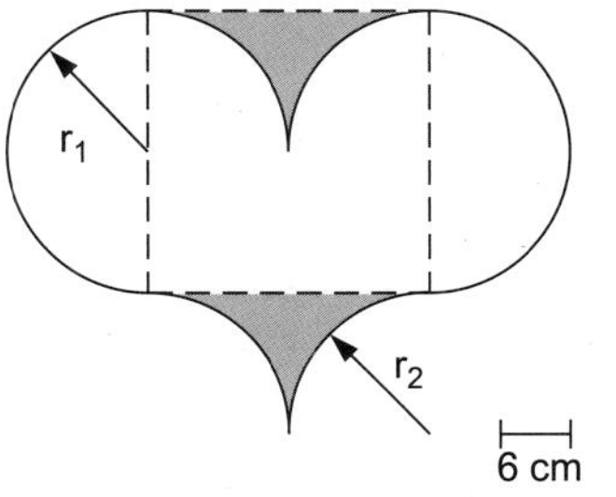

Berechnen des Flächeninhalts

Quadrat A_1

$A_1 = (24\,\text{cm})^2$

$A_1 = 576\,\text{cm}^2$

2 Halbkreise = ein Vollkreis A_2

$A_2 = (12\,\text{cm})^2 \cdot 3{,}14$

$A_2 = 452{,}16\,\text{cm}^2$

gesamter Flächeninhalt

$A = A_1 + A_2$

$A = 576\,\text{cm}^2 + 452{,}16\,\text{cm}^2$

$A = 1\,028{,}16\,\text{cm}^2$

Berechnen des Umfangs

Aus der Skizze wird ersichtlich, dass sich der Umfang der Figur aus dem Umfang der zwei großen Kreise zusammensetzt.

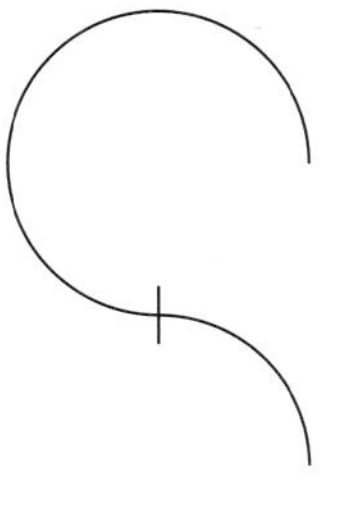

$u = 2 \cdot 2 \cdot 12\,\text{cm} \cdot 3{,}14$

$u = 150{,}72\,\text{cm}$

470 a) **Durchmesser der Tischdecke**

$1,40\ \text{m} + 2 \cdot 0,2\ \text{m} = 1,40\ \text{m} + 0,4\ \text{m} = 1,80\ \text{m}$

Flächeninhalt des quadratischen Stück Stoffs

$a = 1,80\ \text{m}$

$A = 1,80\ \text{m} \cdot 1,80\ \text{m}$

$A = 3,24\ \text{m}^2$

Katrin muss mindestens 3,24 m^2 Stoff kaufen.

Berechnen des Verschnitts

Fläche der Tischdecke

$d = 1,80\ \text{m} \qquad r = 0,9\ \text{m}$

$A = (0,9\ \text{m})^2 \cdot 3,14$

$A = 2,5434\ \text{m}^2 \approx 2,54\ \text{m}^2$

$3,24\ \text{m}^2$	quadratisches Stück Stoff
$-2,54\ \text{m}^2$	Flächeninhalt der Tischdecke
$0,7\ \ \text{m}^2$	Verschnitt in m^2

Berechnen des Verschnitts in Prozent

$0,7\ \text{m}^2 : 3,24\ \text{m}^2 \cdot 100\ \% = 21,604\ldots\ \% \approx 21,60\ \%$

b) **Umfang der Tischdecke**

$d = 1,80\ \text{m}$

$u = 1,80\ \text{m} \cdot 3,14$

$u = 5,652\ \text{m}$

$u \approx 5,65\ \text{m}$

Kosten für die Borte

1 m kostet 6,25 €

5,65 m kosten 6,25 € · 5,65 = 35,3125 € ≈ 35,31 €

Die Borte kommt auf 35,31 €.

---

471 a) **Durchmesser des Kreises**

$u = d \cdot 3,14$

$31,4\ \text{cm} = d \cdot 3,14$

$10\ \text{cm} = d$

b) **Umfang des Quadrats**

$u = 4 \cdot 10\ \text{cm}$

$u = 40\ \text{cm}$

fehlende Länge

40 cm − 31,4 cm = 8,6 cm

---

472 a) $u = 2 \cdot r \cdot 3,14 \qquad A = r \cdot r \cdot 3,14$

$u = 2 \cdot 2\ \text{cm} \cdot 3,14 \qquad A = 2\ \text{cm} \cdot 2\ \text{cm} \cdot 3,14$

⇒ Nur für einen Kreis mit r = 2 cm haben der Umfang und die Kreisfläche dieselbe Maßzahl.

b) doppelter Radius ⇒ doppelter Umfang

$u = 2 \cdot 12,56\ \text{cm} = 25,12\ \text{cm}$

doppelter Radius ⇒ vierfacher Flächeninhalt

$A = 4 \cdot 12,56\ \text{cm}^2$

$A = 50,24\ \text{cm}^2$

---

473 a) Die 4 Viertelkreise ergeben einen Vollkreis. Beide Kreise haben den gleichen Radius und daher den gleichen Flächeninhalt.

⇒ grauer Flächeninhalt = roter Flächeninhalt

b) Die beiden Halbkreise ergeben einen Vollkreis mit dem Radius r. Der Viertelkreis hat den Radius 2r. Der kleine Vollkreis und der große Viertelkreis haben den gleichen Flächeninhalt.

⇒ grauer Flächeninhalt = roter Flächeninhalt

---

474 a)

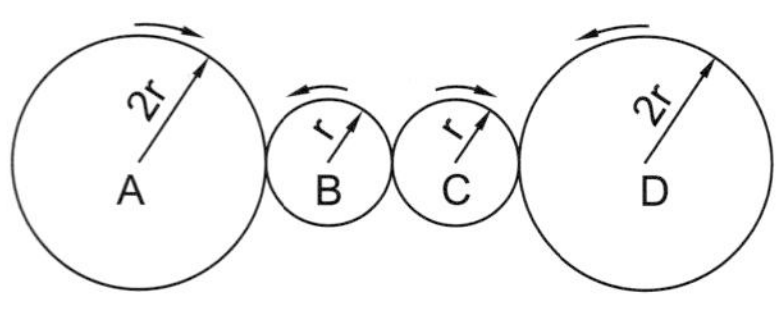

b) Rad B macht 2 Umdrehungen.

---

475 a)

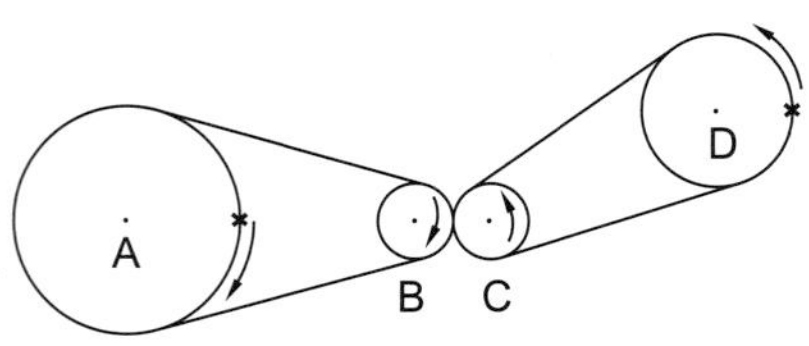

b) Die Räder B und C machen 3 Umdrehungen.

c) Rad A macht 2 Umdrehungen, Rad D macht 3 Umdrehungen.

476 a) Aus einem äußeren Rechteck (a = 105 cm, b = 45 cm) werden ein Halbkreis und zwei Viertelkreise (zusammen ein Kreis mit r = 15 cm) sowie zwei gleiche Dreiecke (zusammen ein kleines Rechteck mit a = 45 cm und b = 22,5 cm) gestanzt.

Berechnen der einzelnen Flächeninhalte

$A_R = 105\text{ cm} \cdot 45\text{ cm}$

$A_R = 4\,725\text{ cm}^2$

$A_K = (15\text{ cm})^2 \cdot 3{,}14$

$A_K = 706{,}5\text{ cm}^2$

$A_r = 45\text{ cm} \cdot 22{,}5\text{ cm}$

$A_r = 1\,012{,}5\text{ cm}^2$

Flächeninhalt des Stanzteils

$4\,725\text{ cm}^2 - 706{,}5\text{ cm}^2 - 1\,012{,}5\text{ cm}^2 = 3\,006\text{ cm}^2$

b) Aus einem äußeren Rechteck (a = 700 mm, b = 400 mm) werden drei kleine Halbkreise ($r_1 = 100$ mm) und ein großer Halbkreis ($r_2 = 200$ mm) gestanzt.

Berechnen der einzelnen Flächeninhalte

$A_R = 700\text{ mm} \cdot 400\text{ mm}$

$A_R = 280\,000\text{ mm}^2$

$A_{K_1} = 3 \cdot \frac{1}{2} \cdot (100\text{ mm})^2 \cdot 3{,}14$

$A_{K_1} = 47\,100\text{ mm}^2$

$A_{K_2} = \frac{1}{2} \cdot (200\text{ mm})^2 \cdot 3{,}14$

$A_{K_2} = 62\,800\text{ mm}^2$

Flächeninhalt des Stanzteils

$280\,000\text{ mm}^2 - 47\,100\text{ mm}^2 - 62\,800\text{ mm}^2$
$= 170\,100\text{ mm}^2$

---

477 a) **Skizze:**

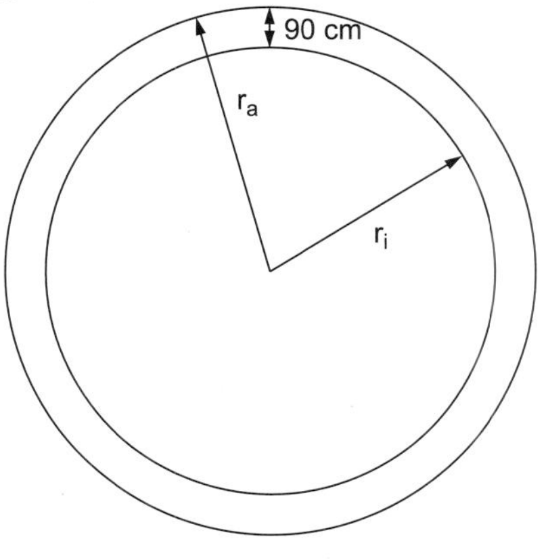

b) **Radius des Beckens r_i**

$u_B = 2 \cdot r_i \cdot \pi$

$37{,}68\text{ m} = 2 \cdot r_i \cdot 3{,}14 \quad |:2;\ :3{,}14$

$r_i = 6\text{ m}$

Flächeninhalt A_i

$A_i = r_i^2 \cdot \pi$

$A_i = (6\text{ m})^2 \cdot 3{,}14$

$A_i = 36\text{ m}^2 \cdot 3{,}14$

$A_i = 113{,}04\text{ m}^2$

Die Grundfläche des Beckens ist $113{,}04\text{ m}^2$ groß.

c) **Fläche des Weges**

$A_W = A_a - A_i$

$r_a = 6\text{ m} + 0{,}9\text{ m}$

$r_a = 6{,}9\text{ m}$

$A_a = (6{,}9\text{ m})^2 \cdot 3{,}14$

$A_a = 149{,}4954\text{ m}^2$

$A_W = 149{,}4954\text{ m}^2 - 113{,}04\text{ m}^2$

$A_W = 36{,}4554\text{ m}^2$

Der Weg hat eine Fläche von $36{,}4554\text{ m}^2$.

d) **Umfang des äußeren Wegrandes**

$u_a = 2 \cdot r_a \cdot \pi$

$u_a = 2 \cdot 6{,}9\text{ m} \cdot 3{,}14$

$u_a = 43{,}332\text{ m}$

Der Umfang des äußeren Wegrandes beträgt 43,332 m.

e) **Anzahl der Sträucher**

43,332 m : 1,2 m = 36,11

Es können 36 Sträucher gepflanzt werden.

478 a) **Flächeninhalt des grauen Dreiecks**

Der Flächeninhalt des grauen Dreiecks beträgt ein Viertel des Flächeninhalts des Quadrats mit a = 8 cm.

$A_D = \frac{1}{4} \cdot 8\text{ cm} \cdot 8\text{ cm}$

$A = 16\text{ cm}^2$

Flächeninhalt der roten Fläche

Flächeninhalt des großen Kreises berechnen

Der Radius des großen Kreises misst die Hälfte der Diagonale des Quadrats.

$d^2 = (8\text{ m})^2 + (8\text{ m})^2$

$d = 11{,}31\ldots\text{ m} \approx 11{,}3\text{ m}$

$r = 11{,}3\text{ m} : 2$

$r = 5{,}65\text{ m} \approx 5{,}7\text{ m}$

$A_k = (5{,}7\text{ m})^2 \cdot 3{,}14$

$A_k = 102{,}01\ldots\text{ m}^2$

$A_k \approx 102{,}0\text{ m}^2$

Flächeninhalt des Quadrats berechnen

$A = 8\text{ m} \cdot 8\text{ m}$

$A = 64\text{ m}^2$

Flächeninhalt der roten Fläche

$(102\text{ m}^2 - 64\text{ m}^2) : 4 = 9{,}5\text{ cm}^2$

b) **graue Fläche**

Berechnen des Flächeninhalts eines Kreises

$A_k = (5\text{ dm})^2 \cdot 3{,}14$

$A_k = 78{,}5\text{ dm}^2$

Berechnen der grauen Fläche A_g

$A_g = 4 \cdot 78{,}5\text{ dm}^2$

$A_g = 314\text{ dm}^2$

rote Fläche

Berechnen des Flächeninhalts des Quadrats

a = 20 dm

$A_Q = (20\text{ dm})^2$

$A_Q = 400\text{ dm}^2$

Berechnen der roten Fläche

$400\text{ dm}^2 - 314\text{ dm}^2 = 86\text{ dm}^2$

---

479 Flächeninhalt von 7 kleinen Kreisen

$A_{\text{kleine Kreise}} = 7 \cdot (1\text{ m})^2 \cdot 3{,}14$

$A_{\text{kleine Kreise}} = 21{,}98\text{ m}^2$

Der Verschnitt beim grauen Marmor liegt bei 15 %. Es werden 100 % + 15 % = 115 % grauer Marmor benötigt.

$100\,\% \mathrel{\hat{=}} 21{,}98\text{ m}^2$

$1\,\% \mathrel{\hat{=}} 0{,}2198\text{ m}^2$

$115\,\% \mathrel{\hat{=}} 25{,}277\text{ m}^2 \approx 26\text{ m}^2$

Kosten für den grauen Marmor

26 · 165 € = 4 290,00

Flächeninhalt des großen Kreises

$A_{\text{großer Kreis}} = (3\text{ m})^2 \cdot 3{,}14$

$A_{\text{großer Kreis}} = 28{,}26\text{ m}^2$

Flächeninhalt des roten Mamors

$28{,}26\text{ m}^2 - 12{,}98\text{ m}^2 = 6{,}28\text{ m}^2$

Der Verschnitt beim roten Marmor liegt bei 18 %. Es werden 100 % + 18 % = 118 % roter Marmor benötigt.

$100\,\% \mathrel{\hat{=}} 6{,}28\text{ m}^2$

$1\,\% \mathrel{\hat{=}} 0{,}0628\text{ m}^2$

$118\,\% \mathrel{\hat{=}} 7{,}4104\text{ m}^2 \approx 8\text{ m}^2$

Kosten für den roten Marmor

8 · 185 € = 1 480,00

Flächeninhalt des Quadrats

$A_{\text{Quadrat}} = (8\text{ m})^2$

$A_{\text{Quadrat}} = 64\text{ m}^2$

Flächeninhalt des weißen Marmors

$64\text{ m}^2 - 28{,}26\text{ m}^2 = 35{,}74\text{ m}^2$

Der Verschnitt beim weißen Marmor liegt bei 12 %. Es werden 100 % + 12 % = 112 % weißer Marmor benötigt.

$100\,\% \mathrel{\hat{=}} 35{,}74\text{ m}^2$

$1\,\% \mathrel{\hat{=}} 0{,}3574\text{ m}^2$

$112\,\% \mathrel{\hat{=}} 40{,}0288\text{ m}^2 \approx 41\text{ m}^2$

Kosten für den weißen Marmor

41 · 145 € = 5 945,00

gesamte Kosten für den Marmor

4 290,00 € + 1 480,00 € + 5 945,00 € = 11 715,00

8 Volumen- und Oberflächenberechnungen

480

	Kante a	Grundfläche G	Oberfläche O	Volumen V
a)	5 m	**25 m²**	**150 m²**	**125 m³**
b)	**6 dm**	36 dm²	**216 m²**	**216 dm³**
c)	**2 cm**	**4 cm²**	24 cm²	**8 cm³**
d)	6 mm	**36 mm²**	**216 mm²**	216 mm³

481 a) Es sind sechs Schnitte erforderlich.

b) Man erhält 27 kleine Würfel.

c) Acht kleine Würfel haben drei rote Flächen.

d) Sechs kleine Würfel haben nur eine rote Fläche.

e) Volumen des großen Würfels
$V = 15\text{ cm} \cdot 15\text{ cm} \cdot 15\text{ cm}$
$V = 3\,375\text{ cm}^3$

Oberfläche des großen Würfels
$O = 6 \cdot 15\text{ cm} \cdot 15\text{ cm}$
$O = 1\,350\text{ cm}^2$

f) Volumen eines kleinen Würfels
$a = 15\text{ cm} : 3 = 5\text{ cm}$
$V = 5\text{ cm} \cdot 5\text{ cm} \cdot 5\text{ cm}$
$V = 125\text{ cm}^3$

Oberfläche eines kleinen Würfels
$O = 6 \cdot 5\text{ cm} \cdot 5\text{ cm}$
$O = 150\text{ cm}^2$

482 a) Länge der Würfelkante
$a^2 + a^2 = (8{,}49\text{ cm})^2$
$2a^2 = 72{,}0801\text{ cm}^2$
$a^2 = 36{,}04005\text{ cm}^2$
$a = 6{,}00\ldots\text{ cm} \approx 6\text{ cm}$

b) **Volumen des Würfels**
$V = 6\text{ cm} \cdot 6\text{ cm} \cdot 6\text{ cm}$
$V = 216\text{ cm}^3$

Oberfläche des Würfels
$O = 6 \cdot 6\text{ cm} \cdot 6\text{ cm}$
$O = 216\text{ cm}^2$

483 a) $V = 4\text{ cm} \cdot 8\text{ cm} \cdot 4\text{ cm}$
$V = 128\text{ cm}^3$
$O = 2 \cdot 4\text{ cm} \cdot 8\text{ cm} + 2 \cdot 4\text{ cm} \cdot 4\text{ cm} + 2 \cdot 8\text{ cm} \cdot 4\text{ cm}$
$O = 160\text{ cm}^2$

b) $V = 8\text{ cm} \cdot 2\text{ cm} \cdot 8\text{ cm}$
$V = 128\text{ cm}^3$
$O = 2 \cdot 8\text{ cm} \cdot 2\text{ cm} + 2 \cdot 8\text{ cm} \cdot 8\text{ cm} + 2 \cdot 2\text{ cm} \cdot 8\text{ cm}$
$O = 192\text{ cm}^2$

c) $V = 4\text{ cm} \cdot 16\text{ cm} \cdot 2\text{ cm}$
$V = 128\text{ cm}^3$
$O = 2 \cdot 4\text{ cm} \cdot 16\text{ cm} + 2 \cdot 4\text{ cm} \cdot 2\text{ cm} + 2 \cdot 16\text{ cm} \cdot 2\text{ cm}$
$O = 208\text{ cm}^2$

484

	Kante a	Kante b	Kante c	Volumen V	Oberfläche O
a)	20 cm	15 cm	40 cm	**12 000 cm^3**	**3 400 cm^2**
b)	40 dm	0,5 dm	**15 dm**	300 dm^3	**1 255 dm^2**
c)	**7,5 mm**	15 mm	15 mm	1 687,5 mm^3	**900 mm^2**
d)	16 m	**14 m**	3,5 m	784 m^3	**658 m^2**

485 a) *Quaderseite*

$\sqrt{6{,}25\text{ cm}^2} = 2{,}5\text{ cm}$

$a = 2{,}5\text{ cm};\ b = 2{,}5\text{ cm};\ c = 5\text{ cm}$

Oberfläche des Quaders

$O = 2 \cdot 6{,}25\text{ cm}^2 + 4 \cdot 2{,}5\text{ cm} \cdot 5\text{ cm}$

$O = 62{,}5\text{ cm}^2$

b) *Volumen des Quaders*

$V = 6{,}25\text{ cm}^2 \cdot 5\text{ cm}$

$V = 31{,}25\text{ cm}^3$

c) *Kantenlänge des Würfels*

$62{,}5\text{ cm}^2 : 6 \approx 10{,}4\text{ cm}^2$ Quadratfläche

$\sqrt{10{,}4\text{ cm}^2} \approx 3{,}2\text{ cm}$ Kantenlänge

486 a) $V_1 = 30\text{ mm} \cdot 35\text{ mm} \cdot 50\text{ mm}$

$V_1 = 52\,500\text{ mm}^3$

$V_2 = \frac{1}{2} \cdot 30\text{ mm} \cdot 25\text{ mm} \cdot 50\text{ mm}$

$V_2 = 18\,750\text{ mm}^3$

$V_{gesamt} = V_1 + V_2$

$V_{gesamt} = 71\,250\text{ mm}^3$

(Zur Berechnung des Volumens V_2. Der Rauminhalt des abgebildeten Dreiecksprismas ist die Hälfte des Rauminhalts eines Quaders mit den angegebenen Maßen a = 30 mm, b = 25 mm und c = 50 mm.)

b) $V_1 = 20\text{ mm} \cdot 15\text{ mm} \cdot 30\text{ mm}$

$V_1 = 9\,000\text{ mm}^3$

$V_2 = 30\text{ mm} \cdot 15\text{ mm} \cdot 30\text{ mm}$

$V_2 = 13\,500\text{ mm}^3$

$V_3 = 15\text{ mm} \cdot 15\text{ mm} \cdot 15\text{ mm}$

$V_3 = 3\,375\text{ mm}^3$

$V_{gesamt} = V_1 + V_2 + V_3$

$V_{gesamt} = 25\,875\text{ mm}^3$

c) $V_1 = 25\text{ mm} \cdot 20\text{ mm} \cdot 20\text{ mm}$

$V_1 = 10\,000\text{ mm}^3$

$V_2 = 25\text{ mm} \cdot 50\text{ mm} \cdot 50\text{ mm}$

$V_2 = 62\,500\text{ mm}^3$

$V_{gesamt} = V_1 + V_2$

$V_{gesamt} = 72\,500\text{ mm}^3$

d) $V_1 = 40\text{ mm} \cdot 90\text{ mm} \cdot 40\text{ mm}$

$V_1 = 144\,000\text{ mm}^3$

$V_2 = 20\text{ mm} \cdot 50\text{ mm} \cdot 40\text{ mm}$

$V_2 = 40\,000\text{ mm}^3$

$V_{gesamt} = V_1 - V_2$

$V_{gesamt} = 104\,000\text{ mm}^3$

487 a) *Berechnen der Kante c*

$66{,}69\text{ m}^3 = 6{,}5\text{ m} \cdot 3{,}8\text{ m} \cdot c$

$c = 2{,}7\text{ m}$ wird der Tank hoch

b) *Berechnen der Oberfläche*

$O = 2 \cdot 6{,}5\text{ m} \cdot 3{,}8\text{ m} + 2 \cdot 3{,}8\text{ m} \cdot 2{,}7\text{ m} + 2 \cdot 6{,}5\text{ m} \cdot 2{,}7\text{ m}$

$O = 49{,}4\text{ m}^2 + 20{,}52\text{ m}^2 + 35{,}1\text{ m}^2$

$O = 105{,}02\text{ m}^2$ Stahlblech werden benötigt

488 $V = 10\text{ cm} \cdot 6\text{ cm} \cdot 8\text{ cm}$

$V = 480\text{ cm}^3$

$\overline{AF}^2 = (10\text{ cm})^2 + (8\text{ cm})^2$

$\overline{AF} \approx 12{,}8\text{ cm}$

$\overline{BG}^2 = (6\text{ cm})^2 + (8\text{ cm})^2$

$\overline{BG} = 10\text{ cm}$

$\overline{EG}^2 = (10\text{ cm})^2 + (6\text{ cm})^2$

$\overline{EG} \approx 11{,}7\text{ cm}$

$O = 2 \cdot 10\text{ cm} \cdot 6\text{ cm} + 2 \cdot 10\text{ cm} \cdot 8\text{ cm} + 2 \cdot 6\text{ cm} \cdot 8\text{ cm}$

$O = 120\text{ cm}^2 + 160\text{ cm}^2 + 96\text{ cm}^2$

$O = 376\text{ cm}^2$

489 a) Netz B

b) A

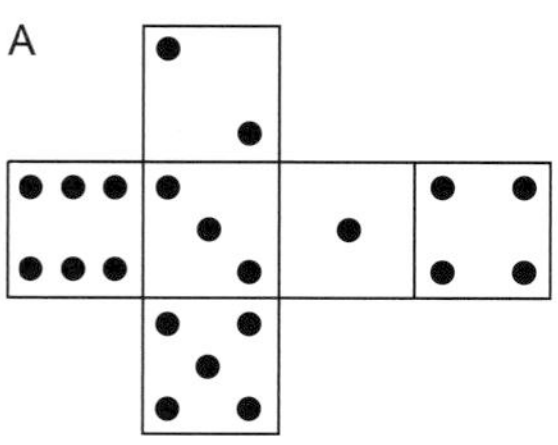

B

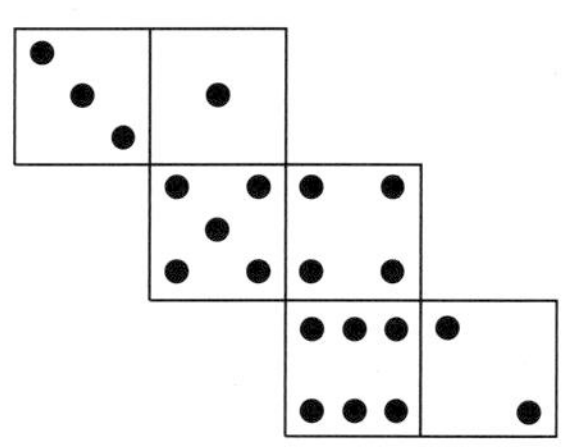

490 a) A: $12-5=7$ Würfel
B: 3 Würfel
C: $45-9=36$ Würfel

b) A: $27-5=22$ Würfel
B: $64-5=59$ Würfel
C: $125-9=116$ Würfel

491

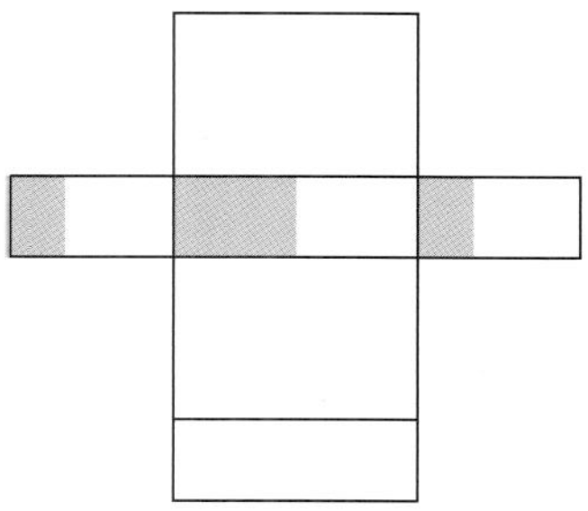

---

492 a) **Rauminhalte der Verpackungen**

Typ A:
$V = 15{,}5\text{ cm} \cdot 15{,}5\text{ cm} \cdot 15{,}5\text{ cm}$
$V = 3\,723{,}875\text{ cm}^3$
$V \approx 3\,723{,}9\text{ cm}^3$

Typ B:
$V = 35\text{ cm} \cdot 35\text{ cm} \cdot 35\text{ cm}$
$V = 42\,875\text{ cm}^3$

Typ C:
$V = 20\text{ cm} \cdot 20\text{ cm} \cdot 35\text{ cm}$
$V = 14\,000\text{ cm}^3$

Typ D:
$V = 25\text{ cm} \cdot 35\text{ cm} \cdot 12{,}5\text{ cm}$
$V = 10\,937{,}50\text{ cm}^3$

b) **Oberflächen der Verpackungen**

Typ A:
$O = 6 \cdot (15{,}5\text{ cm})^2$
$O = 1\,441{,}5\text{ cm}^2$

Typ B:
$O = 6 \cdot (35\text{ cm})^2$
$O = 7\,350\text{ cm}^2$

Typ C:
$O = 2 \cdot (20\text{ cm})^2 + 4 \cdot (20\text{ cm} \cdot 35\text{ cm})$
$O = 800\text{ cm}^2 + 2\,800\text{ cm}^2$
$O = 3\,600\text{ cm}^2$

Typ D:
$O = 2 \cdot (25\text{ cm} \cdot 35\text{ cm}) + 2 \cdot (25\text{ cm} \cdot 12{,}5\text{ cm}) + 2 \cdot (35\text{ cm} \cdot 12{,}5\text{ cm})$
$O = 1\,750\text{ cm}^2 + 625\text{ cm}^2 + 875\text{ cm}^2$
$O = 3\,250\text{ cm}^2$

c) **Kartonmengen**

Typ A: $7\,400 \cdot 1\,441{,}5\text{ cm}^2 = 10\,667\,100\text{ cm}^2 = 1\,066{,}71\text{ m}^2$
Typ B: $12\,000 \cdot 7\,350\text{ cm}^2 = 88\,200\,000\text{ cm}^2 = 8\,820\text{ m}^2$
Typ C: $6\,400 \cdot 3\,600\text{ cm}^2 = 23\,040\,000\text{ cm}^2 = 2\,304\text{ m}^2$
Typ D: $13\,500 \cdot 3\,250\text{ cm}^2 = 43\,875\,000\text{ cm}^2 = 4\,387{,}5\text{ m}^2$

Kartonmenge für alle Aufträge
$1\,066{,}71\text{ m}^2 + 8\,820\text{ m}^2 + 2\,304\text{ m}^2 + 4\,387{,}5\text{ m}^2 = 16\,578{,}21\text{ m}^2$

Berechnen der benötigten Menge bei 18 % Verschnitt
$100\,\% + 18\,\% = 118\,\%$
$100\,\% \mathrel{\hat{=}} 16\,578{,}21\text{ m}^2$
$1\,\% \mathrel{\hat{=}} 165{,}7821\text{ m}^2$
$118\,\% \mathrel{\hat{=}} 165{,}7821\text{ m}^2 \cdot 118 = 19\,562{,}2878\text{ m}^2 \approx 19\,562\text{ m}^2$

---

493 a) **Länge des Beckens**

$1\,500\text{ m}^3 = 15\text{ m} \cdot b \cdot 4\text{ m}$
$1\,500\text{ m}^3 = 60\text{ m}^2 \cdot b$
$b = 25\text{ m}$

Das Becken hat eine Länge von 25 m.

b) $45\,000\ \ell = 45\text{ m}^3$
$1\,500 : 45 = 33{,}333\ldots\text{ h} = 33\text{ h }20\text{ min}$
Das Füllen des Beckens dauert 33 h 20 min.

c) 2 Pumpen liefern 20 000 $\ell \cdot 2 = 40\,000\ \ell = 40\ m^3$ pro Stunde.
$1\,500 : 40 = 37{,}5\ h = 37\ h\ 30\ min$
Das Füllen des Beckens würde 37 h 30 min dauern.

---

494 a) $V = \frac{1}{2} \cdot 8\ m \cdot 15\ m \cdot 12\ m$
$V = 720\ m^3$
$O = \frac{1}{2} \cdot 2 \cdot 8\ m \cdot 15\ m + 8\ m \cdot 12\ m + 12\ m \cdot 17\ m + 15\ m \cdot 12\ m$
$O = 120\ m^2 + 96\ m^2 + 204\ m^2 + 180\ m^2$
$O = 600\ m^2$

b) $V = \frac{1}{2} \cdot 15{,}6\ dm \cdot 10{,}4\ dm \cdot 6{,}8\ dm$
$V = 551{,}616\ dm^3$
$O = 2 \cdot \frac{1}{2} \cdot 15{,}6\ dm \cdot 10{,}4\ dm + 2 \cdot 13{,}0\ dm \cdot 6{,}8\ dm + 15{,}6\ dm \cdot 6{,}8\ dm$
$O = 162{,}24\ dm^2 + 176{,}8\ dm^2 + 106{,}08\ dm^2$
$O = 445{,}12\ dm^2$

---

495 a) *Grundfläche berechnen*
$A = \frac{9\ cm + 4\ cm}{2} \cdot 7\ cm$
$A = 45{,}5\ cm^2$
Höhe berechnen
$568{,}75\ cm^3 : 45{,}5\ cm^2 = 12{,}5\ cm$

b) *Grundfläche berechnen*
$A = \frac{3 \cdot 4}{2}\ cm^2$
$A = 6\ cm^2$
Höhe berechnen
$568{,}75\ cm^3 : 6\ cm^2 = 94{,}79\ cm \approx 94{,}8\ cm$

---

496 Die Aussagen b), c) und f) sind falsch!

---

497 $A_1 = 450\ cm^3 : 15\ cm$
$A_1 = 30\ cm^2$

$h_2 = 450\ cm^3 : 50\ cm^2$
$h_2 = 9\ cm$

$h_3 = 450\ cm^3 : 90\ cm^2$
$h_3 = 5\ cm$

$A_4 = 450\ cm^3 : 10\ cm$
$A_4 = 45\ cm^2$

---

498 a) Der Körper besteht aus einem Prisma mit einem Parallelogramm als Grundfläche, aus dem ein Quader herausgeschnitten wurde.

Volumen des Prismas
Berechnen der Grundfläche
$A = 150\ mm \cdot 75\ mm$
$A = 11\,250\ mm^2$
$h_k = 180\ mm$
$V = 11\,250\ mm^2 \cdot 180\ mm$
$V = 2\,025\,000\ mm^3$
$V = 2\,025\ cm^3$

Volumen des Quaders
$a = 45\ mm,\ b = 45\ mm,\ c = 180\ mm$
$V = 45\ mm \cdot 45\ mm \cdot 180\ mm$
$V = 364\,500\ mm^3$
$V = 364{,}5\ cm^3$

Volumen des fertigen Werkstücks
$2\,025\ cm^3 - 364{,}5\ cm^3 = 1\,660{,}5\ cm^3$

b) Der Körper setzt sich aus einem Quader und einem Dreiecksprisma zusammen.

Volumen des Quaders

a = 100 mm, b = 40 mm, c = 400 mm

V = 100 mm · 40 mm · 400 mm

V = 1 600 000 mm³ = 1 600 cm³

Volumen des Dreiecksprismas

$g = 100\text{ mm},\ h_D = 90\text{ mm},\ h_k = 200\text{ mm}$

$$V = \frac{100\text{ mm} \cdot 90\text{ mm}}{2} \cdot 200\text{ mm}$$

$V = 900\,000\text{ mm}^3 = 900\text{ cm}^3$

Volumen des fertigen Werkstücks

$1\,600\text{ cm}^3 + 900\text{ cm}^3 = 2\,500\text{ cm}^3$

499

a)

r	4,7 cm
G	69,36 cm²
h_k	12,3 cm
V	853,16 cm³
M	363,05 cm²
O	501,77 cm²

b)

r	7,60 m
G	181,37 m²
h_k	7,60 m
V	1 379,10 m³
M	362,73 m²
O	725,47 m²

c)

r	2,8 cm
G	24,6 cm²
h_k	42,8 cm
V	1 052,88 cm³
M	752,6 cm²
O	801,80 cm²

d)

r	2,29 m
G	16,47 m²
h_k	102,5 m
V	1 689,41 m³
M	1 474,07 m²
O	1 507,01 m²

e)

r	8,5 dm
G	226,87 dm²
h_k	16,77 dm
V	3 804,53 dm³
M	895,41 dm²
O	1 349,15 dm²

f)

r	7,08 cm
G	157,4 cm²
h_k	15,3 cm
V	2 408,17 cm³
M	680,54 cm²
O	995,33 cm²

Hinweis: Wenn mit gerundeten Werten weitergerechnet wird, dann kann es zu Abweichungen bei den Nachkommastellen kommen.

---

500 *Radius berechnen*

$16\,964{,}6\text{ cm}^3 = r^2 \cdot 3{,}14 \cdot 24\text{ cm}$

$r \approx 15\text{ cm}$

---

501 *Radius berechnen*

$r^2 \cdot 3{,}14 = 616\text{ m}^2$

$r \approx 14\text{ m}$

Höhe berechnen

$h_k = 17\,241\text{ m}^3 : 616\text{ m}^2$

$h_k = 27{,}9886 \approx 28\text{ m}$

Mantel berechnen

$M = 2 \cdot 14\text{ m} \cdot 3{,}14 \cdot 28\text{ m}$

$M = 2\,461{,}76\text{ m}^2$

502 $d = 25{,}75\text{ mm}$
$r = 12{,}875\text{ mm}$

$V = (12{,}875\text{ mm})^2 \cdot 3{,}14 \cdot 2{,}20\text{ mm}$
$V = 1\,145{,}10\ldots\text{ mm}^3$
$V \approx 1\,145\text{ mm}^3$

---

503 $G = 803{,}84\text{ m}^2$
$r = \sqrt{803{,}84\text{ m}^2 : 3{,}14}$
$r = 16\text{ m}$
$d = 32\text{ m}$

$V = 13\,665\text{ m}^3$
$h_k = 13\,665\text{ m}^3 : 803{,}84\text{ m}^2$
$h_k = 16{,}999\ldots\text{ m}$
$h_k \approx 17\text{ m}$

Der Durchmesser beträgt 32 m, die Höhe des Behälters beträgt 17 m.

---

504 *Volumen des Holzwürfels*
$V = 15\text{ cm} \cdot 15\text{ cm} \cdot 15\text{ cm}$
$V = 3\,375\text{ cm}^3$
Volumen des Zylinders
$d = 9\text{ cm},\ r = 4{,}5\text{ cm},\ h_Z = 15\text{ cm}$
$V = (4{,}5\text{ cm})^2 \cdot 3{,}14 \cdot 15\text{ cm}$
$V = 953{,}775\text{ cm}^3$
Volumenverlust in Prozent
$953{,}775\text{ cm}^3 : 3\,375\text{ cm}^3 \cdot 100\,\% = 28{,}26\,\% \approx 28{,}3\,\%$

---

505 a) $V = (5{,}4\text{ cm})^2 \cdot 3{,}14 \cdot 6{,}6\text{ cm}$
$V = 604{,}31184\text{ cm}^3$

b) $V = (6\text{ cm})^2 \cdot 3{,}14 \cdot 4\text{ cm}$
$V = 452{,}16\text{ cm}^3$

c) $V = (7{,}5\text{ cm})^2 \cdot 3{,}14 \cdot 2{,}5\text{ cm} + (3{,}75\text{ cm})^2 \cdot 3{,}14 \cdot 7{,}5\text{ cm}$
$V = 441{,}5625\text{ cm}^3 + 331{,}171875\text{ cm}^3$
$V \approx 772{,}73\text{ cm}^3$

d) $V = 2 \cdot (6\text{ cm})^2 \cdot 3{,}14 \cdot 1{,}5\text{ cm} + 4\text{ cm}^2 \cdot 3{,}14 \cdot 9\text{ cm}$
$V = 339{,}12\text{ cm}^3 + 113{,}04\text{ cm}^3$
$V = 452{,}16\text{ cm}^3$

---

506 a) $V = 4\,000\text{ cm}^3$ b) $V = 250\text{ cm}^3$ c) $V = 500\text{ cm}^3$ d) $V = 4\,000\text{ cm}^3$

---

507 a) $V_B = \frac{1}{4} \cdot V_A$
$V_C = \frac{1}{2} \cdot V_A$
$2 \cdot V_B + V_C = V_A \Rightarrow$ ja

b) $V_B = \frac{1}{2} \cdot V_A$
$V_C = \frac{1}{8} \cdot V_A$
$V_B + 2 \cdot V_C = \frac{3}{4} \cdot V_A \Rightarrow$ nein

---

508 a) **Höhe der zylinderförmigen Regentonne**
$V = 423\,\ell = 423\text{ dm}^3$
$d = 70\text{ cm},\ r = 35\text{ cm} = 3{,}5\text{ dm}$
$423\text{ dm}^3 = (3{,}5\text{ dm})^2 \cdot 3{,}14 \cdot h$
$423\text{ dm}^3 = 12{,}25\text{ dm}^2 \cdot 3{,}14 \cdot h$
$10{,}99\ldots\text{ dm} = h$
$h \approx 11\text{ dm}$

b) **Wassermenge**
$r = 3,5 \text{ dm}, h = 40 \text{ cm} = 4 \text{ dm}$
$V = (3,5 \text{ dm})^2 \cdot 3,14 \cdot 4 \text{ dm}$
$V = 153,86 \text{ dm}^3 \approx 154 \text{ dm}^3$
Herr Lachmayr muss 154 Liter Wasser abschöpfen.

c) **Berechnen der zu streichenden Fläche**
Boden der Regentonne
$G = (3,5 \text{ dm})^2 \cdot 3,14$
$G = 38,465 \text{ dm}^2$

Mantel der *Regentonne*
$M = d \cdot 3,14 \cdot h$
$M = 7 \text{ dm} \cdot 3,14 \cdot 11 \text{ dm}$
$M = 241,78 \text{ dm}^2$

gesamte Fläche
$38,465 \text{ dm}^2 + 241,78 \text{ dm}^2 = 280,245 \text{ dm}^2$
$280,245 \text{ dm}^2 = 2,80245 \text{ m}^2$

Berechnen des Farbbedarfs
$2,80245 \text{ m}^2 \cdot 250 \frac{m\ell}{\text{m}^2} = 700,6125 \; m\ell$
Herr Lachmayr muss eine Farbdose zu 12,75 € kaufen.

---

509 a) *Höhe der Dose*
$850 \text{ cm}^3 = (5 \text{ cm})^2 \cdot 3,14 \cdot h_k$
$h_k = 10,828\ldots \text{ cm} \approx 10,8 \text{ cm}$
Die Dose ist 10,8 cm hoch.

b) *Fläche der quadratischen Blechteile*
$10 \; cm \cdot 10 \text{ cm} = 100 \text{ cm}^2$
Blech für Boden und Deckel
$100 \text{ cm}^2 \cdot 2 = 200 \text{ cm}^2$

c) *Grundfläche*
$G = (5 \text{ cm})^2 \cdot 3,14$
$G = 78,5 \text{ cm}^2$
Grund- und Deckfläche
$78,5 \text{ cm}^2 \cdot 2 = 157 \text{ cm}^2$
Abfall in cm^2
$200 \text{ cm}^2 - 157 \text{ cm}^2 = 43 \text{ cm}^2$ Abfall
Abfall in Prozent
$43 : 200 \cdot 100 \,\% = 21,5 \,\%$ Abfall

---

510 a)

a	7,2 dm
G	51,84 dm²
h_k	9,5 dm
h_s	10,2 dm
k_s	10,8 dm
V	164,16 dm³

b)

a	6,5 cm
G	42,25 cm²
h_k	7,9 cm
h_s	8,5 cm
k_s	9,1 cm
V	111,26 cm³

c)

a	7 cm
G	49 cm²
h_k	28 cm
h_s	28,2 cm
k_s	28,4 cm
V	457,33 cm³

d)

a	54,8 dm
G	3 003,04 dm^2
h_k	29,1 dm
h_s	40 dm
k_s	48,5 dm
V	29 129,49 dm^3

e)

a	5 m
G	25 m^2
h_k	6,5 m
h_s	7 m
k_s	7,4 m
V	54,17 m^3

---

511 a) $V = \frac{1}{3} \cdot 6\text{ cm} \cdot 6\text{ cm} \cdot 4\text{ cm}$

$V = 48\text{ cm}^3$

b) $h_s^2 = (3\text{ cm})^2 + (4\text{ cm})^2$

$h_s^2 = 25\text{ cm}^2$

$h_s = 5\text{ cm}$

c) $A = \frac{1}{2} \cdot 6\text{ cm} \cdot 5\text{ cm}$

$A = 15\text{ cm}$

---

512 a) **Höhe der Grundfläche der Pyramide**

$h^2 = (6\text{ cm})^2 - (3\text{ cm})^2$

$h^2 = 36\text{ cm}^2 - 9\text{ cm}^2$

$h^2 = 27\text{ cm}^2 \quad |\sqrt{\ }$

$h = 5{,}196\ldots\text{ cm} \approx 5{,}20\text{ cm}$

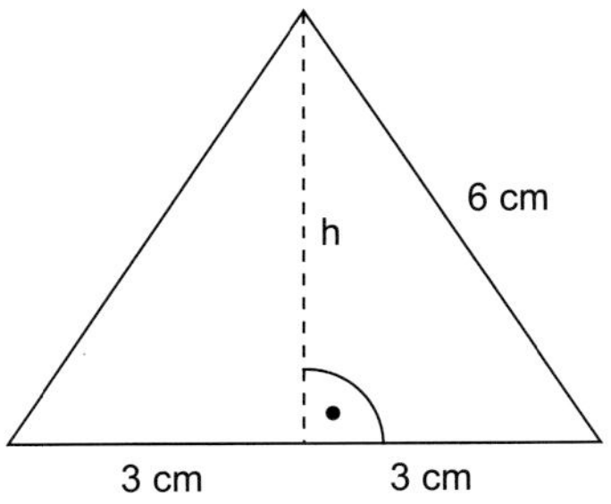

Flächeninhalt der Grundfläche

$G = \frac{6\text{ cm} \cdot 5{,}2\text{ cm}}{2}$

$G = 15{,}6\text{ cm}^2$

Volumen der Pyramide

$V = \frac{1}{3} \cdot 15{,}6\text{ cm}^2 \cdot 12{,}5\text{ cm}$

$V = 65\text{ cm}^3$

Gewicht des Briefbeschwerers

$M = 65 \cdot 10{,}49\text{ g}$

$M = 681{,}85\text{ g}$

Der Briefbeschwerer wiegt 681,85 g.

b) **Höhe eines Seitendreiecks**

$h^2 = (13\text{ cm})^2 - (3\text{ cm})^2$

$h^2 = 169\text{ cm}^2 - 9\text{ cm}^2$

$h^2 = 160\text{ cm}^2 \quad |\sqrt{\ }$

$h = 12{,}649\ldots\text{ cm} \approx 12{,}65\text{ cm}$

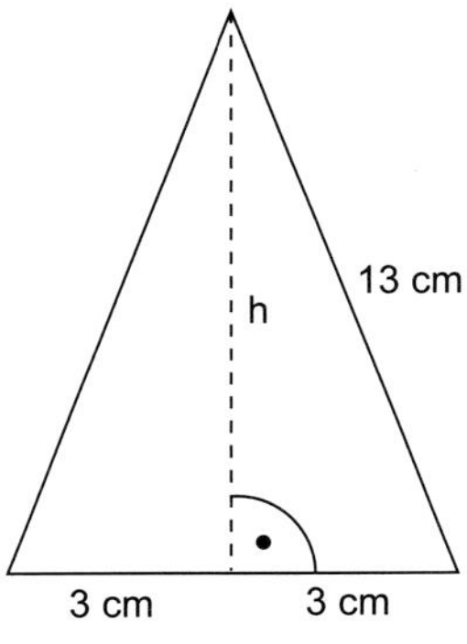

Flächeninhalt eines Seitendreiecks

$A = \frac{6\text{ cm} \cdot 12{,}65\text{ cm}}{2}$

$A = 37{,}95\text{ cm}^2$

Oberfläche des Briefbeschwerers

$O = 15{,}6\text{ cm}^2 + 3 \cdot 37{,}95\text{ cm}^2$

$O = 129{,}45\text{ cm}^2$

Der Briefbeschwerer hat eine Oberfläche von 129,45 cm^2.

513 a) **Skizze:** Längsschnitt der Doppelpyramide

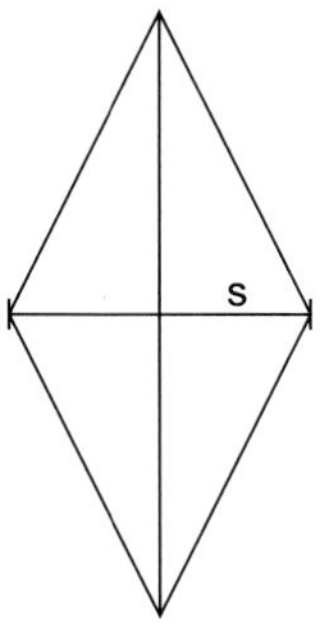

s = 9 mm

b) Volumen Doppelpyramide = Volumen Goldbarren

Volumen des Goldbarrens

$V = 15\ mm \cdot 7{,}5\ mm \cdot 5\ mm$

$V = 562{,}5\ mm^3$

Volumen einer Pyramide

$562{,}5\ mm^3 : 2 = 281{,}25\ mm^3$

Höhe einer Pyramide

$V = 281{,}25\ mm^3$

$s = 9\ mm$

$281{,}25\ mm^3 = \frac{1}{3} \cdot 9\ mm \cdot 9\ mm \cdot h$

$281{,}25\ mm^3 = 27\ mm^2 \cdot h$

$h = 10{,}41...\ mm \approx 10{,}4\ mm$

Höhe des Schmuckstücks

$2 \cdot 10{,}4\ mm = 20{,}8\ mm$

c) **Masse des Schmuckstücks**

$562{,}5\ mm^3 = 0{,}5625\ cm^3$

$0{,}5625\ cm^3 \cdot 19{,}3 \frac{g}{cm^3} = 10{,}85...\ g \approx 10{,}9\ g$

---

514 a) **Ursprüngliches Volumen**

$V = \frac{1}{3} \cdot (233\ m)^2 \cdot 147\ m$

$V = 2\,660\,161\ m^3$

b) **Volumenverlust**

heutige Maße der Pyramide

$h = 137\ m,\ a = 233\ m - 6\ m = 227\ m$

$V = \frac{1}{3} \cdot (227\ m)^2 \cdot 137\ m$

$V = 2\,353\,157{,}667\ m^3$

Volumenverlust in m³

$2\,660\,161\ m^3 - 2\,353\,157{,}667\ m^3$

$= 307\,003{,}333\ m^3$

Volumenverlust in Prozent

$307\,003{,}333\ m^3 : 2\,660\,161\ m^3 \cdot 100\ \%$

$= 11{,}54...\ \% \approx 11{,}5\ \%$

c) **Flächeninhalt der Seitendreiecke**

Höhe eines Seitendreiecks (Pythagoras)

$h^2 = (147\ m)^2 + (116{,}5\ m)^2$

$h = 187{,}566...\ m \approx 187{,}6\ m$

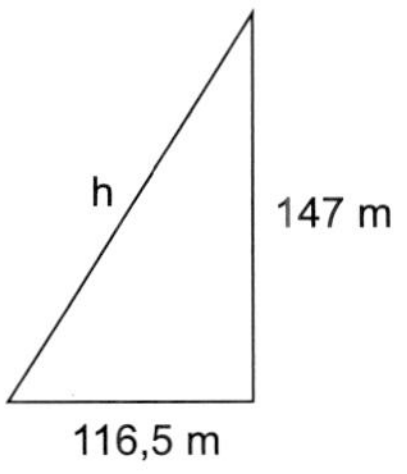

Flächeninhalt 4 Seitendreiecke

$4 \cdot \frac{1}{2} \cdot 233\ m \cdot 187{,}6\ m$

$= 87\,421{,}6\ m^2$

8 % Bruch und Verschnitt

$100\ \% \mathrel{\hat{=}} 87\,421{,}6\ m^2$

$1\ \% \mathrel{\hat{=}} 874{,}216\ m^2$

$108\ \% \mathrel{\hat{=}} 874{,}216\ m^2 \cdot 108 = 94\,415{,}328\ m^2$

$\approx 94\,415\ m^2$

Damals mussten 94 415 m² Platten transportiert werden.

---

515 a)

r	6,4 cm
s	14,31 cm
h_k	12,8 cm
G	128,61 cm²
V	548,74 cm³

b)

r	6,7 dm
s	8,9 dm
h_k	5,86 dm
G	140,95 dm²
V	275,32 dm³

c)

r	3,29 m
s	3,9 m
h_k	2,1 m
G	33,99 m²
V	23,79 m³

d)

r	2,17 dm
s	2,85 dm
h_k	1,85 dm
G	14,79 dm²
V	9,12 dm³

e)

r	0,66 m
s	33,05 m
h_k	33,04 m
G	1,35 m²
V	14,87 m³

516 *Radius berechnen*
$54{,}6\ \text{m} = 2 \cdot r \cdot 3{,}14$
$r \approx 8{,}69\ \text{m}$

Höhe berechnen
$148{,}75\ \text{m}^3 = \frac{1}{3} \cdot (8{,}69\ \text{m})^2 \cdot 3{,}14 \cdot h$
$h \approx 1{,}88\ \text{m}$ Höhe des Sandhaufens

---

517 *Volumen Würfel*
$V = 8\ \text{cm} \cdot 8\ \text{cm} \cdot 8\ \text{cm}$
$V = 512\ \text{cm}^3$

Volumen Würfel = Volumen Kegel
$512\ \text{cm}^3 = \frac{1}{3} \cdot (4\ \text{cm})^2 \cdot 3{,}14 \cdot h_k$
$h_k \approx 30{,}57\ \text{cm}$ Kegelhöhe

Seitenlinie berechnen
$s^2 = (30{,}57\ \text{cm})^2 + (4\ \text{cm})^2$
$s \approx 30{,}83\ \text{cm}$

---

518 $G = 1\,017{,}36\ \text{cm}^2 = 10{,}1736\ \text{dm}^2$
$36{,}8\ \text{dm}^3 = \frac{1}{3} \cdot 10{,}1736\ \text{dm}^2 \cdot h_k$
$h_k = 10{,}851615\ \text{dm}$
$h_k \approx 10{,}85\ \text{dm}$

---

519 a) **Länge der Mantellinie s**
$s^2 = (24\ \text{cm})^2 + (9\ \text{cm})^2$
$s^2 = 576\ \text{cm}^2 + 81\ \text{cm}^2$
$s^2 = 657\ \text{cm}^2 \quad |\sqrt{\ }$
$s = 25{,}632\ldots\ \text{cm} \approx 25{,}63\ \text{cm}$

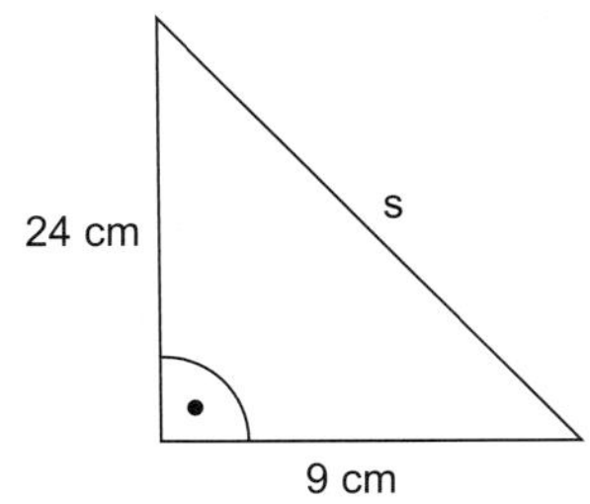

Flächeninhalt des Kegelmantels
$M = 9\ \text{cm} \cdot 3{,}14 \cdot 25{,}63\ \text{cm}$
$M = 724{,}3038\ \text{cm}^2 \approx 724{,}30\ \text{cm}^2$

Flächeninhalt von 28 Spitzhüten
$724{,}30\ \text{cm}^2 \cdot 28 = 20\,280{,}4\ \text{cm}^2 \approx 2{,}03\ \text{m}^2$
Es wird mit 25 % Verschnitt gerechnet. Es werden 100 % + 25 % = 125 % Folie benötigt.
$100\ \% \mathrel{\hat{=}} 2{,}03\ \text{m}^2$
$125\ \% \mathrel{\hat{=}} 2{,}5375\ \text{m}^2 \approx 2{,}54\ \text{m}^2$
Es werden 2,54 m^2 Folie benötigt.

b) **Flächeninhalt eines Bogens**
$A = 80\ \text{cm} \cdot 40\ \text{cm}$
$A = 3\,200\ \text{cm}^2 = 0{,}32\ \text{m}^2$

Anzahl der benötigten Bögen
$2{,}54\ \text{m}^2 : 0{,}32\ \text{m}^2 = 7{,}9375$
Es müssen acht Bögen gekauft werden.

Preis für 8 Bögen
6,95 € · 8 = 55,60 €
Ince und Emre müssen 55,60 € bezahlen.

---

520 a) **Volumen des Kegels**
$V_{Kegel} = \frac{1}{3} \cdot (5\ \text{cm})^2 \cdot 3{,}14 \cdot 18\ \text{cm}$
$V_{Kegel} = 471\ \text{cm}^3$

Gewicht des Kegels
$M = 471 \cdot 7{,}7\ g$
$M = 3\,626{,}7\ g \approx 3\,627\ g$

b) **Volumen des Zylinders**
$V_{Zylinder} = (5\ cm)^2 \cdot 3{,}14 \cdot 18\ cm$
$V_{Zylinder} = 1\,413\ cm^3$

Volumen des Abfalls
$1\,413\ cm^3 - 471\ cm^3 = 942\ cm^3$

Höhe des Quaders
$942\ cm^3 = 10\ cm \cdot 5\ cm \cdot c$
$942\ cm^3 = 50\ cm^2 \cdot c$
$c = 18{,}84\ cm \approx 18{,}8\ cm$

---

521 a) **Radius des kreisrunden Pavillons**
$37{,}68\ m = 2 \cdot r \cdot 3{,}14$
$r = 6\ m$

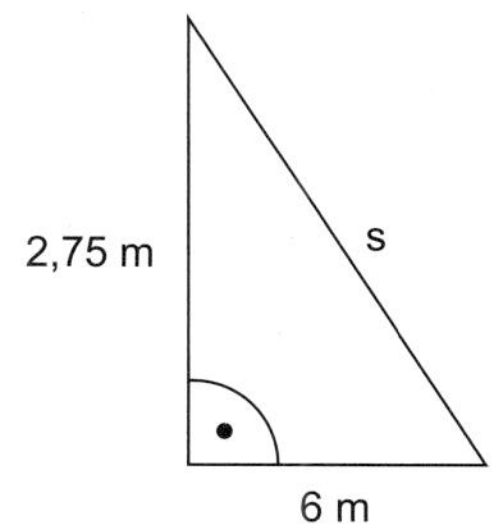

Mantellinie s des kegelförmigen Daches
$s^2 = (2{,}75\ m)^2 + (6\ m)^2$
$s^2 = 7{,}5625\ m^2 + 36\ m^2$
$s^2 = 43{,}5625\ m^2 \quad |\sqrt{\ }$
$s = 6{,}600\ldots\ m \approx 6{,}60\ m$

Mantelfläche des Daches
$M = 6\ m \cdot 3{,}14 \cdot 6{,}60\ m$
$M = 124{,}344\ m^2 \approx 124{,}34\ m^2$

Bei der Montage fallen 15 % Verschnitt an. Es werden 100 % + 15 % = 115 % Kupferblech benötigt.
$100\,\% \mathrel{\hat{=}} 124{,}34\ m^2$
$115\,\% \mathrel{\hat{=}} 142{,}991\ m^2 \approx 143\ m^2$
Es werden 143 m² Kupferblech benötigt.

b) **Kosten für das Kupferblech**
$143 \cdot 118\ € = 16\,874\ €$

gesamte Kosten
$5\,900\ € + 16\,874\ € = 22\,774$
Das Dach kostet insgesamt 22 774 €.

---

522 a) **Höhe des Kegels**
$h^2 = (28\ cm)^2 - (20\ cm)^2$
$h^2 = 784\ cm^2 - 400\ cm^2$
$h^2 = 384\ cm^2 \quad |\sqrt{\ }$
$h = 19{,}595\ldots\ cm \approx 19{,}60\ cm$

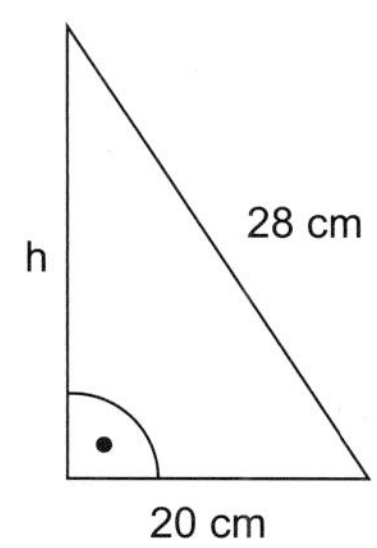

b) **Volumen des Quaders**
$V_{Quader} = 40\ cm \cdot 40\ cm \cdot 19{,}60\ cm$
$V_{Quader} = 31\,360\ cm^3$

Volumen des Kegels
$V_{Kegel} = \frac{1}{3} \cdot (20\ cm)^2 \cdot 3{,}14 \cdot 19{,}6\ cm$
$V_{Kegel} = 8\,205{,}866\ cm^3 \approx 8\,205{,}87\ cm^3$

Volumen des Abfalls in cm^3
$31\,360\ cm^3 - 8\,205{,}87\ cm^3 = 23\,154{,}13\ cm^3$
Volumen des Abfalls in Prozent
$p\ \% = 23\,154{,}13 : 31\,360 \cdot 100\ \%$
$p\ \% = 73{,}833\ldots\ \% \approx 73{,}83\ \%$
Der entstehende Abfall beträgt 23 154,13 cm^3 bzw. 73,83 %.

---

523 a) **Höhe h_k des Kegels**
$h_k^2 = (11{,}67\ cm)^2 - (6\ cm)^2$
$h_k^2 = 136{,}1889\ cm^2 - 36\ cm^2$
$h_k^2 = 100{,}1889\ cm^2 \quad |\sqrt{\ }$
$h_k = 10{,}00\ldots\ cm \approx 10\ cm$

b) **Volumen eines Kegels**
$V_{Kegel} = \frac{1}{3} \cdot (6\ cm)^2 \cdot 3{,}14 \cdot 10\ cm$
$V_{Kegel} = 376{,}8\ cm^3$

c) **Volumen des Zylinders**
$911\ cm^3 - 2 \cdot 376{,}8\ cm^3 = 157{,}4\ cm^3$

d) **Höhe h_Z des Zylinders**
$157{,}4\ cm^3 = (6\ cm)^2 \cdot 3{,}14 \cdot h_Z$
$157{,}4\ cm^3 = 113{,}04\ cm^2 \cdot h_Z$
$h_Z = 1{,}39\ldots\ cm \approx 1{,}4\ cm$

e) **Mantelflächeninhalt eines Kegels**
$M_K = 6\ cm \cdot 3{,}14 \cdot 11{,}67\ cm$
$M_K = 219{,}86\ldots\ cm^2 \approx 219{,}9\ cm^2$
Mantelflächeninhalt des Zylinders
$M_Z = 2 \cdot 6\ cm \cdot 3{,}14 \cdot 1{,}4\ cm$
$M_Z = 52{,}752\ cm^2 \approx 52{,}8\ cm^2$
Oberflächeninhalt des Werkstücks
$2 \cdot 219{,}9\ cm^2 + 52{,}8\ cm^2 = 492{,}6\ cm^2$

---

524 a) **Grundfläche des Sandbergs**
Berechnung des Radius
$d = u : \pi$
$d = 50{,}24\ m : 3{,}14$
$d = 16\ m \Rightarrow r = 8\ m$
Berechnung der Fläche
$A = r^2 \cdot \pi$
$A = (8\ m)^2 \cdot 3{,}14$
$A = 200{,}96\ m^2$
Die Grundfläche ist 200,96 m^2 groß.

b) **Höhe des Sandbergs**
$V = \frac{1}{3} \cdot A \cdot h_k$
$334{,}93\ m^3 = \frac{1}{3} \cdot 200{,}96\ m^2 \cdot h_k$
$h_k = 4{,}9999\ldots\ m$
Der Sandhaufen ist 5 m hoch.

c) **Anzahl der Fahrten**
Ladegewicht des Lkw 18 t
1 m^3 Sand wiegt 1,6 t.

Gewicht des Sandhaufens
$Masse = 334{,}93\ m^3 \cdot 1{,}6 \frac{t}{m^3}$
$Masse = 535{,}888\ t$
Der Sand hat ein Gewicht von 535,888 t.

Anzahl der Fahrten
Anzahl = Gesamtgewicht : Ladegewicht
Anzahl = 535,888 t : 18 t
Anzahl = 29,771555
Der Lastwagen muss 30-mal fahren.

525 **A:** $r = 2\ \text{cm} \quad h_K = 9\ \text{cm}$

$V = \frac{1}{3} \cdot (2\ \text{cm})^2 \cdot 3{,}14 \cdot 9\ \text{cm}$

$V = 37{,}68\ \text{cm}^3$

Preis je cm^3

$1{,}95\ € : 37{,}68\ \text{cm}^3 = 0{,}0517\ldots \frac{€}{\text{cm}^3} \approx 5{,}2 \frac{\text{ct}}{\text{cm}^3}$

B: $d = 6\ \text{cm} \quad r = 3\ \text{cm} \quad h_K = 12\ \text{cm}$

$V = \frac{1}{3} \cdot (3\ \text{cm})^2 \cdot 3{,}14 \cdot 12\ \text{cm}$

$V = 113{,}04\ \text{cm}^3$

Preis je cm^3

$5{,}95\ € : 113{,}04\ \text{cm}^3 = 0{,}0526\ldots \frac{€}{\text{cm}^3} \approx 5{,}3 \frac{\text{ct}}{\text{cm}^3}$

C: $u = 25\ \text{cm} \quad d = 25\ \text{cm} : 3{,}14 \approx 7{,}96 \quad r = 3{,}98\ \text{cm}$

$h_K = 15\ \text{cm}$

$V = \frac{1}{3} \cdot (3{,}98\ \text{cm})^2 \cdot 3{,}14 \cdot 15\ \text{cm}$

$V = 248{,}694\ldots\ \text{cm}^3 \approx 248{,}69\ \text{cm}^3$

Preis je cm^3

$9{,}95\ € : 248{,}69\ \text{cm}^3 = 0{,}0400\ldots \frac{€}{\text{cm}^3} \approx 4{,}0 \frac{\text{ct}}{\text{cm}^3}$

Der Kerzentyp C hat das beste Preis/Leistungsverhältnis.

---

526 a) Aus dem Quader wurde ein kleiner Quader herausgeschnitten, der oben wieder aufgesetzt wurde.

$V = 60\ \text{cm} \cdot 60\ \text{cm} \cdot 20\ \text{cm}$

$V = 72\,000\ \text{cm}^3$

b) Aus dem großen Quader wurde ein kleiner Quader herausgeschnitten.

$V_{außen} = 40\ \text{cm} \cdot 30\ \text{cm} \cdot 50\ \text{cm} = 60\,000\ \text{cm}^3$

$V_{innen} = 20\ \text{cm} \cdot 30\ \text{cm} \cdot 40\ \text{cm} = 24\,000\ \text{cm}^3$

$V = 60\,000\ \text{cm}^3 - 24\,000\ \text{cm}^3 = 36\,000\ \text{cm}^3$

---

527 a) 3 Farben b) 3 Farben c) 2 Farben d) 3 Farben

---

528 a) Netz C b) Netz A

---

529 a) **Skizze**

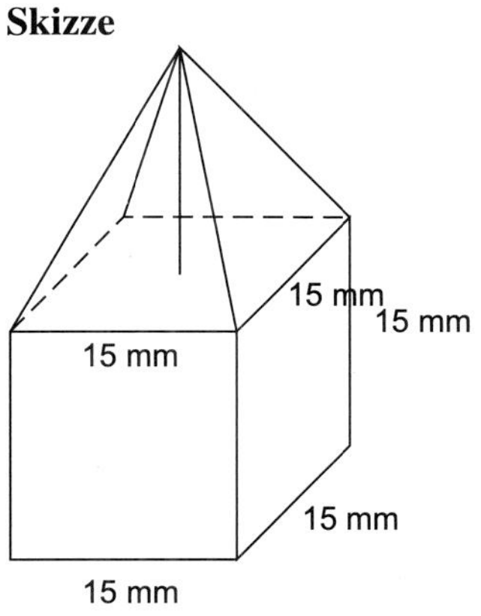

b) **Höhe des Anhängers**

Volumen des Würfels

$V_W = 15\ \text{mm} \cdot 15\ \text{mm} \cdot 15\ \text{mm}$

$V_W = 3\,375\ \text{mm}^3$

Volumen der Pyramide

$V_{gesamt} - V_{Würfel} = V_{Pyramide}$

$3{,}825\ \text{cm}^3 = 3\,825\ \text{mm}^3$

$3\,825\ \text{mm}^3 - 3\,375\ \text{mm}^3 = 450\ \text{mm}^3$

Höhe der Pyramide

$G = 15\ \text{mm} \cdot 15\ \text{mm}$

$G = 225\ \text{mm}^2$

$V = \frac{1}{3} \cdot G \cdot h_k$

$450\ \text{mm}^3 = \frac{1}{3} \cdot 225\ \text{mm}^2 \cdot h_k$

$h_K = 6\ \text{mm}$

Höhe des Anhängers

$15\ \text{mm} + 6\ \text{mm} = 21\ \text{mm}$

530 a) Der Lagerblock ist ein Prisma mit einer zusammengesetzten Grundfläche.

Zerlegen der Grundfläche in berechenbare Teilflächen

A_1: Rechteck unten

$a = 160\text{ cm} \quad b = 50\text{ cm}$

$A_1 = 160\text{ cm} \cdot 50\text{ cm}$

$A_1 = 8\,000\text{ cm}^2$

A_2: aufgesetztes Rechteck

$a = 34\text{ cm} + 23\text{ cm} + 23\text{ cm} = 80\text{ cm} \quad b = 25\text{ cm}$

$A_2 = 80\text{ cm} \cdot 25\text{ cm}$

$A_2 = 2\,000\text{ cm}^2$

A_3: aufgesetzter Halbkreis

$r = 17\text{ cm} + 23\text{ cm} = 40\text{ cm}$

$A_3 = \frac{1}{2} \cdot (40\text{ cm})^2 \cdot 3{,}14$

$A_3 = 2\,512\text{ cm}^2$

A_4: Kreis (Aussparung) oben

$d = 34\text{ cm} \quad r = 17\text{ cm}$

$A_4 = (17\text{ cm})^2 \cdot 3{,}14$

$A_4 = 907{,}46\text{ cm}^2$

Grundfläche des Prismas

$G = A_1 + A_2 + A_3 - A_4$

$G = 8\,000\text{ cm}^2 + 2\,000\text{ cm}^2 + 2\,512\text{ cm}^2 - 907{,}46\text{ cm}^2$

$G = 11\,604{,}54\text{ cm}^2$

Volumen für 6 Lagerblöcke

$V = 6 \cdot G \cdot h_K \qquad h_K = 80\text{ cm}$

$V = 6 \cdot 11\,604{,}54\text{ cm}^2 \cdot 80\text{ cm}$

$V = 6 \cdot 928\,363{,}2\text{ cm}^3$

$V = 5\,570\,179{,}2\text{ cm}^3$

$V \approx 5{,}57\text{ m}^3$

b) **Masse der 6 Lagerblöcke**

$\text{Masse} = 5{,}57\text{ m}^3 \cdot 7{,}3\,\frac{\text{t}}{\text{m}^3}$

$\text{Masse} = 40{,}661\text{ t}$

---

531 a) **Durchmesser des Zylinders**

$V = 3\,846{,}5\text{ cm}^3 \quad h_Z = 25\text{ cm}$

$3\,846{,}5\text{ cm}^3 = r^2 \cdot 3{,}14 \cdot 25$

$r = 7\text{ cm} \Rightarrow d = 14\text{ cm}$

b) **Grundkante der Pyramide**

$d^2 = a^2 + a^2$

$d^2 = 2a^2$

$(14\text{ cm})^2 = 2a^2$

$196\text{ cm}^2 = 2a^2$

$98\text{ cm}^2 = a^2 \quad |\sqrt{\ }$

$a = 9{,}899\ldots\text{ cm}$

$a \approx 9{,}9\text{ cm}$

c) **Rauminhalt des Werkstücks**

Volumen der Pyramide

$V = \frac{1}{3} \cdot (9{,}9\text{ cm})^2 \cdot 25\text{ cm}$

$V = 816{,}75\text{ cm}^3$

Volumen des Werkstücks

$3\,846{,}5\text{ cm}^3 - 816{,}75\text{ cm}^3 = 3\,029{,}75\text{ cm}^3$

---

532 a) Das Denkmal setzt sich aus 4 Teilkörpern zusammen.

Berechnen der einzelnen Rauminhalte

V_1: unterer Quader

$V_1 = 5\text{ m} \cdot 5\text{ m} \cdot 0{,}75\text{ m}$

$V_1 = 18{,}75\text{ m}^3$

V_2: aufgesetzter Quader

$V_2 = 4\text{ m} \cdot 4\text{ m} \cdot 0{,}5\text{ m}$

$V_2 = 8\text{ m}^3$

V_3: Zylinder

$r = 2{,}5\text{ m} : 2 = 1{,}25\text{ m}$

$V_3 = (1{,}25\text{ m})^2 \cdot 3{,}14 \cdot 4\text{ m}$

$V_3 = 19{,}625\text{ m}^3$

V_4: aufgesetzter Kegel

$r = 1{,}25\text{ m} \quad h_k = 1{,}5\text{ m}$

$V_4 = \frac{1}{3} \cdot r^2 \cdot 3{,}14 \cdot h_k$

$V_4 = 2{,}453125\text{ m}^3$

Volumen des gesamten Denkmals

$V = V_1 + V_2 + V_3 + V_4$

$V = 18{,}75\text{ m}^3 + 8\text{ m}^3 + 19{,}625\text{ m}^3 + 2{,}453125\text{ m}^3$

$V = 48{,}828125\text{ m}^3$

b) **Masse des Denkmals**

$\text{Masse} = 48{,}828125\ \text{m}^3 \cdot 2{,}8\ \frac{\text{t}}{\text{m}^3}$

$\text{Masse} = 136{,}71875\ \text{t}$

Traglast: $2 \cdot 75\ \text{t} = 150\ \text{t}$

Zwei Autokräne können das Denkmal anheben.

---

533 a) **Volumen großer Zylinder**

$d = 3{,}2\ \text{dm} \quad r = 1{,}6\ \text{dm}$

$V_1 = (1{,}6\ \text{dm})^2 \cdot 3{,}14 \cdot 6{,}4\ \text{dm}$

$V_1 = 51{,}44576\ \text{dm}^3$

$V_1 \approx 51{,}4\ \text{dm}^3$

Volumen kleine Zylinder

$d = 0{,}8\ \text{dm} \quad r = 0{,}4\ \text{dm}$

$V_2 = (0{,}4\ \text{dm})^2 \cdot 3{,}14 \cdot 6{,}4\ \text{dm}$

$V_2 = 3{,}21536\ \text{dm}^3$

$V_2 \approx 3{,}2\ \text{dm}^3$

Volumen Werkstück:

$V = V_1 - V_2$

$V = 51{,}4\ \text{dm}^3 - 4 \cdot 3{,}2\ \text{dm}^3$

$V = 38{,}6\ \text{dm}^3$

b) **8 herausgefräste Grundflächen:**

$A = 8 \cdot (0{,}4\ \text{dm})^2 \cdot 3{,}14$

$A = 4{,}0192\ \text{dm}^2$

$A \approx 4{,}0\ \text{dm}^2$

Oberfläche großer Zylinder

$O_Z = 2 \cdot G_Z + M_Z$

$O_Z = 2 \cdot (1{,}6\ \text{dm})^2 \cdot 3{,}14 + 2 \cdot 1{,}6\ \text{dm} \cdot 3{,}14 \cdot 6{,}4\ \text{dm}$

$O_Z = 16{,}0768\ \text{dm}^2 + 64{,}3072\ \text{dm}^2$

$O_Z = 80{,}384\ \text{dm}^2$

$O_Z \approx 80{,}4\ \text{dm}^2$

Mantelfläche der 4 herausgefrästen Zylinder

$M_Z = 4 \cdot 2 \cdot 0{,}4\ \text{dm} \cdot 3{,}14 \cdot 6{,}4\ \text{dm}$

$M_Z = 64{,}3072\ \text{dm}^2$

$M_Z \approx 64{,}3\ \text{dm}^2$

Oberfläche Werkstück

$O_W = O_Z - A + M_Z$

$O_W = 80{,}4\ \text{dm}^2 - 4\ \text{dm}^2 + 64{,}3\ \text{dm}^2$

$O_W = 140{,}7\ \text{dm}^2$

9 Geometrisches Zeichnen

534 a) Der Punkt A liegt auf der Geraden g.
Zeichne durch den Punkt A mithilfe des Geodreiecks eine Senkrechte zur Geraden g.
Die Senkrechte zur Geraden g durch den Punkt A ist das Lot auf die Gerade g durch den Punkt A.

b) Der Punkt B liegt nicht auf der Geraden h.
Zeichne durch den Punkt B mithilfe des Geodreiecks eine Senkrechte zur Geraden h.
Die Senkrechte zur Geraden h durch den Punkt B ist das Lot auf die Gerade h durch den Punkt B.

c) Der Punkt C liegt nicht auf der Geraden i.
Zeichne durch den Punkt C mithilfe des Geodreiecks eine Senkrechte zur Geraden i.
Die Senkrechte zur Geraden i durch den Punkt C ist das Lot auf die Gerade i durch den Punkt C.

d) Der Punkt D liegt auf der Geraden k.
Zeichne durch den Punkt D mithilfe des Geodreiecks eine Senkrechte zur Geraden k.
Die Senkrechte zur Geraden k durch den Punkt D ist das Lot auf die Gerade k durch den Punkt D.

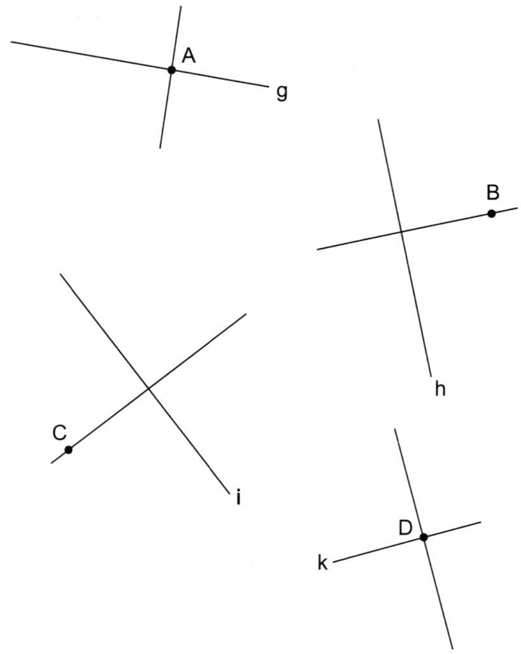

535 a) **Zeichenschritte**
- Zeichne mit dem Geodreieck die Strecke $\overline{AB}$.
- Markiere den Mittelpunkt M der Strecke $\overline{AB}$.
  $|\overline{AB}| = 7$ cm, $|\overline{AM}| = 3{,}5$ cm
- Zeichne mit dem Geodreieck die Mittelsenkrechte durch den Punkt M.

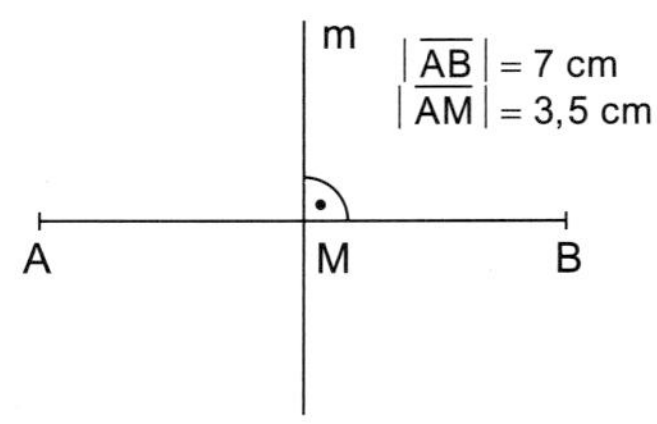

b) **Zeichenschritte**
- Zeichne mit dem Geodreieck die Strecke $\overline{CD}$.
- Markiere den Mittelpunkt M der Strecke $\overline{CD}$.
  $|\overline{CD}| = 9$ cm, $|\overline{CM}| = 4{,}5$ cm
- Zeichne mit dem Geodreieck die Mittelsenkrechte durch den Punkt M.

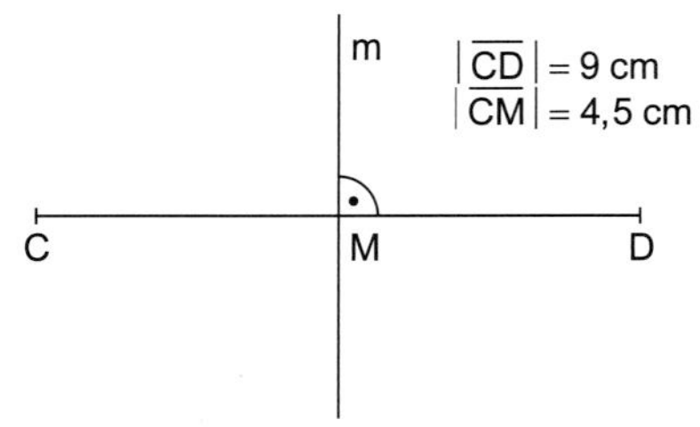

c) **Zeichenschritte**
- Zeichne mit dem Geodreieck die Strecke $\overline{EF}$.
- Markiere den Mittelpunkt M der Strecke $\overline{EF}$.
  $|\overline{EF}| = 6{,}8$ cm, $|\overline{EM}| = 3{,}4$ cm
- Zeichne mit dem Geodreieck die Mittelsenkrechte durch den Punkt M.

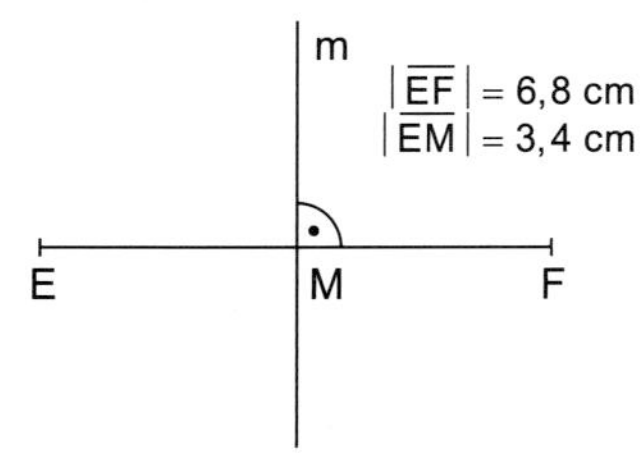

d) **Zeichenschritte**
- Zeichne mit dem Geodreieck die Strecke $\overline{GH}$.
- Markiere den Mittelpunkt M der Strecke $\overline{GH}$.
  $|\overline{GH}| = 8{,}8$ cm, $|\overline{GM}| = 4{,}4$ cm
- Zeichne mit dem Geodreieck die Mittelsenkrechte durch den Punkt M.

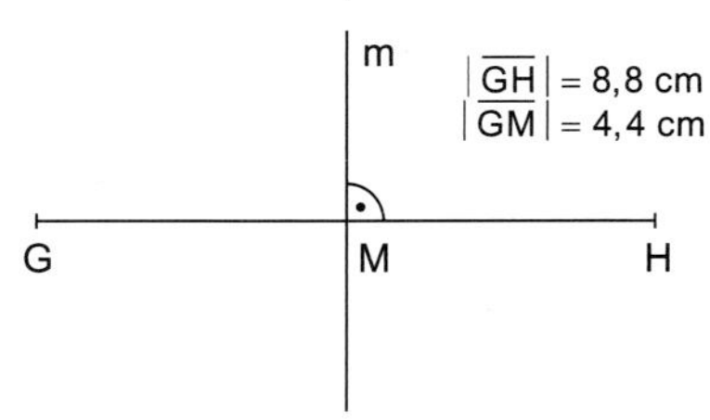

Maßstab 1 : 2

536 Anlage des Koordinatensystems: x-Achse 12 cm, y-Achse 7 cm
Die Punkte A(1 | 1), B(10 | 2), C(7 | 6), D(4 | 4,5) in das Koordinatensystem eintragen und zum Viereck ABCD verbinden.

Lot von C auf die Strecke $\overline{AB}$ fällen:
- Zeichne durch den Punkt C mithilfe des Geodreiecks eine Senkrechte zur Strecke $\overline{AB}$.

Lot von D auf die Strecke $\overline{AB}$ fällen:
- Zeichne durch den Punkt D mithilfe des Geodreiecks eine Senkrechte zur Strecke $\overline{AB}$.

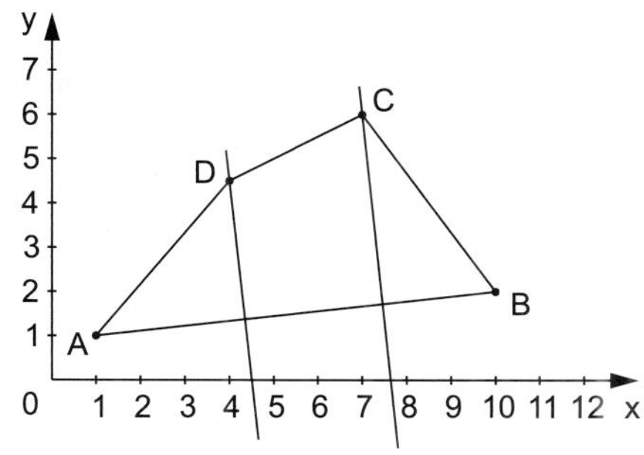

---

537 a) Anlage des Koordinatensystems:
x-Achse 12 cm, y-Achse 10 cm
Die Punkte A(1 | 1), B(10 | 1), C(7 | 9) in das Koordinatensystem eintragen und zum Dreieck ABC verbinden.

Mittelsenkrechte m_c:
- Markiere mithilfe des Geodreiecks den Mittelpunkt M_c der Strecke $\overline{AB}$. $|\overline{AM_c}| = 4,5$ cm
- Zeichne durch den Punkt M_c mithilfe des Geodreiecks eine Senkrechte zur Strecke $\overline{AB}$.

Mittelsenkrechte m_b:
- Markiere mithilfe des Geodreiecks den Mittelpunkt M_b der Strecke $\overline{AC}$. $|\overline{AM_b}| = 5$ cm
- Zeichne durch den Punkt M_b mithilfe des Geodreiecks eine Senkrechte zur Strecke $\overline{AC}$.

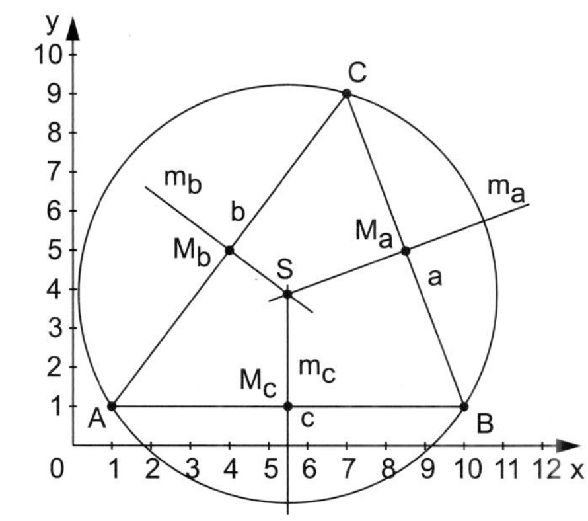

Mittelsenkrechte m_a:
- Markiere mithilfe des Geodreiecks den Mittelpunkt M_a der Strecke $\overline{BC}$. $|\overline{AM_a}| = 4,3$ cm
- Zeichne durch den Punkt M_a mithilfe des Geodreiecks eine Senkrechte zur Strecke $\overline{BC}$.

Kreis um S mit Radius $r = |\overline{SA}|$ zeichnen. Auf dem Kreis liegen die Punkte A, B, C. Der Kreis um S mit dem Radius $r = |\overline{SA}|$ ist der Umkreis des Dreiecks ABC.

b) Anlage des Koordinatensystems:
x-Achse 9 cm, y-Achse 9 cm
Die Punkte A(1 | 0,5), B(8 | 3), C(2 | 8) in das Koordinatensystem eintragen und zum Dreieck ABC verbinden.

Mittelsenkrechte m_c:
- Markiere mithilfe des Geodreiecks den Mittelpunkt M_c der Strecke $\overline{AB}$. $|\overline{AM_c}| = 3,7$ cm
- Zeichne durch den Punkt M_c mithilfe des Geodreiecks eine Senkrechte zur Strecke $\overline{AB}$.

Mittelsenkrechten m_b:
- Markiere mithilfe des Geodreiecks den Mittelpunkt M_b der Strecke $\overline{AC}$. $|\overline{AM_b}| = 3,8$ cm
- Zeichne durch den Punkt M_b mithilfe des Geodreiecks eine Senkrechte zur Strecke $\overline{AC}$.

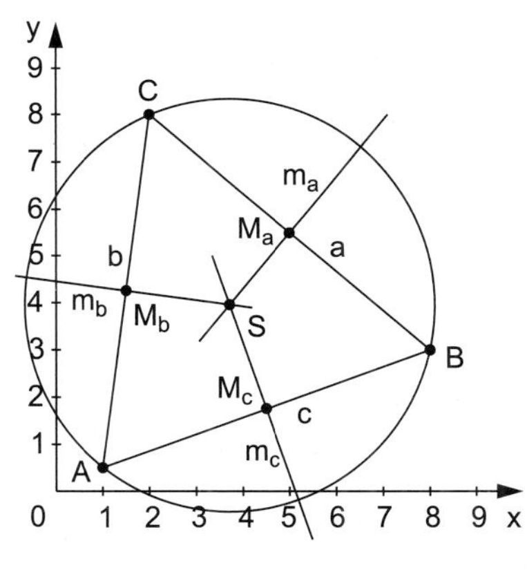

Mittelsenkrechte m_a:
- Markiere mithilfe des Geodreiecks den Mittelpunkt M_a der Strecke $\overline{BC}$. $|\overline{AM_a}| = 3,9$ cm
- Zeichne durch den Punkt M_a mithilfe des Geodreiecks eine Senkrechte zur Strecke $\overline{BC}$.

Kreis um S mit Radius $r = |\overline{SA}|$ zeichnen. Auf dem Kreis liegen die Punkte A, B, C. Der Kreis um S mit dem Radius $r = |\overline{SA}|$ ist der Umkreis des Dreiecks ABC.

538 a) Anlage des Koordinatensystems:
x-Achse 12 cm, y-Achse 9 cm
Die Punkte A(2 | 2), B(11 | 1), C(6 | 8) in das Koordinatensystem eintragen und zum Dreieck ABC verbinden.
- Zeichne durch den Punkt A mithilfe des Geodreiecks eine Senkrechte zur Seite a.
- Zeichne durch den Punkt B mithilfe des Geodreiecks eine Senkrechte zur Seite b.
- Zeichne durch den Punkt C mithilfe des Geodreiecks eine Senkrechte zur Seite c.

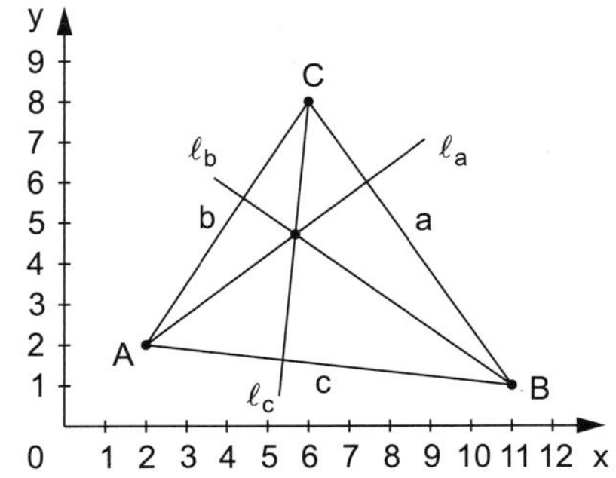

b) Anlage des Koordinatensystems:
x-Achse 12 cm, y-Achse 10 cm
Die Punkte A(1 | 0), B(11 | 2), C(4,5 | 10) in das Koordinatensystem eintragen und zum Dreieck ABC verbinden.
- Zeichne durch den Punkt A mithilfe des Geodreiecks eine Senkrechte zur Seite a.
- Zeichne durch den Punkt B mithilfe des Geodreiecks eine Senkrechte zur Seite b.
- Zeichne durch den Punkt C mithilfe des Geodreiecks eine Senkrechte zur Seite c.

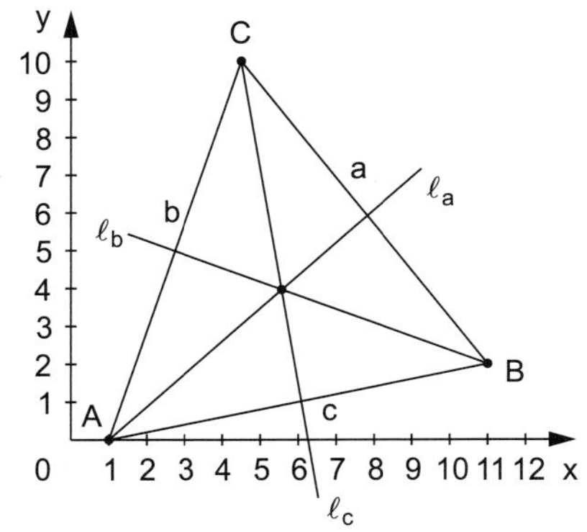

539 **Zeichenschritte**
- Anlegen des Koordinatensystem mit der Einheit 1 cm.
- x-Achse: 0 bis 10 cm
- y-Achse: 0 bis 9 cm
- Die Punkte A und B in das Koordinatensystem eintragen und zur Strecke $\overline{AB}$ verbinden.

a) Die Strecke $\overline{AB}$ mit dem Geodreieck halbieren, den Mittelpunkt der Strecke $\overline{AB}$ mit F bezeichnen, mit dem Geodreieck die Mittelsenkrechte durch den Punkt F zeichnen.

oder

Mit dem Zirkel die Mittelsenkrechte zur Strecke $\overline{AB}$ konstruieren.

b) Kreis um F mit dem Radius $r = |\overline{FA}|$ zeichnen.

c) Die Punkte A, B, C und D zu einem Quadrat verbinden.
C(7 | 1); D(4 | 8)

d) Die Winkelhalbierende und die Mittelsenkrechte sind identisch.

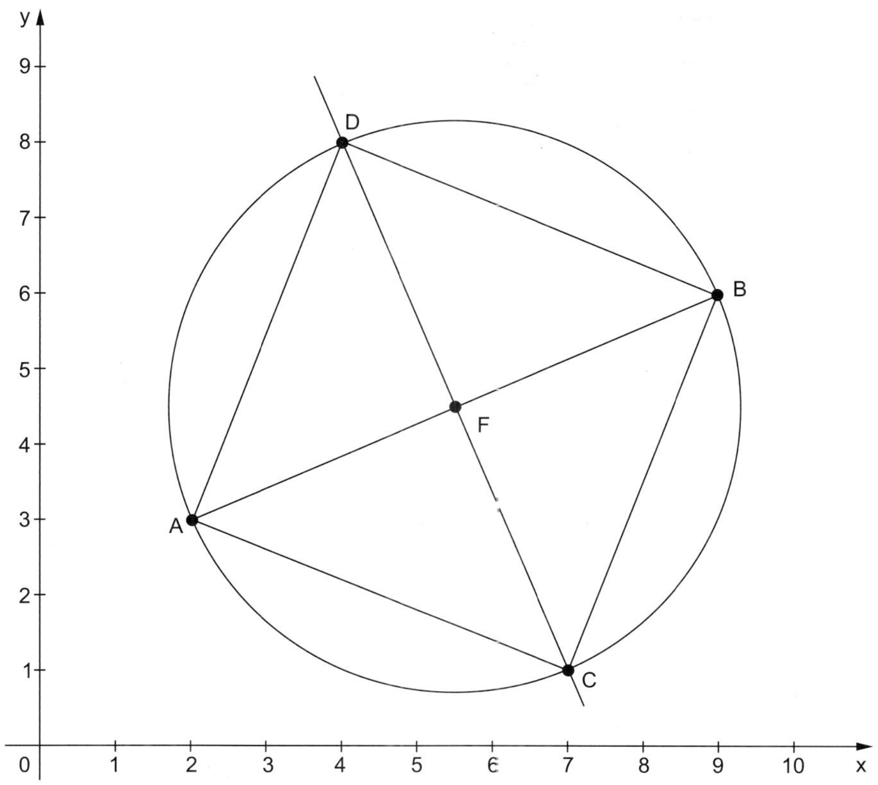

540 **Zeichenschritte**

a) Anlegen des Koordinatensystem mit der Einheit 1 cm und die Punkte A, B und C in das Koordinatensystem eintragen.
x-Achse: 0 bis 12 cm
y-Achse: 0 bis 13 cm

b) Die Punkte A, B und C zum Dreieck ABC verbinden.

c) Parallele zur Strecke $\overline{BC}$ durch den Punkt A zeichnen.
Parallele zur Strecke $\overline{AB}$ durch den Punkt C zeichnen.
Der Schnittpunkt der Parallelen ergibt den Eckpunkt D.
Koordinaten von Punkt D: D(4 | 11)
Punkt D mit den Punkten A und C verbinden.

d) Den Punkt B mit dem Geodreieck an der Strecke $\overline{AC}$ spiegeln.

e) Mit dem Geodreieck von Punkt D aus das Lot auf die Strecke $\overline{AC}$ zeichnen.

f) Punkt B mit Punkt D verbinden.
Der Schnittpunkt mit der Strecke $\overline{AC}$ ist der Mittelpunkt M für den Kreis durch die Punkte A, B und C; Kreis um M mit dem Radius $\overline{MA}$ zeichnen.

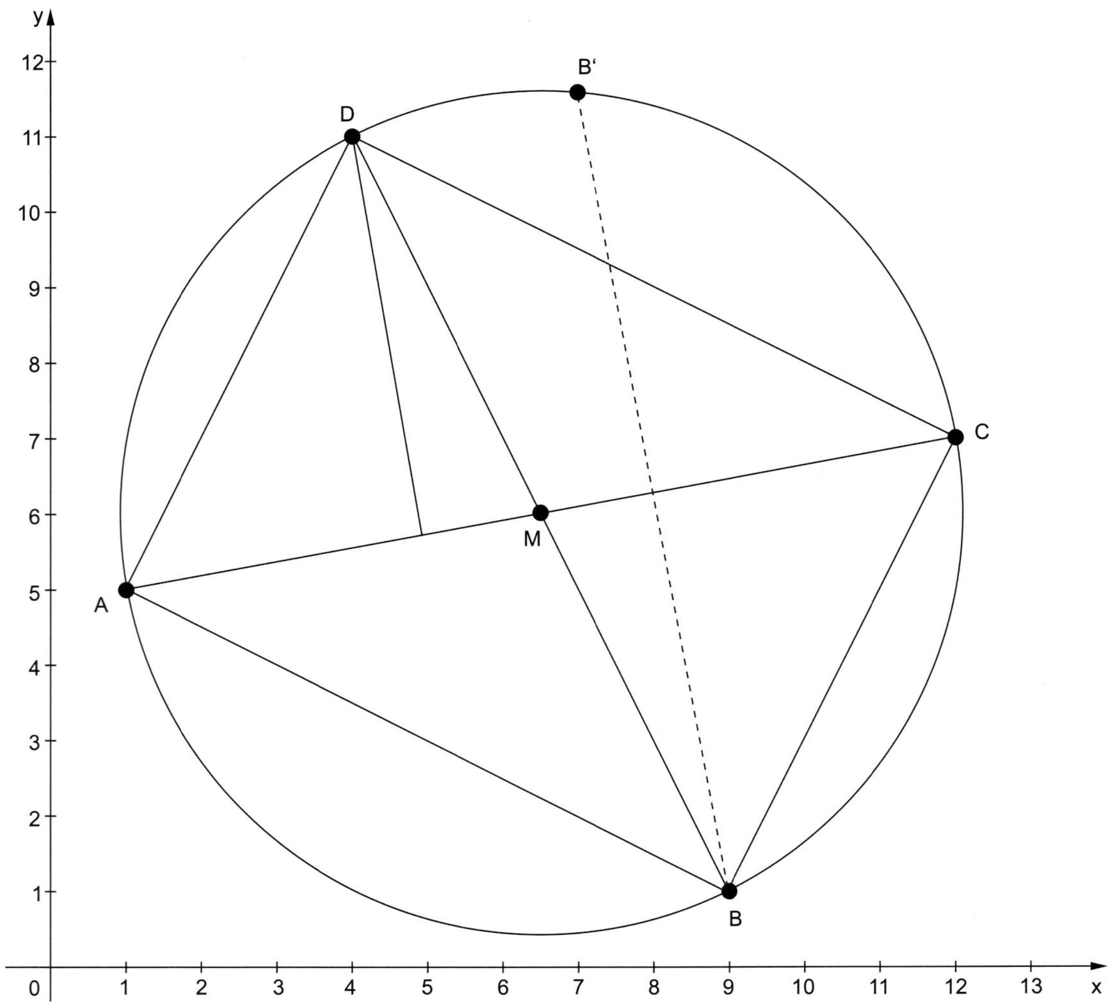

541 **Zeichenschritte**

- Anlegen des Koordinatensystem mit der Einheit 1 cm
- x-Achse: 0 bis 12 cm
- y-Achse: 0 bis 9 cm
- Punkte A und B in das Koordinatensystem eintragen

a) Verbinde die Punkte A und B zur Strecke $\overline{AB}$.
Kreisbogen um A mit Radius r = 7 cm zeichnen.
Kreisbogen um B mit Radius r = 7 cm zeichnen.
Der Schnittpunkt der beiden Kreisbögen ergibt den Punkt C.
Die Punkte A und B jeweils mit dem Punkt C zum gleichschenkligen Dreieck verbinden.
C(6 | 8)

b) Mit dem Geodreieck die Mittelsenkrechte zur Strecke $\overline{AB}$ zeichnen.

c) Mit dem Geodreieck durch den Punkt C die Parallele zur Strecke $\overline{AB}$ zeichnen.

d) Mit dem Geodreieck durch den Punkt A die Parallele zur Strecke $\overline{BC}$ zeichnen.
Den Schnittpunkt der Parallelen mit D bezeichnen.
Den Punkt D jeweils mit dem Punkt A und C zum Parallelogramm verbinden.
D(11 | 6)

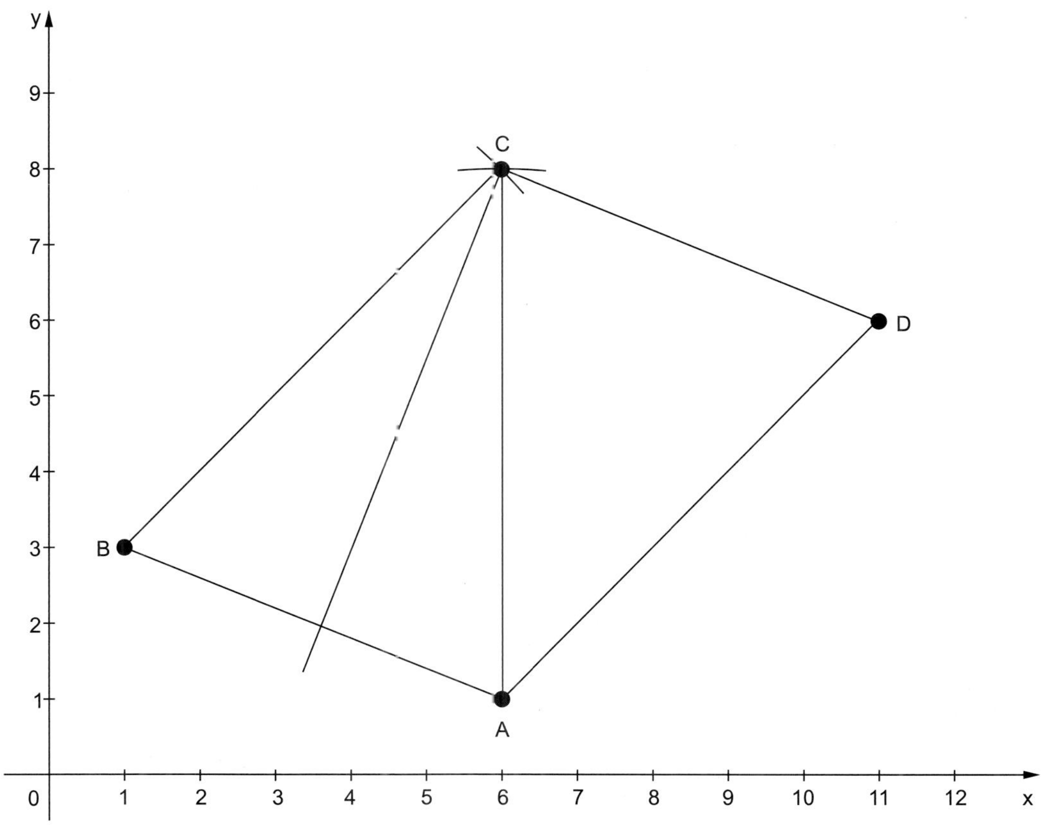

542 a) **Zeichenschritte**

- Strecke $|\overline{AB}| = c = 6{,}5$ cm zeichnen.
  Damit sind die Ecken A und B festgelegt.
- Kreisbogen um A mit dem Radius $r = b = 6{,}1$ cm zeichnen.
- Kreisbogen um B mit dem Radius $r = a = 7$ cm zeichnen.
- Der Schnittpunkt der beiden Kreisbögen ergibt die Ecke C.
- A mit C und B mit C verbinden.

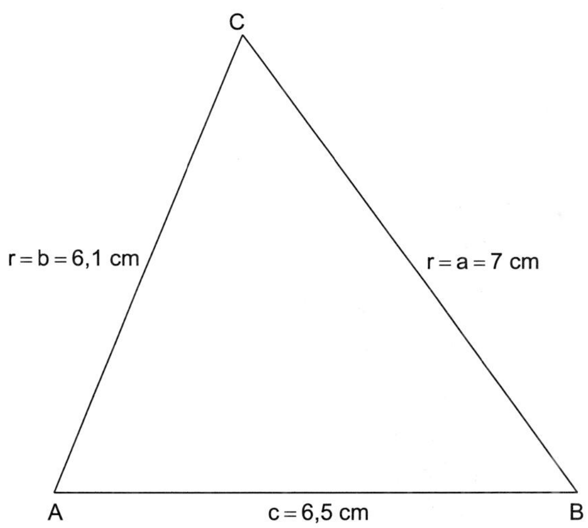

b) **Zeichenschritte**

- Strecke $|\overline{AB}| = c = 3$ cm zeichnen.
  Damit sind die Ecken A und B festgelegt.
- Kreisbogen um A mit dem Radius $r = b = 4$ cm zeichnen.
- Kreisbogen um B mit dem Radius $r = a = 5$ cm zeichnen.
- Der Schnittpunkt der beiden Kreisbögen ergibt die Ecke C.
- A mit C und B mit C verbinden.

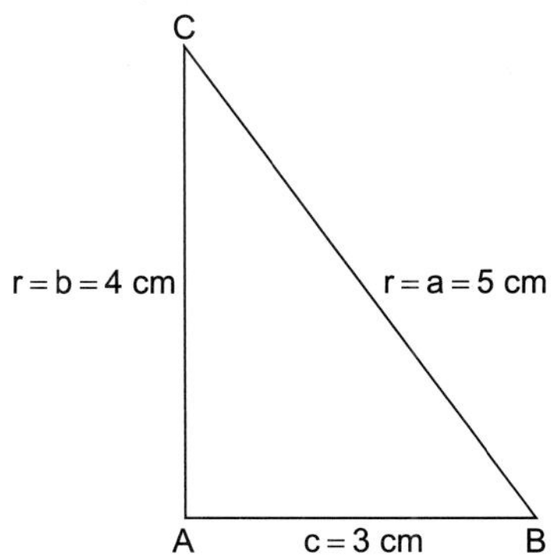

c) **Zeichenschritte**

- Strecke $|\overline{AB}| = c = 5{,}5$ cm zeichnen.
  Damit sind die Ecken A und B festgelegt.
- Kreisbogen um A mit dem Radius $r = b = 7$ cm zeichnen.
- Kreisbogen um B mit dem Radius $r = a = 6{,}5$ cm zeichnen.
- Der Schnittpunkt der beiden Kreisbögen ergibt die Ecke C.
- A mit C und B mit C verbinden.

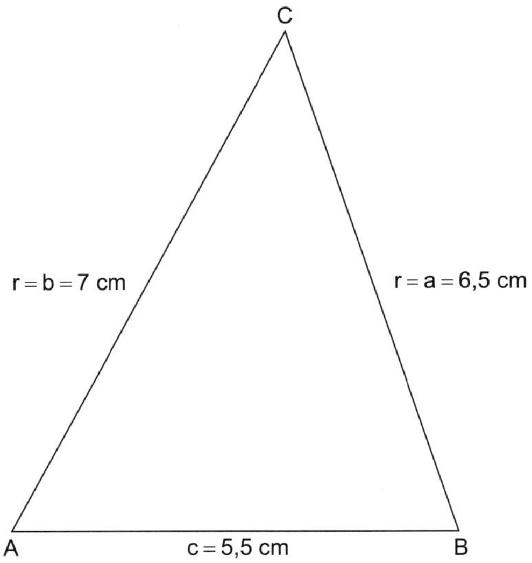

543 a) **Zeichenschritte**

- Strecke $|\overline{AB}| = c = 6$ cm zeichnen.
  Damit sind die Ecken A und B festgelegt.
- Kreisbogen um A mit dem Radius $r = b = 5$ cm zeichnen.
- Kreisbogen um B mit dem Radius $r = a = 4$ cm zeichnen.
- Der Schnittpunkt der beiden Kreisbögen ergibt die Ecke C.
- A mit C und B mit C verbinden.

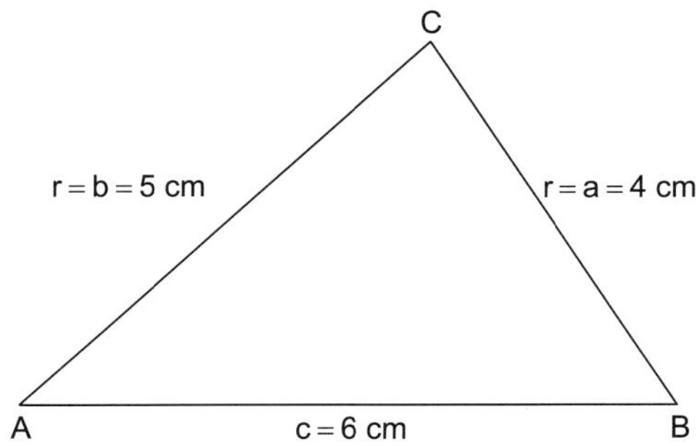

b) **Zeichenschritte**

- Strecke $|\overline{AB}| = c = 6$ cm zeichnen.
  Damit sind die Ecken A und B festgelegt.
- Kreisbogen um A mit dem Radius $r = b = 3{,}5$ cm zeichnen.
- Kreisbogen um B mit dem Radius $r = a = 4{,}5$ cm zeichnen.
- Der Schnittpunkt der beiden Kreisbögen ergibt die Ecke C.
- A mit C und B mit C verbinden.

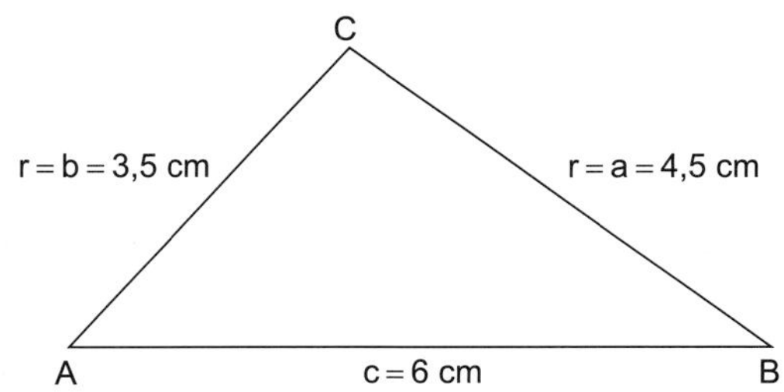

c) **Zeichenschritte**

- Strecke $|\overline{AB}| = c = 10{,}2$ cm zeichnen.
  Damit sind die Ecken A und B festgelegt.
- Kreisbogen um A mit dem Radius $r = b = 4{,}5$ cm zeichnen.
- Kreisbogen um B mit dem Radius $r = a = 8$ cm zeichnen.
- Der Schnittpunkt der beiden Kreisbögen ergibt die Ecke C.
- A mit C und B mit C verbinden.

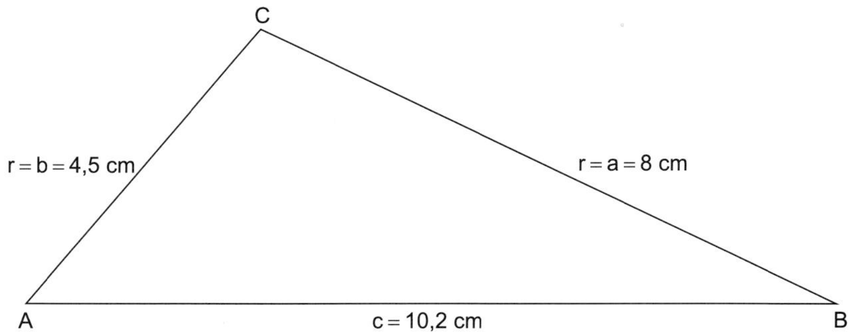

d) **Zeichenschritte**
- Strecke $|\overline{AB}| = c = 10,5$ cm zeichnen.
  Damit sind die Ecken A und B festgelegt.
- Kreisbogen um A mit dem Radius r = b = 5,8 cm zeichnen.
- Kreisbogen um B mit dem Radius r = a = 8,4 cm zeichnen.
- Der Schnittpunkt der beiden Kreisbögen ergibt die Ecke C.
- A mit C und B mit C verbinden.

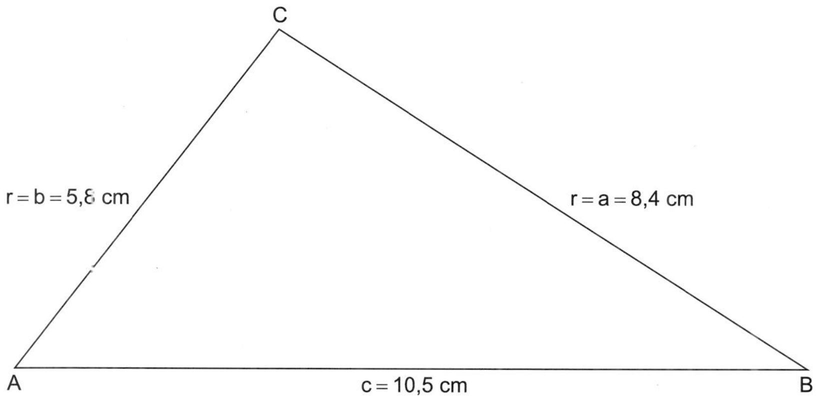

544 a) **Zeichenschritte**
- Strecke $|\overline{AB}| = c = 6$ cm zeichnen.
  Damit sind die Ecken A und B festgelegt.
- Den Winkel $\beta = 45°$ mit dem Geodreieck an Punkt B antragen.
- Kreisbogen um B mit dem Radius r = a = 4,5 cm zeichnen.
- Der Schnittpunkt des Kreisbogens mit der Seite a ergibt die Ecke C.
- A mit C verbinden.

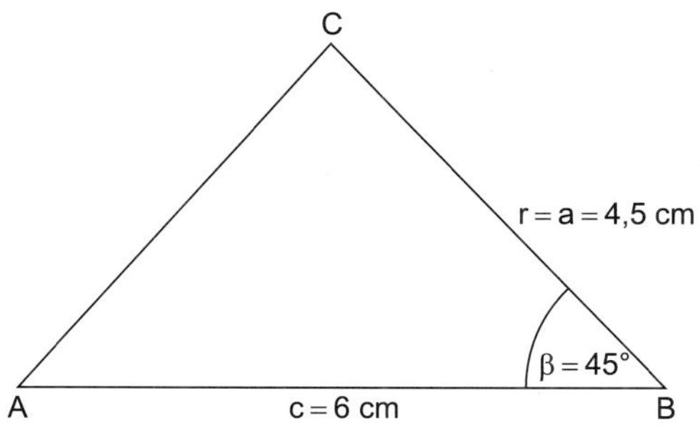

b) **Zeichenschritte**
- Strecke $|\overline{AB}| = c = 4$ cm zeichnen.
  Damit sind die Ecken A und B festgelegt.
- Den Winkel $\alpha = 67°$ mit dem Geodreieck an Punkt A antragen.
- Kreisbogen um A mit dem Radius r = b = 6 cm zeichnen.
- Der Schnittpunkt des Kreisbogens mit der Seite b ergibt die Ecke C.
- B mit C verbinden.

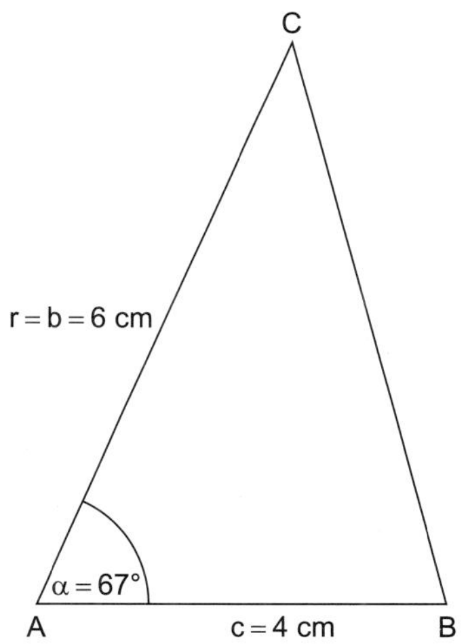

c) **Zeichenschritte**
- Strecke $|\overline{AC}| = b = 8{,}5$ cm zeichnen.
  Damit sind die Ecken A und C festgelegt.
- Den Winkel $\gamma = 65°$ mit dem Geodreieck an Punkt C antragen.
- Kreisbogen um C mit dem Radius $r = a = 5{,}8$ cm zeichnen.
- Der Schnittpunkt des Kreisbogens mit der Seite a ergibt die Ecke B.
- A mit B verbinden.

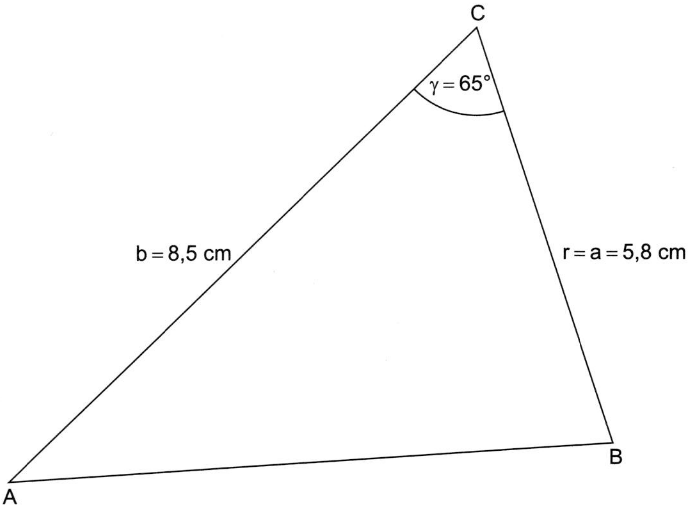

---

545 a) **Zeichenschritte**
- Strecke $|\overline{AB}| = c = 6$ cm zeichnen.
  Damit sind die Ecken A und B festgelegt.
- Den Winkel $\alpha = 60°$ mit dem Geodreieck an Punkt A antragen.
- Kreisbogen um A mit dem Radius $r = b = 5$ cm zeichnen.
- Der Schnittpunkt des Kreisbogens mit der Seite b ergibt die Ecke C.
- B mit C verbinden.

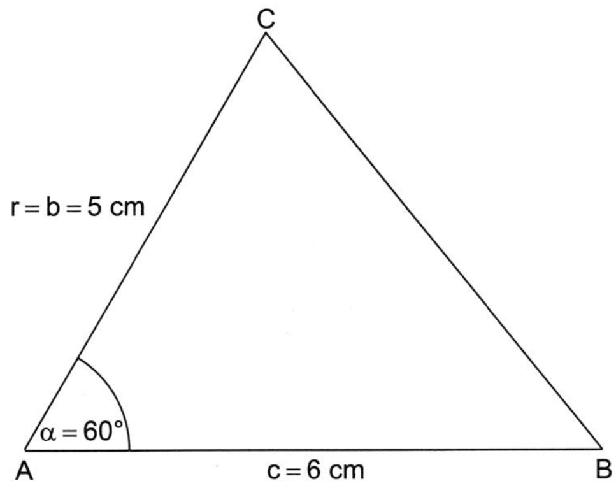

b) **Zeichenschritte**
- Strecke $|\overline{BC}| = a = 5{,}5$ cm zeichnen.
  Damit sind die Ecken B und C festgelegt.
- Den Winkel $\gamma = 65°$ mit dem Geodreieck an Punkt C antragen.
- Kreisbogen um C mit dem Radius $r = b = 4{,}5$ cm zeichnen.
- Der Schnittpunkt des Kreisbogens mit der Seite b ergibt die Ecke A.
- A mit B verbinden.

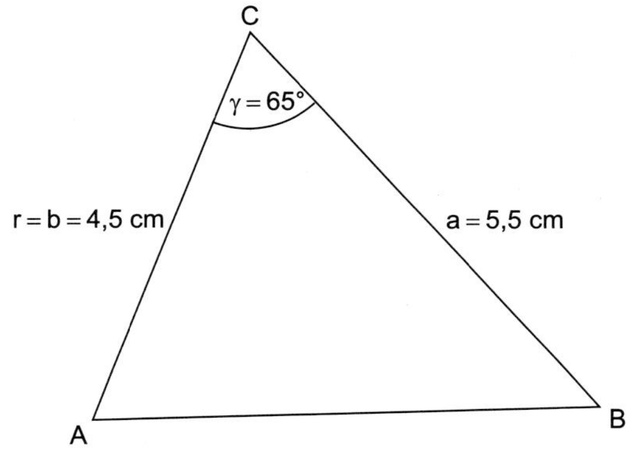

c) **Zeichenschritte**
- Strecke $|\overline{AB}| = c = 8$ cm zeichnen.
  Damit sind die Ecken A und B festgelegt.
- Den Winkel $\beta = 40°$ mit dem Geodreieck an Punkt B antragen.
- Kreisbogen um B mit dem Radius $r = a = 4{,}5$ cm zeichnen.
- Der Schnittpunkt des Kreisbogens mit der Seite a ergibt die Ecke C.
- A mit C verbinden.

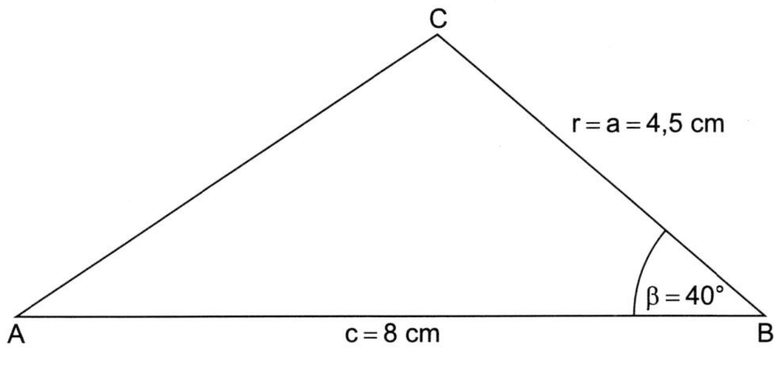

d) **Zeichenschritte**
- Strecke $|\overline{BC}| = a = 7{,}2$ cm zeichnen.
  Damit sind die Ecken B und C festgelegt.
- Den Winkel $\gamma = 35°$ mit dem Geodreieck an Punkt C antragen.
- Kreisbogen um C mit dem Radius $r = b = 6{,}8$ cm zeichnen.
- Der Schnittpunkt des Kreisbogens mit der Seite b ergibt die Ecke A.
- A und B verbinden.

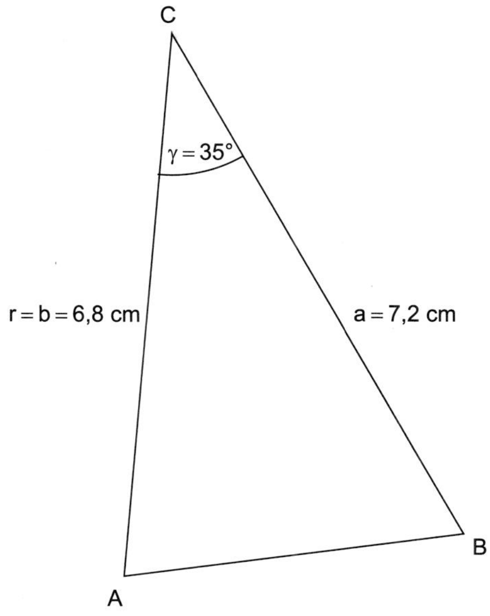

546 a) **Zeichenschritte**
- Strecke $|\overline{AB}| = c = 8$ cm zeichnen.
  Damit sind die Ecken A und B festgelegt.
- Den Winkel $\alpha = 40°$ mit dem Geodreieck an Punkt A antragen.
- Den Winkel $\beta = 80°$ mit dem Geodreieck an Punkt B antragen.
- Der Schnittpunkt der beiden freien Schenkel ergibt die Ecke C.

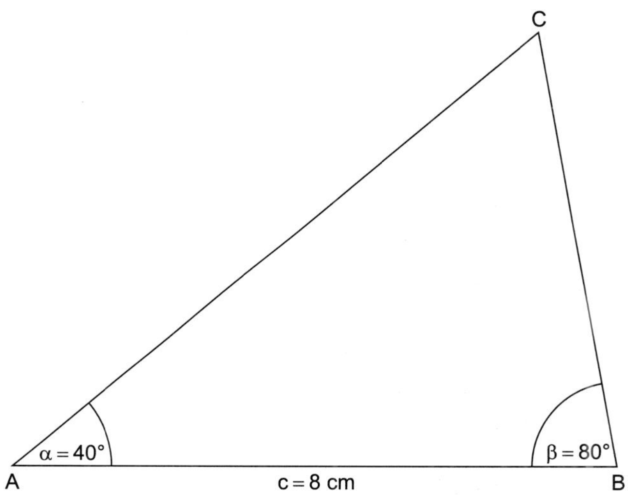

b) **Zeichenschritte**
- Strecke $|\overline{AC}| = b = 9{,}5$ cm zeichnen.
  Damit sind die Ecken A und C festgelegt.
- Den Winkel $\gamma = 70°$ mit dem Geodreieck an Punkt C antragen.
- Den Winkel $\alpha = 60°$ mit dem Geodreieck an Punkt A antragen.
- Der Schnittpunkt der beiden freien Schenkel ergibt die Ecke B.

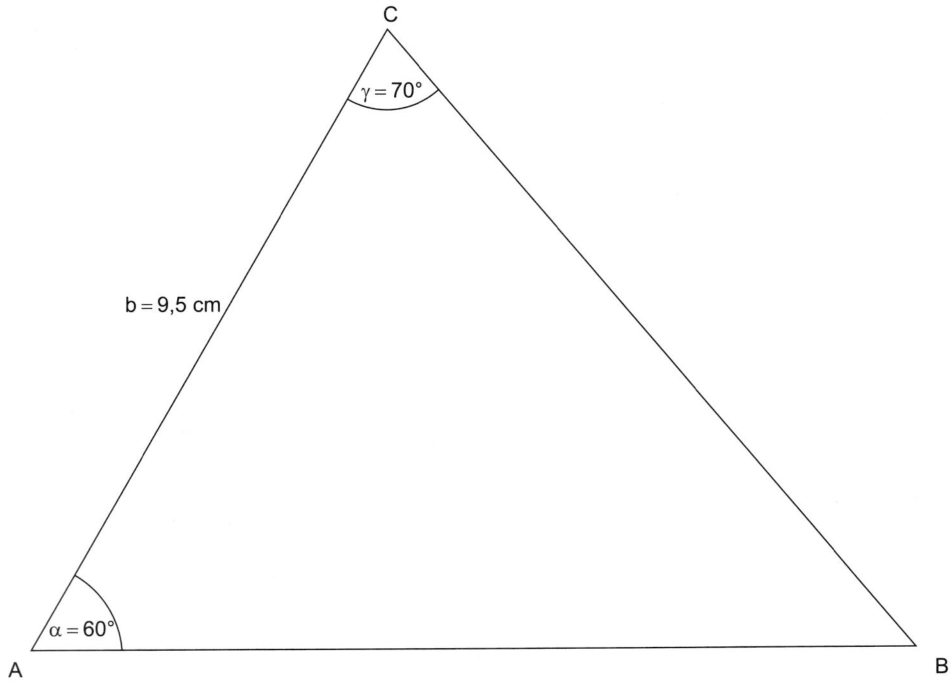

c) **Zeichenschritte**
- Strecke $|\overline{BC}| = a = 10{,}3$ cm zeichnen.
  Damit sind die Ecken B und C festgelegt.
- Den Winkel $\beta = 37°$ mit dem Geodreieck an Punkt B antragen.
- Den Winkel $\gamma = 85°$ mit dem Geodreieck an Punkt C antragen.
- Der Schnittpunkt der beiden freien Schenkel ergibt die Ecke A.

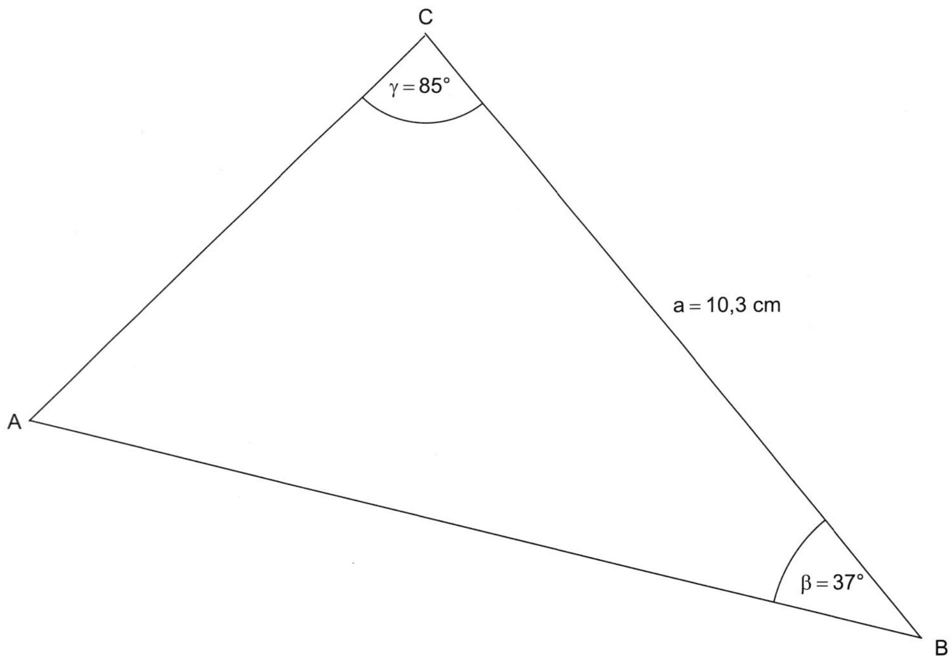

547 a) **Zeichenschritte**

- Strecke $|\overline{AB}| = c = 6$ cm zeichnen.
  Damit sind die Ecken A und B festgelegt.
- Den Winkel $\alpha = 60°$ mit dem Geodreieck an Punkt A antragen.
- Den Winkel $\beta = 40°$ mit dem Geodreieck an Punkt B antragen.
- Der Schnittpunkt der beiden freien Schenkel ergibt die Ecke C.

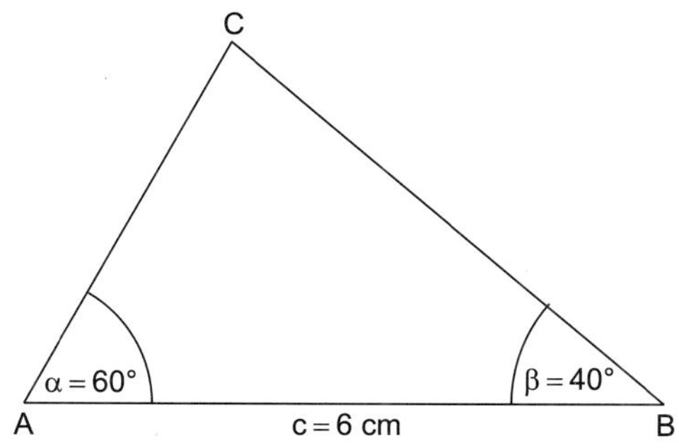

b) **Zeichenschritte**

- Strecke $|\overline{BC}| = a = 5{,}5$ cm zeichnen.
  Damit sind die Ecken B und C festgelegt.
- Den Winkel $\gamma = 65°$ mit dem Geodreieck an Punkt C antragen.
- Den Winkel $\beta = 35°$ mit dem Geodreieck an Punkt B antragen.
- Der Schnittpunkt der beiden freien Schenkel ergibt die Ecke A.

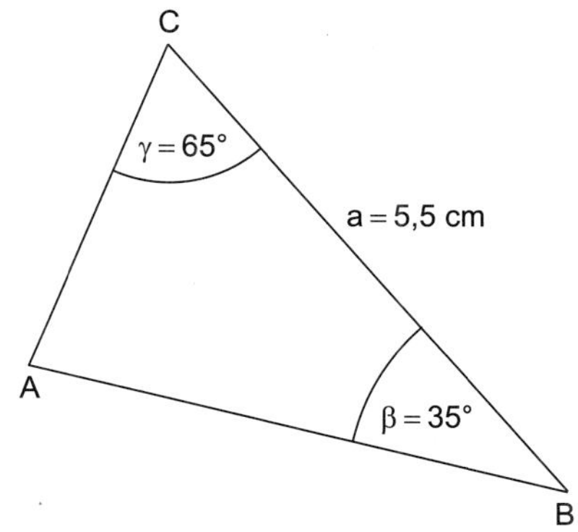

c) **Zeichenschritte**

- Strecke $|\overline{AC}| = b = 8$ cm zeichnen.
  Damit sind die Ecken A und C festgelegt.
- Den Winkel $\alpha = 80°$ mit dem Geodreieck an Punkt A antragen.
- Den Winkel $\gamma = 41°$ mit dem Geodreieck an Punkt C antragen.
- Der Schnittpunkt der beiden freien Schenkel ergibt die Ecke B.

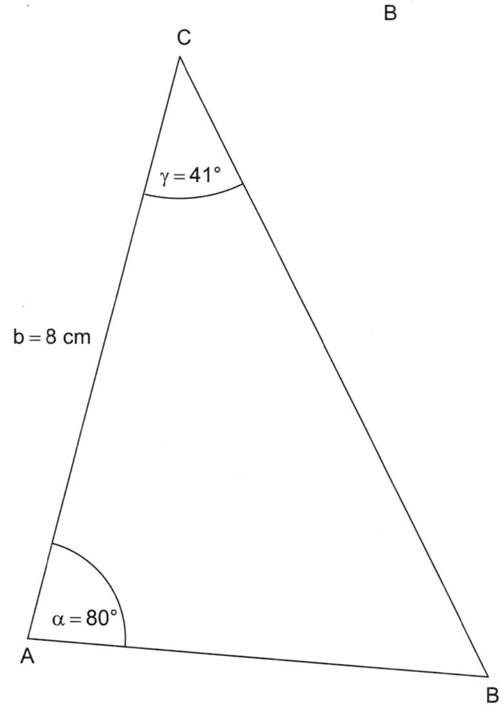

d) **Zeichenschritte**
- Strecke $|\overline{AB}| = c = 10$ cm zeichnen. Damit sind die Ecken A und B festgelegt.
- Den Winkel $\alpha = 71°$ mit dem Geodreieck an Punkt A antragen.
- Den Winkel $\beta = 67°$ mit dem Geodreieck an Punkt B antragen.
- Der Schnittpunkt der beiden freien Schenkel ergibt die Ecke C.

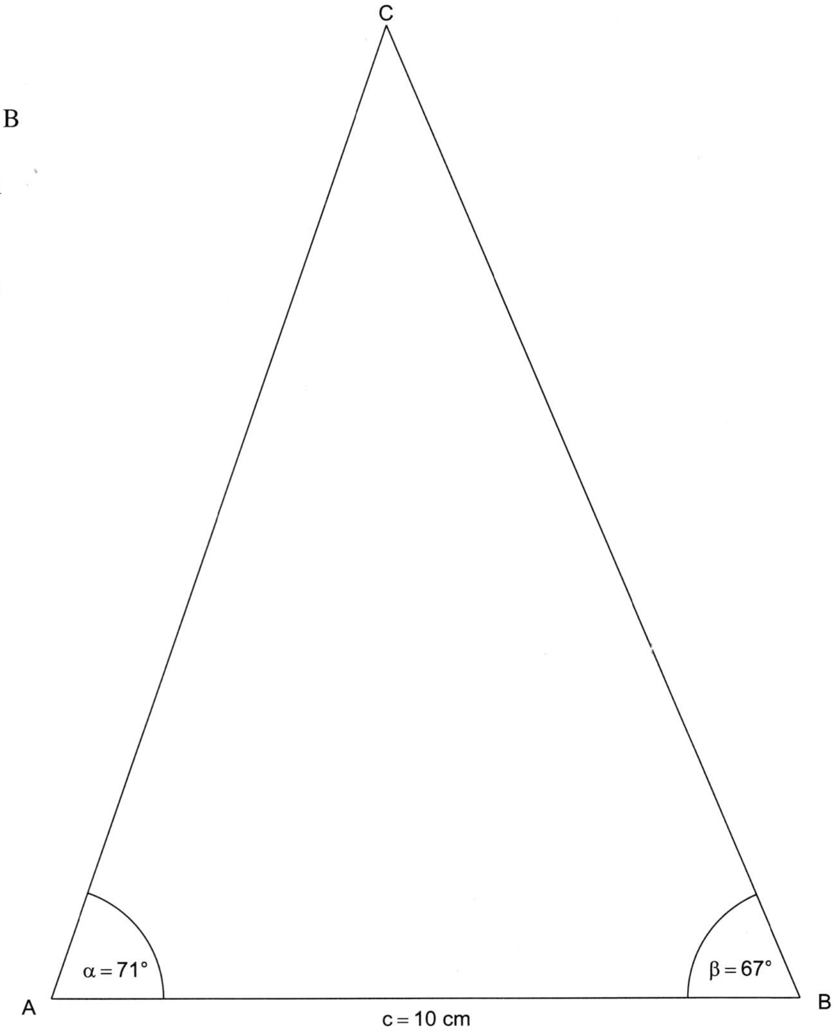

548 Der Quotient aus 360° und dem Mittelpunktswinkel β muss eine ganze Zahl (Anzahl der Ecken) sein.

a) 360° : 30° = 12 Eck ja
b) 360° : 50° = 7,2 nein
c) 360° : 60° = 6 Eck ja
d) 360° : 75° = 4,8 nein
e) 360° : 72° = 5 Eck ja
f) 360° : 90° = 4 Eck ja

549
a) $\beta = 72°$ $\alpha = 54°$
b) Neuneck $\alpha = 70°$
c) Zehneck $\beta = 36°$
d) $\beta = 30°$ $\alpha = 75°$
e) Achteck $\alpha = 67{,}5°$
f) Sechseck $\beta = 60°$

550 a) **Berechnen der Winkel**

Mittelpunktswinkel:

$n = 5$

$\beta = \frac{360°}{5}$

$\beta = 72°$

Basiswinkel:

$2\alpha + \beta = 180°$

$2\alpha + 72° = 180° \quad | -72°$

$2\alpha = 108° \quad | :2$

$\alpha = 54°$

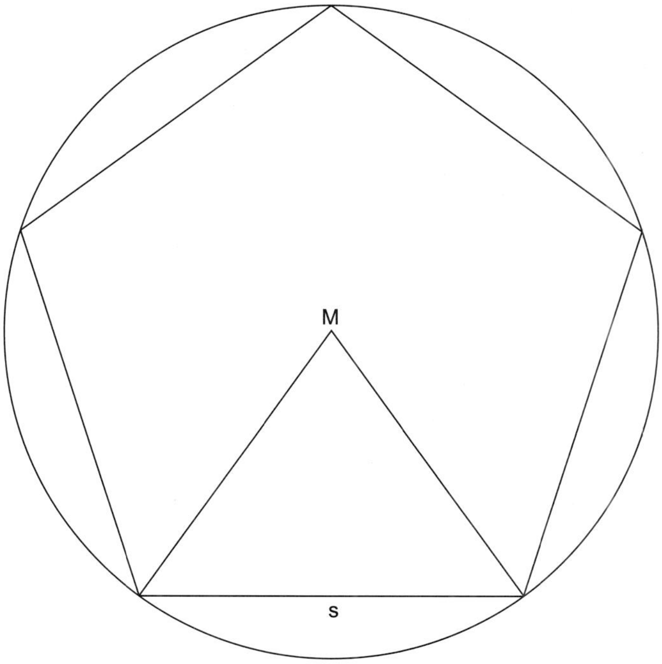

Zeichenschritte

- Zeichne das Bestimmungsdreieck nach WSW.
- Zeichne den Umkreis um M mit dem Radius r (r = Länge des Schenkels im Bestimmungsdreieck).
- Trage mit dem Zirkel die Seitenlänge s = 5 cm auf dem Umkreis ab.
- Verbinde die Schnittpunkte mit dem Umkreis zu einem regelmäßigen Fünfeck.

b) **Berechnen der Winkel**

Mittelpunktswinkel:

$n = 6$

$\beta = \frac{360°}{6}$

$\beta = 60°$

Basiswinkel:

$2\alpha + \beta = 180°$

$2\alpha + 60° = 180° \quad | -60°$

$2\alpha = 120° \quad | :2$

$\alpha = 60°$

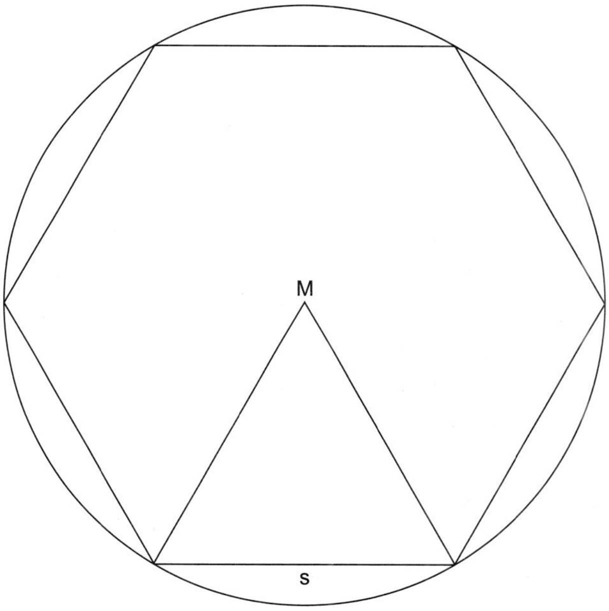

Zeichenschritte

- Zeichne das Bestimmungsdreieck nach WSW.
- Zeichne den Umkreis um M mit dem Radius r (r = Länge des Schenkels im Bestimmungsdreieck).
- Trage mit dem Zirkel die Seitenlänge s = 4 cm auf dem Umkreis ab.
- Verbinde die Schnittpunkte mit dem Umkreis zu einem regelmäßigen Sechseck.

c) **Berechnen der Winkel**

Mittelpunktswinkel:

$n = 8$

$\beta = \frac{360°}{8}$

$\beta = 45°$

Basiswinkel:

$2\alpha + \beta = 180°$

$2\alpha + 45° = 180° \quad |-45°$

$2\alpha = 135° \quad |:2$

$\alpha = 67{,}5°$

Zeichenschritte

- Zeichne das Bestimmungsdreieck nach WSW.
- Zeichne den Umkreis um M mit dem Radius r (r = Länge des Schenkels im Bestimmungsdreieck).
- Trage mit dem Zirkel die Seitenlänge s = 3,5 cm auf dem Umkreis ab.
- Verbinde die Schnittpunkte mit dem Umkreis zu einem regelmäßigen Achteck.

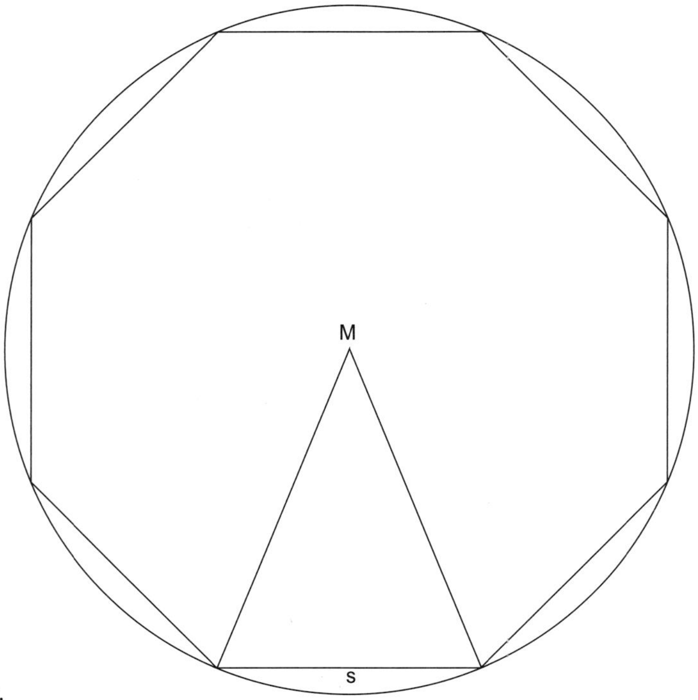

d) **Berechnen der Winkel**

Mittelpunktswinkel:

$n = 12$

$\beta = \frac{360°}{12}$

$\beta = 30°$

Basiswinkel:

$2\alpha + \beta = 180°$

$2\alpha + 30° = 180° \quad |-30°$

$2\alpha = 150° \quad |:2$

$\alpha = 75°$

Zeichenschritte

- Zeichne das Bestimmungsdreieck nach WSW.
- Zeichne den Umkreis um M mit dem Radius r (r = Länge des Schenkels im Bestimmungsdreieck).
- Trage mit dem Zirkel die Seitenlänge s = 4,5 cm auf dem Umkreis ab.
- Verbinde die Schnittpunkte mit dem Umkreis zu einem regelmäßigen Zwölfeck.

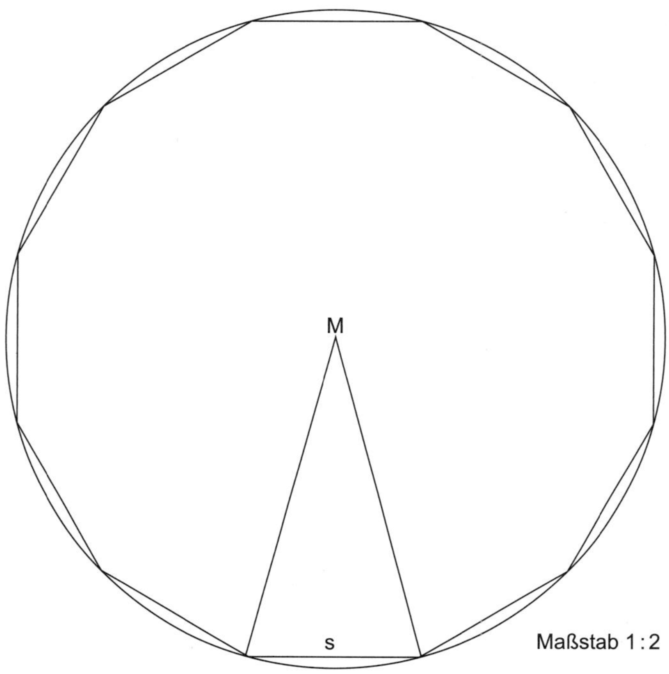

Maßstab 1 : 2

551 a)

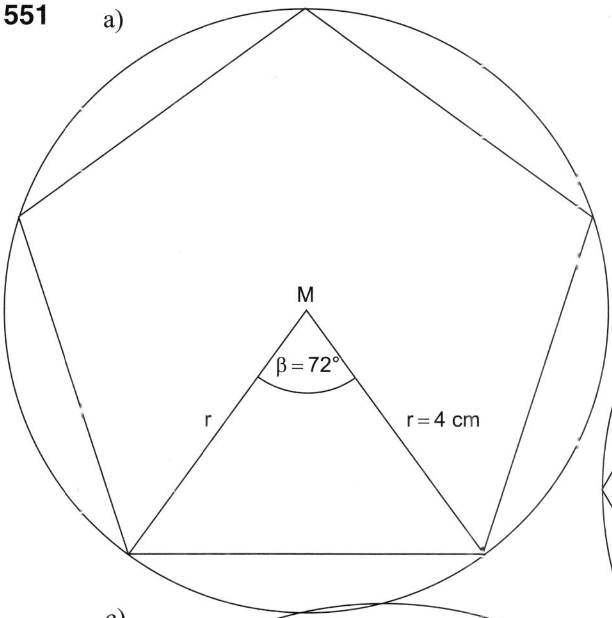

b)

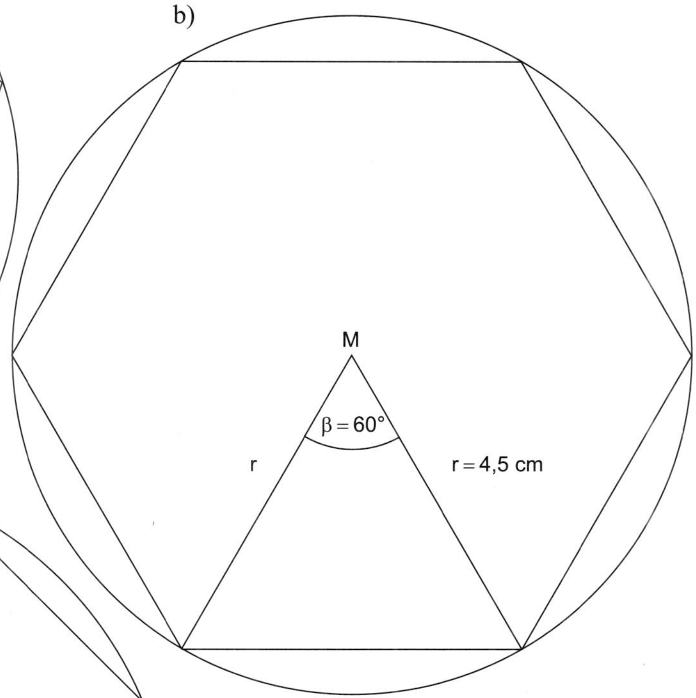

c)

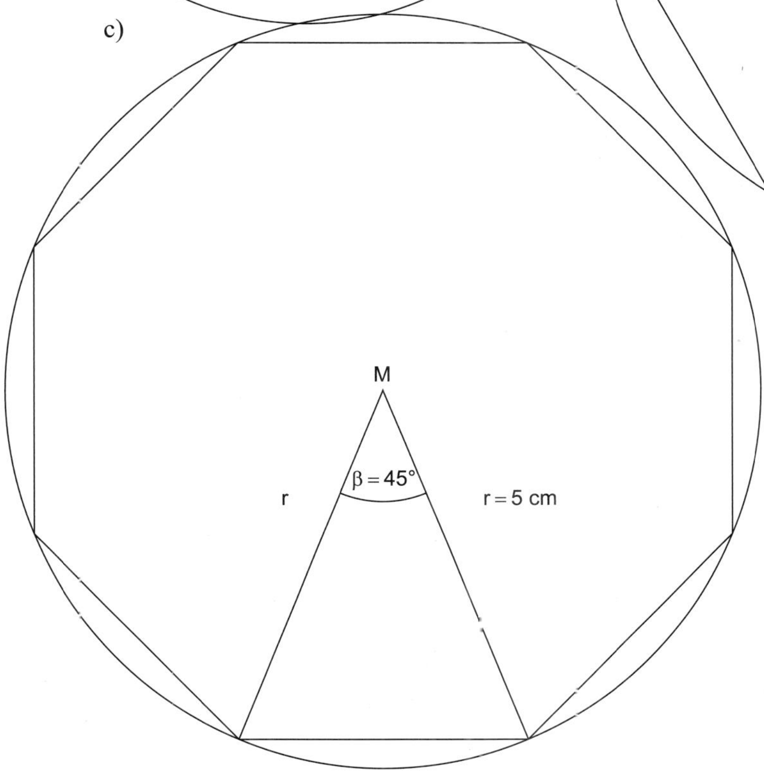

---

552 a) $u = 18\ \text{dm} \cdot 5$
$u = 90\ \text{dm}$
$A = \frac{18\ \text{dm} \cdot 12{,}4\ \text{dm}}{2} \cdot 5$
$A = 558\ \text{dm}^2$

b) $u = 12\ \text{cm} \cdot 6$
$u = 72\ \text{cm}$
$A = \frac{12\ \text{cm} \cdot 10{,}4\ \text{cm}}{2} \cdot 6$
$A = 374{,}4\ \text{cm}^2$

c) $u = 70\ \text{cm} \cdot 12$
$u = 840\ \text{cm}$
$A = \frac{70\ \text{cm} \cdot 131\ \text{cm}}{2} \cdot 12$
$A = 55\,020\ \text{cm}^2$

d) $u = 8{,}5\ \text{m} \cdot 12$
$u = 102\ \text{m}$
$A = \frac{8{,}5\ \text{m} \cdot 15{,}9\ \text{m}}{2} \cdot 12$
$A = 810{,}9\ \text{m}^2$

553 a) $u = 4{,}8\text{ cm} \cdot 5$
$u = 24\text{ cm}$

$h^2 = (4{,}1\text{ cm})^2 - (2{,}4\text{ cm})^2$
$h = 3{,}324\ldots\text{ cm} \approx 3{,}32\text{ cm}$

$A = \frac{4{,}8\text{ cm} \cdot 3{,}32\text{ cm}}{2} \cdot 5$
$A = 39{,}84\text{ cm}^2$

b) $u = 7{,}5\text{ cm} \cdot 6$
$u = 45\text{ cm}$

$h^2 = (7{,}5\text{ cm})^2 - (3{,}75\text{ cm})^2$
$h = 6{,}495\ldots\text{ cm} \approx 6{,}5\text{ cm}$

$A = \frac{7{,}5\text{ cm} \cdot 6{,}5\text{ cm}}{2} \cdot 6$
$A = 146{,}25\text{ cm}^2$

c) $u = 3{,}7\text{ cm} \cdot 8$
$u = 29{,}6\text{ cm}$

$h^2 = (4{,}8\text{ cm})^2 - (1{,}85\text{ cm})^2$
$h = 4{,}429\ldots\text{ cm} \approx 4{,}43\text{ cm}$

$A = \frac{3{,}7\text{ cm} \cdot 4{,}43\text{ cm}}{2} \cdot 8$
$A = 65{,}564\text{ cm}^2 \approx 65{,}56\text{ cm}^2$

---

554 A: Neuneck ($360° : 40° = 9$)
B: Sechseck (gleichseitiges Dreieck $\Rightarrow$ Mittelpunktswinkel 60° $\Rightarrow$ $360° : 60° = 6$)
C: kein regelmäßiges Vieleck (Mittelpunktswinkel $180° - 2 \cdot 50° = 80°$ $\Rightarrow$ $360° : 80° = 4{,}5$)

---

555 Nein, es entsteht ein quadratischer Zwischenraum.

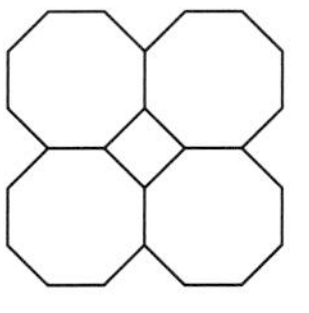

---

556 a) Fünfeck

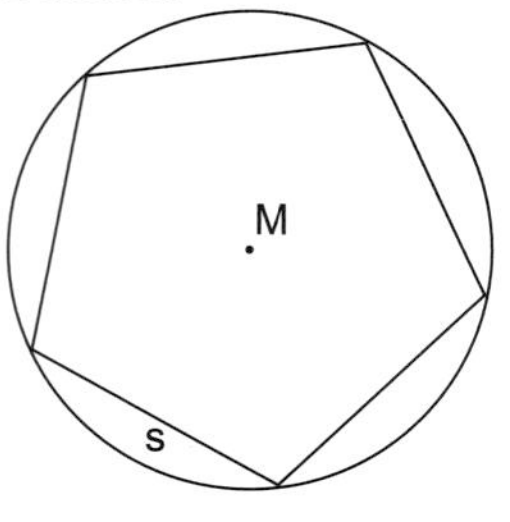

b) nicht möglich

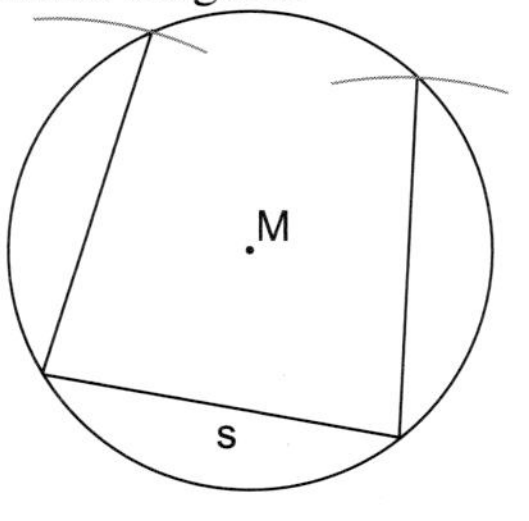

c) Sechseck

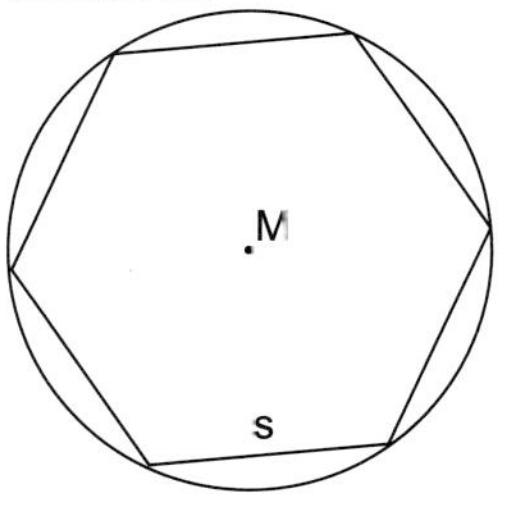

---

557 *Seite s des Sechsecks*
$u = 30\text{ cm}$
$s = 30\text{ cm} : 6 = 5\text{ cm}$

Das Bestimmungsdreiecks eines regelmäßigen Sechseck ist ein gleichseitiges Dreieck.
$r = s = 5\text{ cm}$

Höhe des Bestimmungsdreiecks (Pythagoras)
$h^2 = (5\text{ cm})^2 - (2{,}5\text{ cm})^2$
$h = 4{,}33\ldots\text{ cm} \approx 4{,}3\text{ cm}$

Flächeninhalt des Sechsecks
$A = \frac{5\text{ cm} \cdot 4{,}3\text{ cm}}{2} \cdot 6$
$A = 64{,}5\text{ cm}^2$

Der Untersetzer hat eine Fläche von $64{,}5\text{ cm}^2$.

558 a) **Skizze**

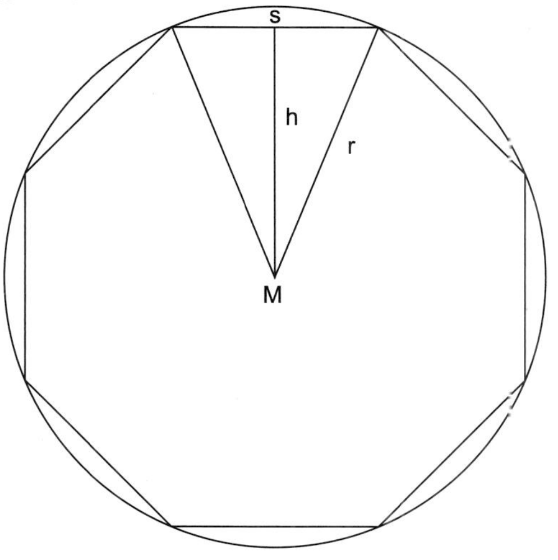

b) **Seitenlänge s**

$u = 12 \text{ m}$
$s = 12 \text{ m} : 8$
$s = 1{,}5 \text{ m}$

Schenkellänge r

Flächeninhalt eines Bestimmungsdreiecks

$10{,}8 \text{ m}^2 : 8 = 1{,}35 \text{ m}^2$

Höhe des Bestimmungsdreiecks

$$1{,}35 \text{ m}^2 = \frac{1{,}5 \text{ m} \cdot h}{2}$$
$$h = 1{,}8 \text{ m}$$

Schenkellänge r (Pythagoras)

$$r^2 = h^2 + \left(\frac{s}{2}\right)^2$$
$$r^2 = (1{,}8 \text{ m})^2 + (0{,}75 \text{ m})^2$$
$$r = 1{,}95 \text{ m}$$

---

559 a) **Seite s**

$u = 5 \cdot s$
$20 \text{ m} = 5 \cdot s \quad |:5$
$s = 4 \text{ m}$

Höhe des Bestimmungsdreiecks

$A_{\text{Fünfeck}} = 5 \cdot A_{BD}$
$28 \text{ m}^2 = 5 \cdot A_{BD} \quad |:5$
$A_{BD} = 5{,}6 \text{ m}^2$

$$A_{BD} = \frac{s \cdot h}{2}$$
$$5{,}6 \text{ m}^2 = \frac{4 \text{ m} \cdot h}{2} \quad |\cdot 2;\ :4 \text{ m}$$
$$h = 2{,}8 \text{ m}$$

Radius r

$$r^2 = h^2 + \left(\frac{s}{2}\right)^2$$
$$r^2 = (2{,}8 \text{ m})^2 + (2 \text{ m})^2$$
$$r = 3{,}440\ldots \text{ m} \approx 3{,}44 \text{ m}$$

b) **Volumen des Beckens in m³**

$A_G = 28 \text{ m}^2 \quad h_k = 60 \text{ cm} = 0{,}6 \text{ m}$
$V = A_G \cdot h_k$
$V = 28 \text{ m}^2 \cdot 0{,}6 \text{ m}$
$V = 16{,}8 \text{ m}^3$

Musterprüfung der Mittelschule

Teil A – Arbeitsblatt

1

a) $3{,}1 \cdot 17{,}95 = 17{,}95 \cdot 3{,}1$

$$\begin{array}{r} 17{,}95 \cdot 3{,}1 \\ \hline 53850 \\ +\ 1795 \\ \hline 55{,}645 \end{array}$$

b) $204{,}3 - 7{,}85$

$$\begin{array}{r} 204{,}30 \\ -\ 7{,}85 \\ \hline 196{,}45 \end{array}$$

Hinweise und Tipps

Wende das Kommutativgesetz (Vertauschungsgesetz) an.
Multipliziere die beiden Faktoren wie natürliche Zahlen.
Fehlende Stellen ergänzt du mit 0.
Das Ergebnis hat so viele Stellen wie die beiden Faktoren zusammen.
Setze im Ergebnis das Komma an der richtigen Stelle.

Schreibe die Zahlen stellengerecht untereinander.
Beachte: Komma steht unter Komma.
Subtrahiere die Zahlen. Fehlende Stellen ergänzt du mit 0.
Setze im Ergebnis das Komma an der richtigen Stelle.

2

Zylinder von Alex	Zylinder von Ilona
$d = 12\text{ cm}$	$d = 8\text{ cm}$
$r = 6\text{ cm}$	$r = 4\text{ cm}$
$A_G = 6\text{ cm} \cdot 6\text{ cm} \cdot 3$	$A_G = 4\text{ cm} \cdot 4\text{ cm} \cdot 3$
$A_G = 108\text{ cm}^2$	$A_G = 48\text{ cm}^2$
	$48\text{ cm}^2 \cdot 2 = 96\text{ cm}^2$

Der Flächeninhalt der Grundfläche des Zylinders von Alex ist größer als der Flächeninhalt der Grundfläche der beiden Zylinder von Ilona.

$\Rightarrow$ Der Einkauf von Alex wiegt mehr.

Masse = Dichte · Volumen
Die Zylinder bestehen aus dem gleichen Material.
Das Gewicht der Zylinder hängt von ihrem Volumen ab.
$V_{Zylinder} = A_G \cdot h_Z$
Die Höhen der drei Zylinder sind gleich, d. h., das Volumen und damit das Gewicht der Zylinder hängen vom Flächeninhalt ihrer Grundflächen ab.
Die Durchmesser der Zylinder sind gegeben.
Berechne jeweils den Radius.
Berechne die Flächeninhalte der Grundflächen der Zylinder.
$A_{G_{Zylinder}} = r \cdot r \cdot \pi$
Rechne mit $\pi = 3$.
Begründe, welcher Einkauf mehr wiegt.

3

$$\begin{aligned} -2 \cdot (x-3) &= 16 \quad |\text{Klammern auflösen} \\ -2x + 6 &= 16 \quad |-6 \\ -2x &= 10 \quad |:(-2) \\ x &= \underline{5} \end{aligned}$$

Jens muss beide Seiten durch (–2) dividieren. Auf der rechten Seite der Gleichung hat er die Vorzeichenregel nicht beachtet.

Überprüfe jeden Rechenschritt.

$(+) : (-) = (-)$

4 **Zuordnung der Grafiken**

Aussage	Grafik
Umut unternimmt eine Fahrradtour. Nach zwei Stunden macht er eine Pause und fährt danach weiter.	**C**
In einem Schwimmbecken befinden sich 20 000 Liter Wasser. Um das Schwimmbecken vollständig zu füllen, werden stündlich weitere 1 200 Liter eingefüllt.	**B**
Die Temperatur am Morgen beträgt 14 °C, am Mittag 22 °C und am Abend 18 °C.	
In einem Schwimmbecken befinden sich 30 000 Liter Wasser. Jede Minute fließen 30 Liter ab.	**A**

Hinweise und Tipps

Eine Fahrradtour beginnt bei der Strecke 0 Kilometer und bei der Zeit 0 Minuten. Bei einer Pause läuft die Zeit weiter, es wird dabei aber keine Strecke zurückgelegt.
→ Der Graph C stellt die Fahrradtour dar.

In beiden Schwimmbecken befindet sich Wasser. Die Hochachse zeigt den Füllstand der beiden Becken an.
→ In Schaubild A fällt der Wasserstand, es fließt Wasser ab.
→ In Schaubild B steigt der Wasserstand, es wird Wasser eingefüllt.

---

5 $\clubsuit + \clubsuit = 16$

Du kannst die Zahl für $\clubsuit$ berechnen:

$2\clubsuit = 16 \quad |:2$

$\clubsuit = 8$

$\clubsuit + \clubsuit - \heartsuit = 12$

Setze für $\clubsuit = 8$ ein und berechne $\heartsuit$:

$8 + 8 - \heartsuit = 12$

$16 - \heartsuit = 12 \quad |-16$

$-\heartsuit = -4 \quad |:(-1)$

$\heartsuit = 4$

$\heartsuit \cdot \clubsuit + \spadesuit = 60$

Setze für $\heartsuit = 4$ und für $\clubsuit = 8$ ein und berechne $\spadesuit$:

$4 \cdot 8 + \spadesuit = 60$

$32 + \spadesuit = 60 \quad |-32$

$\spadesuit = 28$

$\spadesuit - \heartsuit = 24$

Setze für $\spadesuit = 28$ und für $\heartsuit = 4$ ein und berechne das Ergebnis:

$28 - 4 = 24$

---

6 a) **Wahrscheinlichkeit für das Erreichen eines schraffierten Feldes mit der dunklen Figur**

Anzahl aller möglichen Ergebnisse: 6

Anzahl aller günstigen Ergebnisse: 4

$$P(\text{schraff. Feld}) = \frac{4}{6} = \frac{2}{3} = 0{,}666... \approx 0{,}67 = 67\ \%$$

Beim Würfeln mit einem Spielwürfel gibt es 6 mögliche Ergebnisse.
Nur bei der Augenzahl 1 oder 2 oder 3 oder 4 erreicht die dunkle Spielfigur ein schraffiertes Feld. Berechne die Wahrscheinlichkeit.

b) **Wahrscheinlichkeit dafür, dass eine der beiden hellen Spielfiguren das Feld der dunklen Spielfigur erreicht**

Anzahl aller möglichen Ergebnisse: 6

Anzahl aller günstigen Ergebnisse: 2

$$P(\text{Feld dunkle Figur}) = \frac{2}{6} = \frac{1}{3} = 0{,}333...$$

$$\approx 0{,}33 = 33\ \%$$

Bei der Augenzahl 1 oder der Augenzahl 3 erreicht eine der weißen Spielfiguren das Feld mit der dunklen Spielfigur.

7 a) $\frac{1}{2}\cdot\square+5=-17$

$$\frac{1}{2}\cdot x+5=-17 \quad |-5$$
$$\frac{1}{2}\cdot x=-22 \quad |\cdot 2$$
$$x=-44$$
$$\Rightarrow \frac{1}{2}\cdot\boxed{(-44)}+5=-17$$

Hinweise und Tipps

Setze für den Platzhalter x und löse die Gleichungen.

b) $\square\cdot 1{,}7+5=1{,}6$

$$x\cdot 1{,}7+5=1{,}6 \quad |-5$$
$$x\cdot 1{,}7=-3{,}4 \quad |:1{,}7$$
$$x=-2$$
$$\Rightarrow \boxed{(-2)}\cdot 1{,}7+5=1{,}6$$

Setze für den Platzhalter x und löse die Gleichungen.

---

8 a) Die Seiten ▲ und ♥ liegen sich gegenüber.

b) Die Seiten + und ⬇ liegen sich gegenüber.

Falte die Netze im Kopf.

---

9 a) **Ergänzen der Werte in der letzten Tabellenzeile**

Notenschlüssel						
Punkte	48,0–41,0	40,5–33,0	32,5–25,0	24,5–16,0	15,5–8,0	7,5–0
Note	1	2	3	4	5	6
Strichliste	|||	𝍸	𝍸 𝍸	𝍸 ||	||	
Häufigkeit Anzahl	3	5	10	7	2	0

Zähle die Striche in der Strichliste und trage die Summen in die Tabellenzeile „Häufigkeit Anzahl" ein.

b) **Summe der Notenpunkte der Mathematikarbeit**

$1\cdot 3+2\cdot 5+3\cdot 10+4\cdot 7+5\cdot 2=$

$3+10+30+28+10=81$

Du erhältst den Notendurchschnitt, indem du die Summe der Notenpunkte durch die Anzahl der Schülerinnen und Schüler der Klasse 9 b dividierst. Berechne die Notenpunkte.

Schülerinnen und Schüler in der Klasse 9 b

$3+5+10+7+2=27$

Addiere die Anzahlen in der vierten Tabellenzeile und du erhältst die Anzahl der Schülerinnen und Schülern in der Klasse 9 b.

Notendurchschnitt

$81:27=3{,}00$

Berechne den Notendurchschnitt.

10 a) **Einfügen einer Pyramide in den Würfel**

mögliche Zeichnungen:

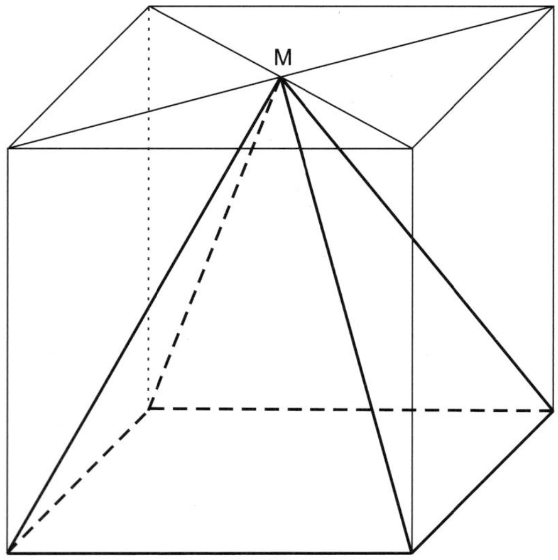

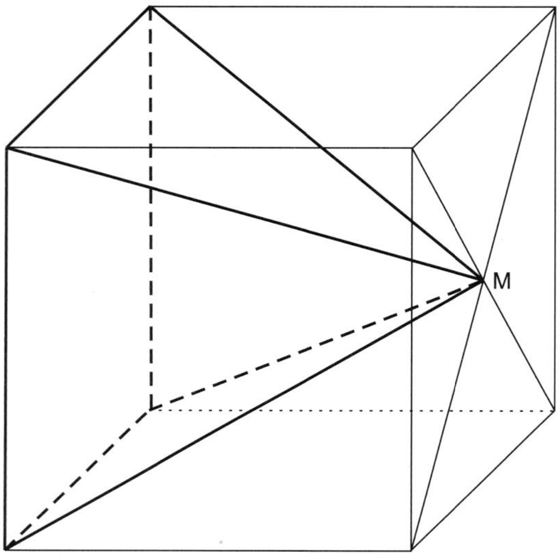

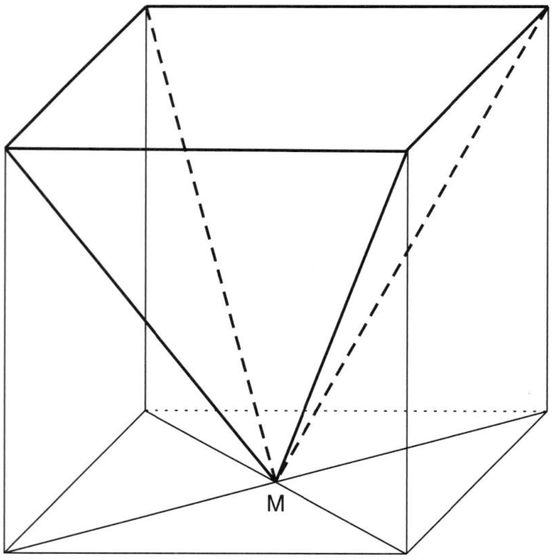

Hinweise und Tipps

Wähle eine Seitenfläche des Würfels aus, auf der die Spitze der Pyramide liegt.

Zeichne in die gewählte Seitenfläche die beiden Flächendiagonalen ein.

Der Schnittpunkt der Flächendiagonalen ist die Spitze der Pyramide.

Verbinde die Spitze der Pyramide mit den Ecken der ausgewählten Grundfläche.

b) $a = 3\text{ cm}$, $h = 3\text{ cm}$

$V_{\text{Pyramide}} = \frac{1}{3} \cdot 3\text{ cm} \cdot 3\text{ cm} \cdot 3\text{ cm}$

$V_{\text{Pyramide}} = 9\text{ cm}^3$

Hinweise und Tipps

Die Grundfläche ist ein Quadrat mit der Seitenlänge $a = 3\text{ cm}$.
Die Höhe hat eine Länge von 3 cm.
Setze die gegebenen Werte in die Formel zur Berechnung des Volumens einer Pyramide ein und berechne das Volumen.

$V_{\text{Pyramide}} = \frac{1}{3} \cdot A_G \cdot h$

11

$$35° + 35° + \alpha = 180°$$
$$70° + \alpha = 180° \quad |-70°$$
$$\alpha = 110°$$

In jedem Dreieck beträgt die Summe der Innenwinkel 180°.
Bei dem abgebildeten Dreieck haben die Seiten a und b die gleiche Länge. Das Dreieck ist gleichschenklig.
Der Winkel, der dem Winkel von 35° gegenüberliegt, hat daher ebenfalls eine Größe von 35°.
Berechne die Größe des Winkels α.

12

Höhe einer Treppenstufe
mindestens: 12 cm + 6 cm = 18 cm
höchstens: 12 cm + 8 cm = 20 cm

Wähle als Bezugsgröße die Höhe der Schneedecke auf den Stufen.
Bis zur Unterkante der Schneedecke auf der nächsten Treppenstufe fehlen 6 cm bis 8 cm. Das ist die Hälfte oder etwas mehr als die Hälfte der Schneedecke.

Die Treppe besteht aus 15 Treppenstufen.

Zähle die Anzahl der Treppenstufen.

Höhe der Treppe mindestens
18 cm · 15 = 270 cm = 2,70 m

Höhe der Treppe höchstens
20 cm · 15 = 300 cm = 3 m

oder:
Höhe der Tür: 2,50 m
Abstand von der Oberkante der Tür bis zur Unterkante der Treppe: 50 cm

Höhe der Treppe
2,50 m + 0,5 m = 3 m

Wähle als Bezugsgröße die verdeckte Tür links unten im Bild.
Türen sind in der Regel 2,50 m hoch.
Bis zur Oberkante der Treppe fehlen rund 50 cm.

Teil B – Aufgabengruppe I

Hinweise und Tipps

1 a) $18x-32{,}5-(12x-87{,}5)=9\cdot(8x-6)+(6x+7):0{,}25$

$18x-32{,}5-(12x-87{,}5)=(72x-54)+(24x+28)$

$18x-32{,}5-12x+87{,}5=72x-54+24x+28$

$6x+55=96x-26 \quad |-96x$

$-90x+55=-26 \quad |-55$

$-90x=-81 \quad |:(-90)$

$x=0{,}9$

Multipliziere/dividiere auf der rechten Seite.
Klammern auflösen. (Vorzeichenregel!)
Fasse zusammen.

b) Anzahl der Trikots: x
Anzahl der Schals: 3x
Anzahl der Fahnen: 3x – 100
} 600 neue Artikel

Überlege, wie sich die Fanartikel auf die Trikots, die Schals und die Fahnen aufteilen.
Lege die Anzahl der Trikots mit x fest.
Drücke die Anzahl der Schals und Fahnen mit x aus.
Dreimal so viele Schals wie Trikots: 3x
100 Fahnen weniger als Schals: 3x – 100

$x+3x+3x-100=600$

Stelle die Gleichung auf.
Die Gleichung muss nicht gelöst werden.

---

2 **Flächeninhalt des Halbkreises**

$r=6\text{ cm}:2$

$r=3\text{ cm}$

$A_{Kreis}=3\text{ cm}\cdot 3\text{ cm}\cdot 3{,}14$

$A_{Kreis}=28{,}26\text{ cm}^2$

$A_{Halbkreis}=28{,}26\text{ cm}^2:2$

$A_{Halbkreis}=14{,}13\text{ cm}^2$

Der Durchmesser des Halbkreises ist gegeben.
Berechne den Radius.
Setze den Radius in die Formel zur Berechnung des Flächeninhalts eines Kreises ein und berechne den Flächeninhalt.
$A_{Kreis}=r\cdot r\cdot\pi$
Rechne hier mit $\pi=3{,}14$.
Du benötigst den Flächeninhalt des Halbkreises.

Länge der zweiten Kathete

$a^2=(10\text{ cm})^2-(6\text{ cm})^2$

$a^2=100\text{ cm}-36\text{ cm}$

$a^2=64\text{ cm}^2 \quad |\sqrt{\ }$

$a=8\text{ cm}$

Der Flächeninhalt des Parallelogramms setzt sich aus zwei deckungsgleichen rechtwinkligen Dreiecken zusammen.
Die Länge der einen Kathete ist bekannt.
Bezeichne in deiner Rechnung die zweite Kathete mit a.
Berechne die Länge der zweiten Kathete mithilfe des Satzes von Pythagoras.

Flächeninhalt des rechtwinkligen Dreiecks

$a=8\text{ cm}$

$b=6\text{ cm}$

$A_{\text{rechtwinkliges Dreieck}}=\frac{6\text{ cm}\cdot 8\text{ cm}}{2}$

$A_{\text{rechtwinkliges Dreieck}}=24\text{ cm}^2$

$A_{\text{rechtwinkliges Dreieck}}=\frac{a\cdot b}{2}$

Flächeninhalt der grauen Figur

$14{,}13\text{ cm}^2+2\cdot 24\text{ cm}^2=62{,}13\text{ cm}^2$

Addiere die Flächeninhalte der Teilflächen und du erhältst den Flächeninhalt der grauen Figur.

3

a) E(ungerade Zahl) = {1; 3; 5}

Hinweise und Tipps

Von den sechs Flächen eines Spielwürfels haben drei Flächen eine ungerade Augenzahl.

b) **Gesamtzahl der Würfe**

$4+7+7+7+10+5=40$

Wie viele Würfe wurden insgesamt gemacht?

absolute Häufigkeit der Würfe mit dem Ergebnis „gerade Zahl“

$7+7+5=19$

Wie häufig wurde eine gerade Zahl gewürfelt?

relative Häufigkeit für das Ergebnis „gerade Zahl“

$\frac{19}{40}=0{,}475=47{,}5\ \%$

Berechne die relative Häufigkeit für das Ergebnis „gerade Zahl“:

$\text{relative Häufigkeit} = \frac{\text{absolute Häufigkeit}}{\text{Gesamtzahl der Versuche}}$

c) Beim Würfeln mit einem Spielwürfel sind alle Ergebnisse gleich wahrscheinlich.

$P(E)=\frac{1}{6}$

Mit zunehmender Anzahl der Würfel nähert sich die relative Häufigkeit dem Wert $\frac{1}{6}$ an. Es gilt das Gesetz der großen Zahlen.

Das Würfeln mit einem Spielwürfel ist ein Laplace-Experiment. Die Anzahl aller möglichen Ergebnisse ist 6. Die Wahrscheinlichkeit für ein günstiges Ergebnis ist für jede Augenzahl gleich groß.

d) **Wahrscheinlichkeit für eine Eins mit dem Würfel**

$P(\text{Zahl 1 mit dem Würfel})=\frac{1}{6}=0{,}1666\ldots$
$\approx 0{,}167=16{,}7\ \%$

Gewinnchance beim Würfel
Anzahl aller möglichen Ergebnisse: 6
Anzahl der günstigen Ergebnisse: 1
Berechne die Wahrscheinlichkeit für eine 1 mit dem Würfel.

Wahrscheinlichkeit für eine Eins mit dem Glücksrad

$P(\text{Zahl 1 mit dem Glücksrad})=\frac{1}{4}=0{,}25=25\ \%$

Gewinnchance beim Glücksrad
Anzahl aller möglichen Ergebnisse: 4
Anzahl der günstigen Ergebnisse: 1
Berechne die Wahrscheinlichkeit für die Zahl 1 mit dem Glücksrad.

$25\ \% > 16{,}7\ \%$
Beim Glücksrad sind die Gewinnchancen größer.

Vergleiche die Gewinnchancen.

4

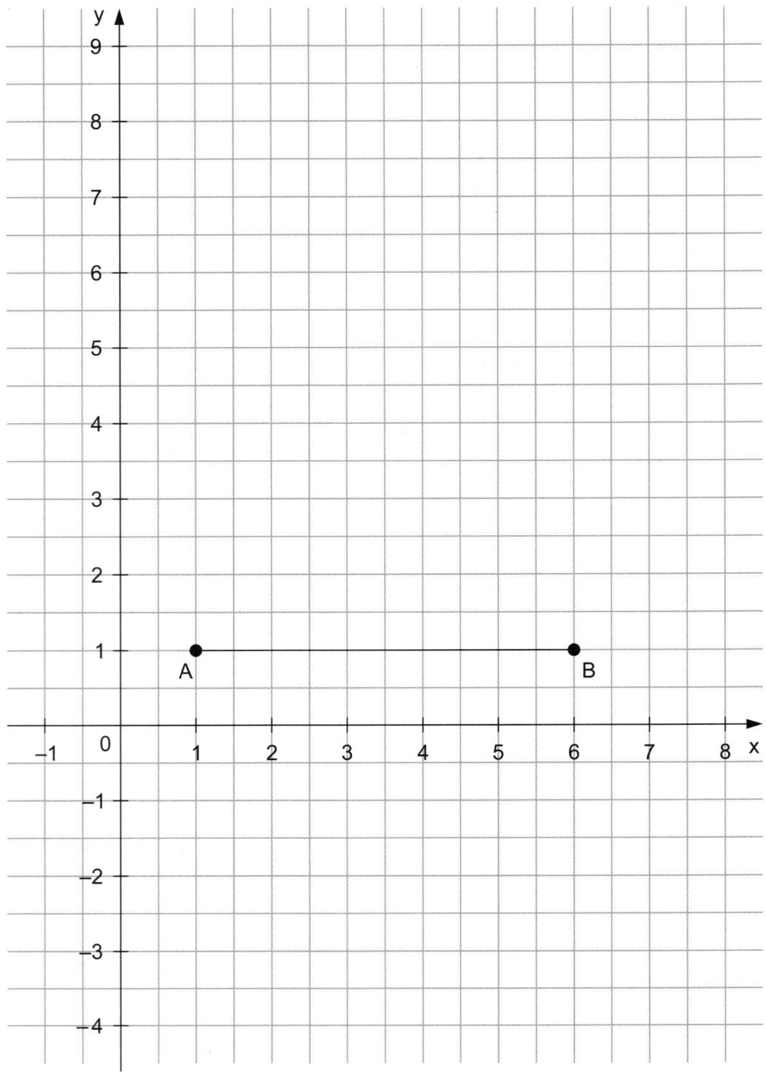

Hinweise und Tipps

Zeichne ein Koordinatensystem mit der Einheit 1 cm.
x-Achse: –1 bis +8
y-Achse: –4 bis +9
Beschrifte das Koordinatensystem vollständig.
Trage den Punkt A(1 | 1) in das Koordinatensystem ein. Gehe dazu vom Koordinatenursprung aus 1 cm nach rechts und 1 cm nach oben.
Trage den Punkt B(6 | 1) in das Koordinatensystem ein. Gehe dazu vom Koordinatenursprung aus 6 cm nach rechts und 1 cm nach oben.
Verbinde die Punkte A und B zur Strecke $\overline{AB}$.

a) **Mittelpunktswinkel γ**

$\gamma = 360° : 5$

$\gamma = 72°$

Basiswinkel α

$2\alpha + 72° = 180° \quad | -72°$

$2\alpha = 108° \quad | :2$

$\alpha = 54°$

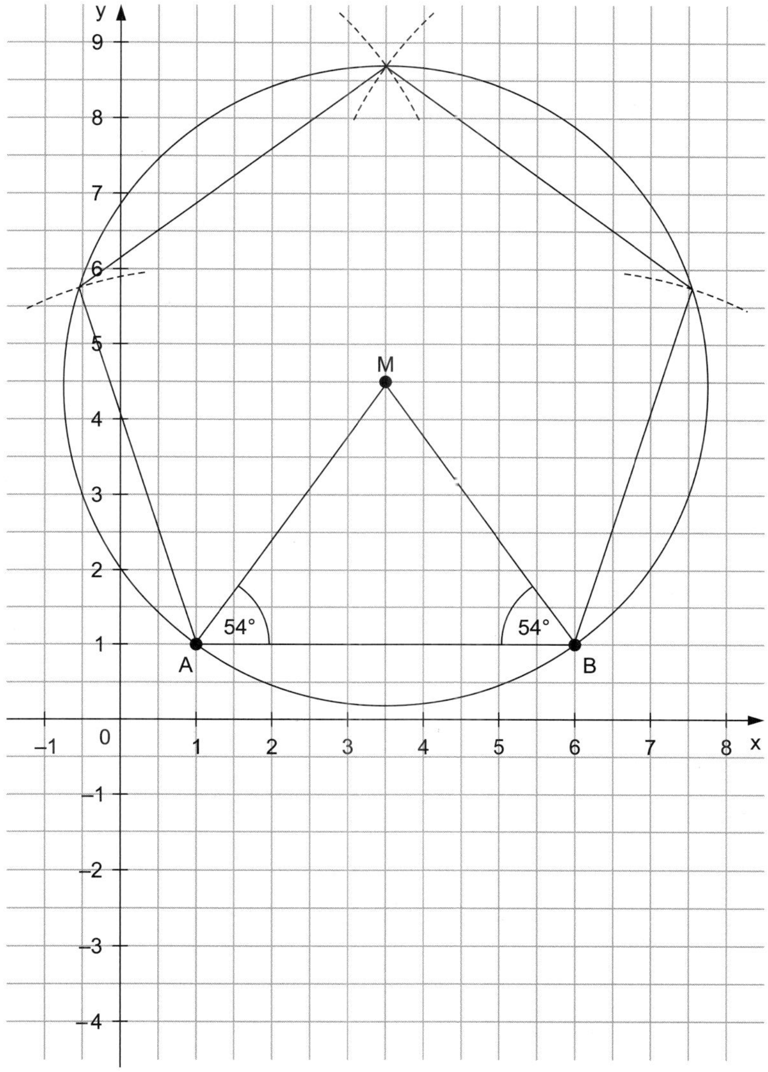

Hinweise und Tipps

Berechne die Größe des Mittelpunktswinkels für ein Bestimmungsdreieck in einem regelmäßigen Fünfeck.
Berechne damit die Größe der Basiswinkel im Bestimmungsdreieck.
Trage die Basiswinkel mit dem Geodreieck an den Enden der Strecke $\overline{AB}$ an und zeichne so das Bestimmungsdreieck (wsw).
Der Schnittpunkt der Schenkel ergibt den Mittelpunkt M des Umkreises.
Zeichne um M einen Kreis mit dem Radius $r = |\overline{MA}|$.
Trage die Länge der Strecke $\overline{AB}$ mit dem Zirkel auf der Kreislinie ab. Arbeite sehr genau. Verbinde die Schnittpunkte mit der Kreislinie der Reihe nach.
Dann erhältst du das regelmäßige Fünfeck.

b)

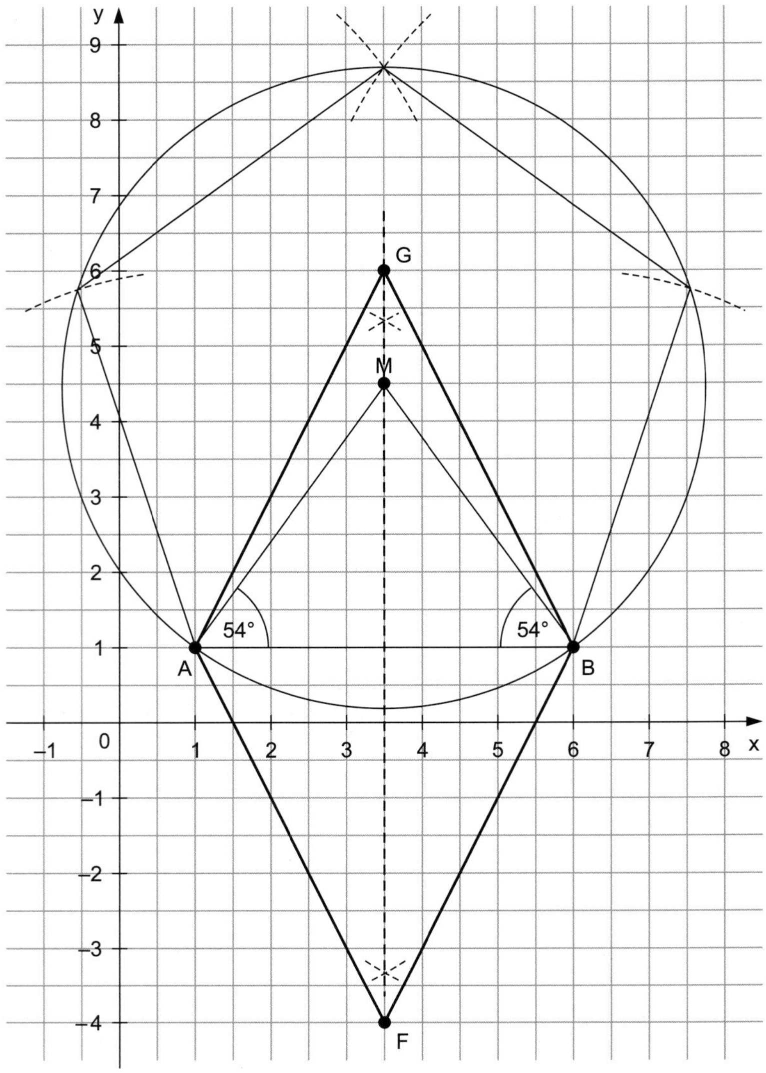

Hinweise und Tipps

In einem gleichschenkligen Dreieck halbiert die Mittelsenkrechte die Basis und verläuft durch die Spitze des gleichschenkligen Dreiecks.
Zeichne mit dem Geodreieck die Mittelsenkrechte zur Strecke $\overline{AB}$ durch den Punkt M.

oder:
Zeichne um die Punkte A und B jeweils einen Kreisbogen mit einem beliebigen Radius (hier: 5 cm).
Verbinde die Schnittpunkte der Kreisbögen miteinander. Dann erhältst du die Mittelsenkrechte zur Strecke $\overline{AB}$.

oder:
Halbiere mit dem Geodreieck die Strecke $\overline{AB}$.
Markiere den Mittelpunkt der Strecke $\overline{AB}$.
Zeichne mit dem Geodreieck die Senkrechte zur Strecke $\overline{AB}$ durch den markierten Punkt.

Die Strecke $\overline{AB}$ ist eine Diagonale der Raute, die Mittelsenkrechte die zweite Diagonale. Die Eckpunkte F und G liegen auf der Mittelsenkrechten und haben von der Strecke $\overline{AB}$ den gleichen Abstand.

Trage vom Mittelpunkt der Strecke $\overline{AB}$ auf der Mittelsenkrechten nach oben und nach unten die gleiche Länge ab (hier: 5 cm). Du kannst auch eine andere Länge wählen.
Bezeichne die Abschnitte auf der Mittelsenkrechten mit F und G.
Verbinde die Punkte F und G jeweils mit den Punkten A und B. Dann erhältst du die Raute (AFBG).

Hinweise und Tipps

5 a) **Guthaben bei der Comfortbank nach dem ersten Jahr**

$100\,\% \mathrel{\hat{=}} 700\,€$

$1\,\% \mathrel{\hat{=}} 7\,€$

$101\,\% \mathrel{\hat{=}} 707\,€$

Das Guthaben steigt um 1 % von 100 % auf 101 % an. Berechne das Guthaben nach dem ersten Jahr mit dem Dreisatz.

oder:

$700\,€ \cdot 1{,}01 = 707\,€$

Rechne mit dem Faktor: $101\,\% = 1{,}01$

Guthaben bei der Comfortbank nach dem zweiten Jahr

$100\,\% \mathrel{\hat{=}} 707\,€$

$1\,\% \mathrel{\hat{=}} 7{,}07\,€$

$101\,\% \mathrel{\hat{=}} 714{,}07\,€$

Das Kapital für das zweite Jahr beträgt 707 €. Das Guthaben steigt um 1 % von 100 % auf 101 % an. Berechne das Guthaben nach dem zweiten Jahr mit dem Dreisatz.

oder:

$707\,€ \cdot 1{,}01 = 714{,}07\,€$

Rechne mit dem Faktor: $101\,\% = 1{,}01$

oder:

$700\,€ \cdot 1{,}01 \cdot 1{,}01 = 714{,}07\,€$

Verknüpfe die Faktoren.

Herrn Hubers Tochter hat nach zwei Jahren 714,07 € auf ihrem Konto.

b) **Zinsen für 6 Monate bei der Starbank**

$301{,}20\,€ - 300{,}00\,€ = 1{,}20\,€$

Berechne die Jahreszinsen bei der Starbank. Das Kapital (K) und die Jahreszinsen (Z) sind bekannt.

Zinsen für 1 Jahr

$1{,}20\,€ \cdot 2 = 2{,}40\,€$

Zinssatz der Starbank

$p\% = 2{,}40\,€ : 300\,€ \cdot 100\,\%$

$p\% = 0{,}8\,\%$

Berechne den Zinssatz. $p\% = Z : K \cdot 100\,\%$

Vergleich der Zinssätze

$1\,\% > 0{,}8\,\%$

Die Comfortbank bietet den höheren Zinssatz an.

Vergleiche die Zinssätze.

---

6 a) **Anzahl der Wassertropfen**

$210\,\ell : (5 \cdot 10^{-5}\,\ell) = 4\,200\,000$

Wenn dein Taschenrechner Tasten für das Rechnen mit 10er-Potenzen hat, kannst du die Division durchführen. Achte dabei auf die korrekte Tastenfolge.

$5 \cdot 10^{-5}\,\ell = 0{,}00005\,\ell$

Wenn dein Taschenrechner keine Tasten für das Rechnen mit 10er-Potenzen hat, dann schreibe die Zehnerpotenz als Dezimalbruch.

$210\,\ell : 0{,}00005\,\ell = 4\,200\,000$

An der fünften Stelle nach dem Komma steht die 5. Führe die Division durch.

In eine Regentonne mit 210 Liter Fassungsvermögen passen 4 200 000 Wassertropfen.

b) **Anzahl der Tropfen pro Minute**

$60 : 4 = 15$ Tropfen

Anzahl der Tropfen pro Jahr

$15 \cdot 60 \cdot 24 \cdot 365 = 7\,884\,000$ Tropfen

Volumen der Wassertropfen in Litern

$7\,884\,000 \cdot 5 \cdot 10^{-5}\,\ell = 394{,}2\,\ell$

Berechne zunächst die Anzahl der Tropfen pro Minute. 1 Stunde hat 60 Minuten, 1 Tag hat 24 Stunden, 1 Jahr hat 365 Tage. Berechne die Anzahl der Tropfen pro Jahr. Das Volumen eines Wassertropfens findest du in der ersten Zeile der Aufgabenstellung. Nutze bei deinem Taschenrechner die Tasten für das Rechnen mit 10er-Potenzen.

✎ **Hinweise und Tipps**

oder:
$7\,884\,000 \cdot 0{,}00005\ \ell = 394{,}2\ \ell$
$394{,}2\ \ell > 10\ \ell$
Der Platzwart hat nicht recht.

✎ Wandle die 10er-Potenz in einen Dezimalbruch um. (Teilaufgabe a)
✎ Überprüfe die Behauptung des Platzwarts.

---

7 a) **Anteil des CO_2-Ausstoßes durch Flugreisen in Prozent**
CO_2-Ausstoß in kg durch Flugreisen: 580 kg
gesamter CO_2-Ausstoß: 11 600 kg
$p\% = 580\text{ kg} : 11\,600\text{ kg} \cdot 100\,\%$
$p\% = 5\,\%$

✎ Den CO_2-Ausstoß durch Flugreisen in kg (P) findest du in der ersten Tabellenzeile. Den gesamten CO_2-Ausstoß in kg (G) findest du in der letzten Tabellenzeile.
✎ Berechne den Prozentsatz.
✎ $p\% = P : G \cdot 100\,\%$

b) **CO_2-Ausstoß in kg durch den Bereich Ernährung**
$100\,\% \mathrel{\hat{=}} 11\,600\text{ kg}$
$1\,\% \mathrel{\hat{=}} 116\text{ kg}$
$16\,\% \mathrel{\hat{=}} 1\,856\text{ kg}$

✎ In der Tabellenzeile Ernährung findest du den Prozentsatz (p%), in der Tabellenzeile Gesamt findest du den gesamten CO_2-Ausstoß in kg (G).
✎ Berechne den Prozentwert mit dem Dreisatz.

oder:
$11\,600\text{ kg} \cdot 0{,}16 = 1\,856\text{ kg}$
Auf den Bereich Ernährung entfallen 1 856 kg.

✎ Rechne mit dem Faktor:
✎ $16\,\% = 0{,}16$

c) **mögliche Einsparung im Bereich Strom und Heizung**
$\frac{1}{4}$ von $22\,\% = 5{,}5\,\%$
5,5 % sind mehr als 5 %.
Linus hat recht.

✎ Berechne ein Viertel vom Anteil des CO_2-Ausstoßes im Bereich Strom und Heizung.
✎ Vergleiche mit der Behauptung von Linus.

✎ Diese Lösung wird entsprechend dem Erwartungshorizont gefordert. Allerdings ist die Frage unpräzise gestellt, da nicht klar ist, auf welche Größe sich die 5 % beziehen (Gesamtergebnis oder Teilbereich). Auch würde man bei dieser Art der Fragestellung eher ein Viertel der Menge berechnen (ähnlich Teilaufgabe d).

d) **halbe Menge des CO_2-Ausstoßes im Bereich sonstiger Konsum**
$4\,292\text{ kg} : 2 = 2\,146\text{ kg}$

✎ Berechne die Hälfte der Menge des CO_2-Ausstoßes im Bereich sonstiger Konsum in kg.
✎ Wenn sich der CO_2-Ausstoß im Bereich sonstiger Konsum verringert, verringert sich auch der gesamte CO_2-Ausstoß.

verringerter gesamter CO_2-Ausstoß in kg
$11\,600\text{ kg} - 2\,146\text{ kg} = 9\,454\text{ kg}$

✎ Berechne den verringerten gesamten CO_2-Ausstoß.
✎ Die Hälfte des CO_2-Ausstoßes im Bereich sonstiger Konsum ist der Prozentwert, der verringerte gesamte CO_2-Ausstoß der Grundwert.

$p\% = 2\,146\text{ kg} : 9\,454\text{ kg} \cdot 100\,\%$
$p\% = 22{,}699\ldots\,\% \approx 22{,}7\,\%$

✎ Berechne den Prozentsatz.
✎ $p\% = P : G \cdot 100\,\%$

$22{,}7\,\% > 18{,}5\,\%$
Die Aussage der Zeitung ist falsch.

✎ Bewerte den Zeitungsbericht.

8 a) **fehlende Werte in der Tabelle**

4 Pferde ≙ 30 Tage
1 Pferd ≙ 30 Tage · 4 = 120 Tage
5 Pferde ≙ 120 Tage : 5 = **24** Tage

120 Tage ≙ 1 Pferd
40 Tage ≙ 120 : 40 = **3** Pferde

Anzahl Pferde	**3**	4	5	8
Anzahl Tage	40	30	**24**	15

Hinweise und Tipps

Bei der Aufgabe handelt es sich um eine umgekehrt proportionale Zuordnung.
Je mehr Pferde, desto kürzer die Anzahl der Tage, für die der Futtervorrat reicht.
Berechne zuerst die Gesamtgröße.
Berechne mit der Gesamtgröße die fehlenden Werte in der Tabelle.

b) **Kosten für das Angebot 1**

10 Stunden – 4 Stunden = 6 Stunden
8 € · 6 = 48 €
48 € + 36 € = 84 €

Berechne die Anzahl der Reitstunden, für die Jana nach den 4 Freistunden bezahlen muss.
Berechne die Kosten für die weiteren Reitstunden.
Addiere zu den Kosten für die weiteren Reitstunden die Kosten für den Grundbetrag und du erhältst die gesamten Kosten für das Angebot 1.

Kosten für das Angebot 2

8,50 € · 10 = 85 €

Jana möchte 10 Stunden im Monat reiten.
Berechne die Kosten für die Reitstunden.

84 € < 85 €
Das Angebot 1 ist günstiger.

Vergleiche die Angebote.

c) **Berechnen der Höhe der Säulen für das Säulendiagramm**

0,5 t = 500 kg
50 kg ≙ 1 cm

Der Futtervorrat nimmt von Montagmorgen bis Freitagmorgen ab. Erst am Freitagabend wird ein neuer Futtervorrat geliefert.

Montag
500 kg : 50 kg ≙ **10 cm**

Berechne von Montagmorgen bis Freitagmorgen jeweils die restliche Futtermenge und die entsprechende Säulenhöhe.

Dienstag
500 kg – 50 kg = 450 kg
450 kg : 50 kg ≙ **9 cm**

Mittwoch
450 kg – 50 kg = 400 kg
400 kg : 50 kg ≙ **8 cm**

Donnerstag
400 kg – 50 kg = 350 kg
350 kg : 50 kg ≙ **7 cm**

Freitag
350 kg – 50 kg = 300 kg
300 kg : 50 kg ≙ **6 cm**

gefressener Futtervorrat am Freitag:
50 kg
Futtervorrat am Freitagabend:
300 kg – 50 kg = 250 kg

Beachte, dass auch am Freitag 50 kg Kraftfutter gefressen werden.

Lieferung von 200 kg Kraftfutter am Freitagabend, neuer Futtervorrat am Freitagabend:
250 kg + 200 kg = 450 kg

Addiere zur restlichen Futtermenge vom Freitagabend die Liefermenge des Kraftfutters vom Freitagabend.

Hinweise und Tipps

Berechne für Samstag und Sonntag die Futtermenge und die jeweils entsprechende Säulenhöhe.

Samstag:
450 kg
450 kg : 50 kg $\hat{=}$ **9 cm**

Sonntag:
450 kg – 50 kg = 400 kg
400 kg : 50 kg $\hat{=}$ **8 cm**

Säulendiagramm

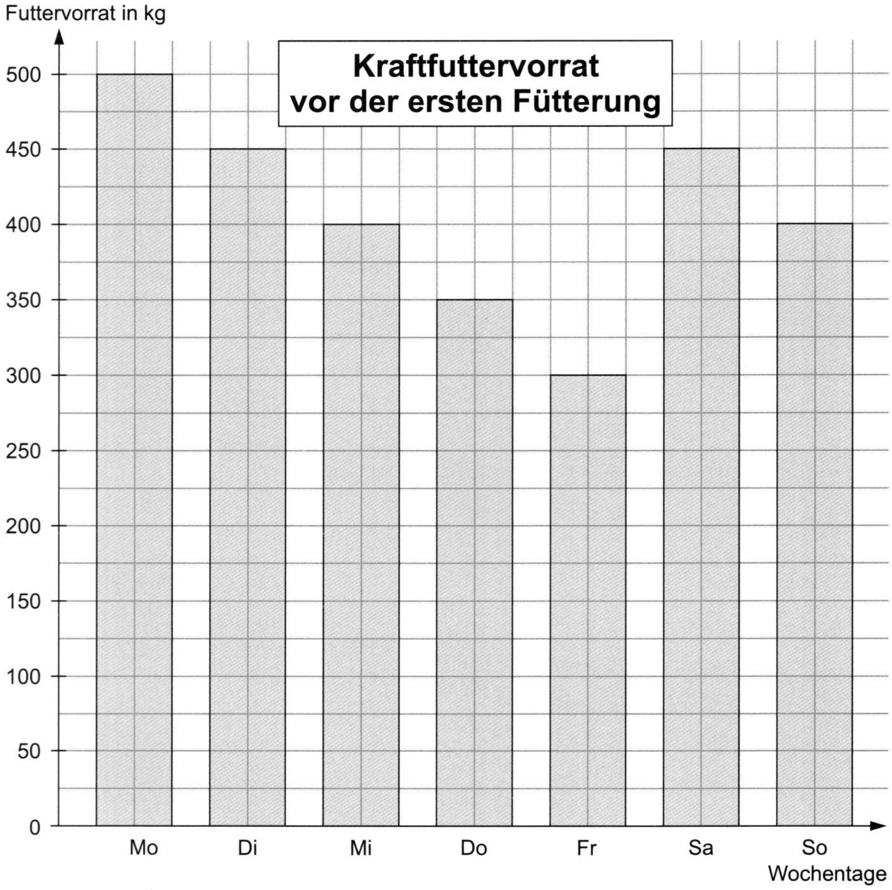

Zeichne das Säulendiagramm mit den berechneten Säulenhöhen.
Beachte die Säulenbreite und den Abstand zwischen den Säulen.

Teil B – Aufgabengruppe II

Hinweise und Tipps

1

$$\frac{7\cdot(2x-1)}{4}-\frac{x+6,5}{5}-\frac{3\cdot(6x-6)}{10}=4 \quad |\cdot 20$$

Multipliziere mit dem Hauptnenner 20. Auch die Zahl auf der rechten Seite muss mit 20 multipliziert werden.

$$\frac{20\cdot 7\cdot(2x-1)}{4}-\frac{20\cdot(x+6,5)}{5}-\frac{20\cdot 3\cdot(6x-6)}{10}=20\cdot 4$$

$$\frac{\not{20}^{5}\cdot 7\cdot(2x-1)}{\not{4}}-\frac{\not{20}^{4}\cdot(x+6,5)}{\not{5}}-\frac{\not{20}^{2}\cdot 3\cdot(6x-6)}{\not{10}}=20\cdot 4$$

Kürze.

$$5\cdot 7\cdot(2x-1)-4\cdot(x+6,5)-2\cdot 3\cdot(6x-6)=80$$

Multipliziere.

$$35\cdot(2x-1)-4\cdot(x+6,5)-6\cdot(6x-6)=80$$

Multipliziere in die Klammern.

$$(70x-35)-(4x+26)-(36x-36)=80$$

Klammern auflösen. (Vorzeichenregel!)

$$70x-35-4x-26-36x+36=80$$

Fasse zusammen.

$$30x-25=80 \quad |+25$$

$$30x=105 \quad |:30$$

$$x=3,5$$

oder:

$$\frac{7\cdot(2x-1)}{4}-\frac{x+6,5}{5}-\frac{3\cdot(6x-6)}{10}=4$$

Wandle die Brüche in Dezimalbrüche um.

$$0,25\cdot 7\cdot(2x-1)-0,2\cdot(x+6,5)-0,1\cdot 3\cdot(6x-6)=4$$

Multipliziere.

$$1,75\cdot(2x-1)-0,2\cdot(x+6,5)-0,3\cdot(6x-6)=4$$

Multipliziere in die Klammern.

$$(3,5x-1,75)-(0,2x+1,3)-(1,8x-1,8)=4$$

Löse Klammern auf. (Vorzeichenregel!)

$$3,5x-1,75-0,2x-1,3-1,8x+1,8=4$$

Fasse zusammen.

$$1,5x-1,25=4 \quad |+1,25$$

$$1,5x=5,25 \quad |:1,5$$

$$x=3,5$$

---

2 a) **Temperatur in Miami in °C**

Setze die Temperatur für Miami in °F in die Formel ein und berechne T_C.

$$T_C=(64°-32°)\cdot\frac{5}{9}$$

$$T_C=32°\cdot\frac{5}{9}$$

$$T_C=17,77\ldots°\approx 17,8°$$

Die Temperatur in Miami beträgt 17,8 °C

b) **Temperatur in Nürnberg in °F**

Setze die Temperatur für Nürnberg in °C in die Formel ein und berechne T_F.

$$20°=(T_F-32°)\cdot\frac{5}{9} \quad |\cdot 9$$

$$180°=(T_F-32°)\cdot 5 \quad |:5$$

$$36°=T_F-32° \quad |+32$$

$$T_F=68°$$

Die Temperatur in Nürnberg beträgt 68 °F.

Hinweise und Tipps

3 **Volumen des Würfels**

$V_{Würfel} = 20\text{ cm} \cdot 20\text{ cm} \cdot 20\text{ cm}$

$V_{Würfel} = 8\,000\text{ cm}^3$

Berechne das Volumen des Würfels.

$V_{Würfel} = a \cdot a \cdot a$

Seitenlänge a des gleichschenklig-rechtwinkligen Dreiecks

$$a^2 + a^2 = (10\text{ cm})^2$$
$$2a^2 = 100\text{ cm}^2 \quad |:2$$
$$a^2 = 50\text{ cm}^2 \quad |\sqrt{\ }$$
$$a = 7{,}071\ldots\text{ cm} \approx 7{,}07\text{ cm}$$

Im gleichschenklig-rechtwinkligen Dreieck ist die Länge der Hypotenuse bekannt. Die beiden Katheten haben die gleiche Länge.
Berechne mithilfe des Satzes von Pythagoras die Länge der Katheten.
Runde die Länge der Kathete sinnvoll (hier: zwei Dezimalstellen).

Grundfläche des Dreiecksprismas

$$A_{Dreieck} = \frac{7{,}07\text{ cm} \cdot 7{,}07\text{ cm}}{2}$$
$$A_{Dreieck} = 24{,}992\ldots\text{ cm}^2 \approx 25\text{ cm}^2$$

Berechne den Flächeninhalt des rechtwinkligen Dreiecks.

$A_{Dreieck} = \frac{a \cdot a}{2}$

Runde den Flächeninhalt sinnvoll.

Volumen des Dreiecksprismas

$A_G = 25\text{ cm}^2$

$h_K = 20\text{ cm}$

$V_{Prisma} = 25\text{ cm}^2 \cdot 20\text{ cm}$

$V_{Prisma} = 500\text{ cm}^3$

Setze die bekannten Werte in die Formel zur Berechnung des Volumens eines Dreiecksprismas und berechne das Volumen.

$V_{Prisma} = A_G \cdot h_K$

Volumen des Restkörpers

$8\,000\text{ cm}^3 - 500\text{ cm}^3 = 7\,500\text{ cm}^3$

Subtrahiere vom Volumen des Würfels das Volumen des Dreiecksprismas und du erhältst das Volumen des Restkörpers.

---

4 **Länge der Kathete s**

$$s^2 = (5{,}5\text{ m})^2 - (5\text{ m})^2$$
$$s^2 = 30{,}25\text{ m}^2 - 25\text{ m}$$
$$s^2 = 5{,}25\text{ m}^2 \quad |\sqrt{\ }$$
$$s = 2{,}291\ldots\text{ m} \approx 2{,}29\text{ m}$$

Trage in das rechtwinklige Dreieck die bekannten Längen ein.
Bezeichne die zweite Kathete mit s.
Berechne die Länge von s mithilfe des Satzes von Pythagoras.

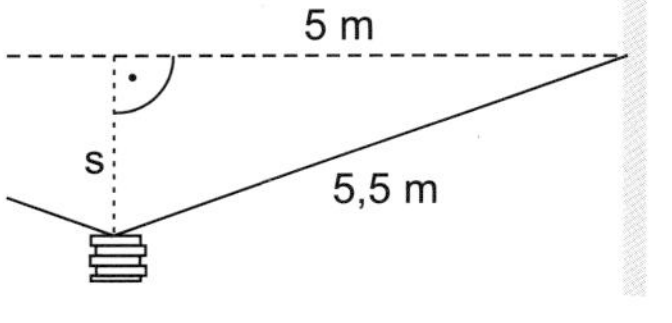

Runde die Länge sinnvoll (hier: 2 Dezimalstellen).

Abstand zwischen dem Laternenboden und der Straße

$6\text{ m} - 2{,}29\text{ m} - 0{,}4\text{ m} = 3{,}31\text{ m}$

Das Seil ist an der Hauswand 6 m über der Straße befestigt.
Die Höhe der Laterne ist in cm gegeben. Wandle die Höhe in m um.
Subtrahiere von der Höhe des Befestigungspunkts des Seils die Länge s und die Höhe der Laterne und du erhältst den Abstand zwischen dem Laternenboden und der Straße.

Hinweise und Tipps

5 a) **Ereignis E(ungerade Zahl) in Mengenschreibweise**

E(ungerade Zahl) = {1; 3; 5; 7}

Welche Karten mit einer ungeraden Zahl kann Tina aus dem Kartenstapel ziehen?

b) **Beispiele für Ereignisse, deren Wahrscheinlichkeit größer als 0,5 = 50 % ist**

E(eine Zahl zwischen 1 und 8) = {2; 3; 4; 5; 6; 7}
E(eine Zahl größer als 3) = {4; 5; 6; 7; 8}

oder:
E(eine Zahl kleiner als 6) = {1; 2; 3; 4; 5}
E(eine Zahl kleiner als 4 oder größer als 5)
= {1; 2; 3; 6; 7; 8}

Der Kartenstapel besteht aus 8 Karten. Wenn die Wahrscheinlichkeit für das Ereignis größer als 0,5 = 50 % sein soll, dann müssen mindestens 5 Karten diese Bedingung erfüllen.
Jede Ereignismenge mit 5 oder mehr Elementen ist richtig.

c) **fehlende Beschreibungen für das Ereignis**

Ereignis(„Vielfache von 3") = {3; 6}

3 und 6 sind Vielfache von 3.

oder:
Ereignis(„durch 3 teilbar") = {3; 6}
Ereignis(„größer als 5") = {6; 7; 8}

3 und 6 sind durch 3 teilbar.
6, 7, 8 sind größer als 5.

d) **Wahrscheinlichkeit für das Ereignis „kleiner als 5"**

P(„kleiner als 5") $= \frac{4}{8} = 0{,}5 = 50\ \%$

Anzahl aller möglichen Ergebnisse: 8
Anzahl der günstigen Ergebnisse: 4
Berechne die Wahrscheinlichkeit für das Ereignis „kleiner als 5".

Wahrscheinlichkeit für das Ereignis „größer als 5"

P(„größer als 5") $= \frac{3}{8} = 0{,}375 = 37{,}5\ \%$

Anzahl aller möglichen Ergebnisse: 8
Anzahl der günstigen Ergebnisse: 3
Berechne die Wahrscheinlichkeit für das Ereignis „größer als 5".

$50\ \% > 37{,}5\ \%$
Es ist wahrscheinlicher, eine Karte mit einem Wert kleiner als 5 zu ziehen als eine Karte mit einem Wert größer als 5.

Vergleiche die Wahrscheinlichkeiten.

---

6 a) **enthaltener Fruchtsaft in *ml* beim Kirschnektar**

$100\ \% \mathrel{\hat{=}} 330\ ml$
$1\ \% \mathrel{\hat{=}} 3{,}3\ ml$
$30\ \% \mathrel{\hat{=}} 99\ ml$

Die benötigten Daten findest du auf dem Etikett der Kirschnektarflasche.
Der gesamte Inhalt einer Flasche Kirschnektar in *ml* ist der Grundwert G, der Fruchtsaftanteil ist der Prozentsatz p%. Der enthaltene Fruchtsaft in *ml* ist der Prozentwert P.
Berechne den Prozentwert mit dem Dreisatz.

oder:
$330\ ml \cdot 0{,}3 = 99\ ml$
In einer Flasche Kirschnektar sind 99 *ml* Fruchtsaft enthalten.

Rechne mit dem Faktor.
$30\ \% = 0{,}3$

b) **Inhalt einer Flasche Bananennektar in *ml***

$46\ \% \mathrel{\hat{=}} 345\ ml$
$1\ \% \mathrel{\hat{=}} 7{,}5\ ml$
$100\ \% \mathrel{\hat{=}} 750\ ml$

Die benötigten Daten findest du auf dem Etikett der Bananennektarflasche.
Der in einer Flasche Bananennektar enthaltene Fruchtsaftanteil ist der Prozentsatz p%, der enthaltene Fruchtsaftanteil in *ml* der Prozentwert P.
Der gesamte Flascheninhalt in *ml* ist der Grundwert G.
Berechne den Grundwert G mit dem Dreisatz.

Hinweise und Tipps

oder:

$G = \frac{345\ m\ell \cdot 100\,\%}{46\,\%} = 750\ m\ell$

In einer Flasche Bananennektar sind 750 $m\ell$ Flüssigkeit enthalten.

> Berechne den Grundwert mit der Formel.
> $G = \frac{P \cdot 100\,\%}{p\%}$

c) **enthaltene Fruchtsäfte in Lenas Mischgetränk in $m\ell$**

$125\ m\ell + 300\ m\ell = 425\ m\ell$

Menge des gesamten Mischgetränks in $m\ell$:

$500\ m\ell + 750\ m\ell = 1\,250\ m\ell$

> Berechne die Menge der Fruchtsäfte in der Mischung in $m\ell$.
> Die benötigten Daten findest du auf den Etiketten.
> Berechne die gesamte Menge des Mischgetränks in $m\ell$.
> Die benötigten Daten findest du auf den Etiketten.
> Der Fruchtsaftanteil im Mischgetränk ist der Prozentwert P, die gesamte Menge des Mischgetränks ist der Grundwert G.

Fruchtsaftanteil des Mischgetränks

$p\% = 425\ m\ell : 1\,250\ m\ell \cdot 100\,\%$

$p\% = 34\,\%$

Der Fruchtsaftanteil des Mischgetränks beträgt 34 %.

> Berechne den Prozentsatz.
> $p\% = P : G \cdot 100\,\%$

d) **Unterschied zwischen dem alten und dem neuen Flascheninhalt in $m\ell$**

$900\ m\ell - 750\ m\ell = 150\ m\ell$

$p\% = 150\ m\ell : 750\ m\ell \cdot 100\,\%$

$p\% = 20\,\%$

Der prozentuale Anstieg beträgt 20 %.

> Der bisherige Inhalt einer Flasche ist der Grundwert G, der Unterschied zwischen dem Inhalt der neuen und der alten Flasche ist der Prozentwert P.
> Berechne den prozentualen Anstieg des Inhalts.
> $p\% = P : G \cdot 100\,\%$

---

7 a) **Fettanteil in einer 80 g-Tafel Schokolade in Prozent**

$46\,\% + 12\,\% + 5\,\% = 63\,\%$

$100\,\% - 63\,\% = 37\,\%$

> Addiere die Prozentsätze für Kohlenhydrate, Eiweiß und Sonstiges.
> Lies die benötigten Daten aus dem Säulendiagramm ab.
> Die Differenz zu 100 % ist der Prozentsatz für das Fett in der Schokolade.

Fettanteil in einer 80 g-Tafel Schokolade in Gramm

$100\,\% \mathrel{\hat{=}} 80\ g$

$1\,\% \mathrel{\hat{=}} 0{,}8\ g$

$37\,\% \mathrel{\hat{=}} 29{,}6\ g$

> Der Grundwert G ist das Gewicht der Tafel Schokolade, der Prozentsatz p% ist nun bekannt.
> Berechne den Prozentwert P mit dem Dreisatz.

oder:

$80\ g \cdot 0{,}37 = 29{,}6\ g$

In einer 80 g-Tafel Schokolade sind 29,6 g Fett enthalten.

> Rechne mit dem Faktor.
> $37\,\% = 0{,}37$

b) **Berechnen der Winkel für das Kreisdiagramm**

$100\,\% \mathrel{\hat{=}} 360°$

$1\,\% \mathrel{\hat{=}} 3{,}6°$

$46\,\% \mathrel{\hat{=}} 165{,}6° \approx 166°$	Kohlenhydrate
$37\,\% \mathrel{\hat{=}} 133{,}2° \approx 133°$	Fett
$12\,\% \mathrel{\hat{=}} 43{,}2° \approx 43°$	Eiweiß
$5\,\% \mathrel{\hat{=}} 18°$	Sonstiges

> Die gesamten Nährstoffe (100 %) entsprechen 360°.
> Runde die berechneten Winkel sinnvoll (hier: ganze Grad).

Kreisdiagramm

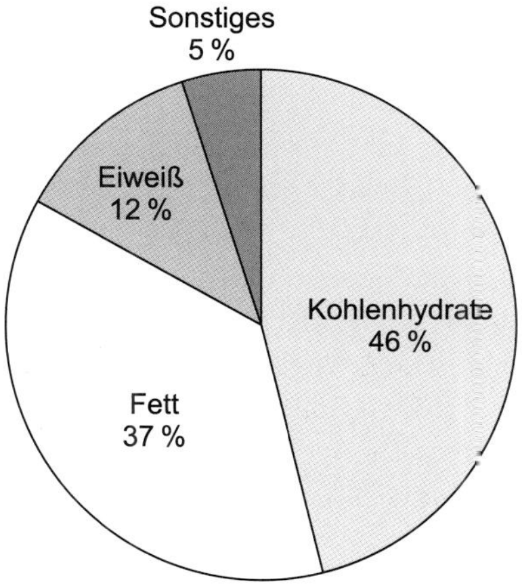

Hinweise und Tipps

Wähle für deinen Kreis einen Radius (hier: 2,5 cm).
In Kreise mit einem Radius zwischen 4 cm und 5 cm kannst du die Winkel mit dem Geodreieck leicht eintragen.
Der Kreismittelpunkt ist der Scheitel der Winkel für die Kreissegmente.
Zeichne mit dem Geodreieck die berechneten Winkel in den Kreis ein.
Färbe die Kreissegmente mit verschiedenen Farben.
Beschrifte die Kreissegmente.

---

8 a) **Anzahl der Fotos auf einer Festplatte mit 50 Gigabyte**

50 GB = 50 000 MB
50 000 MB : 2,6 MB = 19 230,7...
≈ 19 230 Fotos

Rechne die Größe der Festplatte in Megabyte um.
1 GB = 1 000 MB
Berechne die Anzahl der Fotos. Runde sinnvoll.

oder:
2,6 MB = 0,0026 GB
50 GB : 0,0026 GB = 19 230,7...
≈ 19 230 Fotos

Rechne die Größe eines Fotos in GB um.
1 MB = 0,001 GB
Berechne dann die Anzahl der Fotos.

b) **freier Speicherplatz auf der Festplatte**

3 TB = 3 000 GB

Die Speichergrößen müssen zunächst auf eine gleiche Einheit gebracht werden.
Rechne die Größe der Festplatte in GB um.
1 TB = 1 000 GB

3 000 GB – 700 GB = 2 300 GB

Subtrahiere von der Größe der Festplatte in GB den belegten Speicherplatz und du erhältst den freien Speicherplatz in GB.

oder:
700 GB = 0,7 TB
3 TB – 0,7 TB = 2,3 TB

Rechne den belegten Speicherplatz in TB um.
1 GB = 0,001 TB
Subtrahiere von der Größe der Festplatte in TB den belegten Speicherplatz und du erhältst den freien Speicherplatz in TB.

c) **ungefähre Datengröße in Megabyte**

$8{,}5 \cdot 10^7$ Byte : 10^6 = 85 MB

1 MB = 10^6 Byte
Dividiere die Größe des gespeicherten Spielstands durch 10^6 und du erhältst die Größe des Spielstands in MB.

oder:
10^6 Byte = 1 MB
10^7 Byte = $10 \cdot 1$ MB
$8{,}5 \cdot 10^7$ Byte = $85 \cdot 1$ MB = 85 MB

Wenn dein Taschenrechner keine Tasten zur Eingabe von 10er-Potenzen hat, dann gehe schrittweise vor.
10^6 Byte = 1 MB

9 a) **Kosten für 8 Trainingseinheiten**

3,50 € · 8 = 28,00 €

gesamte Kosten

28,00 € + 10 € = 38,00 €

Die Kosten für den Schnuppermonat mit 8 Trainingseinheiten betragen 38,00 €.

Hinweise und Tipps

Benötigte Daten findest du im Angebot der MUCKIBUDE.
Berechne die Kosten für 8 Trainingseinheiten.
Addiere die Kosten für die 8 Trainingseinheiten zum Aktionspreis von 10 € und du erhältst die gesamten Kosten für den Schnuppermonat.

b) **Entwicklung der Monatsbeiträge in Abhängigkeit zur Vertragslaufzeit**

Je länger die Vertragslaufzeit ist, desto niedriger werden die Monatsbeiträge.

Die Vertragslaufzeit und die Monatsbeiträge findest du im Angebot der MUCKIBUDE.
Prüfe, ob eine proportionale Zuordnung vorliegt.

c) **Zuordnung der Graphen zu den Angeboten**

Graph 3 gehört zu Michis Fitbox.
Graph 2 gehört zur MUCKIBUDE.

Ein Graph beginnt bei 0 €, es gibt keinen festen Monatsbeitrag.
Graph 2 und Graph 3 beginnen bei einem Monatsbeitrag von 25 €.
Lies aus dem Schaubild ab, wie hoch die Kosten für eine Trainingseinheit sind.
Entscheide nun, welcher Graph zur MUCKIBUDE passt.

d) **Bedeutung des Schnittpunkts von Graph 2 und Graph 3 hinsichtlich der Kosten**

- Bis zu 4 Trainingseinheiten ist das Angebot von Graph 3 günstiger als das Angebot von Graph 2.
- Bei 5 Trainingseinheiten, beim Schnittpunkt der beiden Graphen sind die Kosten bei beiden Graphen, gleich hoch.
- Nach der 5. Trainingseinheit sind die Kosten bei Graph 2 niedriger.

Lies im Diagramm ab und entscheide:
Bis zu wie vielen Trainingseinheiten ist Graph 3 günstiger als Graph 2?
Bei wie vielen Trainingseinheiten sind die Kosten bei beiden Graphen gleich hoch?
Wie entwickeln sich die Kosten nach der 5. Trainingseinheit?
Welcher Graph ist dann hinsichtlich der Kosten günstiger?

Qualifizierender Abschluss der Mittelschule 2020

Teil A – Arbeitsblatt

1 a) **Jeans**

richtig ☒
falsch ☐

Hinweise und Tipps

Um wie viel Euro wird die Jeans günstiger?
$40\,€ - 32\,€ = 8\,€$
Der Grundwert **G** ist der alte Preis, der Prozentwert **P** die Ermäßigung in €.
Berechne den Prozentsatz.
$8€ \text{ von } 40€ = \frac{8€}{40€} = \frac{1}{5} = 0{,}2 = 20\,\%$
Kreuze „richtig“ an.

T-Shirt

richtig ☒
falsch ☐

Um wie viel Euro wird das T-Shirt günstiger?
$32\,€ - 24\,€ = 8\,€$
Der Grundwert **G** ist der alte Preis, der Prozentwert **P** die Ermäßigung in €.
Berechne den Prozentsatz.
$8€ \text{ von } 32€ = \frac{8€}{32€} = \frac{1}{4} = 0{,}25 = 25\,\%$
Kreuze „richtig“ an.

Hemd

richtig ☐
falsch ☒

Um wie viel Euro wird das Hemd günstiger?
$60\,€ - 45\,€ = 15\,€$
Der Grundwert **G** ist der alte Preis, der Prozentwert **P** die Ermäßigung in €.
Berechne den Prozentsatz.
$15€ \text{ von } 60€ = \frac{15€}{60€} = \frac{1}{4} = 0{,}25 = 25\,\%$
Kreuze „falsch“ an.

b) **fehlender Prozentsatz**

–40 %

Um wie viel Euro werden die Schuhe günstiger?
$80\,€ - 48\,€ = 32\,€$
Der Grundwert **G** ist der alte Preis, der Prozentwert **P** die Ermäßigung in €.
Berechne den Prozentsatz.
$32€ \text{ von } 80€ = \frac{32€}{80€} = \frac{4}{10} = 0{,}4 = 40\,\%$
Setze 40 ein.

---

2 a) **Berichtigung der zweiten Zeile der Gleichung**

$0{,}5 \cdot (16x + 5) + 8{,}5 = 6 + x - (5 - 3x) \cdot 2$

~~$8x + 2{,}5 + 8{,}5 = 6 + x - \mathbf{5} + 6x$~~

$8x + 2{,}5 + 8{,}5 = 6 + x - \mathbf{10} + 6x$

oder:

$8x + 2{,}5 + 8{,}5 = 6 + x - (\mathbf{10} - 6x)$

Multipliziere die Klammern aus.
In der zweiten Zeile wird auf der rechten Seite die Zahl 5 nicht mit 2 multipliziert. Verbessere die Zeile.

Multipliziere die Zahl 2 in die Klammer auf der rechten Seite.

✐ **Hinweise und Tipps**

b) **falsche Anwendung einer Regel bei der Umformung**

$2 \cdot (12x - 3) = 3x - (2 - 4x)$

Falsche Umformung:
$24x - 6 = 3x - 2 - 4x$

Richtige Umformung:
$24x - 6 = 3x - 2 + 4x$

☐ Punkt- vor Strichrechnung

☐ gleiche Rechenoperation auf beiden Seiten der Gleichung

☒ Vorzeichenregel beim Auflösen der Klammer

✐ Löse die Klammern auf. Achte auf die Vorzeichenregel. Die Vorzeichenregel wurde nicht beachtet: $-(-4x) = +4x$

✐ Kreuze an.

---

3 **Begründung für „kein Parallelogramm“**

$\gamma = 360° - \alpha - \beta - \delta$
$\gamma = 360° - 55° - 135° - 135°$
$\gamma = 35°$
$\alpha = 55°$
$\alpha \neq \gamma$

Das Viereck ist kein Parallelogramm, da ein Paar gegenüberliegender Winkel nicht gleich groß ist.

oder:

$\alpha = 55°$
$\beta = 135°$
$\alpha + \beta = 55° + 135°$
$\alpha + \beta = 190°$
$180° \neq 190°$

Das Viereck ist kein Parallelogramm, da die Winkelsumme benachbarter Winkel nicht 180° beträgt.

✐ In jedem Viereck beträgt die Summe der Innenwinkel 360°. Berechne die Größe des Winkels γ. In jedem Parallelogramm haben gegenüberliegende Winkel die gleiche Größe. Vergleiche die Größe der Winkel α und γ.

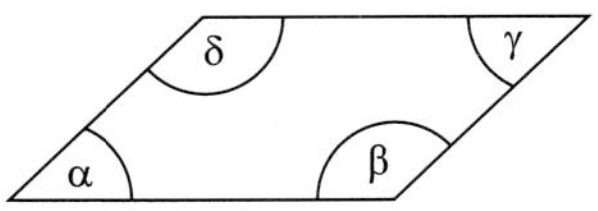

✐ In jedem Parallelogramm beträgt die Winkelsumme benachbarter Winkel 180°. Zum Beispiel sind α und β benachbarte Winkel. Berechne die Winkelsumme von α und β und entscheide.

---

4 **realistische Größenangaben**

a) **Strecke einer Fahrradtour**

☐ 400 m.

☒ 22 000 m.

☐ 900 000 m.

✐ Welche Strecke kann bei einer zweistündigen Fahrradtour bewältigt werden?
In zwei Stunden können deutlich mehr als 400 m mit dem Rad zurückgelegt werden.
Wandle die anderen Längenangaben in km um. Die Umrechnungszahl ist 1 000.
22 000 m = 22 km
22 km in zwei Stunden sind bei gemütlicher Fahrweise vorstellbar.
900 000 m = 900 km
900 km sind mit dem Fahrrad in zwei Stunden absolut unmöglich zurückzulegen.
Kreuze 22 000 m an.

b) **Gewicht einer vollen Getränkekiste**

- ☐ 500 g.
- ☐ 3 kg.
- ☒ 0,017 t.

✎ **Hinweise und Tipps**

Überlege: 0,7 ℓ Getränk wiegen rund 700 g, eine leere Glasflasche rund 600 g. Eine gefüllte Glasflasche wiegt rund 1 300 g oder 1,3 kg.
Eine gefüllte Getränkeflasche wiegt bereits mehr als 500 g.
Drei gefüllte Getränkeflaschen wiegen mehr als 3 kg.
Wandle 0,017 t in kg um. Die Umrechnungszahl ist 1 000.
0,017 t = 17 kg
12 gefüllte Glasflaschen und der Getränkekasten könnten rund 17 kg wiegen.
Kreuze 0,017 t an.

c) **Füllmenge eines Glases**

- ☐ 20 mℓ.
- ☐ 62,5 mℓ.
- ☒ 200 mℓ.

Überlege:
1 ℓ = 1 000 mℓ
Ein Fingerhut hat ein Volumen von rund 20 mℓ.
Drei Fingerhüte haben ein Volumen von rund 60 mℓ.
Ein viertel Liter entspricht 250 mℓ. Es gibt Saftgläser mit einem Volumen von 250 mℓ. Das abgebildete Glas ist nicht ganz mit Saft gefüllt.
Kreuze 200 mℓ an.

d) **Gewicht eines Taschenrechners**

- ☒ 0,205 kg.
- ☐ 0,01 t.
- ☐ 2,5 kg.

Überlege:
Für das Gewicht eines Taschenrechners ist die Gewichtsangabe in der Einheit Gramm eine realistische Größenangabe.
Wandle die gegebenen Antwortmöglichkeiten in kleinere Einheiten um und entscheide.
0,205 kg = 205 g
Ein Gewicht von 205 g für einen Taschenrechner ist durchaus realistisch.
0,01 t = 10 kg
Ein Gewicht von 10 kg oder 2,5 kg ist für einen Taschenrechner absolut unrealistisch.
Kreuze 0,205 kg an.

---

5 **Flächeninhalt des Buchstabens P**

Flächeninhalt des Rechtecks

$a = 1\ \text{dm}$

$b = 4\ \text{dm} + 3\ \text{dm} = 7\ \text{dm}$

$A_{\text{Rechteck}} = 1\ \text{dm} \cdot 7\ \text{dm}$

$A_{\text{Rechteck}} = 7\ \text{dm}^2$

Der Buchstabe P setzt sich aus einem Rechteck und einem halbkreisförmigen Kreisring zusammen.
Berechne zunächst den Flächeninhalt des Rechtecks.
$A_{\text{Rechteck}} = a \cdot b$
Entnimm die benötigten Maße der Skizze.

Flächeninhalt des äußeren Halbkreises

$d = 4\ \text{dm}$

$r = 2\ \text{dm}$

$\pi = 3$

$A_{\text{äußerer Halbkreis}} = 2\ \text{dm} \cdot 2\ \text{dm} \cdot 3 : 2$

$A_{\text{äußerer Halbkreis}} = 6\ \text{dm}^2$

Berechne den Flächeninhalt des äußeren Halbkreises.
$A_{\text{Halbkreis}} = r \cdot r \cdot \pi : 2$
Rechne mit $\pi = 3$.
Entnimm die benötigten Maße der Skizze.

Flächeninhalt des inneren Halbkreises

$d = 2\ \text{dm}$

$r = 1\ \text{dm}$

$\pi = 3$

$A_{\text{innerer Halbkreis}} = 1\ \text{dm} \cdot 1\ \text{dm} \cdot 3 : 2$

$A_{\text{innerer Halbkreis}} = 1{,}5\ \text{dm}^2$

Flächeninhalt des halbkreisförmigen Kreisrings

$A_{\text{Halbkreisring}} = 6\ \text{dm}^2 - 1{,}5\ \text{dm}^2$

$A_{\text{Halbkreisring}} = 4{,}5\ \text{dm}^2$

Flächeninhalt des gesamten Buchstabens

$A_{\text{Buchstabe}} = 7\ \text{dm}^2 + 4{,}5\ \text{dm}^2$

$A_{\text{Buchstabe}} = 11{,}5\ \text{dm}^2$

Hinweise und Tipps

Berechne den Flächeninhalt des inneren Halbkreises.
$A_{\text{Halbkreis}} = r \cdot r \cdot \pi : 2$
Rechne mit $\pi = 3$.
Entnimm die benötigten Maße der Skizze.

Subtrahiere vom Flächeninhalt des äußeren Halbkreises den Flächeninhalt des inneren Halbkreises und du erhältst den Flächeninhalt des halbkreisförmigen Kreisrings.
Addiere die Teilflächen und du erhältst den Flächeninhalt des Buchstabens.

---

6 **Wochentag des 27. Septembers 2019**

2. September 2019, Montag
9. September 2019, Montag
16. September 2019, Montag
23. September 2019, Montag
24. September 2019, Dienstag
25. September 2019, Mittwoch
26. September 2019, Donnerstag
27. September 2019, Freitag
Der 27. September war ein Freitag.

Gehe schrittweise vor.
Eine Woche hat 7 Tage.
Wenn der 2. September 2019 ein Montag war, dann war der 9. September auch ein Montag.
Gehe Woche für Woche vor bis zum 23. September.
Arbeite dich nun Tag für Tag bis zum 27. September vor.

---

7 **passende Maßeinteilung für den Messbecher**

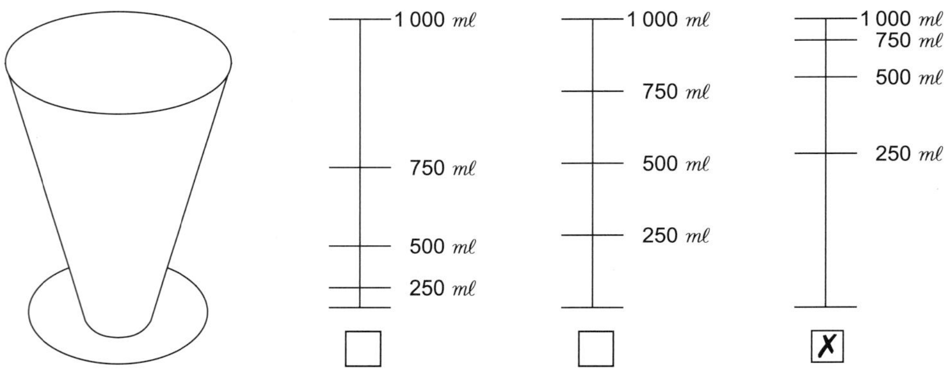

Überlege:
Der fast kegelförmige Messbecher ist unten sehr eng, nach oben wird er immer breiter. Fülle den dargestellten Messbecher gedanklich mit Wasser. Zu Beginn steigt der Wasserstand sehr schnell an, da wegen des geringen Durchmessers am unteren Ende des Messbechers nur wenig Wasser in den Messbecher passt.
Je mehr Wasser du in den Messbecher gießt, umso langsamer steigt der Wasserstand, da der Durchmesser des Messbechers mit steigendem Wasserstand immer größer wird.
⇒ Die linke Maßeinteilung eignet sich für einen Messbecher, der unten sehr breit ist und nach oben immer schmäler wird.
⇒ Die mittlere Maßeinteilung hat zwischen den einzelnen Maßeinteilungen gleiche Abstände. Diese Maßeinteilung passt zu einem Zylinder oder Prisma.
⇒ Die rechte Maßeinteilung eignet sich für einen Messbecher, der unten sehr schmal ist und nach oben immer breiter wird.
Kreuze die rechte Maßeinteilung an.

Hinweise und Tipps

8 **Flächeninhalt des ausgeschnittenen Dreiecks ABC**

$a = 10\text{ cm}$

$A_{Quadrat} = 10\text{ cm} \cdot 10\text{ cm}$

$A_{Quadrat} = 100\text{ cm}^2$

$A_{Dreieck} = 100\text{ cm}^2 : 4$

$A_{Dreieck} = 25\text{ cm}^2$

oder:

$g = 10\text{ cm}$

$h = 10\text{ cm} : 2 = 5\text{ cm}$

$A = \frac{1}{2} \cdot 10\text{ cm} \cdot 5\text{ cm}$

$A = 25\text{ cm}^2$

✐ Das ausgeschnittene Dreieck ABC ist ein gleichschenklig-rechtwinkliges Dreieck. Der Flächeninhalt des Dreiecks ABC ist der vierte Teil des Quadrats. Berechne den Flächeninhalt des Quadrats.
$A_{Quadrat} = a \cdot a$
Berechne den vierten Teil des Flächeninhalts des Quadrats.

✐ Die Länge der Höhe des gleichschenklig-rechtwinkligen Dreiecks ist die halbe Länge einer Quadratseite. Berechne den Flächeninhalt des Dreiecks ABC.
$A = \frac{1}{2} \cdot g \cdot h$

---

9 **späteste Abfahrtszeit des Zugs für Jasmin**

späteste Ankunftszeit in Nürnberg

15 min + 20 min = 35 min

14:00 Uhr − 35 min = 13:25 Uhr

Ankunft in Nürnberg: 13:19

Abfahrt in Erlangen: 13:02

Sie muss spätestens mit dem Zug um **13:02** Uhr fahren.

✐ Wie viele Minuten vor dem Vorstellungsgespräch muss der Zug spätestens in Nürnberg ankommen? Wähle aus dem Fahrplan den Zug aus, der vor 13:25 Uhr in Nürnberg ankommt.

✐ Schreibe die Abfahrtszeit in Erlangen auf.

---

10 **Setze korrekt ein.**

a) $\sqrt{0{,}25} = 0{,}5$

$0{,}5 > 0{,}4$

$\sqrt{0{,}25} > 0{,}4$

✐ Ziehe die Quadratwurzel aus $\sqrt{0{,}25}$. Vergleiche mit 0,4. Setze > ein.

b) $2{,}5 \cdot 10^{-2} = \frac{2{,}5}{100} = \frac{25}{1000} = \frac{1}{40}$

✐ Schreibe $2{,}5 \cdot 10^{-2}$ als Bruch und kürze.

$\frac{3}{8} > \frac{1}{40}$

✐ Vergleiche die Brüche.

$\frac{3}{8} > 2{,}5 \cdot 10^{-2}$

✐ Setze > ein.

oder:

$\frac{3}{8} = 3 : 8 = 0{,}375$

✐ Schreibe $\frac{3}{8}$ als Dezimalbruch.

$10^{-2} = 0{,}01$

$2{,}5 \cdot 0{,}01 = 0{,}025$

✐ Schreibe $2{,}5 \cdot 10^{-2}$ als Dezimalbruch.

$0{,}375 > 0{,}025$

✐ Vergleiche die Dezimalbrüche.

$\frac{3}{8} > 2{,}5 \cdot 10^{-2}$

✐ Setze > ein.

11 Entfernung zwischen Passau und Aschaffenburg

Abmessen der Streckenlängen in der Karte
Strecke München – Nürnberg: 3 cm
Strecke Passau – Aschaffenburg: 7 cm
Berechnung der tatsächlichen Entfernungen
3 cm in der Karte $\hat{=}$ 150 km
1 cm in der Karte $\hat{=}$ $150 \text{ km} : 3 = 50 \text{ km}$
7 cm in der Karte $\hat{=}$ $7 \cdot 50 \text{ km} = 350 \text{ km}$
Die Entfernung zwischen Passau und Aschaffenburg beträgt 350 km.

Hinweise und Tipps

Miss mit dem Geodreieck die Strecke München – Nürnberg. Runde auf ganze cm.
Miss mit dem Geodreieck die Strecke Passau – Aschaffenburg. Runde auf ganze cm.
Berechne nun die tatsächliche Entfernung zwischen Passau und Aschaffenburg.
3 cm in der Karte entsprechen 150 km Luftlinie.
Wie viele km Luftlinie beträgt die Entfernung zwischen Passau und Aschaffenburg? Löse mit dem Dreisatz.

---

12 passende Puzzle-Teile

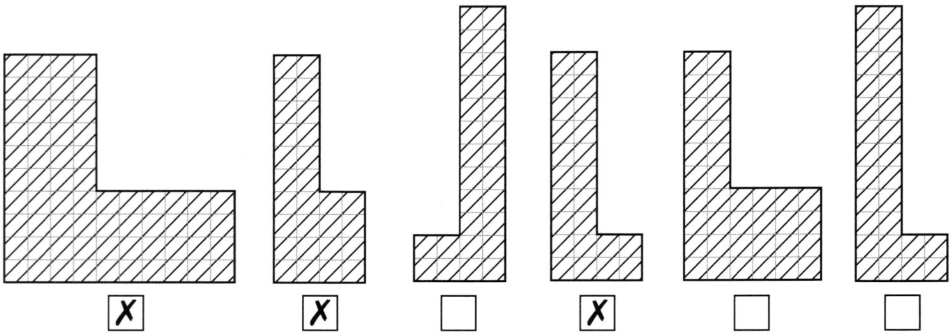

Das Rechteck ist 14 Kästchen lang und 12 Kästchen breit.
Beachte, dass du die Puzzle-Teile auch drehen kannst.
Das große Puzzle-Teil (erste Wahlmöglichkeit) passt in der Länge und der Breite unten an die rechte Seite des Rechtecks. Es muss dazu gedreht werden.
Das fehlende Puzzle-Teil, das links unten angelegt werden kann, muss im unteren Teil aus einem Quadrat mit Seitenlänge 4 Kästchen bestehen.
Oben fehlt ein Puzzle-Teil mit einer Länge von 10 Kästchen. Das Puzzle-Teil darf (bis auf seinen „Fuß“) nur 2 Kästchen breit sein.
Kreuze die entsprechenden Puzzle-Teile an.

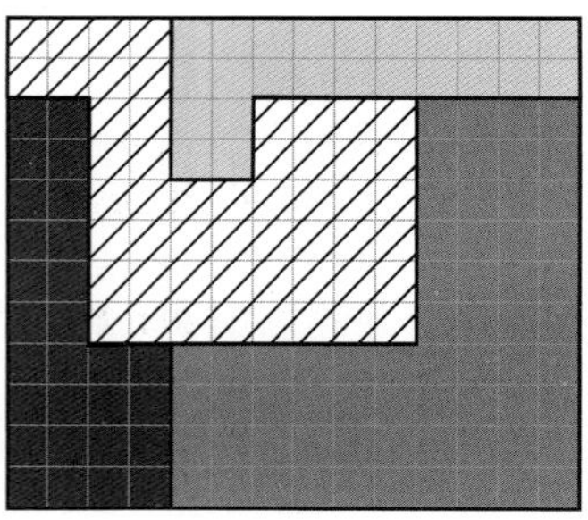

Teil B – Aufgabengruppe I

1

Basketbälle: x
Fußbälle: $x-10$
Volleybälle: $0{,}5x$
} 120 Bälle

$$x+x-10+0{,}5x=120$$
$$2{,}5x-10=120 \quad |+10$$
$$2{,}5x=130 \quad |:2{,}5$$
$$x=52$$

Basketbälle: 52
Fußbälle: $52-10=42$
Volleybälle: $0{,}5\cdot 52=26$

Hinweise und Tipps

Überlege, wie sich die Anzahl der bestellten Bälle auf die drei Ballarten verteilt.
Lege für die Anzahl der bestellten Basketbälle die Variable x fest.
Drücke die Anzahl der Fußbälle und Volleybälle mithilfe von x aus.
„10 Fußbälle weniger als Basketbälle“: $x-10$
„halb so viele Volleybälle wie Basketbälle“: $0{,}5x$
Stelle die Gleichung auf und löse sie.
Berechne die Anzahl der verschiedenen Bälle.

---

2 a) **Anteil der durch Elfmeter erzielten Tore bei der Fußballweltmeisterschaft 2018 in Prozent**

$G=169$ Tore
$P=22$ Tore
$p\,\% = 22 \text{ Tore} : 169 \text{ Tore}\cdot 100\,\%$
$p\,\% = 13{,}017\ldots\,\%$
$p\,\% \approx 13\,\%$

Die benötigten Daten findest du in der Abbildung bei 2018.
Die Anzahl aller Tore bei der Fußballweltmeisterschaft 2018 ist der Grundwert **G**, die durch Elfmeter erzielten Tore sind der Prozentwert **P**.
Berechne den Prozentsatz p %.
$p\,\% = P : G\cdot 100\,\%$
Runde den Prozentsatz sinnvoll (hier: ganze Prozent).

b) **Durchschnitt der Tore durch Elfmeter bei den vier Fußballweltmeisterschaften 2006 bis 2018**

2006:	13	Tore durch Elfmeter
2010:	+ 9	Tore durch Elfmeter
2014:	+ 12	Tore durch Elfmeter
2018:	+ 22	Tore durch Elfmeter
4 Jahre:	56	Tore durch Elfmeter

Die Anzahl der Tore durch Elfmeter findest du in der Abbildung bei den Jahreszahlen (hellgraue Säule).
Addiere die Anzahl der Tore durch Elfmeter bei allen Fußballweltmeisterschaften.

Durchschnitt der durch Elfmeter erzielten Tore bei den letzten vier Fußballweltmeisterschaften:
$56 \text{ Tore} : 4 = 14 \text{ Tore}$

Dividiere die Summe der Tore durch Elfmeter durch die Anzahl der Jahre.

c) **Berechnen der Winkel für das Kreisdiagramm**

$74 \text{ Elfmeter} \mathrel{\hat{=}} 360°$
$1 \text{ Elfmeter} \mathrel{\hat{=}} 360° : 74 = 4{,}864\ldots°$
$18 \text{ Elfmeter} \mathrel{\hat{=}} 4{,}864\ldots° \cdot 18 = 87{,}567\ldots°$
$87{,}567\ldots° \approx 88°$ (Elfmeter ohne Tor)
$360° - 88° = 272°$ (Elfmeter mit Tor)

Ergebnisse der Elfmeterschießen bei Fußball-WMs

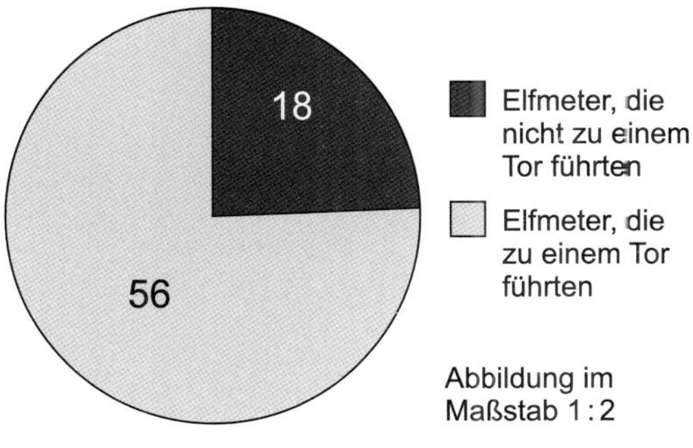

Abbildung im Maßstab 1 : 2

Bereite die Daten für das Kreisdiagramm auf.
Alle Elfmeter bei den letzten vier Fußballweltmeisterschaften entsprechen 360°.
Berechne die Größe des Winkels für den Kreissektor der Elfmeter, die nicht zu einem Tor führten.
Runde die Größe des Winkels sinnvoll (hier: ganze Grad).
Zeichne einen Kreis mit $r=4$ cm.
Trage den Winkel für das Kreissegment „Elfmeter, die nicht zu einem Tor führten“ mit dem Geodreieck ein.
Beschrifte das Schaubild vollständig.

Hinweise und Tipps

3 **Volumen der aufgesetzten rechteckigen Pyramide**

$a = 12\text{ cm}$
$b = 9\text{ cm}$
$h_p = 16\text{ cm}$

$V_{Pyramide} = \frac{1}{3} \cdot 12\text{ cm} \cdot 9\text{ cm} \cdot 16\text{ cm}$
$V_{Pyramide} = 576\text{ cm}^3$

Setze die gegebenen Werte in die Formel zur Berechnung des Volumens einer Pyramide mit rechteckiger Grundfläche ein und berechne das Volumen der Pyramide.

$V_{Pyramide} = \frac{1}{3} \cdot a \cdot b \cdot h_p$

Durchmesser des Zylinders

$a = 12\text{ cm}$
$b = 9\text{ cm}$

$d^2 = (12\text{ cm})^2 + (9\text{ cm})^2$
$d^2 = 144\text{ cm}^2 + 81\text{ cm}^2$
$d^2 = 225\text{ cm}^2 \quad |\sqrt{\ }$
$d = 15\text{ cm}$

Bezeichne die Länge der Diagonale der rechteckigen Grundfläche mit d. d ist auch die Länge des Durchmessers des Zylinders.
Die Länge des Durchmessers d und die Seiten a und b des Rechtecks bilden ein rechtwinkliges Dreieck.
Der Durchmesser d ist die Hypotenuse, die Seiten a und b sind die Katheten. Berechne die Länge des Durchmessers d mithilfe des Satzes von Pythagoras.

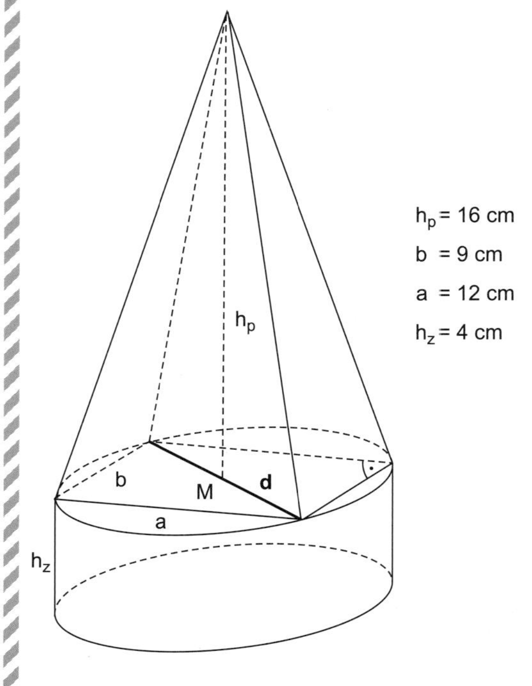

Volumen des Zylinders

$d = 15\text{ cm}$
$r = 15\text{ cm} : 2$
$r = 7{,}5\text{ cm}$
$h_z = 4\text{ cm}$

Berechne das Volumen des Zylinders.
Bestimme dazu zuerst seinen Radius.

$V_{Zylinder} = 7{,}5\text{ cm} \cdot 7{,}5\text{ cm} \cdot 3{,}14 \cdot 4\text{ cm}$
$V_{Zylinder} = 706{,}5\text{ cm}^3$

$V_{Zylinder} = r \cdot r \cdot \pi \cdot h_z$
Rechne mit $\pi = 3{,}14$.

Volumen des Werkstücks

$V_{Werkstück} = 576\text{ cm}^3 + 706{,}5\text{ cm}^3$
$V_{Werkstück} = 1\,282{,}5\text{ cm}^3$

Addiere die Teilvolumen.

4 a) **Mittelpunktswinkel γ**

$\gamma = 360° : 5$

$\gamma = 72°$

✎ **Hinweise und Tipps**

✎ Ein regelmäßiges Fünfeck setzt sich aus fünf deckungsgleichen gleichschenkligen Dreiecken zusammen.
Berechne die Größe des Mittelpunktswinkels für ein Bestimmungsdreieck im regelmäßigen Fünfeck.

Basiswinkel α

$2\alpha + 72° = 180° \quad |-72°$

$2\alpha = 108° \quad |:2$

$\alpha = 54°$

✎ Berechne damit die Größe der Basiswinkel im Bestimmungsdreieck.

Zeichnung

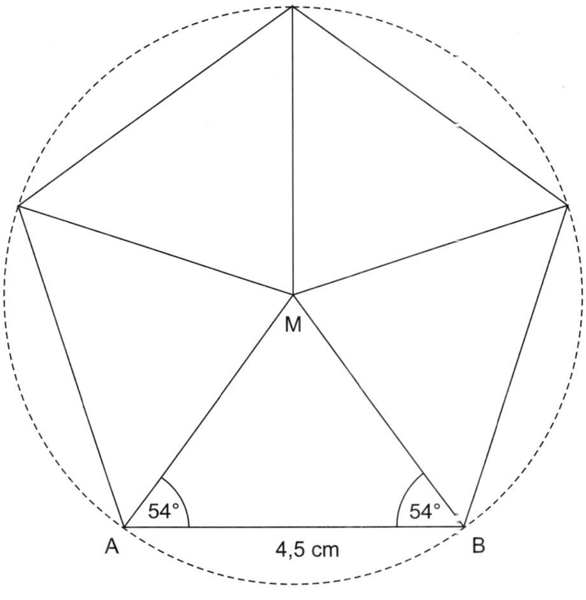

✎ Eine Dreiecksseite und die beiden daran anliegenden Winkel sind nun bekannt.
Zeichne eine Strecke mit der Länge 4,5 cm.
Bezeichne den Anfang und das Ende der Strecke mit A und B.
Trage die Basiswinkel mit dem Geodreieck an den Enden der Strecke [AB] an und zeichne das Bestimmungsdreieck (wsw).
Der Schnittpunkt der Schenkel ergibt den Mittelpunkt M des Umkreises.
Zeichne einen Kreis um M mit $r = \overline{MA}$.
Trage die Länge der Strecke [AB] mit dem Zirkel auf der Kreislinie ab.
Arbeite genau!
Verbinde die Schnittpunkte mit der Kreislinie der Reihe nach. Dann erhältst du das regelmäßige Fünfeck.

b) **Seitenlänge a des anderen regelmäßigen Fünfecks**

$u = 29{,}5 \text{ cm}$

$a = 29{,}5 \text{ cm} : 5$

$a = 5{,}9 \text{ cm}$

✎ Der Umfang eines regelmäßigen Fünfecks ist das Fünffache einer Seitenlänge a. Berechne die Länge einer Seite.

Unterschied der Seitenlängen der beiden Fünfecke

$5{,}9 \text{ cm} - 4{,}5 \text{ cm} = 1{,}4 \text{ cm}$

✎ Subtrahiere von der längeren Fünfecksseite die kürzere Fünfecksseite.

Teil B – Aufgabengruppe II

Hinweise und Tipps

1

$$\frac{2x+9}{5}-\frac{1}{2}\cdot(x-15)=\frac{3}{4}\cdot(13-7x)+15 \quad |\cdot 20$$

Multipliziere mit dem Hauptnenner 20.

$$\frac{\overset{4}{\cancel{20}}\cdot(2x+9)}{\cancel{5}}-\frac{\overset{10}{\cancel{20}}\cdot 1}{\cancel{2}}\cdot(x-15)=\frac{\overset{5}{\cancel{20}}\cdot 3}{\cancel{4}}\cdot(13-7x)+20\cdot 15$$

Kürze.

$$4\cdot(2x+9)-10\cdot(x-15)=15\cdot(13-7x)+300$$
$$8x+36-10x+150=195-105x+300$$
$$-2x+186=-105x+495 \quad |+105x;-186$$
$$103x=309 \quad |:103$$
$$x=3$$

Multipliziere aus. Achte auf die Vorzeichen.
Fasse zusammen.

oder:

$$\frac{2x+9}{5}-\frac{1}{2}\cdot(x-15)=\frac{3}{4}\cdot(13-7x)+15$$

Wandle die Brüche in Dezimalbrüche um.

$$0{,}2\cdot(2x+9)-0{,}5\cdot(x-15)=0{,}75\cdot(13-7x)+15$$
$$0{,}4x+1{,}8-0{,}5x+7{,}5=9{,}75-5{,}25x+15$$
$$-0{,}1x+9{,}3=24{,}75-5{,}25x \quad |+5{,}25x;-9{,}3$$
$$5{,}15x=15{,}45 \quad |:5{,}15$$
$$x=3$$

Multipliziere aus. Achte auf die Vorzeichen.
Fasse zusammen.

---

2 a) **Kosten für das Doppelzimmer bei 15 % Frühbucherrabatt**

$100\,\% \mathrel{\hat{=}} 680\,€$

$1\,\% \mathrel{\hat{=}} 6{,}80\,€$

$15\,\% \mathrel{\hat{=}} 6{,}80\,€\cdot 15=102\,€$

$680\,€-102\,€=578\,€$

Michael und Nicole bekommen 15 % Frühbucherrabatt. Sie bezahlen also 15 % weniger.
Der Grundwert **G** ist der normale Preis für das Doppelbettzimmer.
Der Prozentsatz **p** ist der Frühbucherrabatt in %.
Berechne den Frühbucherrabatt in Euro mit dem Dreisatz.
Subtrahiere den Preisnachlass durch den Frühbucherrabatt vom regulären Preis.

Hotelkosten bei sofortiger Bezahlung

$G=578\,€$

$p\,\%=2\,\%$

$100\,\% \mathrel{\hat{=}} 578\,€$

$1\,\% \mathrel{\hat{=}} 5{,}78\,€$

$2\,\% \mathrel{\hat{=}} 5{,}78\,€\cdot 2=11{,}56\,€$

$578\,€-11{,}56\,€=566{,}44\,€$

Bei sofortiger Bezahlung betragen die Hotelkosten 566,44 €.

Wenn Michael und Nicole sofort zahlen, erhalten sie auf den durch den Frühbucherrabatt verminderten Preis noch mal 2 % Skonto.
Der neue Grundwert **G** (100 %) ist der ermäßigte Preis durch den Frühbucherrabatt.
Berechne den neuen Preisnachlass bei 2 % Skonto.
Rechne mit dem Dreisatz.
Subtrahiere den Preisnachlass bei 2 % Skonto vom verminderten Preis durch den Frühbucherrabatt.

oder:

Kosten für das Doppelzimmer bei 15 % Frühbucherrabatt und 2 % Skonto

$100\,\% \mathrel{\hat{=}} 680\,€$

$1\,\% \mathrel{\hat{=}} 6{,}80\,€$

$85\,\% \mathrel{\hat{=}} 6{,}80\,€\cdot 85=578\,€$

Michael und Nicole bekommen 15 % Frühbucherrabatt. Sie bezahlen nur $100\,\%-15\,\%=85\,\%$.
Berechne den ermäßigten Preis für das Doppelzimmer mit dem Dreisatz oder mit dem Faktor.

oder:

$680\,€\cdot 0{,}85=578\,€$

$85\,\%=0{,}85$

$100\,\% \triangleq 578\,€$
$1\,\% \triangleq 5{,}78\,€$
$98\,\% \triangleq 5{,}78\,€ \cdot 98 = 566{,}44\,€$

oder:

$578\,€ \cdot 0{,}98 = 566{,}44\,€$

oder:

$680\,€ \cdot 0{,}85 \cdot 0{,}98 = 566{,}44\,€$

Bei sofortiger Bezahlung betragen die Hotelkosten 566,44 €.

Hinweise und Tipps

Michael und Nicole erhalten bei sofortiger Bezahlung auf den verminderten Preis zusätzlich 2 % Skonto. Sie bezahlen nur $100\,\% - 2\,\% = 98\,\%$ des verminderten Preises. Der neue Grundwert **G** ist der ermäßigte Preis durch den Frühbucherrabatt.

Berechne die Hotelkosten bei sofortiger Bezahlung mit dem Dreisatz oder mit dem Faktor.
$98\,\% = 0{,}98$

Verkette die Faktoren.

b) **Anzahl der möglichen Karten für die Rodelbahn**

Kosten für den Klettergarten
$23{,}50\,€ \cdot 2 = 47\,€$

Wie viel Geld bleibt Michael und Nicole nach dem Klettergarten noch für die Rodelbahn?

Geld für die Rodelbahn
$75\,€ - 47\,€ = 28\,€$
$28\,€ : 5{,}70\,€ = 4{,}91\ldots$

Eine Fahrkarte kostet 5,70 €. Wie viele Fahrkarten können Michael und Nicole kaufen?

Michael und Nicole können maximal 4 Fahrkarten kaufen.

Es können nur ganze Fahrkarten gekauft werden.

---

3 **Flächeninhalt der beiden grau markierten Dreiecke**

Flächeninhalt des Quadrats
$a = 6\text{ cm}$
$A_{\text{Quadrat}} = 6\text{ cm} \cdot 6\text{ cm}$
$A_{\text{Quadrat}} = 36\text{ cm}^2$

Die beiden grau markierten Dreiecke besitzen zusammen den halben Flächeninhalt des Quadrats.
Berechne den Flächeninhalt des Quadrats.
$A_{\text{Quadrat}} = a \cdot a$

Flächeninhalt der beiden grau markierten Dreiecke
$36\text{ cm}^2 : 2 = 18\text{ cm}^2$

Berechne den Flächeninhalt der beiden grau markierten Dreiecke.

Länge der Höhe h eines Parallelogramms

$a = 6\text{ cm}$
$b = 7{,}5\text{ cm}$
$h^2 = (7{,}5\text{ cm})^2 - (6\text{ cm})^2$
$h^2 = 56{,}25\text{ cm}^2 - 36\text{ cm}^2$
$h^2 = 20{,}25\text{ cm}^2 \quad |\sqrt{\ }$
$h = 4{,}5\text{ cm}$

Im Parallelogramm bilden die Seiten a, b und die Höhe h ein rechtwinkliges Dreieck. Die Seite b ist die Hypotenuse, die Seite a und die Höhe h sind die Katheten. Berechne die Länge der Höhe h mithilfe des Satzes von Pythagoras.

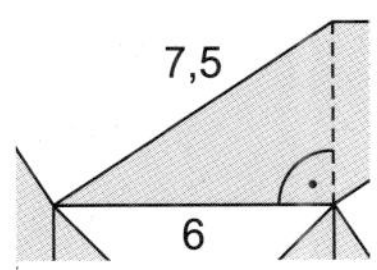

Flächeninhalt der vier deckungsgleichen Parallelogramme

$a = 6\text{ cm}$
$h = 4{,}5\text{ cm}$
$A_{\text{Parallelogramm}} = 6\text{ cm} \cdot 4{,}5\text{ cm}$
$A_{\text{Parallelogramm}} = 27\text{ cm}^2$

Setze die gegebenen Werte in die Formel zur Berechnung des Flächeninhalts eines Parallelogramms ein und berechne den Flächeninhalt.
$A_{\text{Parallelogramm}} = a \cdot h$

$27\text{ cm}^2 \cdot 4 = 108\text{ cm}^2$

Multipliziere den Flächeninhalt eines Parallelogramms mit 4.

Flächeninhalt der grau markierten Fläche

$18\text{ cm}^2 + 108\text{ cm}^2 = 126\text{ cm}^2$

Addiere die Teilflächen.

Hinweise und Tipps

Arbeite dich schrittweise von links nach rechts durch die Tabelle.
Im Angebot B findest du die jährlichen Kosten für den Akku.

4 a) **fehlende Werte in der Tabelle**

Miete für den Akku in 2 Jahren
$800\,€ \cdot 2 = 1600\,€$

Mietzeit bei einer Akkumiete von 4 000 €
$4000\,€ : 800\,€ = 5$ (Jahre)

Miete für den Akku in 8 Jahren
$800\,€ \cdot 8 = 6400\,€$

Vollständige Tabelle:

Mietzeit in Jahren	2	5	8	12
Miete für den Akku in €	1 600	4 000	6 400	9 600

b) **grafische Darstellung**

Lege ein Koordinatensystem nach der Vorgabe an.
Rechtswertachse: $1\text{ cm} \mathrel{\hat{=}} 1$ Jahr
Hochwertachse: $1\text{ cm} \mathrel{\hat{=}} 1000\,€$
Platzbedarf:
Rechtswertachse 13 cm; Hochwertachse 11 cm
Beschrifte das Koordinatensystem vollständig.
Trage den Punkt 5 Jahre – 4 000 € in das Koordinatensystem ein. Verbinde den Koordinatenursprung und den Punkt zu einer Halbgerade.
Arbeite genau. Der Punkt 10 Jahre – 8 000 € muss exakt auf der Halbgerade liegen.
Gehe von der Rechtswertachse aus bei den in der Tabelle aufgeführten Jahren senkrecht bis zur Halbgerade nach oben und anschließend nach links bis zur Hochwertachse.
Trage nur die in der Tabelle aufgeführten Punkte ein.
Anmerkung: Streng genommen gehören nur die Punkte mit ganzzahligen Jahren zur Darstellung, da die Mietzeit für den Akku nur in ganzen Jahren abgerechnet wird. Die Halbgerade hilft dir aber dabei, die Punkte aus der Tabelle genau einzutragen.

✎ **Hinweise und Tipps**

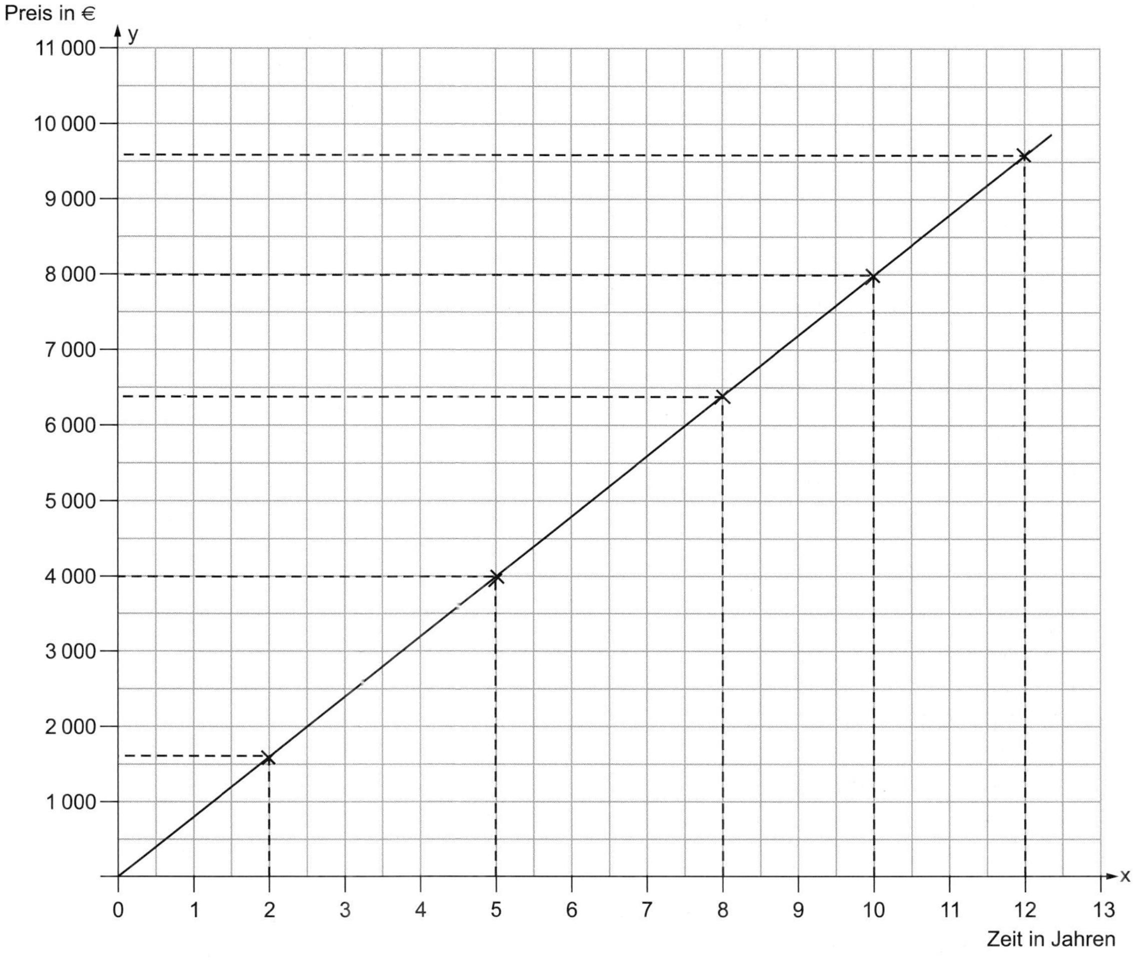

c) **Vergleich der Angebote A und B**

Kaufpreis des Fahrzeugs ohne Akku
21 460 €

Miete für den Akku in 9 Jahren
$800\,€ \cdot 9 = 7200\,€$

Gesamtkosten bei Angebot B nach 9 Jahren
$21460\,€ + 7200\,€ = 28660\,€$

Angebot A: 29860 €

Angebot B: 28660 €

$28660\,€ < 29860\,€$

Das Angebot B ist günstiger.

✎ Addiere zum Kaufpreis des Fahrzeugs ohne Akku die Miete für den Akku bei einer Mietzeit von 9 Jahren. Die benötigten Daten findest du bei Angebot B.

✎ Vergleiche die Angebote und entscheide.

Teil B – Aufgabengruppe III

1

$$12 \cdot (1{,}3x + 10{,}4) - 3 \cdot (2x - 3) = (8{,}1x + 2 \cdot 7{,}2) : 0{,}2$$
$$12 \cdot (1{,}3x + 10{,}4) - 3 \cdot (2x - 3) = (8{,}1x + 14{,}4) : 0{,}2$$
$$(15{,}6x + 124{,}8) - (6x - 9) = 40{,}5x + 72$$
$$15{,}6x + 124{,}8 - 6x + 9 = 40{,}5x + 72$$
$$9{,}6x + 133{,}8 = 40{,}5x + 72 \quad | -40{,}5x; -133{,}8$$
$$-30{,}9x = -61{,}8 \quad | : (-30{,}9)$$
$$x = 2$$

Hinweise und Tipps

Berechne zunächst das Produkt in der rechten Klammer.
Multipliziere auf der linken Seite in die Klammern, dividiere auf der rechten Seite in der Klammer.
Löse die Klammern auf und achte auf die Vorzeichenregel.
Fasse zusammen.

---

2 a) **Zunahme der Abfälle von Bauarbeiten von 2012 bis 2016 in Millionen Tonnen**

$G = 199$ Mio. t

$p\,\% = 11{,}5\,\%$

$100\,\% \mathrel{\hat{=}} 199$ Mio. t

$1\,\% \mathrel{\hat{=}} 1{,}99$ Mio. t

$11{,}5\,\% \mathrel{\hat{=}} 1{,}99$ Mio. t $\cdot\, 11{,}5 = 22{,}885$ Mio. t

$22{,}885$ Mio. t ≈ 23 Mio. t

Abfälle von Bauarbeiten 2016

199 Mio. t $+ 23$ Mio. t $= 222$ Mio. t

Die benötigten Daten findest du in der Tabellenzeile „Abfälle von Bauarbeiten“.
Die Abfälle von Bauarbeiten im Jahr 2012 sind der Grundwert **G**, die Zunahme um 11,5 % ist der Prozentsatz **p %**. Berechne den Prozentwert **P** mit dem Dreisatz.

Runde den Prozentwert sinnvoll (hier: auf ganze Mio. t).

Addiere zu den Abfällen von Bauarbeiten im Jahr 2012 den Anstieg der Abfälle von Bauarbeiten bis 2016.

oder:

$100\,\% \mathrel{\hat{=}} 199$ Mio. t

$1\,\% \mathrel{\hat{=}} 1{,}99$ Mio. t

$111{,}5\,\% \mathrel{\hat{=}} 1{,}99$ Mio. t $\cdot\, 111{,}5 = 221{,}885$ Mio. t

$221{,}885$ Mio. t ≈ 222 Mio. t

Von 2012 bis 2016 steigen die Abfälle von Bauarbeiten um 11,5 % an. 2016 fallen $100\,\% + 11{,}5\,\% = 111{,}5\,\%$ Abfälle von Bauarbeiten an. Der Grundwert **G** (100 %) sind die Abfälle von Bauarbeiten im Jahr 2012.

oder:

199 Mio. t $\cdot\, 1{,}115 = 221{,}885$ Mio. t

$221{,}885$ Mio. t ≈ 222 Mio. t

Berechne den Prozentwert mit dem Faktor.
$111{,}5\,\% = 1{,}115$

b) **Abfälle aus Privathaushalten im Jahr 2012 in Millionen Tonnen**

$G = 54$ Mio. t

$108\,\% \mathrel{\hat{=}} 54$ Mio. t

$1\,\% \mathrel{\hat{=}} 54$ Mio. t $: 108 = 0{,}5$ Mio. t

$100\,\% \mathrel{\hat{=}} 0{,}5$ Mio. t $\cdot\, 100 = 50$ Mio. t

Die Abfallmenge aus privaten Haushalten stieg von 2012 (100 %) bis 2016 um 8 % auf $100\,\% + 8\,\% = 108\,\%$.
Die Abfälle in Millionen Tonnen findest du in der Tabellenzeile „Abfälle aus Privathaushalten“.
Die gesamte Abfallmenge aus Privathaushalten im Jahr 2016 ist der erhöhte Grundwert **G**.
Berechne den Prozentwert **P** mit dem Dreisatz.

c) **gesamte Abfallmenge 2016 in Millionen Tonnen**

$p\,\% = 14\,\%$

$P = 58$ Mio. t

$14\,\% \mathrel{\hat{=}} 58$ Mio. t

$1\,\% \mathrel{\hat{=}} 58$ Mio. t $: 14 = 4{,}14285\ldots$ Mio. t

$100\,\% \mathrel{\hat{=}} 4{,}14285\ldots$ Mio. t $\cdot\, 100 = 414{,}285\ldots$ Mio. t

$414{,}285\ldots$ Mio. t ≈ 414 Mio. t

2016 fielen insgesamt 414 Millionen Tonnen Abfälle an.

Die benötigten Daten findest du in der Tabellenzeile „Abfälle aus der Produktion“.
Die Abfälle aus der Produktion im Jahr 2016 in Millionen Tonnen sind der Prozentwert **P**, der zugehörige Prozentsatz **p %** ist in der Aufgabenstellung gegeben.
Die gesamte Abfallmenge in Millionen Tonnen für das Jahr 2016 ist der Grundwert **G**.
Berechne den Grundwert **G** mit dem Dreisatz.
Runde den Grundwert sinnvoll (hier: ganze Millionen Tonnen).

3

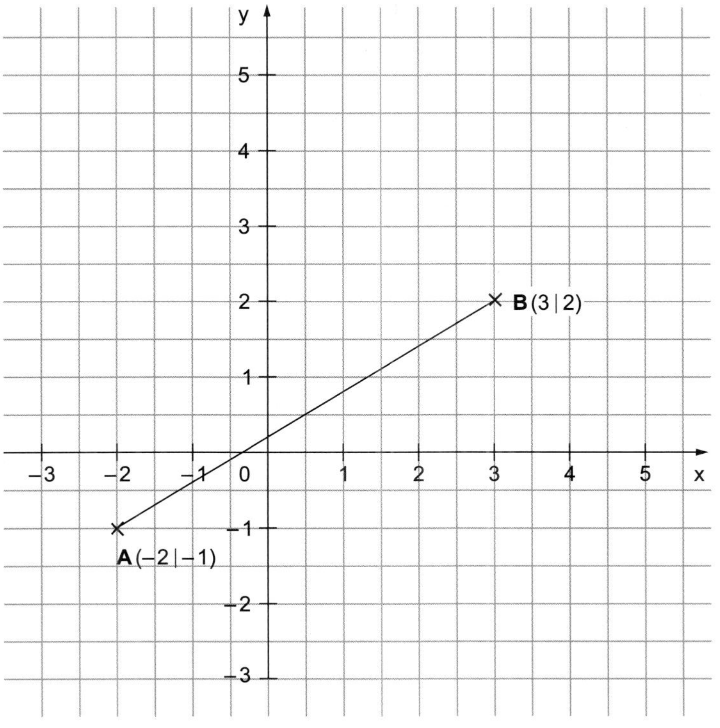

Hinweise und Tipps

Zeichne ein Koordinatensystem mit der Einheit 1 cm.
x-Achse: –3 cm bis 5 cm
y-Achse: –3 cm bis 5 cm
Beschrifte das Koordinatensystem vollständig.
Trage den Punkt A(–2 | –1) ein. Gehe dazu vom Koordinatenursprung aus 2 cm nach links und 1 cm nach unten.
Trage den Punkt B(3 | 2) ein. Gehe dazu vom Koordinatenursprung aus 3 cm nach rechts und 2 cm nach oben.
Beschrifte die Punkte.
Verbinde die Punkte zur Strecke [AB].

a)

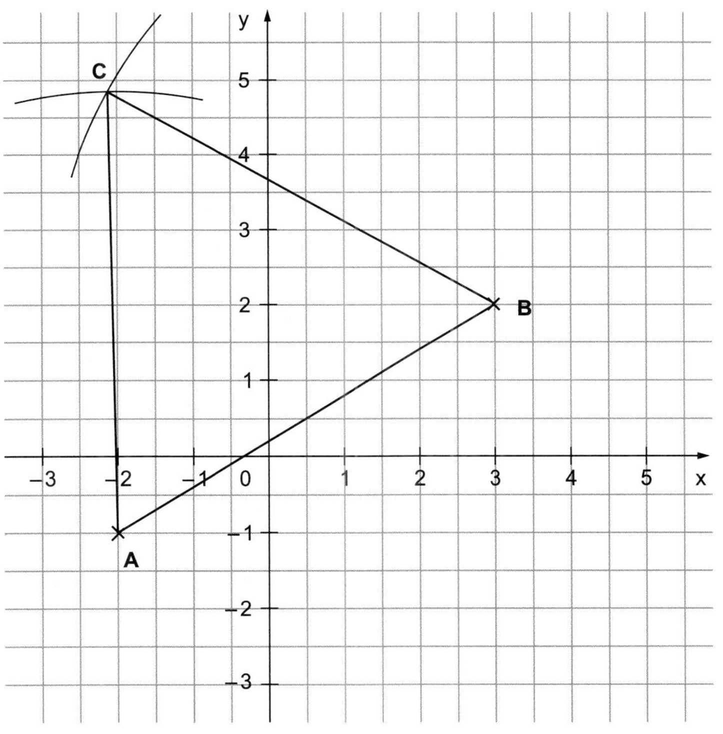

Ein gleichseitiges Dreieck hat drei gleich lange Seiten.
Zeichne einen Kreisbogen um A mit $r = \overline{AB}$.
Zeichne einen Kreisbogen um B mit $r = \overline{AB}$.
Der Schnittpunkt der beiden Kreisbögen ergibt den Punkt C.
Verbinde die Punkte A und B jeweils mit dem Punkt C und du erhältst das gleichseitige Dreieck ABC.

Anmerkung: Bezeichnet werden Ecken von geometrischen Figuren grundsätzlich gegen den Uhrzeigersinn. Daher kann das gleichseitige Dreieck nur nach oben gezeichnet werden.

b)

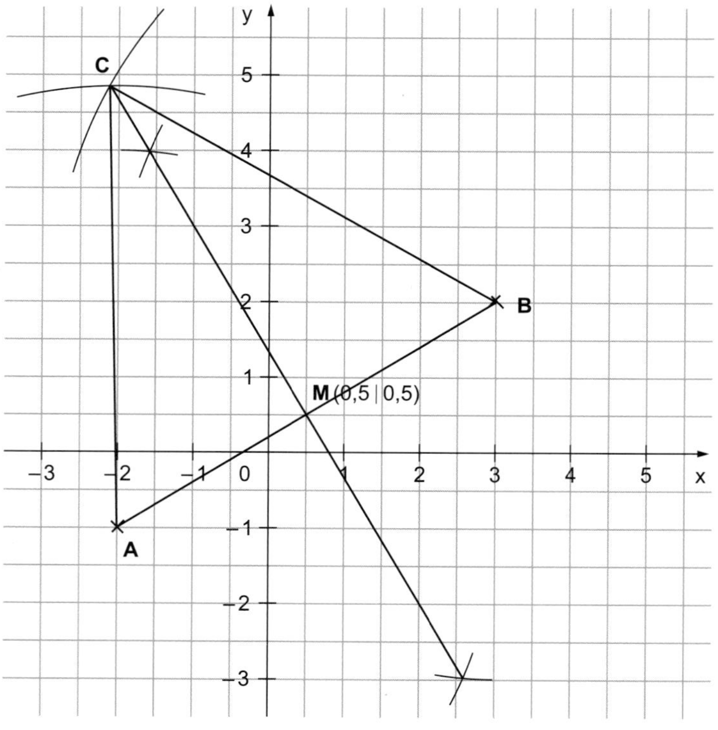

Hinweise und Tipps

Halbiere die Strecke [AB] mit dem Geodreieck. Trage den Punkt M ein. Zeichne mit dem Geodreieck die Senkrechte durch den Punkt M.

oder:

Konstruiere mit dem Zirkel die Mittelsenkrechte.
Zeichne einen Kreisbogen um A mit beliebigem Radius (hier: r = 5 cm).
Zeichne einen Kreisbogen um B mit dem gleichen Radius.
Zeichne durch die Schnittpunkte der beiden Kreisbögen die Mittelsenkrechte. Trage den Punkt M ein.

oder:

Im gleichseitigen Dreieck ABC halbiert die Mittelsenkrechte die Strecke [AB] und verläuft durch den Punkt C. Zeichne mit dem Geodreieck die Mittelsenkrechte. Beschrifte den Schnittpunkt der Mittelsenkrechten mit der Strecke [AB] mit M.

c)

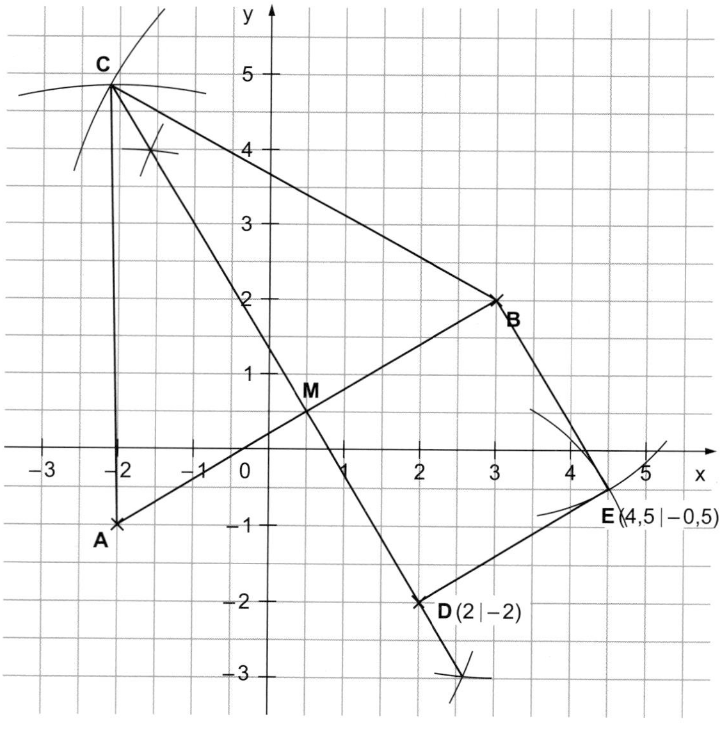

Trage mit dem Zirkel die Strecke [BM] auf der Mittelsenkrechten nach unten ab. Du erhältst den Punkt D.
Zeichne einen Kreisbogen um D mit $r = \overline{BM}$. Zeichne einen Kreisbogen um B mit $r = \overline{BM}$.
Der Schnittpunkt der beiden Kreisbögen ergibt den Eckpunkt E. Trage den Eckpunkt E ein.
Verbinde die Eckpunkte D und B jeweils mit dem Punkt E und du erhältst das Quadrat BMDE.

Anmerkung: Bezeichnet werden Ecken von geometrischen Figuren grundsätzlich gegen den Uhrzeigersinn. Daher kann das Quadrat nur nach unten gezeichnet werden.

4 **Länge der Seite c**

$A = 96\ \text{cm}^2$

$b = 12\ \text{cm}$

$96\ \text{cm}^2 = 12\ \text{cm} \cdot c \quad |:12\ \text{cm}$

$c = 8\ \text{cm}$

Hinweise und Tipps

✎ Die Oberfläche eines Quaders besteht aus sechs Rechtecken, von denen jeweils zwei gegenüberliegende Rechtecke gleich groß sind.
Von der grau markierten, rechteckigen Seitenfläche sind der Flächeninhalt und die Länge einer Seite gegeben.
Setze in die Formel zur Berechnung des Flächeninhalts eines Rechtecks die bekannten Werte ein und löse nach c auf.
$A_{\text{Rechteck}} = b \cdot c$

Länge der Seite a

$d = 17\ \text{cm}$

$c = 8\ \text{cm}$

$a^2 + c^2 = d^2 \quad |-c^2$

$a^2 = d^2 - c^2$

$a^2 = (17\ \text{cm})^2 - (8\ \text{cm})^2$

$a^2 = 289\ \text{cm}^2 - 64\ \text{cm}^2$

$a^2 = 225\ \text{cm}^2 \quad |\sqrt{\ }$

$a = 15\ \text{cm}$

✎ Die Seite c, die Seite a und die Diagonale d bilden ein rechtwinkliges Dreieck. Die Diagonale d ist die Hypotenuse, die Seiten a und c sind die Katheten.

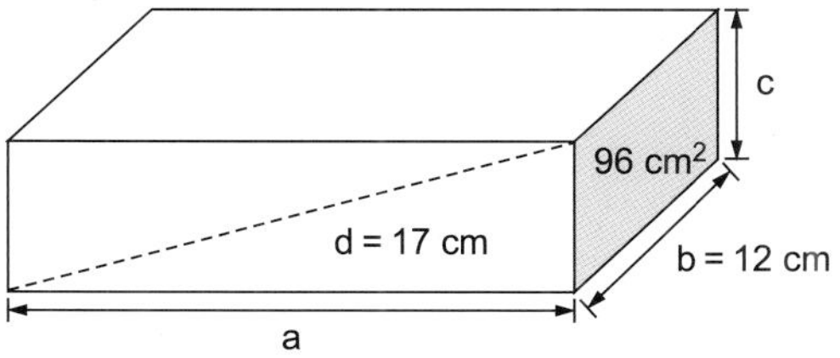

Berechne die Länge der Seite a mithilfe des Satzes von Pythagoras.

Oberflächeninhalt des Quaders

$a = 15\ \text{cm}$

$b = 12\ \text{cm}$

$c = 8\ \text{cm}$

✎ Setze in die Formel zur Berechnung des Oberflächeninhalts des Quaders die bekannten Werte ein und berechne den Oberflächeninhalt.

$O = 2 \cdot (15\ \text{cm} \cdot 12\ \text{cm}) + 2 \cdot (15\ \text{cm} \cdot 8\ \text{cm}) + 2 \cdot (12\ \text{cm} \cdot 8\ \text{cm})$

✎ $O = 2 \cdot (a \cdot b) + 2 \cdot (a \cdot c) + 2 \cdot (b \cdot c)$

$O = 360\ \text{cm}^2 + 240\ \text{cm}^2 + 192\ \text{cm}^2$

$O = 792\ \text{cm}^2$

oder:

Flächeninhalt der linken und rechten Seitenfläche

$2 \cdot 96\ \text{cm}^2 = 192\ \text{cm}^2$

✎ Gehe schrittweise vor.

Flächeninhalt der Grund- und Deckfläche

$2 \cdot 15\ \text{cm} \cdot 12\ \text{cm} = 360\ \text{cm}^2$

Flächeninhalt der vorderen und hinteren Fläche

$2 \cdot 15\ \text{cm} \cdot 8\ \text{cm} = 240\ \text{cm}^2$

Oberflächeninhalt des Quaders

$192\ \text{cm}^2 + 360\ \text{cm}^2 + 240\ \text{cm}^2 = 792\ \text{cm}^2$

✎ Addiere die Teilflächen.

Qualifizierender Abschluss der Mittelschule 2021

Teil A – Arbeitsblatt

Hinweise und Tipps

1 Fehlende Tabellenwerte

	Kühlschrank	Wasch-maschine	Mikro-wellengerät
alter Preis	420 €	600 €	**200 €**
Preisnachlass	–10 %	**–5 %**	–20 %
neuer Preis	**378 €**	570 €	160 €

neuer Preis für den Kühlschrank

$100\,\% \mathrel{\hat{=}} 420\,€$
$1\,\% \mathrel{\hat{=}} 4{,}20\,€$
$10\,\% \mathrel{\hat{=}} 4{,}20\,€ \cdot 10 = 42\,€$
$420\,€ - 42\,€ = 378\,€$

Der alte Preis ist der Grundwert G, der Preisnachlass der Prozentsatz p %.
Berechne den neuen Preis mit dem Dreisatz.
Subtrahiere den Preisnachlass vom alten Preis und du erhältst den neuen Preis.

oder:

$100\,\% \mathrel{\hat{=}} 420\,€$
$1\,\% \mathrel{\hat{=}} 4{,}20\,€$
$90\,\% \mathrel{\hat{=}} 4{,}20\,€ \cdot 90 = 378\,€$

Der Preisnachlass für den Kühlschrank beträgt 10 %.
Der neue Preis beträgt $100\,\% - 10\,\% = 90\,\%$ des alten Preises.
Berechne den neuen Preis mit dem Dreisatz.

oder:

$420\,€ \cdot 0{,}9 = 42\,€ \cdot 9 = 378\,€$

Berechne den neuen Preis mit dem Faktor.
$90\,\% = 0{,}9$

Preisnachlass für die Waschmaschine in Prozent

$600\,€ - 570\,€ = 30\,€$
$G = 600\,€$
$P = 30\,€$
$p\,\% = 30\,€ : 600\,€ \cdot 100\,\%$
$p\,\% = 5\,\%$

Berechne zunächst den Preisnachlass in €.
Der alte Preis ist der Grundwert G, der Preisnachlass in € der Prozentwert P.
Berechne den Prozentsatz.
$p\,\% = P : G \cdot 100\,\%$

oder:

$600\,€ - 570\,€ = 30\,€$

$$30\,€ \text{ von } 600\,€ = \frac{30\,€}{600\,€} = \frac{3}{60} = \frac{1}{20} = 5\,\%$$

Schreibe den Anteil des Preisnachlasses am alten Preis der Waschmaschine als Bruch.
Kürze den Bruch vollständig.
Schreibe den Bruch als Prozentsatz.

alter Preis für das Mikrowellengerät

$100\,\% - 20\,\% = 80\,\%$
$80\,\% \mathrel{\hat{=}} 160\,€$
$1\,\% \mathrel{\hat{=}} 160\,€ : 80 = 2\,€$
$100\,\% \mathrel{\hat{=}} 2\,€ \cdot 100 = 200\,€$

oder:

$160\,€ : 0{,}8 = 200\,€$

Der alte Preis ist der Grundwert G, der neue Preis der Prozentwert P.
Der alte Preis wird um 20 % herabgesetzt.
Berechne zunächst den Prozentsatz für den neuen Preis.
Berechne nun den alten Preis mit dem Dreisatz oder mit dem Faktor.
$80\,\% = 0{,}8$

Hinweise und Tipps

2 Fehlende Zahlen im magischen Quadrat

0,5		0,3
0,4	0,6	
0,9	0,2	

Addiere die Zahlen diagonal von rechts oben nach links unten: $0{,}3+0{,}6+0{,}9=1{,}8$
Die Summe der drei Zahlen in jeder Spalte, jeder Zeile und jeder Diagonale ergibt also immer 1,8.
Berechne nun mit diesem Wert die fehlenden Zahlen.
Subtrahiere von 1,8 die beiden Zahlen in der linken Spalte: $1{,}8-0{,}5-0{,}9=0{,}4$

0,5	1,0	0,3
0,4	0,6	
0,9	0,2	

Subtrahiere von 1,8 die beiden Zahlen in der mittleren Spalte: $1{,}8-0{,}6-0{,}2=1{,}0$

0,5	1,0	0,3
0,4	0,6	0,8
0,9	0,2	

Subtrahiere von 1,8 die beiden Zahlen in der mittleren Zeile: $1{,}8-0{,}4-0{,}6=0{,}8$

0,5	1,0	0,3
0,4	0,6	0,8
0,9	0,2	0,7

Subtrahiere von 1,8 die beiden Zahlen in der rechten Spalte: $1{,}8-0{,}3-0{,}8=0{,}7$
oder:
Subtrahiere von 1,8 die beiden Zahlen diagonal von links oben nach rechts unten: $1{,}8-0{,}5-0{,}6=0{,}7$

---

3 a) **Länge eines Schuhs der Schuhgröße 40**

- ☐ 14 cm
- ☒ 25 cm
- ☐ 47 cm

Miss die Länge deiner Schuhsohle und kreuze den Wert an, der der gemessenen Länge am nächsten kommt.

b) **Volumen des abgebildeten Papierkorbs**

- ☒ 18 Liter
- ☐ 220 dm^3
- ☐ 0,3 m^3

Rechne die gegebenen Größen in vergleichbare Einheiten um, z. B. Liter.
220 dm^3 = 220 Liter; 0,3 m^3 = 300 dm^3 = 300 Liter
Suche Gegenstände mit vergleichbarem Volumen in deiner Umwelt.
Eine normale Regentonne fasst z. B. rund 200 Liter Regenwasser, eine große Regentonne rund 300 Liter.
Der Papierkorb in der abgebildeten Größe (vgl. mit dem Schuh) hat sicher ein geringeres Volumen.

c) **Flächeninhalt der abgebildeten Tischfläche**

- ☐ 500 cm^2
- ☐ 5 m^2
- ☒ 50 dm^2

Suche Gegenstände mit vergleichbarem Flächeninhalt in deiner Umwelt.
Ein DIN-A4-Blatt (30 cm × 20 cm) hat eine Fläche von rund 600 cm^2. 500 cm^2 ist für den Tisch also zu klein.
Eine Tischtennisplatte hat eine Fläche von rund 4 m^2.
Der abgebildete Tisch ist wesentlich kleiner.
Ein Tisch mit einem Flächeninhalt von 50 dm^2 könnte zum Beispiel eine Länge von 10 dm = 1 m und eine Breite von 5 dm = 50 cm haben.

Hinweise und Tipps

4 **Zeichen einsetzen**

a) $4^2 = 16$
$\sqrt{169} = 13$
$16 > 13$
$4^2 \mathbf{>} \sqrt{169}$

Berechne 4^2.
Ziehe die Quadratwurzel aus $\sqrt{169}$.
Vergleiche die Ergebnisse.

b) $10^{-2} = 0{,}01$
$3{,}4 \cdot 0{,}01 = 0{,}034$
$3{,}4 \cdot 10^{-2} \mathbf{=} 0{,}034$

Schreibe $3{,}4 \cdot 10^{-2}$ als Dezimalbruch.
Verschiebe dazu das Komma um 2 Stellen nach rechts.
Die beiden Werte sind gleich.

c) $\frac{2}{4} = \frac{1}{2}$
$\frac{1}{2} > \frac{3}{7}$
$\frac{2}{4} \mathbf{>} \frac{3}{7}$

Kürze $\frac{2}{4}$.
Vergleiche die Brüche.

oder:
$\frac{2}{4} = \frac{2 \cdot 7}{4 \cdot 7} = \frac{14}{28}$
$\frac{3}{7} = \frac{3 \cdot 4}{7 \cdot 4} = \frac{12}{28}$
$\frac{14}{28} > \frac{12}{28}$
$\frac{2}{4} \mathbf{>} \frac{3}{7}$

Erweitere beide Brüche auf den Hauptnenner.
Der Hauptnenner ist 28.
Vergleiche die Brüche.

5 a) **Fehlende Rechenanweisungen**

$$
\begin{aligned}
36x + 24 + 7x &= 3x + 90 - 16 + 20 & \\
43x + 24 &= 23x + 74 & |\mathbf{-\,24} \\
43x &= 23x + 50 & |-23x \\
20x &= 50 & |\mathbf{:20} \\
x &= 2{,}5 &
\end{aligned}
$$

Rechne rückwärts.
In der dritten Zeile der Gleichung wurde das Glied ohne Variable (24) auf die rechte Seite gebracht.
Die Rechenanweisung für die zweite Zeile der Gleichung muss daher –24 lauten.
Die Gleichung wurde in der letzten Zeile nach x aufgelöst.
Die Rechenanweisung für die vorletzte Zeile lautet daher :20.

b) **Fehlende Zeilen der Gleichung**

$$
\begin{aligned}
\mathbf{-3x - 15} &= \mathbf{-5 - 8x} & |+8x \\
5x - 15 &= -5 & |+15 \\
\mathbf{5x} &= \mathbf{10} & |:5 \\
x &= 2 &
\end{aligned}
$$

Rechne rückwärts.
Die Rechenanweisung in der ersten Zeile lautet +8x.
In der zweiten Zeile steht also die Gleichung, nachdem auf beiden Seiten 8x addiert wurde.
Subtrahiere auf jeder Seite der Gleichung in der zweiten Zeile 8x und fasse zusammen, dann erhältst du die Gleichung für die erste Zeile: $5x - 8x - 15 = -5 - 8x$
Addiere auf beiden Seiten der Gleichung in der zweiten Zeile 15 und fasse zusammen, dann erhältst du die Gleichung für die dritte Zeile: $5x - 15 + 15 = -5 + 15$

6 a) **Größe des fehlenden Winkels δ**

$$\alpha+\beta+\gamma+\delta=360^\circ$$
$$70^\circ+110^\circ+70^\circ+\delta=360^\circ$$
$$250^\circ+\delta=360^\circ$$
$$\delta=110^\circ$$

b) **Ankreuzen, um welches Viereck es sich nicht handelt**

Trapez ☐
Parallelogramm ☐
Quadrat ☒

Hinweise und Tipps

In jedem Viereck beträgt die Summe der Innenwinkel 360°.
$\alpha+\beta+\gamma+\delta=360^\circ$
Berechne die fehlende Größe des Winkels δ.

Das gegebene Viereck hat zwei Paare verschieden großer Innenwinkel.
Jedes Quadrat besitzt vier rechte Innenwinkel:
$\alpha=\beta=\gamma=\delta=90^\circ$
Bei dem Viereck handelt es sich also sicher nicht um ein Quadrat.

---

7 **Flächeninhalt des Rechtecks**

$a = 1\text{ dm}$
$b = 3\text{ dm}$

$A_{Rechteck} = 1\text{ dm}\cdot 3\text{ dm}$
$A_{Rechteck} = 3\text{ dm}^2$

Der Buchstabe C setzt sich aus einem Rechteck und zwei flächeninhaltsgleichen halbkreisförmigen Kreisringen zusammen.
Entnimm die benötigten Maße der Skizze.
Berechne zunächst den Flächeninhalt des Rechtecks.
$A_{Rechteck} = a\cdot b$

Flächeninhalt des äußeren Kreises

$d = 4\text{ dm} \Rightarrow r = 2\text{ dm}$
$\pi = 3$

$A_{äußerer\ Kreis} = 2\text{ dm}\cdot 2\text{ dm}\cdot 3$
$A_{äußerer\ Kreis} = 12\text{ dm}^2$

Die beiden halbkreisförmigen Kreisringe ergeben zusammen einen ganzen Kreisring.
Berechne den Flächeninhalt des äußeren Kreises.
$A_{Kreis} = r\cdot r\cdot \pi$
Rechne mit $\pi = 3$.

Flächeninhalt des inneren Kreises

$r = 2\text{ dm} - 1\text{ dm}$
$r = 1\text{ dm}$

$A_{innerer\ Kreis} = 1\text{ dm}\cdot 1\text{ dm}\cdot 3$
$A_{innerer\ Kreis} = 3\text{ dm}^2$

Berechne zuerst den Radius des inneren Kreises.
Berechne damit den Flächeninhalt des inneren Kreises.
$A_{Kreis} = r\cdot r\cdot \pi$
Rechne mit $\pi = 3$.

Flächeninhalt des Kreisrings

$A_{Kreisring} = 12\text{ dm}^2 - 3\text{ dm}^2$
$A_{Kreisring} = 9\text{ dm}^2$

Subtrahiere vom Flächeninhalt des äußeren Kreises den Flächeninhalt des inneren Kreises und du erhältst den Flächeninhalt des Kreisrings.

Flächeninhalt des Buchstabens C

$A_{Buchstabe} = 9\text{ dm}^2 + 3\text{ dm}^2$
$A_{Buchstabe} = 12\text{ dm}^2$

Addiere die Teilflächen und du erhältst den Flächeninhalt des Buchstabens C.

---

8 **Wochentag des 27. Juli 2020**

7. Juli 2020, Dienstag
14. Juli 2020, Dienstag; 21. Juli 2020, Dienstag;
28. Juli 2020, Dienstag

Der 27. Juli 2020 war ein **Montag**.

Gehe schrittweise vor.
Eine Woche hat sieben Tage.
Wenn der 7. Juli 2020 ein Dienstag war, dann war der 14. Juli 2020 auch ein Dienstag.
Gehe Woche für Woche bis zum 27. Juli vor.
Dienstag, der 28. Juli ist ein Tag zu viel.

oder:

21. Juli 2020, Dienstag; 22. Juli 2020, Mittwoch;
23. Juli 2020, Donnerstag; 24. Juli 2020, Freitag;
25. Juli 2020, Samstag; 26. Juli 2020, Sonntag

Der 27. Juli 2020 war ein **Montag**.

Arbeite dich ab dem 21. Juli 2020 Tag für Tag bis zum 27. Juli 2020 vor.

9 **Durchmesser und Radius des Kreises**

$60\text{ cm} = d \cdot 3 \quad |:3$

$d = 20\text{ cm}$

$r = 20\text{ cm} : 2$

$r = 10\text{ cm}$

Flächeninhalt des Quadrats

$A_{Quadrat} = 20\text{ cm} \cdot 20\text{ cm}$

$A_{Quadrat} = 400\text{ cm}^2$

Anteil des Flächeninhalts des Kreises am Flächeninhalt des Quadrats

$A_{Kreis} = 10\text{ cm} \cdot 10\text{ cm} \cdot 3$

$A_{Kreis} = 300\text{ cm}^2$

$300\text{ cm}^2 \text{ von } 400\text{ cm}^2 = \frac{300\text{ cm}^2}{400\text{ cm}^2} = \frac{3}{4}$

Ankreuzen der zutreffenden Aussage

	richtig	falsch
a) Der Flächeninhalt des Kreises beträgt etwa $\frac{1}{4}$ des Flächeninhalts des Quadrats.	☐	☒
b) Der Radius des Kreises beträgt etwa 10 cm.	☒	☐
c) Der Flächeninhalt des Quadrats beträgt etwa 400 cm^2.	☒	☐

Hinweise und Tipps

Zur Überprüfung der Aussagen benötigst du den Durchmesser und den Radius des Kreises.
Der Umfang des Kreises ist gegeben. Berechne damit den Durchmesser und den Radius des Kreises.
$u = d \cdot \pi$
$d = 2 \cdot r$
Rechne mit $\pi = 3$.

Der Durchmesser des Kreises ist auch die Länge einer Quadratseite.
Berechne den Flächeninhalt des Quadrats.
$A_{Quadrat} = d \cdot d$

Berechne den Flächeninhalt des Kreises.
$A_{Kreis} = r \cdot r \cdot \pi$
Rechne mit $\pi = 3$.
Welchen Bruchteil des Flächeninhalts des Quadrats nimmt der Flächeninhalt des Kreises ein?

---

10 **Passende Maßeinteilung zum dargestellten Gefäß**

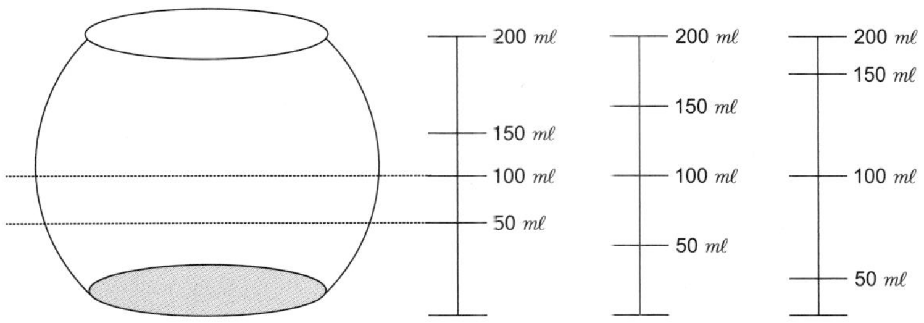

Quelle: StMUK

☒ ☐ ☐

Das kugelförmige Gefäß ist unten und oben schmäler als in der Mitte.
Fülle es gedanklich gleichmäßig mit Wasser: Zu Beginn steigt der Wasserstand schnell an. Je mehr Wasser du in das Gefäß gießt, umso langsamer steigt der Wasserstand, da der Durchmesser des Gefäßes größer wird.
Nachdem das Gefäß bis zur Mitte mit Wasser gefüllt ist, steigt der Wasserstand wieder schneller an.
Der Vorgang kehrt sich um, die Maßeinteilung wird an der Mitte gespiegelt.
Die mittlere Maßeinteilung kann nicht passen, da sie zwischen den einzelnen Maßeinteilungen gleiche Abstände hat.
Diese Maßeinteilung eignet sich z. B. für einen Zylinder.
Die rechte Maßeinteilung passt zu einem Gefäß, das unten und oben breiter als in der Mitte ist.

11 **Diagramm, das die Nennungen am genauesten darstellt**

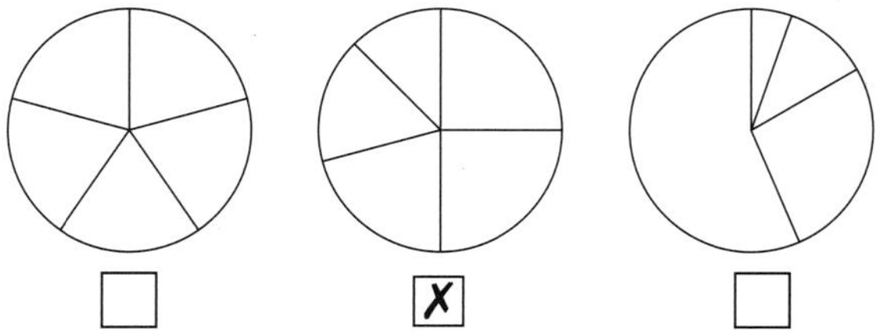

Hinweise und Tipps

Nur für „Schinkensemmel“ und „Butterbreze“ liegen jeweils gleich viele Nennungen vor, d. h., das Kreisdiagramm muss genau zwei gleich große Kreissegmente haben. Das trifft nur auf das mittlere Diagramm zu.
oder:
Von den 240 Nennungen entfallen 60 Nennungen auf „Schinkensemmel“ und 60 Nennungen auf „Butterbreze“. Das ergibt zusammen 120 Nennungen.
120 Nennungen von 240 Nennungen ist die Hälfte aller Nennungen, d. h., zwei gleich große Kreissegmente nehmen die Hälfte des Kreisdiagramms ein.
oder:
In der Tabelle für die Wünsche der Schülerinnen und Schüler werden fünf zahlenmäßig unterschiedliche Nennungen angegeben. Das linke Kreisdiagramm enthält jedoch nur fünf gleich große Sektoren. Das rechte Kreisdiagramm enthält nur vier Sektoren.

---

12 **Ungefähre Länge des abgebildeten Orcas**

Länge des Blauwals in Wirklichkeit:	24 m
Länge des Blauwals in der Darstellung:	ca. 12 cm
Länge des Orcas in der Darstellung:	ca. 4 cm

Rechnung

Darstellung	tatsächliche Länge	
12 cm ≙	24 m	(Blauwal)
1 cm ≙	24 m : 12 = 2 m	
4 cm ≙	2 m · 4 = 8 m	(Orca)

oder:

$$4 \text{ cm von } 12 \text{ cm} = \frac{4 \text{ cm}}{12 \text{ cm}} = \frac{1}{3}$$

$$\frac{1}{3} \text{ von } 24 \text{ m} = 8 \text{ m}$$

Der abgebildete Orca hat eine Länge von 8 m.

Miss mit dem Geodreieck die Länge des Blauwals und des Orcas in der Darstellung. Runde deine Messergebnisse auf ganze cm.
Eine Länge von 12 cm in der Darstellung des Blauwals entspricht einer tatsächlichen Länge von 24 m.
Berechne damit die tatsächliche Länge des Orcas.
Rechne mit dem Dreisatz.

Vergleiche die Länge des abgebildeten Orcas mit der Länge des abgebildeten Blauwals.
Welchen Bruchteil der Länge des abgebildeten Blauwals nimmt die Länge des abgebildeten Orcas ein?
Berechne damit die tatsächliche Länge des Orcas.

Teil B – Aufgabengruppe I

Hinweise und Tipps

1

$$\begin{aligned} 3{,}2\cdot(x+14{,}5)-2\cdot(-0{,}5+0{,}3x) &= (96x+5\cdot 0{,}64):8 && |\text{Produkt in Klammer berechnen}\\ 3{,}2\cdot(x+14{,}5)-2\cdot(-0{,}5+0{,}3x) &= (96x+3{,}2):8 && |\text{Klammern ausmultiplizieren}\\ (3{,}2x+46{,}4)-(-1+0{,}6x) &= (12x+0{,}4) && |\text{Klammern auflösen; Vorzeichen beachten}\\ 3{,}2x+46{,}4+1-0{,}6x &= 12x+0{,}4 && |\text{zusammenfassen}\\ 2{,}6x+47{,}4 &= 12x+0{,}4 && |-12x; -47{,}4\\ -9{,}4x &= -47 && |:(-9{,}4)\\ x &= 5 \end{aligned}$$

---

2 a) **Durchschnittliche Anzahl der im Jahr 2019 pro Monat verkauften Tablets in Millionen**

30,4 Mio. + 32,5 Mio. + 37,6 Mio. + 43,5 Mio.
= 144 Mio.

144 Mio. : 12 = 12 Mio.
Im Jahr 2019 wurden durchschnittlich pro Monat 12 Millionen Tablets verkauft.

✎ Addiere die Verkaufszahlen für die vier Quartale.
✎ Berechne damit die durchschnittliche Anzahl der verkauften Tablets pro Monat.
✎ Ein Jahr hat zwölf Monate.

b) **Anteil der im vierten Quartal verkauften Tablets in Prozent**

G = 144 Mio.
P = 43,5 Mio.

$p\,\% = 43{,}5\text{ Mio.} : 144\text{ Mio.} \cdot 100\,\%$
$p\,\% = 30{,}208\ldots\,\%$
$p\,\% \approx 30{,}21\,\%$

✎ Der Grundwert G ist die Anzahl aller im Jahr 2019 verkauften Tablets, der Prozentwert P die Anzahl der im 4. Quartal 2019 verkauften Tablets.
✎ Berechne den Prozentsatz p %.
✎ $p\,\% = P : G \cdot 100\,\%$
✎ Runde den Prozentsatz sinnvoll (hier: 2 Dezimalstellen).

c) **Berechnen der Winkel für das Kreisdiagramm**

144 Mio. Tablets ≙ 360°
1 Mio. Tablets ≙ 360° : 144 = 2,5°
30,4 Mio. Tablets ≙ 2,5° · 30,4 = 76° (Quartal 1)
32,5 Mio. Tablets ≙ 2,5° · 32,5 = 81,25° ≈ 81° (Quartal 2)
37,6 Mio. Tablets ≙ 2,5° · 37,6 = 94° (Quartal 3)
43,5 Mio. Tablets ≙ 2,5° · 43,5 = 108,75° ≈ 109° (Quartal 4)

✎ Bereite die Daten für das Kreisdiagramm auf.
✎ Alle im Jahr 2019 verkauften Tablets entsprechen 360°.
✎ Berechne die Größe der Winkel für die Verkaufszahlen in jedem Quartal mit dem Dreisatz.
✎ Runde falls erforderlich die Winkel auf ganze Grad.

Kreisdiagramm

Weltweite Tablet-Verkäufe nach Quartalen im Jahr 2019 in Millionen

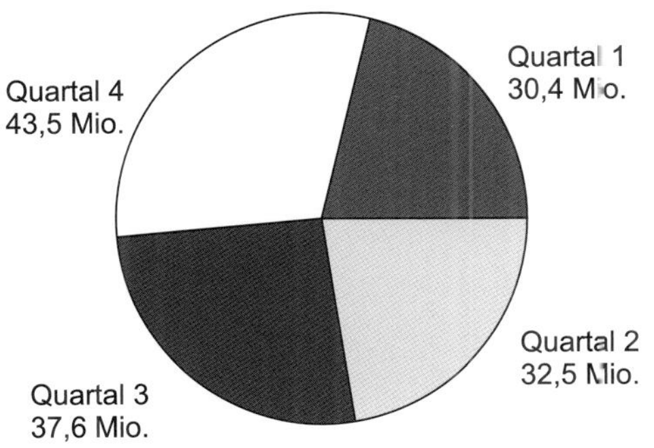

Maßstab 1 : 2

✎ Zeichne einen Kreis mit r = 4 cm.
✎ Trage die Winkel für die Kreissegmente mit dem Geodreieck ein.
✎ Beschrifte das Schaubild vollständig.

3 **Höhe h der Grundfläche des Dreiecksprismas**

$h^2 = c^2 - b^2$
$h^2 = (37\text{ cm})^2 - (35\text{ cm})^2$
$h^2 = 1\,369\text{ cm}^2 - 1\,225\text{ cm}^2$
$h^2 = 144\text{ cm}^2 \quad |\sqrt{\ }$
$h = 12\text{ cm}$

Flächeninhalt der Grundfläche des Dreiecksprismas

$b = g = 35\text{ cm};\ h = 12\text{ cm}$
$A_{\text{Dreieck}} = \frac{1}{2} \cdot 35\text{ cm} \cdot 12\text{ cm}$
$A_{\text{Dreieck}} = 210\text{ cm}^2$

Volumen eines Dreiecksprismas

$A_{\text{Dreieck}} = 210\text{ cm}^2;\ t = h_k = 70\text{ cm}$
$V_{\text{Prisma}} = 210\text{ cm}^2 \cdot 70\text{ cm}$
$V_{\text{Prisma}} = 14\,700\text{ cm}^3$

Volumen der zwei Dreiecksprismen

$14\,700\text{ cm}^3 \cdot 2 = 29\,400\text{ cm}^3$

Volumen des Quaders

$g = 60\text{ cm};\ t = 70\text{ cm};\ h = 12\text{ cm}$
$V_{\text{Quader}} = 60\text{ cm} \cdot 70\text{ cm} \cdot 12\text{ cm}$
$V_{\text{Quader}} = 50\,400\text{ cm}^3$

Gesamtvolumen des Körpers

$V_{\text{Gesamt}} = 29\,400\text{ cm}^3 + 50\,400\text{ cm}^3$
$V_{\text{Gesamt}} = 79\,800\text{ cm}^3$

Hinweise und Tipps

Im rechtwinkligen Dreieck ist die Seite c die Hypotenuse, die Seiten b und h sind die Katheten.
Berechne die Länge der Höhe h mithilfe des Satzes von Pythagoras.

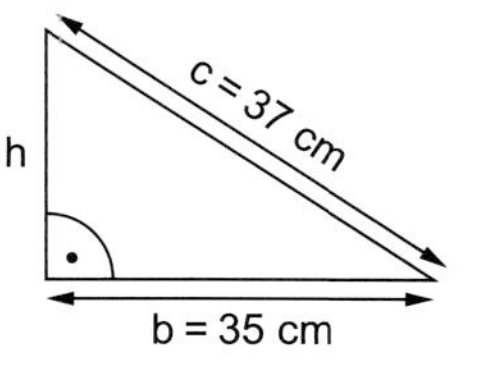

Berechne den Flächeninhalt des rechtwinkligen Dreiecks.
$A_{\text{Dreieck}} = \frac{1}{2} \cdot g \cdot h$

Berechne das Volumen der zwei identischen Dreiecksprismen.
Entnimm die Länge der Körperhöhe der Skizze.
$V_{\text{Prisma}} = A_G \cdot h_k$

Berechne das Volumen des Quaders.
$V_{\text{Quader}} = a \cdot b \cdot c$ hier: $V_{\text{Quader}} = g \cdot t \cdot h$
Entnimm die benötigten Maße der Skizze.
Die Höhe h hast du in Teilaufgabe a berechnet.

Addiere zum Volumen der beiden Dreiecksprismen das Volumen des Quaders und du erhältst das Volumen des abgebildeten Körpers.

---

4 a) **Fehlende Werte in der Tabelle für das Angebot B**

erste Tabellenspalte
125 € − 50 € = 75 €
75 € : 25 € = 3 (Monate)

zweite Tabellenspalte
25 € · 4 = 100 €
100 € + 50 € = 150 €

dritte Tabellenspalte
25 € · 12 = 300 €
300 € + 50 € = 350 €

In den Kosten für die Miete ist die einmalige Anzahlung enthalten.
Subtrahiere die Anzahlung von den Kosten.
Die Miete für einen Monat beträgt 25 €.
Berechne die Mietdauer.

Berechne die Kosten für eine Mietdauer von vier Monaten. Zu den Mietkosten für vier Monate kommt noch die einmalige Anzahlung dazu.

Berechne die Kosten für eine Mietdauer von zwölf Monaten. Zu den Mietkosten für zwölf Monate kommt noch die einmalige Anzahlung dazu.

Mietdauer in Monaten	**3**	4	12
Kosten inklusive einmaliger Anzahlung in €	125 €	**150 €**	**350 €**

Hinweise und Tipps

b) **Grafische Darstellung des Zusammenhangs zwischen Mietdauer und Mietkosten des Tablets von Angebot B**

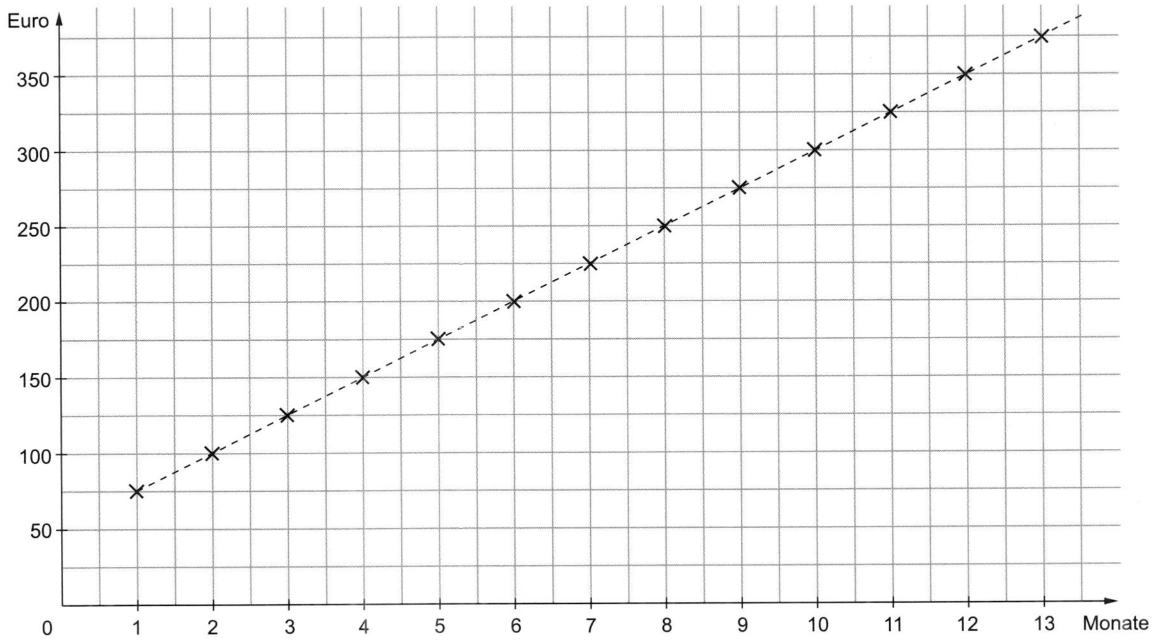

Lege ein Koordinatensystem mit der vorgegebenen Einheit an.
Rechtswertachse: 1 cm ≙ 1 Monat
Hochwertachse: 1 cm ≙ 50 €
Der Platzbedarf ist in der Angabe gegeben.
Beschrifte das Koordinatensystem vollständig.
Trage die in Teilaufgabe a) berechneten Punkte (3 Monate – 125 €), (4 Monate – 150 €) und (12 Monate – 350 €) in das Koordinatensystem ein.
Zeichne mit dem Geodreieck die Halbgerade durch die eingetragenen Punkte. Beachte, dass die Halbgerade erst bei (1 Monat – 75 €) beginnt.
Streng genommen gehören nur die Punkte für ganze Monate zur Darstellung, da die Miete für das Tablet nur in ganzen Monaten abgerechnet wird. Die Halbgerade hilft dir aber dabei, die Punkte genauer einzutragen bzw. weitere Punkte abzulesen.

c) **Mieten oder Kaufen**
Kaufpreis des Tablets: 300 €
Mietpreis für 10 Monate: 300 €

Nach zehn Monaten sind der Kaufpreis und die Kosten für die Miete gleich hoch. Ab dem 11. Monat ist es günstiger, das Tablet zu kaufen.

Lies aus dem Schaubild ab, nach wie vielen Monaten die Mietkosten für das Tablet und der Kaufpreis gleich hoch sind.

oder:

Mietkosten für das Tablet ohne einmalige Anzahlung
300 € – 50 € = 250 €

Mietdauer in Monaten
250 € : 25 € = 10 (Monate)
Sollte Gregor das Tablet länger als 10 Monate benötigen, also 11 Monate oder länger, wäre es für ihn günstiger, das Tablet zu kaufen.

Der Kaufpreis für das Tablet beträgt 300 €. Wie viele Monate kann Gregor das Tablet für 300 € mieten?

Teil B – Aufgabengruppe II

1

blaue Mund-Nasen-Bedeckungen: x
rote Mund-Nasen-Bedeckungen: $x+22$
gelbe Mund-Nasen-Bedeckungen: $2x$
(zusammen 190)

$$x+x+22+2x=190$$
$$4x+22=190 \quad |-22$$
$$4x=168 \quad |:4$$
$$x=42$$

blaue Mund-Nasen-Bedeckungen: 42
rote Mund-Nasen-Bedeckungen: $42+22=64$
gelbe Mund-Nasen-Bedeckungen: $2\cdot 42=84$

Hinweise und Tipps

Überlege, wie sich die Anzahl der Mund-Nasen-Bedeckungen auf die drei Farben verteilt.
Lege die Anzahl der blauen Mund-Nasen-Bedeckungen mit x fest.
Drücke die Anzahl der roten und gelben Mund-Nasen-Bedeckungen mithilfe von x aus.
„22 rote Mund-Nasen-Bedeckungen mehr als blaue“: $x+22$
„doppelt so viele gelbe wie blaue“: $2x$
Stelle eine Gleichung auf und löse sie.
Berechne die Anzahl der blauen, roten und gelben Mund-Nasen-Bedeckungen.

---

2 a) **Mit Buchen bewachsene Waldfläche**

$28\,000\text{ km}^2-11\,760\text{ km}^2-4\,760\text{ km}^2-7\,560\text{ km}^2=3\,920\text{ km}^2$

Subtrahiere von der gesamten Waldfläche die gegebenen Waldflächen der einzelnen Baumarten und du erhältst die mit Buchen bewachsene Waldfläche. Die benötigten Daten findest du in der zweiten Tabellenspalte.

oder:

$G=28\,000\text{ km}^2$
$p\,\%=14\,\%$

$100\,\% \mathrel{\hat{=}} 28\,000\text{ km}^2$
$1\,\% \mathrel{\hat{=}} 280\text{ km}^2$
$14\,\% \mathrel{\hat{=}} 280\text{ km}^2\cdot 14=3\,960\text{ km}^2$

Die Waldfläche insgesamt ist der Grundwert G, die mit Buchen bewachsene Waldfläche ist der Prozentsatz p %. Berechne den Prozentwert P mit dem Dreisatz. Entnimm die benötigten Daten aus der Tabelle.

oder:

$28\,000\text{ km}^2\cdot 0{,}14=3\,960\text{ km}^2$

Rechne mit dem Faktor. $14\,\%=0{,}14$

Die Größe der mit Buchen bewachsenen Waldfläche beträgt $3\,960\text{ km}^2$.

b) **Prozentualer Anteil der mit Fichten bewachsenen Waldfläche**

$G=28\,000\text{ km}^2$
$P=11\,760\text{ km}^2$

$p\,\%=11\,760\text{ km}^2:28\,000\text{ km}^2\cdot 100\,\%$
$p\,\%=42\,\%$

Fichten haben an der bewachsenen Waldfläche einen Anteil von 42 %.

Die Waldfläche insgesamt ist der Grundwert G, die mit Fichten bewachsene Waldfläche in km^2 der Prozentwert P.
Berechne den Prozentsatz p %.
$p\,\%=P:G\cdot 100\,\%$
Entnimm die benötigten Daten der Tabelle.

c) **Mit sonstigen Baumarten bewachsene Waldfläche im Jahr 1950 in km^2**

$P=7\,560\text{ km}^2$
$p\,\%=105\,\%$

$105\,\% \mathrel{\hat{=}} 7\,560\text{ km}^2$
$1\,\% \mathrel{\hat{=}} 7\,560\text{ km}^2:105=72\text{ km}^2$
$100\,\% \mathrel{\hat{=}} 7\,200\text{ km}^2$

Im Jahr 1950 betrug die mit sonstigen Baumarten bewachsene Waldfläche $7\,200\text{ km}^2$.

Der Anteil der sonstigen Baumarten an der Waldfläche im Jahr 1950 ist der Grundwert G (100 %).
Der Anteil der sonstigen Baumarten an der Waldfläche stieg von 100 % im Jahr 1950 um 5 % auf $100\,\%+5\,\%=105\,\%$ im Jahr 2018. Das ist der Prozentsatz p %.
Die von sonstigen Baumarten bewachsene Fläche im Jahr 2018 ist der Prozentwert P.
Berechne den Grundwert G mit dem Dreisatz.
Entnimm die im Jahr 2018 von sonstigen Baumarten bewachsene Fläche der Tabelle.

d) **Größe der Fläche Bayerns in km²**

$P = 28\,000 \text{ km}^2$
$p\ \% = 40\ \%$

$40\ \% \mathrel{\hat{=}} 28\,000 \text{ km}^2$
$1\ \% \mathrel{\hat{=}} 28\,000 \text{ km}^2 : 40 = 700 \text{ km}^2$
$100\ \% \mathrel{\hat{=}} 70\,000 \text{ km}^2$

Die Größe der Fläche Bayerns beträgt $70\,000 \text{ km}^2$.

Hinweise und Tipps

Die Waldfläche insgesamt ist der Prozentwert P, der Prozentsatz p % ist gegeben.
Berechne den Grundwert G mit dem Dreisatz.

---

3 **Länge der Grundseite g des grau markierten Dreiecks**

$x^2 = (10 \text{ cm})^2 - (8 \text{ cm})^2$
$x^2 = 100 \text{ cm}^2 - 64 \text{ cm}^2$
$x^2 = 36 \text{ cm}^2 \qquad |\sqrt{\ }$
$x = 6 \text{ cm}$

$g = 2 \cdot 6 \text{ cm}$
$g = 12 \text{ cm}$

Im gleichschenkligen Dreieck halbiert die Höhe h die Grundseite g. Bezeichne die Hälfte der Grundseite mit x.
Im rechtwinkligen Dreieck ist die Länge der Hypotenuse und die Länge einer Kathete bekannt.
Berechne mithilfe des Satzes von Pythagoras die Länge von x.

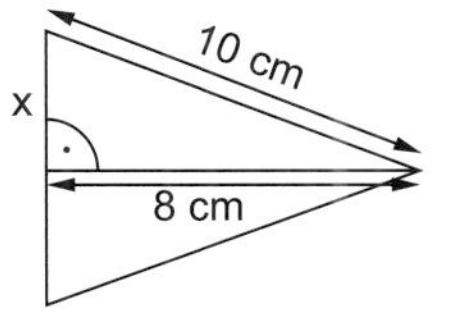

Flächeninhalt des grau markierten Dreiecks

$g = 12 \text{ cm}$
$h = 8 \text{ cm}$

$A_{Dreieck} = \frac{1}{2} \cdot 12 \text{ cm} \cdot 8 \text{ cm}$
$A_{Dreieck} = 48 \text{ cm}^2$

$A_{Dreieck} = \frac{1}{2} \cdot g \cdot h$

Flächeninhalt der grau markierten Rechteckflächen

$a = 24 \text{ cm}$
$b = x = 6 \text{ cm}$

$A_{Rechteck} = 24 \text{ cm} \cdot 6 \text{ cm}$
$A_{Rechteck} = 144 \text{ cm}^2$

Klappe das Rechteck unten links nach oben.
Die beiden grau markierten Rechteckflächen ergeben zusammen ein großes grau markiertes Rechteck.
Berechne den Flächeninhalt des großen grau markierten Rechtecks.
$A_{Rechteck} = a \cdot b$
Entnimm das benötigte Maß für die Rechteckseite a der Skizze. Die Länge der Seite b entspricht der Länge x aus der vorigen Teilaufgabe.

oder:
Flächeninhalt eines grau markierten Rechtecks

$a = 24 \text{ cm} : 2 = 12 \text{ cm}$
$b = x = 6 \text{ cm}$

$A_{Rechteck} = 12 \text{ cm} \cdot 6 \text{ cm}$
$A_{Rechteck} = 72 \text{ cm}^2$

Die Seitenlänge a für ein graues Rechteck ist die Hälfte der Seitenlänge des großen Rechtecks. Die Seitenlänge b entspricht x. Die Länge von x hast du schon berechnet.
Berechne den Flächeninhalt eines grauen Rechtecks.
$A_{Rechteck} = a \cdot b$

Flächeninhalt der zwei grau markierten Rechteckflächen

$72 \text{ cm}^2 \cdot 2 = 144 \text{ cm}^2$

gesamter Flächeninhalt der grau markierten Flächen

$A_{Gesamt} = 48 \text{ cm}^2 + 144 \text{ cm}^2$
$A_{Gesamt} = 192 \text{ cm}^2$

Addiere die Flächeninhalte des Dreiecks und der Rechtecke.

4 a) **Mittelpunktwinkel γ**

$n = 8$

$\gamma = 360° : 8$

$\gamma = 45°$

Basiswinkel α

$2\alpha + 45° = 180° \quad | -45°$

$2\alpha = 135° \quad | :2$

$\alpha = 67{,}5°$

Zeichnung

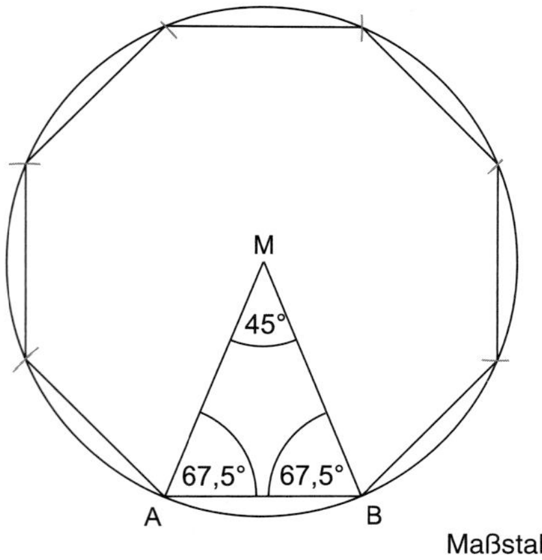

Maßstab 1 : 2

b) **Umfang des regelmäßigen Achtecks**

$s = 4\text{ cm}$

$u = 8 \cdot 4\text{ cm}$

$u = 32\text{ cm}$

mögliche Seitenlängen eines umfanggleichen Rechtecks

$u = 32\text{ cm}$

z. B.: $a = 10\text{ cm} \Rightarrow$

$32\text{ cm} = 2 \cdot 10\text{ cm} + 2 \cdot b$

$32\text{ cm} = 20\text{ cm} + 2b \quad | -20\text{ cm}$

$12\text{ cm} = 2b \quad | :2$

$b = 6\text{ cm}$

oder:

$32\text{ cm} = 2 \cdot a + 2 \cdot b \quad | :2$

$16\text{ cm} = a + b \quad | -b$

$16\text{ cm} - b = a$

z. B. $b = 4\text{ cm} \Rightarrow$

$16\text{ cm} - 4\text{ cm} = a$

$12\text{ cm} = a$

Hinweise und Tipps

Ein regelmäßiges Achteck setzt sich aus acht deckungsgleichen gleichschenkligen Dreiecken zusammen. Berechne die Größe des Mittelpunktwinkels für ein Bestimmungsdreieck im regelmäßigen Achteck.

Berechne damit die Größe der Basiswinkel im Bestimmungsdreieck.

Eine Dreiecksseite und die beiden daran anliegenden Winkel sind nun bekannt.
Zeichne eine Strecke mit der Länge 4 cm.
Bezeichne den Anfang und das Ende der Strecke mit A und B. Trage die Basiswinkel mit dem Geodreieck an den Enden der Strecke [AB] an und zeichne das Bestimmungsdreieck (wsw).
Der Schnittpunkt der Schenkel ergibt den Mittelpunkt M des Umkreises. Zeichne einen Kreis um M mit $r = \overline{MA}$.
Trage die Länge der Strecke [AB] mit dem Zirkel auf der Kreislinie ab. Arbeite genau!
Verbinde die Schnittpunkte mit der Kreislinie der Reihe nach. Dann erhältst du das regelmäßige Achteck.

Berechne den Umfang des regelmäßigen Rechtecks.
$u_{Achteck} = 8 \cdot s$

Der Umfang des Rechtecks wird mit der Formel $u_{Rechteck} = 2 \cdot a + 2 \cdot b$ berechnet.
Setze für a oder b eine natürliche Zahl in die Formel ein und berechne die Länge der zweiten Rechteckseite.

Setze in die Formel $u_{Rechteck} = 2 \cdot a + 2 \cdot b$ den Umfang des regelmäßigen Rechtecks ein und löse die Gleichung nach a oder b auf (hier: a).

Alle Zahlen für $b < 16$ und die dazugehörige Lösung der Gleichung können die Länge und Breite eines Rechtecks mit dem Umfang 32 cm sein.

Teil B – Aufgabengruppe III

✎ **Hinweise und Tipps**

1

$$\frac{1}{4}\cdot(5x-18)+\frac{8+3x}{4}=2{,}5-(2x-3) \quad |\cdot \text{Hauptnenner } 4$$

$$\frac{\not{4}\cdot(5x-18)}{\not{4}}+\frac{\not{4}\cdot(8+3x)}{\not{4}}=4\cdot 2{,}5-4\cdot(2x-3) \quad |\text{kürzen}$$

$$(5x-18)+(8+3x)=10-4\cdot(2x-3) \quad |\text{Klammern auflösen; Vorzeichen beachten}$$

$$5x-18+8+3x=10-8x+12 \quad |\text{zusammenfassen}$$

$$8x-10=22-8x \quad |+8x;+10$$

$$16x=32 \quad |:16$$

$$x=2$$

oder:

$$\frac{1}{4}\cdot(5x-18)+\frac{8+3x}{4}=2{,}5-(2x-3) \quad |\text{Brüche in Dezimalbrüche umwandeln}$$

$$0{,}25\cdot(5x-18)+0{,}25\cdot(8+3x)=2{,}5-(2x-3) \quad |\text{Klammern auflösen; Vorzeichen beachten}$$

$$1{,}25x-4{,}5+2+0{,}75x=2{,}5-2x+3 \quad |\text{zusammenfassen}$$

$$2x-2{,}5=5{,}5-2x \quad |+2x;+2{,}5$$

$$4x=8 \quad |:4$$

$$x=2$$

---

2 a) **Betrag, den die Freunde der Familie Arslan bezahlen**

$\frac{1}{5}$ von 28 500 € $=\frac{28\,500\text{ €}\cdot 1}{5}=5\,700$ €

✎ Die Freunde der Familie Arslan bezahlen ein Fünftel des Kaufpreises. Berechne damit den Betrag, den Familie Arslan noch bezahlen muss.

Betrag, den die Familie Arslan selbst bezahlen muss

28 500 € − 5 700 € = 22 800 €

oder:

$1-\frac{1}{5}=\frac{4}{5}$

$\frac{4}{5}$ von 28 500 € $=\frac{28\,500\text{ €}\cdot 4}{5}=22\,800$ €

✎ Familie Arslan muss ein Fünftel des Kaufpreises weniger bezahlen.
Berechne den Bruchteil des Kaufpreises, den Familie Arslan bezahlen muss.
Berechne damit den Betrag des Kaufpreises in €.

oder:

$\frac{1}{5}=20\ \%$

100 % − 20 % = 80 %

100 % ≙ 28 500 €

1 % ≙ 285 €

80 % ≙ 285 € · 80 = 22 800 €

✎ Wandle den Bruchteil, den Familie Arslan weniger bezahlen muss, in eine Prozentzahl um.
Berechne damit den Prozentsatz, den die Familie Arslan noch bezahlen muss.
Berechne nun den Prozentwert mit dem Dreisatz oder mit dem Faktor.

oder:

28 500 € · 0,8 = 22 800

✎ 80 % = 0,8

Familie Arslan muss selbst noch 22 800 € bezahlen.

b) **Rabatt in € und Einnahmen des Händlers**

100 % ≙ 28 500 €

1 % ≙ 285 €

8 % ≙ 285 € · 8 = 2 280 € (Rabatt)

28 500 € − 2 280 € = 26 220 € (Einnahmen des Händlers)

✎ Auf den regulären Verkaufspreis gibt es 8 % Rabatt.
Berechne den Rabatt in € mit dem Dreisatz.
Berechne damit die Einnahmen des Händlers.

oder:
28 500 € · 0,08 = 2 280 € (Rabatt)
28 500 € · 0,92 = 26 220 € (Einnahmen des Händlers)

Der Rabatt beträgt 2 280 €.
Der Händler bekommt bei der Rabattaktion 26 220 € für das Wohnmobil.

Hinweise und Tipps

Rechne mit dem Faktor.
8 % = 0,08 (Rabatt)
100 % – 8 % = 92 % = 0,92 (ermäßigter Verkaufspreis, Einnahmen des Händlers)

c) **Treibstoffkosten**

100 km ≙ 13,5 ℓ
1 km ≙ 0,135 ℓ
2 350 km ≙ 0,135 ℓ · 2 350 = 317,25 ℓ

1,24 € · 317,25 = 393,39 €
Die Treibstoffkosten betragen 393,39 €.

Pro 100 km verbraucht das Wohnmobil 13,5 ℓ Treibstoff.
Berechne den Treibstoffverbrauch für 2 350 km.
Rechne mit dem Dreisatz.

1 Liter Treibstoff kostet 1,24 €.
Berechne damit die Treibstoffkosten.

---

3 **Zeichenschritte**

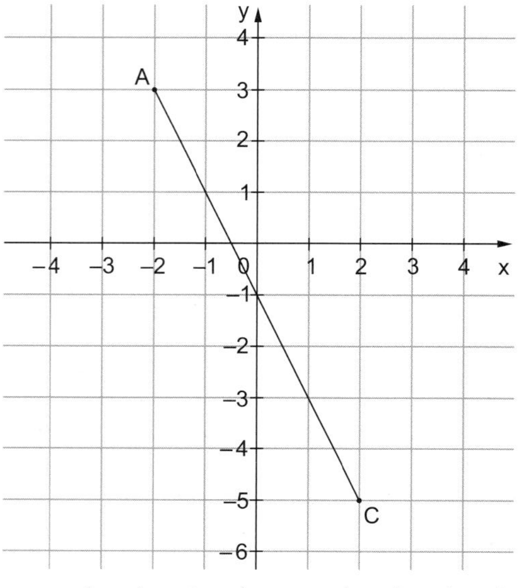

Lege ein Koordinatensystem mit der Einheit 1 cm an.
Der Platzbedarf ist in der Angabe gegeben.
x-Achse: –4 bis +4
y-Achse: –6 bis +4
Beschrifte das Koordinatensystem vollständig.
Trage den Punkt A(–2 | 3) ein. Gehe dazu 2 cm nach links und 3 cm nach oben.
Trage den Punkt C(2 | –5) ein. Gehe dazu 2 cm nach rechts und 5 cm nach unten.
Verbinde die Punkte A und C zur Strecke [AC].

a)

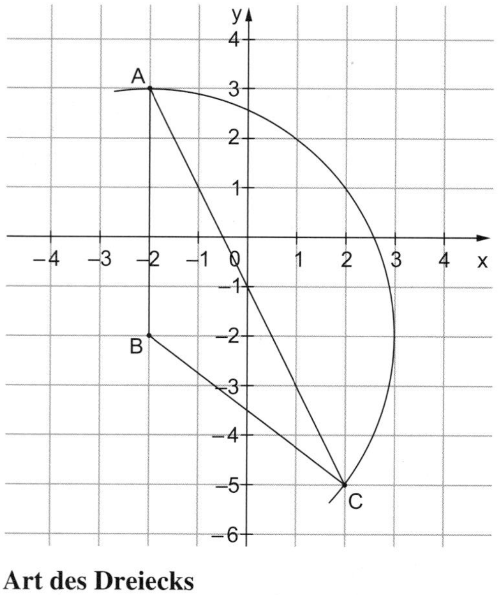

Trage den Punkt B(–2 | –2) ein. Gehe dazu 2 cm nach links und 2 cm nach unten.
Verbinde die Punkte A und C jeweils mit dem Punkt B.
Miss die Länge der Strecken [AB] und [BC]. Beide Schenkel haben die gleiche Länge (5 cm).
oder:
Zeichne einen Kreisbogen um B mit dem Radius [AB]. Der Punkt C liegt auf dem Kreisbogen.
Die Schenkel [AB] und [BC] haben also die gleiche Länge.

Art des Dreiecks
Es entsteht ein gleichschenkliges Dreieck.

b)

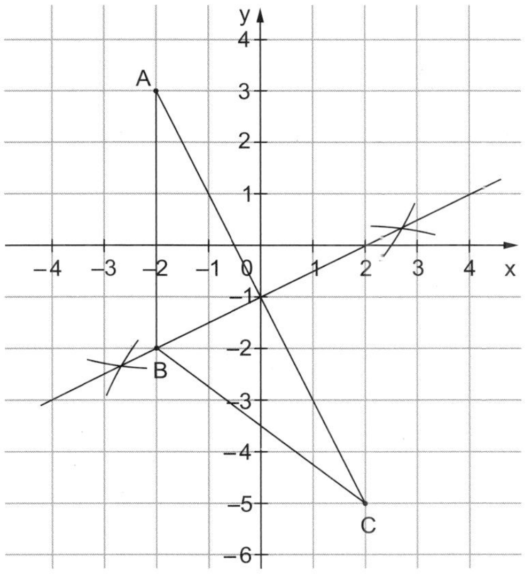

Hinweise und Tipps

Zeichne mit dem Geodreieck die Senkrechte zur Strecke [AC] durch den Punkt B.
oder:
Zeichne jeweils einen Kreisbogen um A und C mit beliebigem Radius. Verbinde die Schnittpunkte der Kreisbögen miteinander und du erhältst die Senkrechte zur Strecke [AC] durch den Punkt B.

c)

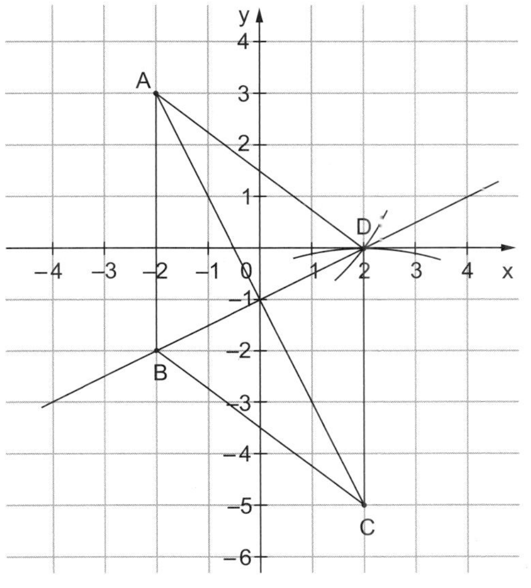

Koordinaten von D
D(2 | 0)

In einer Raute stehen die Diagonalen senkrecht zueinander und halbieren sich.
Die Strecke [AC] und die Senkrechte zu [AC] sind die Diagonalen in der Raute.
Spiegle mit dem Geodreieck den Punkt B an der Strecke [AC]. Du erhältst den Punkt D.
oder:
Zeichne jeweils einen Kreisbogen um A und C mit dem Radius [AB].
Der Schnittpunkt der beiden Kreisbögen ergibt den Eckpunkt D der Raute ABCD.
Verbinde die Punkte A und C jeweils mit dem Punkt D und du erhältst die Raute ABCD.
Überprüfe nochmals die korrekte Beschriftung der Raute.
Lies die Koordinaten von Punkt D ab.

---

4 **Flächeninhalt einer quadratischen Seitenfläche**

$a = 14\text{ cm}$

$A_{\text{Quadrat}} = 14\text{ cm} \cdot 14\text{ cm}$

$A_{\text{Quadrat}} = 196\text{ cm}^2$

Flächeninhalt von drei quadratischen Seitenflächen

$196\text{ cm}^2 \cdot 3 = 588\text{ cm}^2$

Länge der Höhe h

$h^2 = (14\text{ cm})^2 - (7\text{ cm})^2$

$h^2 = 196\text{ cm}^2 - 49\text{ cm}^2$

$h^2 = 147\text{ cm}^2$

$h = 12{,}12\ldots\text{ cm}$

$h \approx 12\text{ cm}$

Der Flächeninhalt der beiden deckungsgleichen gleichseitigen Dreiecke und der Flächeninhalt der drei quadratischen Seitenflächen ergeben zusammen den Oberflächeninhalt des Werkstücks.
Die Länge der Quadratseite ist gegeben. Berechne den Flächeninhalt der quadratischen Seitenflächen.
$A_{\text{Quadrat}} = a \cdot a$
Im gleichseitigen Dreieck halbiert die Höhe die Grundseite.
Die Länge der Hypotenuse und die Länge einer Kathete sind bekannt.

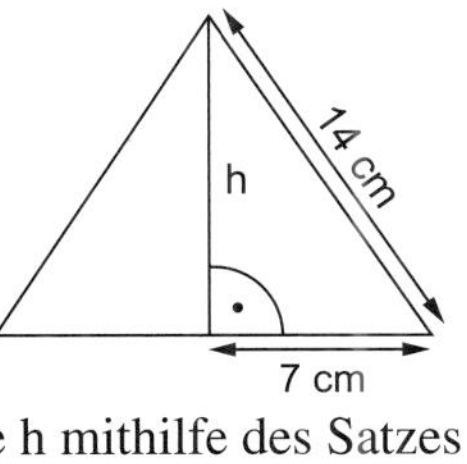

Berechne die Länge der Kathete h mithilfe des Satzes von Pythagoras.
Runde die Länge der Höhe sinnvoll (hier: ganze cm).

Flächeninhalt der Grund- und Deckfläche

$g = 14\ \text{cm}$
$h = 12\ \text{cm}$

$A_{\text{Dreieck}} = \frac{1}{2} \cdot 14\ \text{cm} \cdot 12\ \text{cm}$

$A_{\text{Dreieck}} = 84\ \text{cm}^2$

Flächeninhalt beider Dreiecke

$84\ \text{cm}^2 \cdot 2 = 168\ \text{cm}^2$

Oberflächeninhalt des Werkstücks

$O_{\text{Werkstück}} = 168\ \text{cm}^2 + 588\ \text{cm}^2$
$O_{\text{Werkstück}} = 756\ \text{cm}^2$

Hinweise und Tipps

Berechne den Flächeninhalt der beiden gleichseitigen Dreiecke.

$A_{\text{Dreieck}} = \frac{1}{2} \cdot g \cdot h$

Addiere den Flächeninhalt der Teilflächen und du erhältst den Oberflächeninhalt des Werkstücks.

Qualifizierender Abschluss der Mittelschule 2022

Teil A – Arbeitsblatt

✎ **Hinweise und Tipps**

1 a) $4 \cdot 13{,}75 = 13{,}75 \cdot 4$

$13{,}75 \cdot 4 = 55{,}00$

✎ Wende das Kommutativgesetz (Vertauschungsgesetz) an.
Multipliziere die beiden Faktoren wie natürliche Zahlen.
Das Ergebnis hat so viele Nachkommastellen wie die beiden Faktoren zusammen.
Setze im Ergebnis das Komma an der richtigen Stelle.

oder:

$4 \cdot 13 \quad = 52$

$4 \cdot 0{,}75 = \ \ 3$

$52 + 3 \quad = 55$

✎ Zerlege die Dezimalzahl und multipliziere.

b) $503{,}74 - 7{,}83$

$$\begin{array}{r} 503{,}74 \\ -\quad 7{,}83 \\ \hline 495{,}91 \end{array}$$

✎ Schreibe die Zahlen stellengerecht untereinander.
Beachte: Komma steht unter Komma.
Subtrahiere die Zahlen.
Setze im Ergebnis das Komma an der richtigen Stelle.

---

2 **fehlende Werte in der Tabelle**

	Turnschuhe	Trampolin	Volleyball
alter Preis	110 €	440 €	**30 €**
Preisnachlass	–20 %	**–25 %**	–10 %
neuer Preis	**88 €**	330 €	27 €

neuer Preis für die Turnschuhe

$100\ \% \triangleq 110\ €$

$1\ \% \triangleq 1{,}10\ €$

$80\ \% \triangleq 1{,}10\ € \cdot 80 = 88\ €$

✎ Der alte Preis ist der Grundwert G.
Der Preisnachlass für die Turnschuhe beträgt 20 %.
Der neue Preis beträgt $100\ \% - 20\ \% = 80\ \%$ des alten Preises.
Berechne den neuen Preis mit dem Dreisatz.

oder:

$110\ € \cdot 0{,}8 = 11\ € \cdot 8 = 88\ €$

✎ Berechne den neuen Preis mit dem Faktor.
$80\ \% = 0{,}8$

oder:

$100\ \% \triangleq 110\ €$

$1\ \% \triangleq 1{,}10\ €$

$20\ \% \triangleq 1{,}10\ € \cdot 20 = 22\ €$

$110\ € - 22\ € = 88\ €$

✎ Berechne den Preisnachlass in € mit dem Dreisatz.
Subtrahiere den Preisnachlass vom alten Preis und du erhältst den neuen Preis.

Preisnachlass für das Trampolin

$440\ € - 330\ € = 110\ €$

✎ Berechne zunächst den Preisnachlass in €.

$G = 440\ €$

$P = 110\ €$

✎ Der alte Preis ist der Grundwert G, der Preisnachlass in € der Prozentwert P.

$110\ € \text{ von } 440\ € = \frac{110\ €}{440\ €} = \frac{11}{44} = \frac{1}{4} = 25\ \%$

✎ Berechne den Prozentsatz als Bruchteil des alten Preises.
Kürze den Bruch vollständig.
Gib den gekürzten Bruch als Prozentsatz an.

Hinweise und Tipps

oder:

$100\,\% \mathrel{\widehat{=}} 440\,€$

$1\,\% \mathrel{\widehat{=}} 4{,}40\,€$

$110\,€ : 4{,}40\,€ = 1100 : 44 = 25\,\%$

Berechne den Prozentsatz mit dem Dreisatz.

alter Preis für den Volleyball

$90\,\% \mathrel{\widehat{=}} 27\,€$

$1\,\% \mathrel{\widehat{=}} 27\,€ : 90 = 0{,}30\,€$

$100\,\% \mathrel{\widehat{=}} 30\,€$

Der Preisnachlass beträgt 10 %. Der neue Preis beträgt 100 % – 10 % = 90 % des alten Preises.
Der neue Preis in € ist der Prozentwert P, der alte Preis der Grundwert G.
Berechne den alten Preis mit dem Dreisatz.

---

3 a) **Fehler in der Gleichung**

$4x - 7 - 2 \cdot (7 - x) = (2x + 8) : 2$

$4x - 7 - 14 + 2x = x + 4$

$6x \underline{-7} = x + 4$

$5x = 11$

$x = 2{,}2$

Überprüfe jeden Rechenschritt.
Löse die Klammern auf. Beachte die Vorzeichenregel.
Fasse den Term auf der linken Seite der Gleichung zusammen: $4x - 7 - 14 + 2x = 6x - 21$
Unterstreiche den Fehler.

Beim Zusammenfassen der negativen Zahlen auf der linken Seite ist ein Fehler unterlaufen.
Das negative Rechenzeichen bei –7 wurde nicht beachtet. Es wurde 7 – 14 gerechnet und nicht –7 – 14. Es kann auch sein, dass –14 beim Zusammenfassen übersehen wurde.

Erkläre, was falsch gemacht wurde.

b) **fehlende Zahl in der Gleichung**

$3 \cdot x + 2 \cdot 4{,}5 + 1{,}1 \cdot 4 = 20$

$3x + 9 + 4{,}4 = 20$

$3x + 13{,}4 = 20 \quad |-13{,}4$

$3x = 6{,}6 \quad |:3$

$x = 2{,}2$

Ersetze den Platzhalter durch x und löse die Gleichung.
Multipliziere.
Fasse zusammen.

$\Rightarrow \; 3 \cdot \mathbf{2{,}2} + 2 \cdot 4{,}5 + 1{,}1 \cdot 4 = 20$

Trage 2,2 in den Platzhalter ein.

---

4 $♣ \cdot ♣ = 9$

Du kannst die Zahl für ♣ berechnen.

$♣ \cdot ♣ = 9$

$♣ = 3$

$♣ + ♥ = 13$

Setze für ♣ = 3 ein und berechne ♥.

$3 + ♥ = 13 \quad |-3$

$♥ = 10$

$♦ \cdot ♣ + ♥ = 28$

Setze in der 4. Zeile für ♣ = 3 und für ♥ = 10 ein und berechne ♦.

$♦ \cdot 3 + 10 = 28 \quad |-10$

$♦ \cdot 3 = 18 \quad |:3$

$♦ = 6$

$♣ \cdot ♥ - ♦ = \mathbf{24}$

Setze in der 3. Zeile für ♣ = 3, für ♥ = 10 und für ♦ = 6 ein und berechne das Ergebnis.

$3 \cdot 10 - 6 = 30 - 6 = 24$

Trage das Ergebnis in den Platzhalter ein.

5 Einzeichnen des Koordinatensystems

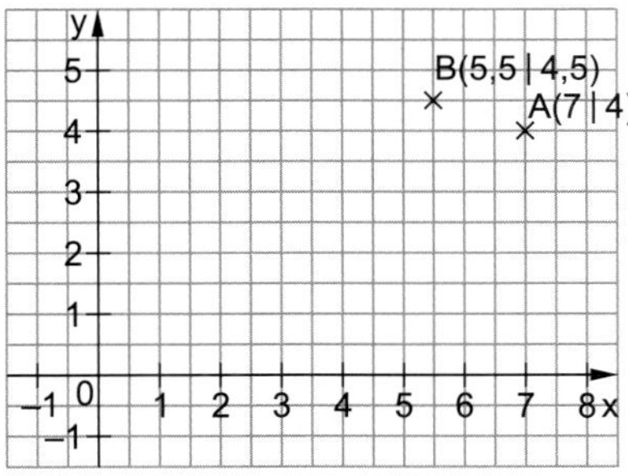

Maßstab 1 : 2

Hinweise und Tipps

Wie viele Kästchenlängen im Koordinatensystem entsprechen 1 cm?
Der Punkt A(7 | 4) wird in das Koordinatensystem eingezeichnet, wenn man vom Koordinatenursprung 7 cm nach rechts und 4 cm nach oben geht.
Von Punkt A(7 | 4) kommst du also zum Koordinatenursprung zurück, wenn du von Punkt A 7 cm nach links und 4 cm nach unten gehst.
Zeichne den Koordinatenursprung in das Koordinatensystem ein und bezeichne ihn mit 0.
Die x-Achse (waagrechte Achse) und die y-Achse (senkrechte Achse) schneiden sich im Koordinatenursprung und stehen senkrecht zueinander.
Zeichne die beiden Achsen ein. Beschrifte das Koordinatensystem vollständig.
Überprüfe, ob du den Koordinatenursprung richtig eingezeichnet hast.
Gehe von Punkt B(5,5 | 4,5) 5,5 cm nach links und 4,5 cm nach unten.

---

6 wahre oder falsche Aussagen zum Dreieck $b = a$ und $\alpha = 45°$

	wahr	falsch
$\alpha = \beta$	☒	☐

Bei dem abgebildeten Dreieck handelt es sich um ein gleichschenkliges Dreieck, da die Seite b und die Seite a die gleiche Länge haben.
In jedem gleichschenkligen Dreieck haben die Basiswinkel α und β die gleiche Größe. Es gilt also: $\alpha = \beta$
Kreuze wahr an.

	wahr	falsch
$\gamma = 90°$	☒	☐

In jedem Dreieck beträgt die Innenwinkelsumme 180°.

$$\alpha + \beta + \gamma = 180°$$
$$45° + 45° + \gamma = 180°$$
$$90° + \gamma = 180° \quad | -90°$$
$$\gamma = 90°$$

Kreuze wahr an.

	wahr	falsch
$c < a$	☐	☒

In jedem rechtwinkligen Dreieck ist die Hypotenuse die längste Dreiecksseite.
Im abgebildeten gleichschenklig-rechtwinkligen Dreieck ist die Seite c die Hypotenuse und die Seite a ist eine Kathete.
Die Hypotenuse c kann nicht kleiner als die Kathete a sein.
Kreuze falsch an.

	wahr	falsch
$180° - \gamma - \beta = 40°$	☐	☒

Setze in die rechte Seite der Gleichung die bekannten Werte für γ und β ein und berechne das Ergebnis.

$$180° - 90° - 45° = 45°$$
$$45° \neq 40°$$

Kreuze falsch an.
oder:
$180° - \gamma - \beta = \alpha$
Hier wird die Größe des Winkels α berechnet. Diese beträgt aber 45° und nicht 40°.
Kreuze falsch an.

7 a) **Länge des abgebildeten Kabels**

☐ 180 mm

☐ 50 cm

☒ 1,8 m

Hinweise und Tipps

Eine Länge von 180 mm = 18 cm = 0,18 m ist für ein Kabel mit drei Wicklungen zu kurz.
Eine Länge von 50 cm = 0,5 m ist für drei Wicklungen ebenfalls zu kurz.
1,8 m ist für das abgebildete Kabel eine realistische Größenangabe.
Kreuze 1,8 m an.

oder:
Nimm als Bezugsgröße die Hand, die das aufgerollte Kabel hält.
Die Hand hat in Wirklichkeit eine Breite von rund 10 cm. Der Durchmesser des aufgerollten Kabels beträgt somit circa 20 cm.
Berechne damit den Umfang des aufgerollten Kabels.
Für den Umfang eines Kreises gilt: $u = d \cdot \pi$
Rechne mit $\pi = 3$.
$u = 20\ \text{cm} \cdot 3$
$u = 60\ \text{cm}$
Die Kabelrolle besteht aus drei Wicklungen. Für die Länge des Kabels ergibt sich also:
$60\ \text{cm} \cdot 3 = 180\ \text{cm} = 1{,}8\ \text{m}$
Kreuze 1,8 m an.

b) **Flächeninhalt des abgebildeten Displays**

☐ 19 cm^2

☒ 190 cm^2

☐ 1 900 cm^2

Das abgebildete Display hat die Form eines Rechtecks und ist wegen des Daumens, der auf dem Display liegt, größer als das Display eines Smartphones. Es handelt sich um ein Tablet.
Die Länge des abgebildeten Displays ist größer als die Breite.
Für den Flächeninhalt eines Rechtecks gilt: $A = \ell \cdot b$
Suche mögliche Länge-Breite-Kombinationen, die die angegebenen Flächeninhalte für Rechtecke ergeben.

Flächeninhalt eines Rechtecks mit einer Breite von 4 cm und einer Länge von 5 cm:
$A = 4\ \text{cm} \cdot 5\ \text{cm}$
$A = 20\ \text{cm}^2$
Ein Rechteck mit einem Flächeninhalt von 19 cm^2 hat also ungefähr eine Breite von 4 cm und eine Länge von 5 cm. Diese Maße sind für das abgebildete Display unrealistisch. Wegen des Daumens, der auf dem Display liegt, erkennt man sofort, dass das Display um einiges breiter als 4 cm und länger als 5 cm ist.

Flächeninhalt eines Rechtecks mit einer Breite von 40 cm und einer Länge von 50 cm:
$A = 40\ \text{cm} \cdot 50\ \text{cm}$
$A = 2\,000\ \text{cm}^2$
Ein Rechteck mit einem Flächeninhalt von 1 900 cm^2 hat ungefähr eine Breite von 40 cm und eine Länge von 50 cm. Auch diese Maße sind für das abgebildete Display offensichtlich unrealistisch.
Kreuze 190 cm^2 an.

Hinweise und Tipps

oder:
Miss mit dem Geodreieck die Länge deines Daumens.
Die Länge des Daumens auf dem Display beträgt circa 6 cm.
Damit kannst du die Maße des Displays abschätzen.
Breite des Displays: ca. 12 cm
Höhe des Displays: ca. 16 cm
Berechne damit den Flächeninhalt des Displays:
$A = 12\text{ cm} \cdot 16\text{ cm}$
$A = 192\text{ cm}^2$
Kreuze 190 cm^2 an.

c) **Volumen der abgebildeten Trinkflasche**

- [x] 600 $m\ell$
- [ ] 0,2 ℓ
- [ ] 2 500 cm^3

Die Trinkflasche wird von einer Hand gehalten.
Wandle die gegebenen Größen in vergleichbare Einheiten um, z. B. Liter.
$600\ m\ell = 0{,}6\ \ell$; $2\,500\text{ cm}^3 = 2{,}5\text{ dm}^3 = 2{,}5\ \ell$
Suche Gegenstände mit vergleichbarem Volumen in deiner Umwelt.
Wasserflaschen, die man, wie hier abgebildet, mit einer Hand umfassen kann, haben ein Volumen von 0,5 ℓ oder 0,75 ℓ. Das ist ein realistisches Volumen für die Trinkflasche.
Ein kleines Wasserglas hat ein Volumen von 0,25 ℓ.
0,2 ℓ sind für die Trinkflasche also zu klein.
Sehr große Wasserflaschen haben einen Inhalt von 1,5 ℓ.
2,5 ℓ entsprechen dem Volumen eines mittleren Kochtopfs. Die Trinkflasche hat sicher ein geringeres Volumen.
Kreuze 600 $m\ell$ an.

---

8 **mögliche Erklärungen**

Leo wendet den Satz des Pythagoras falsch an.

oder:

Leo hat nicht beachtet, dass die Flächendiagonale im Rechteck die Hypotenuse ist und dass die beiden Rechteckseiten die Katheten sind.

oder:

Leo verwechselt die Hypotenuse mit der Kathete.

oder:

Leo berechnet im rechtwinkligen Dreieck die Hypotenuse, hier ist aber die Länge einer Kathete gesucht.

Überlege dir, welche Seite im rechtwinkligen Dreieck die Hypotenuse ist und welche Seiten die Katheten sind.
Im abgebildeten Dreieck ist die Seite mit der Länge 8 cm die Hypotenuse und die Seite mit der Länge 6 cm sowie die Seite b sind Katheten.
Die Länge der Seite b lässt sich mit dem Satz des Pythagoras bestimmen.
Leos Rechnung an sich ist mathematisch richtig, aber der Ansatz zur Berechnung der Länge der Kathete b ist falsch.
Nach dem Satz des Pythagoras gilt:
$b^2 = (8\text{ cm})^2 - (6\text{ cm})^2$

9 **vollständiges Kreisdiagramm**

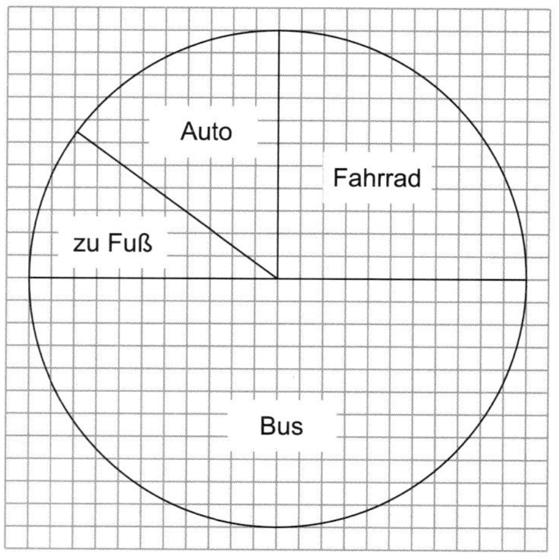

oder:

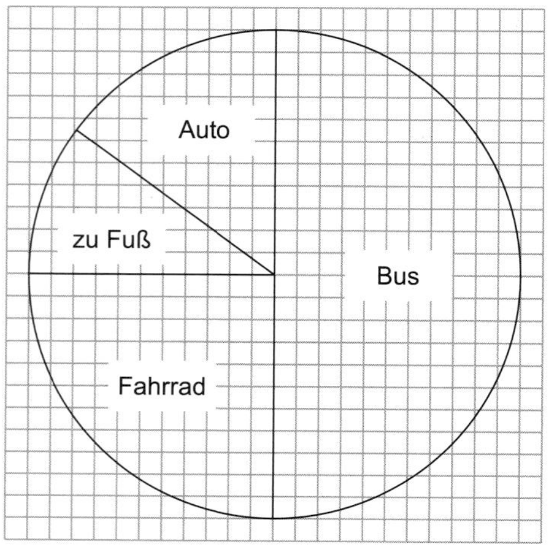

Hinweise und Tipps

Welchen Anteil am Kreisdiagramm nehmen die 240 Schülerinnen und Schüler ein, die jeden Tag mit dem Bus kommen?
Von 480 Schülerinnen und Schülern kommen 240 mit dem Bus.

$240 \text{ von } 480 = \frac{240}{480} = \frac{1}{2}$

Halbiere das Kreisdiagramm geschickt und beschrifte den Sektor mit „Bus“.
Das Kreisdiagramm ist nun vollständig in die entsprechenden Sektoren aufgeteilt.
Beschrifte die verbleibenden Sektoren des Kreisdiagramms entsprechend der Vorgabe.
Ein Viertel fährt mit dem „Fahrrad“.
Der verbleibende Sektor des Kreisdiagramms entspricht den 10 %, die „zu Fuß“ gehen.

Welchen Anteil am Kreisdiagramm nehmen die 240 Schülerinnen und Schüler ein, die jeden Tag mit dem Bus kommen?
Von 480 Schülerinnen und Schülern kommen 240 mit dem Bus.

$240 \text{ von } 480 = \frac{240}{480} = \frac{1}{2}$

Halbiere das Kreisdiagramm und beschrifte den Sektor mit „Bus“.
Ein Viertel fährt mit dem Fahrrad.
Markiere ein Viertel des Kreisdiagramms im verbleibenden Sektor und beschrifte das Viertel mit „Fahrrad“.
Beschrifte den verbleibenden Kreissektor mit „zu Fuß“.

---

10 **fehlende Größen in den Lücken**

5,7 mm = 0,0057 m = $5{,}7 \cdot 10^{-3}$ m

Bei Längenmaßen beträgt die Umrechnungszahl 10.
Gehe schrittweise vor.
0,0057 m = 0,057 dm = 0,57 cm = 5,7 mm
oder:
1 m = 1 000 mm = 10^3 mm
0,0057 m = (0,0057 · 1 000) mm = 5,7 mm
oder:
$5{,}7 \cdot 10^{-3}$ m = $5{,}7 \cdot 10^{-2}$ dm = $5{,}7 \cdot 10^{-1}$ cm = 5,7 mm

27,5 m^2 = 275 000 cm^2 = $2{,}75 \cdot 10^{\mathbf{5}}$ cm^2

Bei Flächenmaßen beträgt die Umrechnungszahl 100.
Gehe schrittweise vor.
275 000 cm^2 = 2 750 dm^2 = 27,5 m^2
275 000 cm^2 = 2,75 · 100 000 cm^2 = $2{,}75 \cdot 10^5$ cm^2
oder:
Der positive Exponent einer Zehnerpotenz gibt an, um wie viele Stellen das Komma nach rechts verschoben wird.
275 000 cm^2 = $2{,}75 \cdot 10^5$ cm^2

---

11 **Abschätzen der Größen**

Als Bezugsgröße dient die durchschnittliche Größe eines Erwachsenen: ca. 1,80 m.

Zusammenhang der Längen im Bild mit den Längen in der Realität

Größe des Erwachsenen im Bild: ca. 1 cm
1 cm im Bild entspricht somit 1,80 m in der Realität.

Länge des Baums im Bild: ca. 10 cm
Der Baum in der Darstellung ist ca. zehnmal so groß wie der Mann.

10 cm im Bild entsprechen $1{,}80\ \text{m} \cdot 10 = 18\ \text{m}$ in der Realität.

Die Höhe des Baums beträgt ca. 18 m.

Hinweise und Tipps

Bei dieser Aufgabe musst du deine Aussagen auch begründen!

Wähle als Bezugsgröße die Größe der Person im Bild. Überlege dir, welche durchschnittliche Größe ein Erwachsener hat.

Miss die Größe des Erwachsenen im Bild.

Miss die Länge des Baums im Bild. Vergleiche die Größe des Baums mit der Größe des Erwachsenen.

Berechne damit die tatsächliche Höhe des Baums.

Je nach Festlegung der durchschnittlichen Körpergröße für deine Bezugsgröße kann dein Ergebnis zwischen 16 m und 20 m liegen.

Teil B – Aufgabengruppe I

1

$$(12x-6:0{,}3)\cdot 3=8{,}5\cdot(x+4{,}4)-(10{,}2-0{,}86x)\cdot 5$$

$$(12x-20)\cdot 3=8{,}5\cdot(x+4{,}4)-(10{,}2-0{,}86x)\cdot 5$$
$$(36x-60)=(8{,}5x+37{,}4)-(51-4{,}3x)$$
$$36x-60=8{,}5x+37{,}4-51+4{,}3x$$
$$36x-60=12{,}8x-13{,}6 \quad |-12{,}8x;+60$$
$$23{,}2x=46{,}4 \quad |:23{,}2$$
$$x=2$$

Hinweise und Tipps

- Führe auf der linken Seite der Gleichung in der Klammer die Division durch.
- Multipliziere in die Klammern.
- Löse die Klammern auf. Achte auf die Vorzeichen.
- Fasse zusammen.

2

$$\frac{20-18x}{5}+\frac{1}{5}\cdot(5-47x)=15-(18x-15)$$

$$\frac{\not{5}\cdot(20-18x)}{\not{5}}+\frac{\not{5}\cdot 1}{\not{5}}(5-47x)=15\cdot 5-5\cdot(18x-15)$$
$$(20-18x)+(5-47x)=5\cdot 15-5\cdot(18x-15)$$
$$20-18x+5-47x=75-90x+75$$
$$25-65x=-90x+150 \quad |-25;+90x$$
$$25x=125 \quad |:25$$
$$x=5$$

- Multipliziere mit dem Hauptnenner 5. Setze den Zählerterm auf der linken Seite der Gleichung in Klammern.
- Kürze.
- Multipliziere aus. Achte auf die Vorzeichen.
- Fasse zusammen.

oder:

$$\frac{20-18x}{5}+\frac{1}{5}\cdot(5-47x)=15-(18x-15)$$

$$0{,}2\cdot(20-18x)+0{,}2\cdot(5-47x)=15-(18x-15)$$
$$4-3{,}6x+1-9{,}4x=15-18x+15$$
$$5-13x=30-18x \quad |+18x;-5$$
$$5x=25 \quad |:5$$
$$x=5$$

- Wandle die Brüche in Dezimalbrüche um. Setze den Zählerterm auf der linken Seite der Gleichung in Klammern.
- Multipliziere aus. Achte auf die Vorzeichen.
- Fasse zusammen.

3

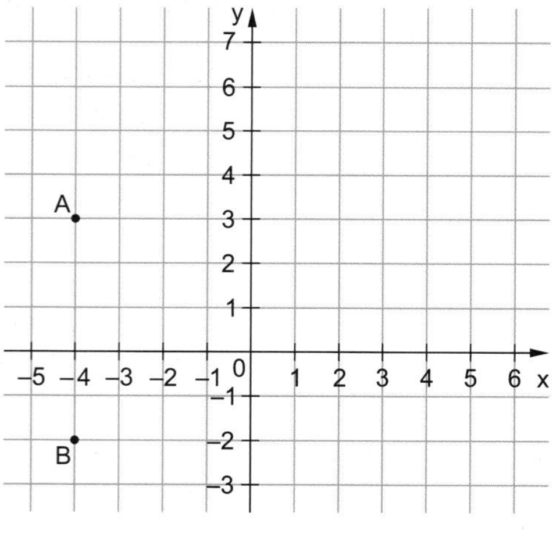

- Lege ein Koordinatensystem mit der Einheit 1 cm an.
  x-Achse: –5 bis +6
  y-Achse: –3 bis +7
- Beschrifte das Koordinatensystem vollständig.
- Trage den Punkt A(–4 | 3) ein. Gehe dazu vom Koordinatenursprung aus 4 cm nach links und 3 cm nach oben.
- Trage den Punkt B(–4 | –2) ein. Gehe dazu vom Koordinatenursprung aus 4 cm nach links und 2 cm nach unten.

Anmerkung: Aus Platzgründen wurde das Koordinatensystem im Maßstab 1 : 2 angelegt.
Es gilt also: 1 LE ≙ 0,5 cm

a)

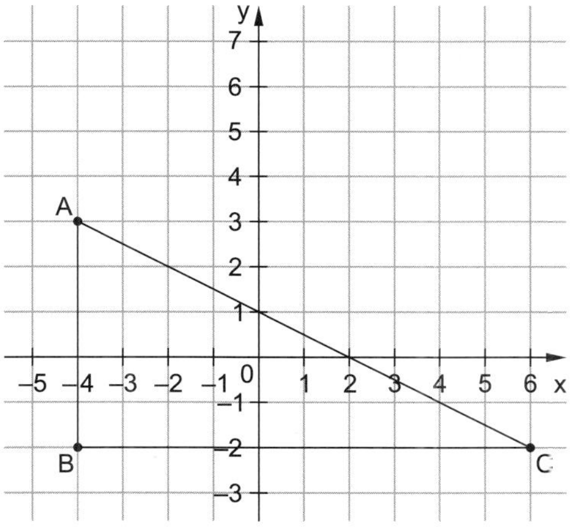

Art des Dreiecks
Es entsteht ein rechtwinkliges Dreieck.

Hinweise und Tipps

Trage den Punkt C(6 | −2) ein. Gehe dazu vom Koordinatenursprung aus 6 cm nach rechts und 2 cm nach unten.
Verbinde die Punkte A, B und C zu einem Dreieck.
Miss mit dem Geodreieck den Winkel ∢(ABC).

b)

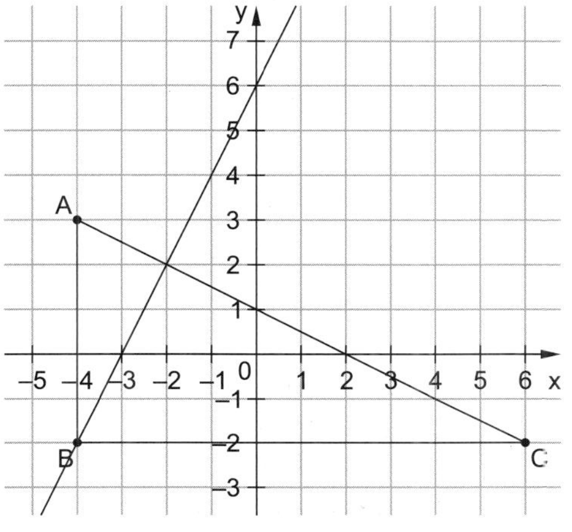

Zeichne mit dem Geodreieck die Senkrechte zu $\overline{AC}$ durch den Punkt B.

c)

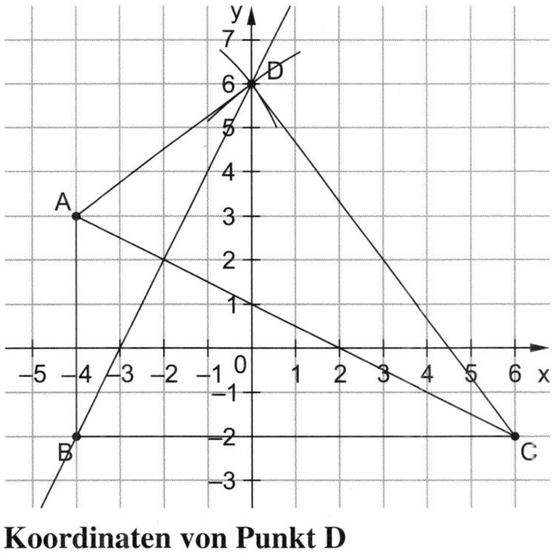

Koordinaten von Punkt D
D(0 | 6)

Die Strecke $\overline{AC}$ ist die Symmetrieachse des gesuchten Drachenvierecks ABCD.
Spiegle mit dem Geodreieck den Punkt B an $\overline{AC}$.
Der Spiegelpunkt ist der Eckpunkt D des gesuchten Drachenvierecks ABCD.

oder:
Der Punkt D liegt auf der Senkrechten zu $\overline{AC}$ durch den Punkt B.
Zeichne mit dem Zirkel einen Kreisbogen um A mit dem Radius $|\overline{AB}|$. Der Schnittpunkt des Kreisbogens mit der Senkrechten zu $\overline{AC}$ durch den Punkt B ergibt den Eckpunkt D des Drachenvierecks ABCD.

oder:
Zeichne mit dem Zirkel einen Kreisbogen um C mit dem Radius $|\overline{BC}|$. Der Schnittpunkt des Kreisbogens mit der Senkrechten zu $\overline{AC}$ durch den Punkt B ergibt den Eckpunkt D des Drachenvierecks ABCD.

Verbinde die Punkte A und C jeweils mit dem Punkt D und du erhältst das Drachenviereck ABCD.
Lies die Koordinaten von Punkt D aus dem Koordinatensystem ab.

Hinweise und Tipps

4 a) **Rabatt in €**

240 € – 204 € = 36 €

Der Rabatt ist die Differenz aus dem Verkaufspreis und dem ermäßigten Preis.

Rabatt in %

G = 240 €
P = 36 €

p % = 36 € : 240 € · 100 %
p % = 15 %

Der Rabatt beträgt 15 %.

Der Verkaufspreis für das Smartphone ist der Grundwert G, der Rabatt ist der Prozentwert P. Berechne den Prozentsatz. p % = P : G · 100 %

b) **Preis für das Smartphone bei sofortiger Zahlung**

2 % Skonto auf 204 €
G = 204 €
p % = 2 %

Auf den ermäßigten Preis (204 €) gibt es bei sofortiger Bezahlung 2 % Skonto. Der ermäßigte Preis ist der Grundwert G, der Skonto ist der Prozentsatz p %.

$100\,\% \mathrel{\hat{=}} 204\,€$
$1\,\% \mathrel{\hat{=}} 204\,€ : 100 = 2{,}04\,€$
$2\,\% \mathrel{\hat{=}} 2{,}04\,€ \cdot 2 = 4{,}08\,€$ (Skonto)

204,00 € – 4,08 € = 199,92 € (sofortige Zahlung)

Berechne den Skonto mit dem Dreisatz. Subtrahiere dann den Skonto vom ermäßigten Preis und du erhältst den Preis bei sofortiger Zahlung.

oder:

$100\,\% \mathrel{\hat{=}} 204\,€$
$1\,\% \mathrel{\hat{=}} 204\,€ : 100 = 2{,}04\,€$
$98\,\% \mathrel{\hat{=}} 2{,}04\,€ \cdot 98 = 199{,}92\,€$

Es gibt 2 % Skonto, d. h., es sind noch 100 % – 2 % = 98 % des ermäßigten Preises zu zahlen. Rechne mit dem Dreisatz.

oder:

204 € · 0,98 = 199,92 €

Hubert bezahlt 199,92 €.

Rechne mit dem Faktor. 98 % = 0,98

c) **Erklärung des Fehlers**

Im Preis von 204 € sind 19 % Mehrwertsteuer enthalten, der Grundwert wurde um 19 % erhöht und entspricht somit 100 % + 19 % = 119 % und nicht wie in der Berechnung angegeben 100 %. Der Preis ohne Mehrwertsteuer beträgt 100 %.

Im zu zahlenden Preis sind 19 % Mehrwertsteuer enthalten. Die Mehrwertsteuer wird auf den Preis ohne Mehrwertsteuer dazugerechnet. Der Preis mit Mehrwertsteuer entspricht somit 119 %.

Preis ohne Mehrwertsteuer in €

G = 204 €
p % = 119 %

$119\,\% \mathrel{\hat{=}} 204\,€$
$1\,\% \mathrel{\hat{=}} 204\,€ : 119 = 1{,}71428\ldots\,€$
$100\,\% \mathrel{\hat{=}} 1{,}71428\ldots\,€ \cdot 100 = 171{,}428\ldots\,€ \approx 171{,}43\,€$

Der Preis ohne Mehrwertsteuer beträgt 171,43 €.

Der vermehrte Grundwert G und der Prozentsatz p % sind gegeben. Berechne den Preis ohne Mehrwertsteuer in €. Rechne mit dem Dreisatz.

Runde das Endergebnis sinnvoll.

---

5 **Volumen des Quaders**

a = 35 cm
b = 140 cm
c = 70 cm
$V_{Quader} = 35\text{ cm} \cdot 140\text{ cm} \cdot 70\text{ cm}$
$V_{Quader} = 343\,000\text{ cm}^3$

In der Skizze findest du die benötigten Maße zur Berechnung des Volumens des abgebildeten Quaders. Entnimm die Maße der Skizze und berechne das Volumen des Quaders. $V_{Quader} = a \cdot b \cdot c$

Länge der Katheten der Grundfläche eines Dreiecksprismas

$c = 25$ cm

Länge der Kathete a

$a = (65\text{ cm} - 35\text{ cm}) : 2$

$a = 15$ cm

Länge der Kathete b

$b^2 = c^2 - a^2$

$b^2 = (25\text{ cm})^2 - (15\text{ cm})^2$

$b^2 = 625\text{ cm}^2 - 225\text{ cm}^2$

$b^2 = 400\text{ cm}^2 \quad |\sqrt{\ }$

$b = 20$ cm

Hinweise und Tipps

Die beiden gleichen Dreiecksprismen haben ein rechtwinkliges Dreieck als Grundfläche. Die Länge der Hypotenuse des rechtwinkligen Dreiecks (hier: c) kannst du der Skizze entnehmen. Bezeichne die Katheten mit a und b.

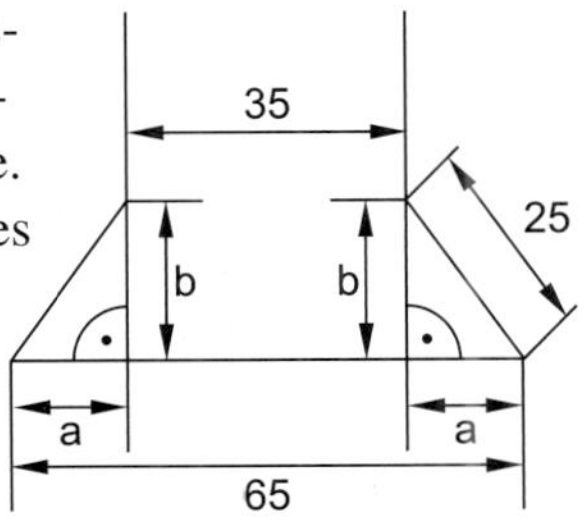

Die Länge der Kathete a kannst du mit den Maßen aus der Skizze berechnen.
Berechne die Länge der zweiten Kathete b mithilfe des Satzes von Pythagoras.

Flächeninhalt der Grundfläche eines Dreiecksprismas

$a = 15$ cm

$b = 20$ cm

$A_{\text{Dreieck}} = \frac{1}{2} \cdot 15\text{ cm} \cdot 20\text{ cm}$

$A_{\text{Dreieck}} = 150\text{ cm}^2$

Vom rechtwinkligen Dreieck sind nun die Längen der Katheten bekannt.
Berechne den Flächeninhalt des rechtwinkligen Dreiecks.

$A_{\text{Dreieck}} = \frac{1}{2} \cdot a \cdot b$

Volumen eines Dreiecksprismas

$G = 150\text{ cm}^2$

$h_k = 140$ cm

$V_{\text{Dreiecksprisma}} = 150\text{ cm}^2 \cdot 140\text{ cm}$

$V_{\text{Dreiecksprisma}} = 21\,000\text{ cm}^3$

Entnimm die Höhe der beiden Dreiecksprismen der Skizze und berechne das Volumen.

$V_{\text{Prisma}} = G \cdot h_k$ (mit $G = A_{\text{Dreieck}}$)

Volumen der zwei Dreiecksprismen

$2 \cdot 21\,000\text{ cm}^3 = 42\,000\text{ cm}^3$

Volumen des Werkstücks

$V_{\text{Werkstück}} = 343\,000\text{ cm}^3 + 42\,000\text{ cm}^3$

$V_{\text{Werkstück}} = 385\,000\text{ cm}^3$

Addiere das Volumen des Quaders zu dem Volumen der beiden Dreiecksprismen und du erhältst das Volumen des Werkstücks.

---

6 **Flächeninhalt der 8 kleinen grau markierten Quadrate**

$5{,}6\text{ cm} : 4 = 1{,}4$ cm

$a = 1{,}4$ cm

$A_{\text{8 graue Quadrate}} = 8 \cdot 1{,}4\text{ cm} \cdot 1{,}4\text{ cm}$

$A_{\text{8 graue Quadrate}} = 15{,}68\text{ cm}^2$

Die Länge von 4 kleinen Quadratseiten kannst du aus der Skizze ablesen.
Berechne die Seitenlänge eines kleinen Quadrats.

In der Skizze sind 8 kleine Quadrate grau markiert.
Die Seitenlänge eines kleinen Quadrats ist nun bekannt.
Berechne den Flächeninhalt von 8 kleinen grau markierten Quadraten.

$A_{\text{Quadrat}} = a \cdot a$

oder:

$a = 5{,}6$ cm

$A_{\text{Quadrate}} = 5{,}6\text{ cm} \cdot 5{,}6\text{ cm}$

$A_{\text{Quadrate}} = 31{,}36\text{ cm}^2$

Die 16 kleinen Quadrate bilden zusammen ein großes Quadrat.
Die Seitenlänge des großen Quadrats kannst du der Skizze entnehmen.
Berechne den Flächeninhalt des großen Quadrats.

$A_{\text{Quadrat}} = a \cdot a$

$A_{\text{8 graue Quadrate}} = 31{,}36\text{ cm}^2 : 2$

$A_{\text{8 graue Quadrate}} = 15{,}68\text{ cm}^2$

Die Hälfte der Quadratfläche besteht aus kleinen grau markierten Quadraten.
Berechne den Flächeninhalt der kleinen grau markierten Quadrate.

Höhe eines grau markierten Dreiecks
$h = (12\text{ cm} - 5{,}6\text{ cm}) : 2$
$h = 3{,}2\text{ cm}$

Flächeninhalt der zwei grau markierten Dreiecke
$g = 5{,}6\text{ cm}$
$h = 3{,}2\text{ cm}$

$$A_{2\text{ Dreiecke}} = \frac{5{,}6\text{ cm} \cdot 3{,}2\text{ cm}}{2} \cdot 2$$

$$A_{2\text{ Dreiecke}} = 17{,}92\text{ cm}^2$$

oder:
$\ell = 5{,}6\text{ cm}$
$b = h = 3{,}2\text{ cm}$
$A_{\text{Rechteck}} = 5{,}6\text{ cm} \cdot 3{,}2\text{ cm}$
$A_{\text{Rechteck}} = 17{,}92\text{ cm}^2$

Flächeninhalt der grau markierten Flächen
$A_{8\text{ graue Quadrate}} = 15{,}68\text{ cm}^2$
$A_{2\text{ Dreiecke}} = 17{,}92\text{ cm}^2$
$A_{\text{grau markierte Flächen}} = 15{,}68\text{ cm}^2 + 17{,}92\text{ cm}^2$
$A_{\text{grau markierte Flächen}} = 33{,}60\text{ cm}^2$

Hinweise und Tipps

Die Höhe h eines grau markierten Dreiecks kannst du mit den Maßen aus der Skizze berechnen.

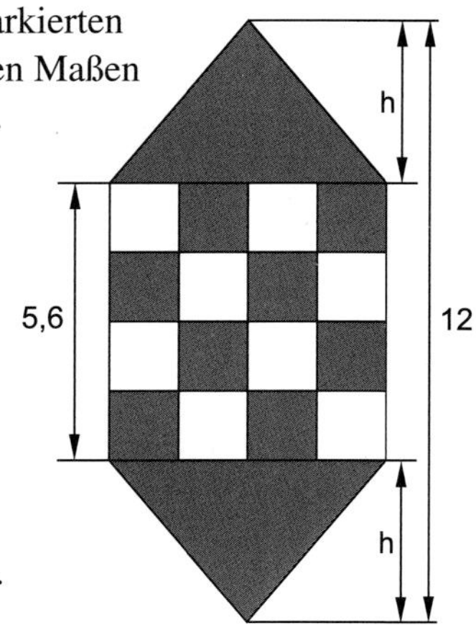

Die Grundseite g eines grau markierten Dreiecks und die Seitenlänge des großen Quadrats haben die gleiche Länge.
Berechne nun mit den bekannten Maßen den Flächeninhalt der beiden grau markierten Dreiecke.

$$A_{\text{Dreieck}} = \frac{g \cdot h}{2}$$

Das untere und das obere grau markierte Dreieck ergeben zusammen ein Rechteck.

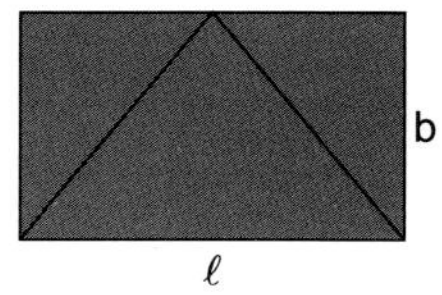

Die Länge ℓ des Rechtecks und die Seitenlänge des großen Quadrats haben die gleiche Länge.
Die Breite des Rechtecks entspricht der Höhe h eines grau markierten Dreiecks.
Berechne nun den Flächeninhalt des Rechtecks.
$A_{\text{Rechteck}} = \ell \cdot b$

Addiere den Flächeninhalt der kleinen grau markierten Quadrate zu dem Flächeninhalt der grau markierten Dreiecke und du erhältst den Flächeninhalt der grau markierten Flächen.

---

7 a) **Zuordnung der passenden Graphen zu den Angeboten A und B**
Zum Angebot A passt der Graph 3.
Zum Angebot B passt der Graph 2.

Der Graph für ein Angebot ohne Grundgebühr muss im Koordinatenursprung beginnen.
Welches Angebot enthält keine Grundgebühr?
oder:
Der Punkt „2 € pro Film“ liegt auf dem Graphen 3 und gehört zum Angebot A.
Graph 1 und Graph 2 beginnen bei einer monatlichen Grundgebühr.
Ein Graph beginnt bei einer monatlichen Grundgebühr von 7,50 €.
Entscheide nun, welcher Graph zu welchem Angebot passt.

b) **Anzahl der Filme bei Angebot B**
Grundgebühr: 7,50 €
Preis pro Film: 55 ct = 0,55 €
13 € − 7,50 € = 5,50 €
5,50 € : 0,55 € = 10 (Filme)
Man erhält 10 Filme.

Das Angebot B berechnet eine monatliche Grundgebühr von 7,50 €.
Wie viele Filme zum Preis von 55 ct kann man nach Abzug der monatlichen Grundgebühr noch streamen?
Wandle 55 ct in Euro um.

Hinweise und Tipps

oder:
Am Graphen 2 für das Angebot B kann man ablesen, dass man zu einem Preis von 13 € 10 Filme bekommt.

Lies am Graphen für das Angebot B ab, wie viele Filme man für 13 € erhält.

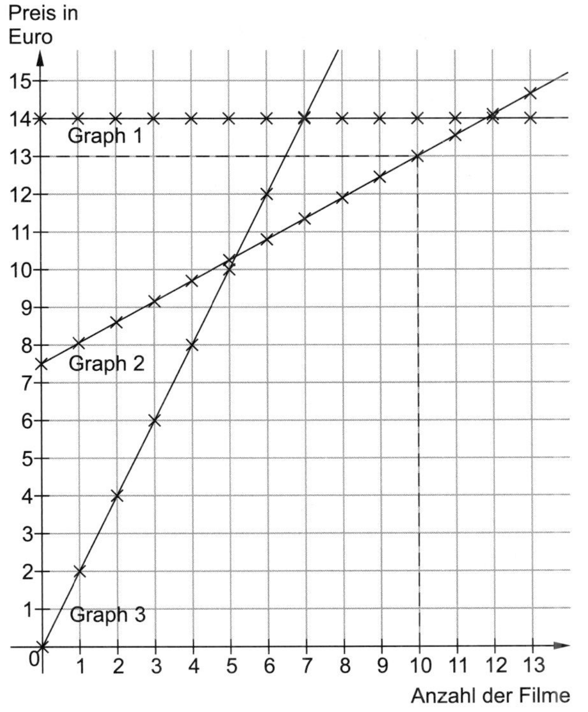

c) **Begründung für das günstigere Angebot**
Aus dem Diagramm kann man ablesen, dass das Angebot A bis zu 5 Filmen günstiger ist als das Angebot B, weil Graph 3 unterhalb von Graph 2 verläuft.
Im Schnittpunkt der beiden Graphen sind die Kosten für beide Angebote gleich hoch.
Ab dem 6. Film ist das Angebot B günstiger als das Angebot A.

Hier musst du deine Entscheidung auch mathematisch begründen.
Betrachte den Graphen 2 (Angebot B) und den Graphen 3 (Angebot A).
Lies aus dem Diagramm ab und entscheide:
Bis zu wie vielen Filmen ist Angebot A günstiger als Angebot B?
Bei wie vielen Filmen sind die Kosten bei beiden Graphen ungefähr gleich hoch?
Wie entwickeln sich die Kosten nach dem 5. Film?
Welcher Graph ist dann hinsichtlich der Kosten günstiger?

oder:
Angebot A: 2 € pro Film

Filme	1	2	3	4	5	6	7
Preis (€)	2	4	6	8	10	12	14

Angebot B: 7,50 € monatliche Grundgebühr, 0,55 € pro Film

Filme	1	2	3	4	5	6	7
Preis (€)	8,05	8,60	9,15	9,70	10,25	10,80	11,35

Ab 6 Filmen ist das Angebot B günstiger als das Angebot A.

Lege jeweils eine Wertetabelle für das Angebot A und das Angebot B an.
Bei der Zuordnung „Anzahl der Filme – Preis in €“ handelt es sich bei Angebot A um eine direkt proportionale Zuordnung.
Vergleiche die Anzahl der Filme mit dem dazugehörigen Preis in den beiden Tabellen.
Ab wie vielen Filmen ist Angebot B günstiger als Angebot A?

✎ **Hinweise und Tipps**

d) **Beschreibung eines Angebots zu Graph 1**
Für nur 14 € monatlich unbegrenzt Filme streamen!

✎ Graph 1 beginnt bei einem Preis von 14 €. Die Anzahl der Filme hat keinen Einfluss auf den Preis.

oder:
Streaming-Flatrate, nur 14 € monatlich!

✎ Graph 1 zeigt, dass es egal ist, wie viele Filme man streamt. Der Preis beträgt immer 14 € pro Monat.

oder:
So viele Filme streamen, wie Sie wollen, nur 14 € monatliche Grundgebühr, keine weiteren Kosten!

✎ Graph 1 ist parallel zur x-Achse und beginnt im Punkt (0 | 14).

---

8 a) **Anzahl der Wassertropfen**
$48\ m^3 = 48\,000\ dm^3 = 48\,000\ \ell$

✎ Wandle $48\ m^3$ in Liter um.
Bei Raummaßen beträgt die Umwandlungszahl 1 000.
$1\ dm^3 = 1\ \ell$

$48\,000\ \ell : (5 \cdot 10^{-5}\ \ell) = 960\,000\,000$ (Wassertropfen)

✎ Wenn dein Taschenrechner Tasten für das Rechnen mit 10er-Potenzen hat, kannst du die Division durchführen. Achte dabei auf die korrekte Tastenfolge.

$960\,000\,000$ Wassertropfen $= 9{,}6 \cdot 10^8$ Wassertropfen

✎ Du kannst das Ergebnis auch in Potenzschreibweise mit einer führenden Stelle angeben.

oder:
$5 \cdot 10^{-5}\ \ell = 0{,}00005\ \ell$
$48\,000\ \ell : 0{,}00005\ \ell = 960\,000\,000$ (Wassertropfen)

✎ Wenn dein Taschenrechner keine Tasten für das Rechnen mit 10er-Potenzen hat, dann schreibe die 10er-Potenz als Dezimalbruch.
An der fünften Stelle nach dem Komma steht die 5.
Führe die Division durch.

In das Schwimmbecken passen 960 000 000 Wassertropfen.

b) **Anzahl der Tropfen pro Stunde**
$1\ h = (1 \cdot 60)\ min = 60\ min$
$60\ min = (60 \cdot 60)\ s = 3\,600\ s$

✎ Rechne 1 Stunde in Sekunden um.
1 Stunde hat 60 Minuten, 1 Minute hat 60 Sekunden.

$5 \cdot 3\,600 = 18\,000$ (Wassertropfen)

✎ Berechne nun die Anzahl der Tropfen pro Stunde.
In einer Sekunde verdunsten durchschnittlich 5 Wassertropfen.

Volumen der Wassertropfen pro Stunde
$18\,000 \cdot (5 \cdot 10^{-5}\ \ell) = 0{,}9\ \ell$

✎ Das Volumen eines Wassertropfens findest du in der Aufgabenstellung.
Nutze bei deinem Taschenrechner die Tasten für das Rechnen mit 10er-Potenzen.
Berechne das Volumen von 18 000 Wassertropfen.

oder:
$18\,000 \cdot 0{,}00005\ \ell = 0{,}9\ \ell$

✎ Wandle die 10er-Potenz in einen Dezimalbruch um (siehe Teilaufgabe a).

Prüfen der Behauptung
$0{,}9\ \ell = 900\ m\ell$
Martin hat recht.

✎ Wandle $900\ m\ell$ in ℓ um.
Bei Raummaßen beträgt die Umwandlungszahl 1 000.
Überprüfe Martins Behauptung.

Teil B – Aufgabengruppe II

1 $(16x-48)\cdot 4{,}5-(-x-7)+4x=-3x\cdot(-2{,}5)-0{,}5$

$$72x-216+x+7+4x=7{,}5x-0{,}5$$
$$77x-209=7{,}5x-0{,}5 \quad |+209;\ -7{,}5x$$
$$69{,}5x=208{,}5 \quad |:69{,}5$$
$$x=3$$

Hinweise und Tipps

- Multipliziere und löse die Klammern auf.
- Beachte die Vorzeichenregel.
- Fasse zusammen.

---

2 pinke Gymnastikreifen: x
grüne Gymnastikreifen: $x+9$
blaue Gymnastikreifen: $2x$
} 65 Gymnastikreifen

- Überlege, wie sich die Gymnastikreifen auf die drei Farben aufteilen.
- Lege für die Anzahl der pinken Gymnastikreifen die Variable x fest.
- Drücke die Anzahl der grünen und blauen Gymnastikreifen mithilfe von x aus.
- „9 grüne Gymnastikreifen mehr als pinke“: $x+9$
- „doppelt so viele blaue wie pinke“: $2x$

$$x+x+9+2x=65$$
$$4x+9=65 \quad |-9$$
$$4x=56 \quad |:4$$
$$x=14$$

- Stelle die Gleichung auf und löse sie.

pinke Gymnastikreifen: 14
grüne Gymnastikreifen: $14+9=23$
blaue Gymnastikreifen: $2\cdot 14=28$

- Berechne die Anzahl der Gymnastikreifen in den Farben Grün, Pink und Blau.

---

3 **Seitenlänge des regelmäßigen Sechsecks**
$u=21$ cm
$s=21$ cm $:6$
$s=3{,}5$ cm

- Der Umfang eines regelmäßigen Sechsecks ist das Sechsfache einer Seitenlänge s.
- Berechne die Länge einer Seite s.

Zeichnung

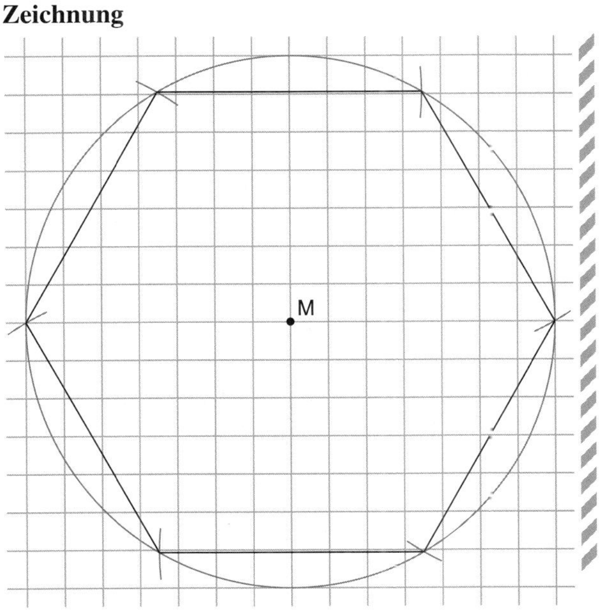

- Ein regelmäßiges Sechseck setzt sich aus sechs deckungsgleichen gleichseitigen Dreiecken zusammen.
- Im gleichseitigen Dreieck haben alle Seiten die gleiche Länge.
- Der Radius des Umkreises eines regelmäßigen Sechsecks hat dieselbe Länge wie eine Seite der gleichseitigen Dreiecke.
- Markiere auf deinem Arbeitsbogen einen Punkt und bezeichne ihn mit M.
- Zeichne mit dem Zirkel einen Kreis um M mit dem Radius $r=3{,}5$ cm.
- Trage mit dem Zirkel den Radius auf der Umkreislinie ab. Arbeite genau!
- Verbinde jeweils benachbarte Schnittpunkte auf der Kreislinie miteinander und du erhältst das regelmäßige Sechseck.

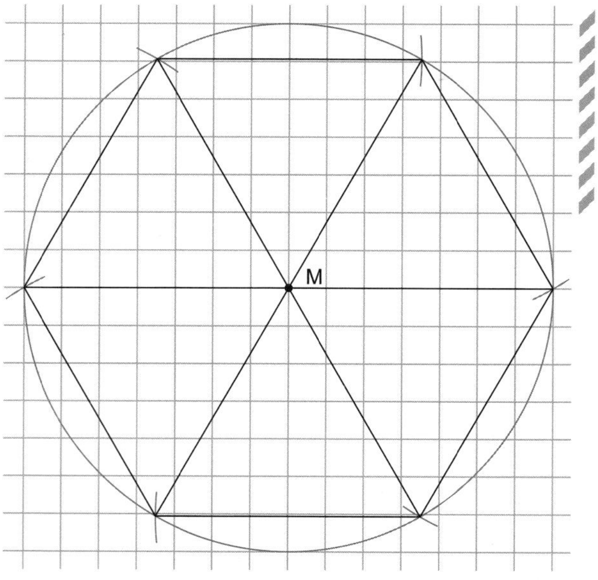

Hinweise und Tipps

Du kannst noch die sechs gleichseitigen Dreiecke in das regelmäßige Sechseck einzeichnen.
Verbinde dazu die Schnittpunkte auf der Umkreislinie jeweils mit dem Mittelpunkt M.
Du erhältst die sechs gleichseitigen Dreiecke im regelmäßigen Sechseck.

oder:

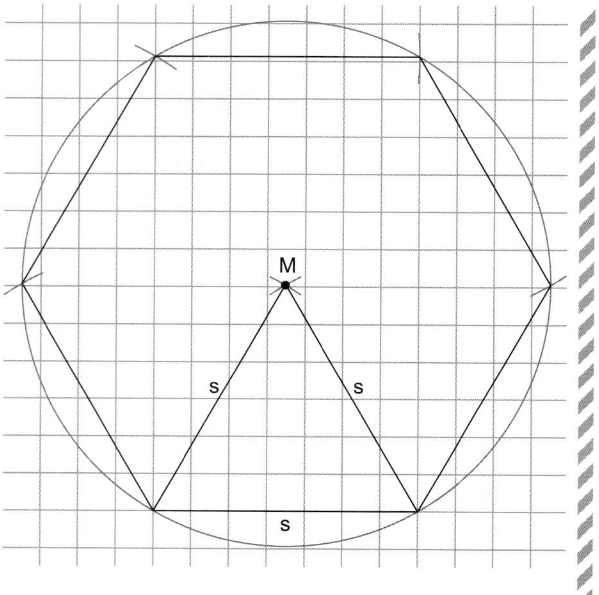

Ein regelmäßiges Sechseck setzt sich aus sechs deckungsgleichen gleichseitigen Dreiecken zusammen.
Im gleichseitigen Dreieck haben alle Seiten die gleiche Länge.
Die Seitenlänge eines gleichseitigen Bestimmungsdreiecks ist die Seitenlänge des Sechsecks.
Zeichne das Bestimmungsdreieck (sss).
Der Schnittpunkt der Schenkel des gleichseitigen Bestimmungsdreiecks ist der Mittelpunkt M des Umkreises um das regelmäßige Sechseck.
Zeichne mit dem Zirkel einen Kreis um M mit dem Radius $r = 3{,}5$ cm.
Trage mit dem Zirkel den Radius auf der Umkreislinie ab. Arbeite genau!
Verbinde jeweils benachbarte Schnittpunkte auf der Kreislinie miteinander und du erhältst das regelmäßige Sechseck.
Du kannst noch die sechs gleichseitigen Dreiecke in das regelmäßige Sechseck einzeichnen.
Verbinde dazu die Schnittpunkte auf der Umkreislinie jeweils mit dem Mittelpunkt M.

oder:

Basiswinkel α

$\alpha = 180° : 3$

$\alpha = 60°$

$s = 3{,}5$ cm

Ein regelmäßiges Sechseck setzt sich aus sechs deckungsgleichen gleichseitigen Dreiecken zusammen.
Im gleichseitigen Dreieck haben alle Innenwinkel die gleiche Größe.
In jedem Dreieck beträgt die Innenwinkelsumme 180°.
Berechne die Größe der Basiswinkel.
Im gleichseitigen Dreieck haben alle Seiten die gleiche Länge.
Die Seitenlänge eines gleichseitigen Bestimmungsdreiecks ist die Seitenlänge des Sechsecks.

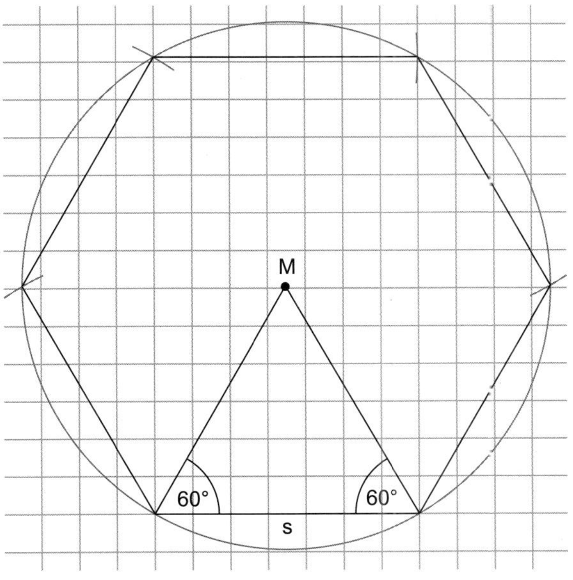

Hinweise und Tipps

Die Seitenlänge des Bestimmungsdreiecks und die Größe der Basiswinkel sind nun bekannt.
Zeichne das Bestimmungsdreieck (wsw).
Der Schnittpunkt der Schenkel des gleichseitigen Bestimmungsdreiecks ist der Mittelpunkt M des Umkreises um das regelmäßige Sechseck.
Zeichne mit dem Zirkel einen Kreis um M mit dem Radius $r = 3{,}5$ cm.
Trage mit dem Zirkel den Radius auf der Umkreislinie ab. Arbeite genau!
Verbinde jeweils benachbarte Schnittpunkte auf der Kreislinie miteinander und du erhältst das regelmäßige Sechseck.
Du kannst noch die sechs gleichseitigen Dreiecke in das regelmäßige Sechseck einzeichnen.
Verbinde dazu die Schnittpunkte auf der Umkreislinie jeweils mit dem Mittelpunkt M.

---

4 Oberflächeninhalt des Quaders ohne Deckfläche

Flächeninhalt der rechteckigen Grundfläche

$a = 6$ cm

$b = 8{,}5$ cm

$A_{Rechteck} = 6\text{ cm} \cdot 8{,}5\text{ cm}$

$A_{Rechteck} = 51\text{ cm}^2$

Der Flächeninhalt der Deckfläche des Quaders und der Flächeninhalt des unteren Rechtecks des Dreiecksprismas gehören nicht zum Oberflächeninhalt des Werkstücks.
Die Maße der Grundfläche des Quaders kannst du der Skizze entnehmen.
Berechne den Flächeninhalt der rechteckigen Grundfläche des Quaders.
$A_{Rechteck} = a \cdot b$

Flächeninhalt der Mantelfläche des Quaders

$a = 6$ cm

$b = 8{,}5$ cm

$c = 1{,}5$ cm

Die Maße des Mantels des Quaders kannst du der Skizze entnehmen.

$M_{Quader} = 2 \cdot a \cdot c + 2 \cdot b \cdot c$

$M_{Quader} = 2 \cdot 6\text{ cm} \cdot 1{,}5\text{ cm} + 2 \cdot 8{,}5\text{ cm} \cdot 1{,}5\text{ cm}$

$M_{Quader} = 18\text{ cm}^2 + 25{,}5\text{ cm}^2$

$M_{Quader} = 43{,}5\text{ cm}^2$

Berechne den Flächeninhalt der Mantelfläche des Quaders.
$M_{Quader} = 2 \cdot a \cdot c + 2 \cdot b \cdot c$

Oberflächeninhalt des Quaders ohne Deckfläche

$O_{Quader} = 51\text{ cm}^2 + 43{,}5\text{ cm}^2$

$O_{Quader} = 94{,}5\text{ cm}^2$

Addiere die Flächeninhalte der Teilflächen und du erhältst den Flächeninhalt der Oberfläche des Quaders ohne Deckfläche.

Oberflächeninhalt des rechtwinkligen Dreiecksprismas ohne unteres Rechteck

Flächeninhalt der beiden rechtwinkligen Dreiecke

$a = 6$ cm

$b = 4{,}5$ cm

Die Grund- und die Deckfläche des rechtwinkligen Dreiecksprismas bilden rechtwinklige Dreiecke.
Die Länge der beiden Katheten eines rechtwinkligen Dreiecks kannst du aus der Skizze ablesen.

$A_{2\ Dreiecke} = \frac{1}{2} \cdot 6\text{ cm} \cdot 4{,}5\text{ cm} \cdot 2$

$A_{2\ Dreiecke} = 27\text{ cm}^2$

Berechne den Flächeninhalt der beiden rechtwinkligen Dreiecke.
$A_{Dreieck} = \frac{1}{2} \cdot a \cdot b$

Hinweise und Tipps

Flächeninhalt des senkrecht stehenden Rechtecks
$a = 8{,}5$ cm
$b = 4{,}5$ cm
$A_{Rechteck} = 8{,}5 \text{ cm} \cdot 4{,}5 \text{ cm}$
$A_{Rechteck} = 38{,}25 \text{ cm}^2$

Die Länge und die Breite des senkrecht stehenden Rechtecks kannst du der Skizze entnehmen.
Berechne den Flächeninhalt des senkrecht stehenden Rechtecks.
$A_{Rechteck} = a \cdot b$

Flächeninhalt des vorderen schräg liegenden Rechtecks
$a = 8{,}5$ cm
$b = 7{,}5$ cm
$A_{Rechteck} = 8{,}5 \text{ cm} \cdot 7{,}5 \text{ cm}$
$A_{Rechteck} = 63{,}75 \text{ cm}^2$

Die Länge und die Breite des vorderen schräg liegenden Rechtecks kannst du der Skizze entnehmen.
Berechne den Flächeninhalt des Rechtecks.
$A_{Rechteck} = a \cdot b$

Oberflächeninhalt des rechtwinkligen Dreiecksprismas ohne unteres Rechteck
$O_{Dreiecksprisma} = 27 \text{ cm}^2 + 38{,}25 \text{ cm}^2 + 63{,}75 \text{ cm}^2$
$O_{Dreiecksprisma} = 129 \text{ cm}^2$

Addiere die Flächeninhalte der Teilflächen und du erhältst den Oberflächeninhalt des rechtwinkligen aufgesetzten Dreiecksprismas.

Oberflächeninhalt des Werkstücks
$94{,}5 \text{ cm}^2 + 129 \text{ cm}^2 = 223{,}5 \text{ cm}^2$

Addiere die Oberflächeninhalte der Teilkörper.

---

5 a) **Anzahl der Schritte an Tag 3**
63 000 Schritte – 15 750 Schritte – 21 420 Schritte – 11 970 Schritte = 13 860 Schritte

In der zweiten Tabellenspalte findest du die benötigten Daten.
Subtrahiere von den Schritten insgesamt die Anzahl der Schritte, die Maria an den drei anderen Tagen gegangen ist.

oder:
G = 63 000 Schritte
p % = 22 %

100 % ≙ 63 000 Schritte
1 % ≙ 63 000 Schritte : 100 = 630 Schritte
22 % ≙ 630 Schritte · 22 = 13 860 Schritte

Die Anzahl der Schritte insgesamt ist der Grundwert G, der Anteil an der Gesamtzahl der Schritte der Prozentsatz p %.
Berechne den Prozentwert P mit dem Dreisatz.

oder:
63 000 Schritte · 0,22 = 13 860 Schritte

Rechne mit dem Faktor.
22 % = 0,22

Maria ist an Tag 3 13 860 Schritte gegangen.

b) **prozentualer Anteil der Schritte von Tag 1**
G = 63 000 Schritte
P = 15 750 Schritte

p % = 15 750 Schritte : 63 000 Schritte · 100 %
p % = 25 %

An Tag 1 ist Maria 25 % der gesamten Schritte gegangen.

Die Anzahl der Schritte insgesamt ist der Grundwert G, die Anzahl der Schritte an Tag 1 der Prozentwert P.
Berechne den Prozentsatz p %.
p % = P : G · 100 %

c) **Anzahl der Schritte bei der Wanderung im Jahr 2020**
105 % ≙ 63 000 Schritte
1 % ≙ 63 000 Schritte : 105 = 600 Schritte
100 % ≙ 600 Schritte · 100 = 60 000 Schritte

Im Jahr 2020 ist Maria 60 000 Schritte gegangen.

Im Jahr 2021 sind es 5 % Schritte mehr als im Jahr 2020.
Die Anzahl der Schritte stieg von 100 % im Jahr 2020 um 5 % auf 100 % + 5 % Schritte im Jahr 2021.
Der Grundwert für das Jahr 2021 wurde um 5 % vermehrt und beträgt 105 %, der Wert für das Jahr 2020 beträgt 100 %.
Rechne mit dem Dreisatz.

d) **Gesamtstrecke bei der Wanderung im Jahr 2021 in km**

Schritte insgesamt: 63 000
Schrittlänge: 60 cm = 0,6 m

$63\,000 \cdot 0{,}6\text{ m} = 37\,800\text{ m}$
$37\,800\text{ m} = 37{,}8\text{ km}$

Bei der Wanderung im Jahr 2021 ist Maria insgesamt 37,8 km gegangen.

Hinweise und Tipps

Die Anzahl der Schritte insgesamt und die Schrittlänge sind gegeben.
Wandle die Schrittlänge in Meter um.
1 cm = 0,01 m
Berechne die Gesamtstrecke in Metern.
Wandle das Ergebnis in km um.
1 000 m = 1 km

---

6 a) **Länge der fehlenden Kathete der Grundfläche des Dreiecksprismas**

c = 17 cm
b = 15 cm

$a^2 = (17\text{ cm})^2 - (15\text{ cm})^2$
$a^2 = 289\text{ cm}^2 - 225\text{ cm}^2$
$a^2 = 64\text{ cm}^2 \quad |\sqrt{\ }$
$a = 8\text{ cm}$

Die Grundfläche des Dreiecksprismas besteht aus einem rechtwinkligen Dreieck. Die Länge der Hypotenuse c und die Länge der Kathete b sind gegeben.
Berechne die Länge der fehlenden Kathete (hier: a) mithilfe des Satzes von Pythagoras.

Flächeninhalt der Grundfläche des Dreiecksprismas

a = 8 cm
b = 15 cm

$A_{Dreieck} = \frac{8\text{ cm} \cdot 15\text{ cm}}{2}$
$A_{Dreieck} = 60\text{ cm}^2$

Berechne den Flächeninhalt des rechtwinkligen Dreiecks.
$A_{Dreieck} = \frac{a \cdot b}{2}$

Volumen des Dreiecksprismas

$G = A_{Dreieck} = 60\text{ cm}^2$
$h_k = h = 13\text{ cm}$
$V_{Prisma} = 60\text{ cm}^2 \cdot 13\text{ cm}$
$V_{Prisma} = 780\text{ cm}^3$

Der Flächeninhalt der Grundfläche des Prismas ist nun bekannt, die Körperhöhe des Prismas kannst du der Skizze entnehmen.
Berechne das Volumen des Dreiecksprismas.
$V_{Prisma} = G \cdot h_k$ (mit $G = A_{Dreieck}$ und $h_k = h$)

Volumen des ausgesparten Halbzylinders

d = 6 cm
r = 3 cm
$h_k = h = 13\text{ cm}$

Der Durchmesser d des Halbzylinders ist gegeben.
Berechne den Radius des Halbzylinders.

$V_{Halbzylinder} = 3\text{ cm} \cdot 3\text{ cm} \cdot 3{,}14 \cdot 13\text{ cm} : 2$
$V_{Halbzylinder} = 183{,}69\text{ cm}^3$

Berechne damit das Volumen des Halbzylinders.
$V_{Halbzylinder} = r \cdot r \cdot \pi \cdot h_k : 2$
Rechne mit der π-Taste oder mit $\pi = 3{,}14$.
Hier wird mit $\pi = 3{,}14$ gerechnet.

Volumen des Körpers

$V_{Körper} = 780\text{ cm}^3 - 183{,}69\text{ cm}^3$
$V_{Körper} = 596{,}31\text{ cm}^3$

Subtrahiere vom Volumen des Prismas das Volumen des Halbzylinders und du erhältst das Volumen des Körpers.

oder:

Länge der Seite a des rechtwinkligen Dreiecks

c = 17 cm
b = 15 cm

$a^2 = (17\text{ cm})^2 - (15\text{ cm})^2$
$a^2 = 289\text{ cm}^2 - 225\text{ cm}^2$
$a^2 = 64\text{ cm}^2 \quad |\sqrt{\ }$
$a = 8\text{ cm}$

Für jedes gerade Prisma gilt:
$V_{Prisma} = G \cdot h_k$
Die Grundfläche des Dreiecksprismas besteht aus einem rechtwinkligen Dreieck, aus dem ein Halbkreis entfernt wurde.
Die Länge der Hypotenuse c und die Länge der Kathete b sind gegeben.
Berechne die Länge der fehlenden Kathete (hier: a) mithilfe des Satzes von Pythagoras.

Flächeninhalt des rechtwinkligen Dreiecks
a = 8 cm
b = 15 cm
$A_{Dreieck} = \frac{8\text{ cm} \cdot 15\text{ cm}}{2}$
$A_{Dreieck} = 60\text{ cm}^2$

Hinweise und Tipps
Berechne den Flächeninhalt des rechtwinkligen Dreiecks.
$A_{Dreieck} = \frac{a \cdot b}{2}$

Flächeninhalt des Halbkreises
d = 6 cm
r = 3 cm
$A_{Halbkreis} = \frac{1}{2} \cdot 3\text{ cm} \cdot 3\text{ cm} \cdot 3{,}14$
$A_{Halbkreis} = 14{,}13\text{ cm}^2$

Der Durchmesser des Halbkreises ist gegeben.
Berechne den Radius des Halbkreises.
Berechne damit den Flächeninhalt des Halbkreises.
$A_{Kreis} = r \cdot r \cdot \pi$
Rechne mit der π-Taste oder mit $\pi = 3{,}14$.
Hier wird mit $\pi = 3{,}14$ gerechnet.

Flächeninhalt der Grundfläche des Prismas
$G = 60\text{ cm}^2 - 14{,}13\text{ cm}^2$
$G = 45{,}87\text{ cm}^2$

Subtrahiere vom Flächeninhalt des rechtwinkligen Dreiecks den Flächeninhalt des Halbkreises.

Volumen des Prismas (Körpers)
$G = 45{,}87\text{ cm}^2$
$h_k = h = 13\text{ cm}$
$V_{Prisma} = 45{,}87\text{ cm}^2 \cdot 13\text{ cm}$
$V_{Prisma} = 596{,}31\text{ cm}^3$

Der Flächeninhalt der Grundfläche des Prismas ist nun bekannt, die Körperhöhe des Prismas kannst du der Skizze entnehmen.
Berechne das Volumen des Prismas.
$V_{Prisma} = G \cdot h_k$ (mit $h_k = h$)

b) **Erklärung**
Die Länge der Höhe eines Prismas ist direkt proportional zum Volumen des Prismas.
Wird die Kantenlänge h vergrößert, vergrößert sich auch das Volumen des Prismas.
Wird die Kantenlänge h verdoppelt, verdoppelt sich auch das Volumen des Prismas.

Hier musst du den Zusammenhang zwischen dem Volumen eines Prismas und der Kantenlänge der Höhe des Prismas erklären.
Für jedes Prisma gilt:
$V_{Prisma} = G \cdot h_k$
Erkläre nun den funktionalen Zusammenhang zwischen dem Volumen eines Prismas und der Kantenlänge der Höhe h.

oder:
$V_{Prisma} = G \cdot h_k \quad | \cdot 2$
$2 \cdot V_{Prisma} = 2 \cdot G \cdot h_k$
$2 \cdot V_{Prisma} = G \cdot (2 \cdot h_k)$
Wird die Kantenlänge h verdoppelt, verdoppelt sich das Volumen.

Multipliziere die Formel mit 2.
Wende das Kommutativgesetz an.

oder:
$V_{Prisma} = G \cdot h_k$
$G = 45{,}87\text{ cm}^2$
$h_k = 13\text{ cm}$
$V_{Prisma} = 45{,}87\text{ cm}^2 \cdot 13\text{ cm}$
$V_{Prisma} = 596{,}31\text{ cm}^3$

Für jedes Prisma gilt:
$V_{Prisma} = G \cdot h_k$
Setze die Werte für den Flächeninhalt der Grundfläche und die Höhe des Prismas aus der Teilaufgabe a ein.

$h_k = 13\text{ cm} \cdot 2$
$V_{Prisma} = 45{,}87\text{ cm}^2 \cdot (13\text{ cm} \cdot 2)$
$V_{Prisma} = (45{,}87\text{ cm}^2 \cdot 13\text{ cm}) \cdot 2$
$V_{Prisma} = 596{,}31\text{ cm}^3 \cdot 2$
Wird die Kantenlänge h verdoppelt, verdoppelt sich das Volumen.

Multipliziere die Höhe mit 2.
Setze in die Formel für $h_k = 13\text{ cm} \cdot 2$ ein.

Hinweise und Tipps

7 a) **Gewicht eines Hundert-Euro-Scheins in g**

28,3 Millionen = 28 300 000

$2{,}8866 \cdot 10^7$ g : 28 300 000 = 1,02 g

oder:

$2{,}8866 \cdot 10^7$ g = 28 866 000 g

28 866 000 g : 28 300 000 = 1,02 g

Ein Hundert-Euro-Schein wiegt 1,02 g.

Schreibe 28,3 Millionen ohne Komma.

Wenn dein Taschenrechner Tasten für das Rechnen mit 10er-Potenzen hat, kannst du die Division durchführen. Achte dabei auf die korrekte Tastenfolge.

Wenn dein Taschenrechner keine Tasten für das Rechnen mit 10er-Potenzen hat, dann schreibe das Gewicht der Scheine ohne 10er-Potenz.
10^7 heißt: Das Komma wird um 7 Stellen nach rechts verschoben. Fehlende Stellen ergänzt du mit 0.
Führe die Division durch.

b) **Anzahl der Äquatorumrundungen**

$2{,}4 \cdot 10^8$ m = $2{,}4 \cdot 10^5$ km

$2{,}4 \cdot 10^5$ km : 40 000 km = 6 (Umrundungen)

Wandle die Meter in Kilometer um.
1 000 m = 1 km
Wenn dein Taschenrechner Tasten für das Rechnen mit 10er-Potenzen hat, kannst du die Division durchführen. Achte dabei auf die korrekte Tastenfolge.

oder:

40 000 km = 40 000 000 m

$2{,}4 \cdot 10^8$ m : 40 000 000 m = 6 (Umrundungen)

Wandle die Kilometer in Meter um.
1 km = 1 000 m
Wenn dein Taschenrechner Tasten für das Rechnen mit 10er-Potenzen hat, kannst du die Division durchführen. Achte dabei auf die korrekte Tastenfolge.

oder:

$2{,}4 \cdot 10^8$ m = 240 000 000 m

240 000 000 m = 240 000 km

240 000 km : 40 000 km = 6 (Umdrundungen)

Legt man alle Fünf-Euro-Scheine nebeneinander, so kann man diese Strecke sechsmal um den Äquator herum legen.

Wenn dein Taschenrechner keine Tasten für das Rechnen mit 10er-Potenzen hat, dann schreibe die Strecke der Scheine ohne 10er-Potenz.
10^8 heißt: Das Komma wird um 8 Stellen nach rechts verschoben. Fehlende Stellen ergänzt du mit 0.
Wandle die Kilometer in Meter um.
1 km = 1 000 m
Führe die Division durch.

---

8 a) **fehlende Werte in der Tabelle**

20 ct = 0,20 €

1 min $\hat{=}$ 0,20 €

Mietkosten für 30 Minuten

1 min $\hat{=}$ 0,20 €

30 min $\hat{=}$ 0,20 € · 30 = 6 €

Mietdauer für 14 €

14 € : 0,20 € = 70 (Minuten)

oder:

0,20 € $\hat{=}$ 1 min

1 € $\hat{=}$ 5 min

14 € $\hat{=}$ 5 min · 14 = 70 min

Die Zuordnung „Mietdauer – Mietkosten“ ist eine proportionale Zuordnung.
Die Mietgebühr für eine Minute ist gegeben.
Gib die Mietkosten für eine Minute in € an.
Berechne damit die fehlenden Werte in der Tabelle.

✐ **Hinweise und Tipps**

Mietkosten für 120 Minuten

$1 \text{ min} \mathrel{\hat{=}} 0{,}20 \text{ €}$

$120 \text{ min} \mathrel{\hat{=}} 0{,}20 \text{ €} \cdot 120 = 24 \text{ €}$

Vollständige Tabelle

Mietdauer in Minuten	30	**70**	120
Mietkosten in €	**6**	14	**24**

b) **grafische Darstellung**

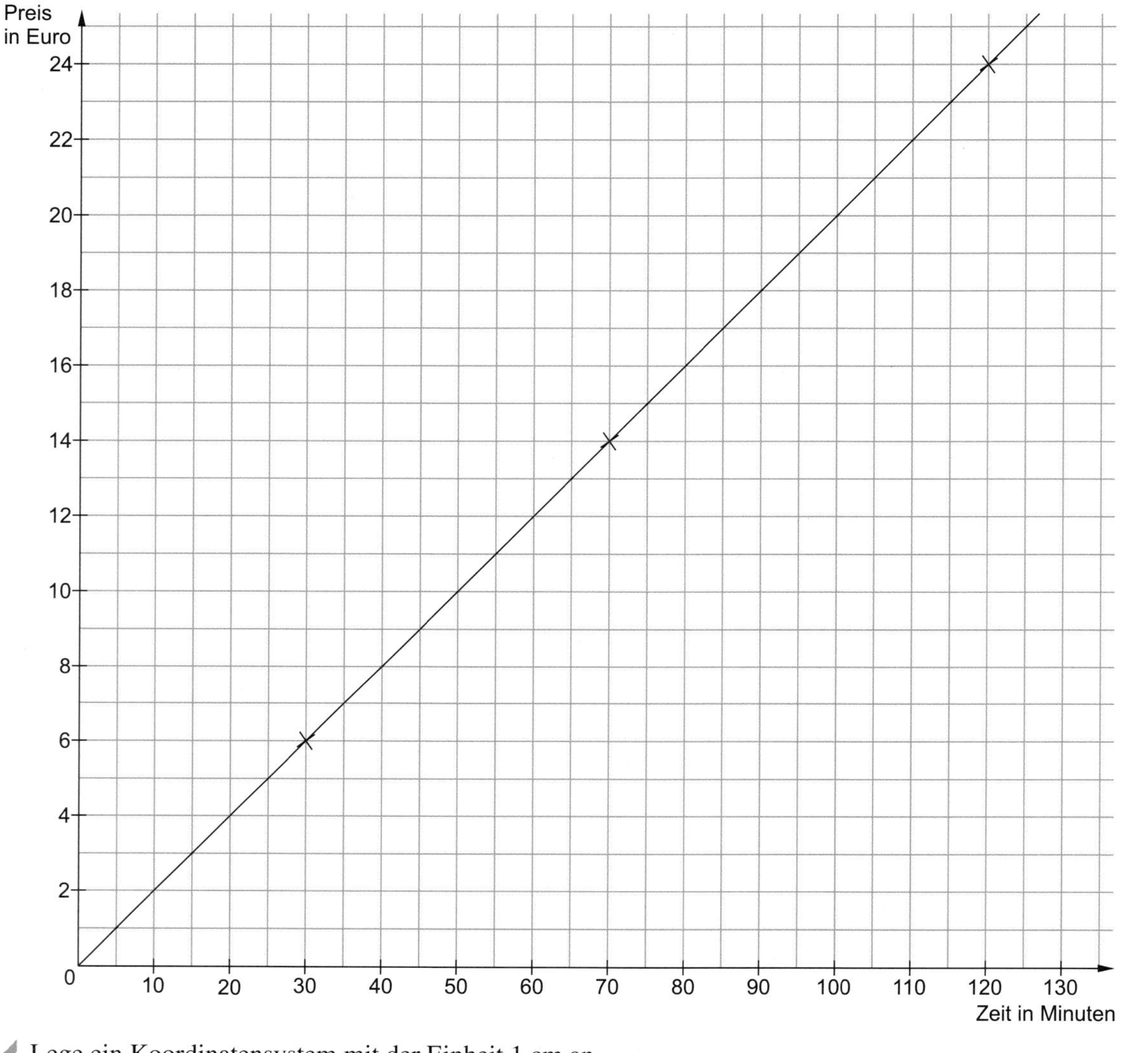

✐ Lege ein Koordinatensystem mit der Einheit 1 cm an.
✐ Rechtswertachse: $1 \text{ cm} \mathrel{\hat{=}} 10$ Minuten
✐ Hochwertachse: $1 \text{ cm} \mathrel{\hat{=}} 2$ €
✐ Der Platzbedarf ist in der Angabe gegeben.
✐ Beschrifte das Koordinatensystem vollständig.
✐ Trage die berechneten Werte aus der Tabelle in das Koordinatensystem ein.
✐ Verbinde die Punkte zu einer Halbgeraden.

Hinweise und Tipps

c) **Mietdauer in Stunden für 396 €**
Mietkosten pro Minute: 0,20 €
Kaufpreis des E-Scooters: 396 €

Wie lange kann Lorenas Vater einen E-Scooter für den Kaufpreis mieten?

Mietdauer
396 € : 0,20 € = 1 980 (Minuten)
1 980 min = (1 980 : 60) h = 33 h

Rechne die Minuten in Stunden um. 1 Stunde hat 60 Minuten.

oder:

Rechne mit dem Dreisatz.

$0,20\,€ \mathrel{\hat{=}} 1\text{ min}$
$1\,€ \mathrel{\hat{=}} 5\text{ min}$
$396\,€ \mathrel{\hat{=}} 5\text{ min} \cdot 396 = 1\,980\text{ min}$

1 980 min = (1 980 : 60) h = 33 h

Rechne die Minuten in Stunden um. 1 Stunde hat 60 Minuten.

Lorenas Vater kann einen E-Scooter für 396 € 33 Stunden ausleihen.

Qualifizierender Abschluss der Mittelschule 2023

Um dir die Lösungen zur Prüfung 2023 schnellstmöglich zur Verfügung stellen zu können, bringen wir sie in digitaler Form heraus.

Sobald die Original-Prüfungsaufgaben 2023 freigegeben sind, können die dazugehörigen Lösungen als PDF auf der Plattform **MyStark** heruntergeladen werden (Zugangscode vgl. Umschlaginnenseite).

Aktuelle Prüfung

www.stark-verlag.de/mystark